国家哲学社会科学重大招标项目
"现代伦理学诸理论形态研究"（10&ZD072）成果

国家哲学社会科学重点项目
"黑格尔道德现象学研究"（19FZXA002）成果

首批"国家万人计划"中宣部
"文化名家暨四个一批人才"项目成果

江苏省首批高端智库"道德发展智库"成果

江苏省"公民道德与社会风尚""2011"协同创新中心成果

现代中国伦理道德
发展的精神哲学规律

樊浩 著

中国社会科学出版社

图书在版编目(CIP)数据

现代中国伦理道德发展的精神哲学规律 / 樊浩著. —北京：中国社会科学出版社，2022.7
ISBN 978-7-5227-0273-5

Ⅰ.①现… Ⅱ.①樊… Ⅲ.①社会公德—研究—中国 Ⅳ.①B822

中国版本图书馆 CIP 数据核字（2022）第 091591 号

出 版 人	赵剑英
选题策划	张　林
责任编辑	齐　芳
责任校对	周　昊
责任印制	戴　宽

出　　版	中国社会科学出版社
社　　址	北京鼓楼西大街甲 158 号
邮　　编	100720
网　　址	http://www.csspw.cn
发 行 部	010-84083685
门 市 部	010-84029450
经　　销	新华书店及其他书店
印刷装订	北京君升印刷有限公司
版　　次	2022 年 7 月第 1 版
印　　次	2022 年 7 月第 1 次印刷
开　　本	710×1000　1/16
印　　张	30.25
字　　数	512 千字
定　　价	178.00 元

凡购买中国社会科学出版社图书，如有质量问题请与本社营销中心联系调换
电话：010-84083683
版权所有　侵权必究

作者简介

樊浩，本名樊和平。1959年9月8日生，江苏省泰兴市人。教育部长江学者特聘教授（2007），东南大学人文社科资深教授，人文社会科学学部主任，道德发展研究院院长；北京大学世界伦理学中心副主任（主任为杜维明教授），资深研究员。英国牛津大学高级访问学者，伦敦国王学院访问教授。1992年被破格晋升为教授，成为当时全国最年轻的哲学伦理学教授。国家"万人计划"首批人文社会科学领军人才；教育部社会科学委员会哲学学部委员；中宣部"四个一批"人才暨全国文化名家；教育部高校哲学教学指导委员会副主任；国家教材局专家委员会委员；江苏省社科名家。出版个人独立专著14部，合著多部。在《中国社会科学》等独立发表论文280多篇，成果获全国、教育部、江苏省优秀哲学社会科学一等奖6项，二等奖8项。作为首席专家主持国家哲学社会科学重大项目两项，国家和省部级重点和一般项目二十多项。江苏省"道德发展智库"、江苏省"公民道德与社会风尚"协同创新中心首席专家兼总召集人。

总　序

　　东南大学的伦理学科起步于20世纪80年代前期，由著名哲学家、伦理学家萧焜焘教授、王育殊教授创立，90年代初开始组建一支由青年博士构成的年轻的学科梯队；至90年代中期，这个团队基本实现了博士化。在学界前辈和各界朋友的关爱与支持下，东南大学的伦理学科得到了较大的发展。自20世纪末以来，我本人和我们团队的同人一直在思考和探索一个问题：我们这个团队应当和可能为中国伦理学事业的发展做出怎样的贡献？换言之，东南大学的伦理学科应当形成和建立什么样的特色？我们很明白，没有特色的学术，其贡献总是有限的。2005年，我们的伦理学科被批准为"985工程"国家哲学社会科学创新基地，这个历史性的跃进推动了我们对这个问题的思考。经过认真讨论并向学界前辈和同人求教，我们将自己的学科特色和学术贡献点定位于三个方面：道德哲学，科技伦理，重大应用。

　　以道德哲学为第一建设方向的定位基于这样的认识：伦理学在一级学科上属于哲学，其研究及其成果必须具有充分的哲学基础和足够的哲学含量；当今中国伦理学和道德哲学的诸多理论和现实课题必须在道德哲学的层面探讨和解决。道德哲学研究立志并致力于道德哲学的一些重大乃至尖端性的理论课题的探讨。在这个被称为"后哲学"的时代，伦理学研究中这种对哲学的执着、眷念和回归，着实是一种"明知不可为而为之"之举，但我们坚信，它是我们这个时代稀缺的学术资源和学术努力。科技伦理的定位是依据我们这个团队的历史传统、东南大学的学科生态，以及对伦理道德发展的新前沿而做出的判断和谋划。东南大学最早的研究生培养方向就是"科学伦理学"，当年我本人就在这个方向下学习和研究；而东南大学以科学技术为主体、文管艺医综合发展的学科生态，也使我们这些90年代初成长起来的"新生代"再次认识到，选择科技伦理为学科生长点是明智之举。如果说道德哲学与科技伦理的定位与我们的学科传统有关，那么，重大应用的定位就是基于对伦理学的现实本性以及为中国伦理道德建设做出贡献的愿望和抱负而做出的选择。定位"重大应用"而不是一般的"应用伦理学"，昭明我们在这方面有所为也有所不为，只是试图在伦理学应用的某些重大方面和重大领域进行我们的努力。

基于以上定位，在"985工程"建设中，我们决定进行系列研究并在长期积累的基础上严肃而审慎地推出以"东大伦理"为标识的学术成果。"东大伦理"取名于两种考虑：这些系列成果的作者主要是东南大学伦理学团队的成员，有的系列也包括东南大学培养的伦理学博士生的优秀博士学位论文；更深刻的原因是，我们希望并努力使这些成果具有某种特色，以为中国伦理学事业的发展做出自己的贡献。"东大伦理"由五个系列构成：道德哲学研究系列；科技伦理研究系列；重大应用研究系列；与以上三个结构相关的译著系列；还有以丛刊形式出现并在20世纪90年代已经创刊的《伦理研究》专辑系列，该丛刊同样围绕三大定位组稿和出版。

"道德哲学系列"的基本结构是"两史一论"。即道德哲学基本理论；中国道德哲学；外国道德哲学。道德哲学理论的研究基础，不仅在概念上将"伦理"与"道德"相区分，而且从一定意义上将伦理学、道德哲学、道德形而上学相区分。这些区分某种意义上回归到德国古典哲学的传统，但它更深刻地与中国道德哲学传统相契合。在这个被宣布"哲学终结"的时代，深入而细致、精致而宏大的哲学研究反倒是必须而稀缺的，虽然那个"致广大、尽精微、综罗百代"的"朱熹气象"在中国几乎已经一去不返，但这并不代表我们今天的学术已经不再需要深刻、精致和宏大气魄。中国道德哲学史、外国道德哲学史研究的理念基础，是将道德哲学史当作"哲学的历史"，而不只是道德哲学"原始的历史""反省的历史"，它致力探索和发现中外道德哲学传统中那些具有"永远的现实性"精神内涵，并在哲学的层面进行中外道德传统的对话与互释。专门史与通史，将是道德哲学史研究的两个基本纬度，马克思主义的历史辩证法是其灵魂与方法。

"科技伦理系列"的学术风格与"道德哲学系列"相接并一致，它同样包括两个研究结构。第一个研究结构是科技道德哲学研究，它不是一般的科技伦理学，而是从哲学的层面、用哲学的方法进行科技伦理的理论建构和学术研究，故名之"科技道德哲学"而不是"科技伦理学"；第二个研究结构是当代科技前沿的伦理问题研究，如基因伦理研究、网络伦理研究、生命伦理研究等。第一个结构的学术任务是理论建构，第二个结构的学术任务是问题探讨，由此形成理论研究与现实研究之间的互补与互动。

"重大应用系列"以目前我作为首席专家的国家哲学社会科学重大招标课题和江苏省哲学社会科学重大委托课题为起步，以调查研究和对策研究为重点。目前我们正组织四个方面的大调查，即当今中国社会的伦理关系大调查、道德生活大调查、伦理—道德素质大调查、伦理—道德发展状况及其趋向大调查。我们的目标和任务，是努力了解和把握当今中国伦理道德的真实状况，在此基础上进行理论推进和理论创新，为中国伦理道德建设提出具有战略意义和创新意义的对策思路。这就是我们对"重大应用"的诠释和理解，今后我们将沿着这个方向走下去，并贡献出团队和个人的研究成果。

"译著系列"、《伦理研究》丛刊，将围绕以上三个结构展开。我们试图进行的努力是：这两个系列将以学术交流，包括团队成员对国外著名大学、著名学术机构、著名学者的访问，以及高层次的国际国内学术会议为基础，以"我们正在做的事情"为主题和主线，由此凝聚自己的资源和努力。

马克思曾经说过，历史只能提出自己能够完成的任务，因为任务的提出表明完成任务的条件已经具备或正在具备。也许，我们提出的是一个自己难以完成或不能完成的任务，因为我们完成任务的条件尤其是我本人和我们这支团队的学术资质方面的条件还远没有具备。我们期图通过漫漫求索乃至几代人的努力，建立起以道德哲学、科技伦理、重大应用为三元色的"东大伦理"的学术标识。这个计划所展示的，与其说是某些学术成果，不如说是我们这个团队的成员为中国伦理学事业贡献自己努力的抱负和愿望。我们无法预测结果，因为哲人罗素早就告诫，没有发生的事情是无法预料的；我们甚至没有足够的信心展望未来；我们唯一可以昭告和承诺的是：

我们正在努力！

我们将永远努力！

樊 浩

谨识于东南大学"舌在谷"

2006 年 9 月 8 日

内容提要

　　自2007年始，本人借助作为首席专家主持的2005年开启的国家第一批重大招标项目"建设社会主义和谐社会进程中的思想道德与和谐伦理的理论与实践研究"，以及2010年主持的第二个国家重大招标项目"现代伦理学诸理论形态研究"，与东南大学伦理学团队、道德发展智库、公民道德与社会风尚协同创新中心的同仁一道，进行了持续十多年的中国伦理道德国情大调查。整个调查跨越改革开放30年到40年，以中共十七、十八大、十九大为时间节点，先后进行了3轮全国调查，6轮江苏调查，建立了7卷12册的《中国伦理道德发展数据库》。本书是对十多年调查所获得的鲜活信息进行持续研究的集中呈现，试图追踪改革开放40多年中国伦理道德发展的精神哲学轨迹，揭示改革开放进程中社会大众伦理道德发展的精神哲学规律，是关于现代中国伦理道德发展的轨迹与规律的精神哲学研究。

　　全书从历史与逻辑两个维度展开。历史维度是从改革开放30年到40年持续推进的国情调查所呈现的伦理道德发展的精神哲学轨迹；逻辑维度是中国伦理道德发展的精神哲学规律；历史与逻辑的结合点是社会大众伦理道德发展的精神状况、文化轨迹、共识差异、中国问题和文化战略。它以"精神哲学"的理论与方法，在三个历史节点和五个逻辑维度的交错互释中揭示现代中国伦理道德发展的精神哲学轨迹和精神哲学规律。书名中的"现代中国"，特指改革开放40年；"伦理道德"并列，隐喻伦理与道德是相互区分和辩证互动的精神体系；"精神哲学"的要义是将伦理道德回归于"精神"的家园，在个体精神、社会精神、民族精神发展的辩证过程和有机体系中，考察现代中国伦理道德发展的哲学规律。"精神哲学"是精神发展的哲学理论和哲学形态，"伦理道德发展的精神哲学规律"是以伦理道德为两大基本因子建构人的精神世界和生活世界的哲学规律，也是伦理道德与精神世界、生活世界辩证互动的规律。

改革开放40多年，中国伦理道德发展的精神哲学轨迹是什么？调查发现，经历了"多元多样多变—二元体质—核心价值观引领—共识生成"的发展轨迹。2007年改革开放30年，全国调查发现，中国社会大众的伦理道德发展已经从改革开放前期的多元多样多变进入"二元聚集"的"三十而立"，其特点既不是简单的"多"与"变"，"一"与"不变"也未生成，而是两种相反的认知判断势均力敌，形成所谓"二元体质"。"二元聚集"既是一种高度的共识，也是一种截然的对峙，标志伦理道德发展和意识形态战略进入重大敏感期和机遇期。值此之际，中共十七届六中全会提出建设社会主义核心价值观引领的历史任务，十八大提出社会主义核心价值观的理论体系和战略部署。对2007—2013年三次调查信息的哲学分析表明，中国伦理道德发展遵循伦理型文化规律，社会大众伦理道德共识的凝聚有三大文化期待：期待一次"伦理觉悟"；期待一场"精神"洗礼；期待一个"还家"即回归中国优秀传统的努力。2017年中共十九大召开，改革开放40年，调查发现，中国社会大众的伦理道德发展已经形成三大文化共识：认同回归共识；转型共识；发展共识，标志中国社会大众的伦理道德发展伴随改革开放的历史进程，已经从"三十而立"进入"四十而不惑"的"不惑"之境。

从改革开放30年到40年，三大里程碑、三大进程、三大共识，三次大调查呈现中国社会大众的伦理道德从"二元聚集"到"文化共识"的发展轨迹，在此过程中发出三次重要文化预警。2007年第一轮全国调查，发出经过30年改革开放激荡，社会大众伦理道德发展形成"二元体质"，走到十字路口，邂逅伦理道德发展的关键期和国家意识形态的最佳干预期的文化预警；2013年第二轮全国调查，发出关于中国伦理道德发展必须遵循伦理型文化规律、社会大众关于伦理道德发展的文化共识的凝聚有三大精神哲学期待的文化预警；2017年第三轮全国调查，发出改革开放40年，中国社会大众已经生成关于伦理道德发展的"认同—转型—发展"的三大文化共识，进入"不惑"之境，必须推进干部群体、企业家群体与其他社会群体之间伦理对话的预警。

现代中国伦理道德发展的精神哲学规律是什么？一言蔽之，伦理型文化的规律。中国文化历史上是一种伦理型文化，调查表明，现代中国文化依然是伦理型文化，伦理道德发展遵循伦理型文化的精神哲学规律。"伦理型文化的精神规律"的精髓是什么？一言概之，伦理道德一体、伦理优先。这是中国伦理型文化背景下伦理道德发展的精神哲学规律，也是中国文化之为伦理型文化、伦理道德之为中华民族对人类文明的最大贡献的秘密所在。

全书展开为五编十七章，外加一个绪论和结语。五编是逻辑维度，是中国伦理道德发展的五个重大精神哲学问题；五编之内是历史的维度，以改革开放30年到40年的历史发展以及我们调查研究的推进为线索，呈现中国伦理道德发展的轨迹和规律。

绪论提出一个哲学追问："伦理道德，如何才是发展？"试图突破两个问题。1）到底以何种理念对待伦理道德？"发展"理念凸显伦理道德的精神哲学本性，凸显人的精神世界的自我成长和辩证运动。2）现代中国伦理道德发展的结构体系是什么？根据"大学之道"的中国传统与现代中国社会的历史变迁，将"发展"设定为由七大主体构成的道德主体和伦理实体的辩证体系：公民、家庭、集团、社会、政府、生态、文化；与之分别对应的是"七力"：道德自主力，伦理承载力，伦理建构力，伦理凝聚力，伦理公信力，伦理亲和力，伦理兼容力。"七力"分别对应七大主体在现代中国伦理道德发展中的七个前沿性课题，它们的辩证互动构成伦理道德"发展"的精神哲学体系。

第一编"伦理道德发展的精神状况及其精神哲学规律"共两章，探讨两大问题。一是改革开放30年中国伦理道德的发展状况及其精神哲学分析，它是基于2007年的全国性大调查所做的研究，揭示改革开放30年中国伦理道德发展由多元多样多变到二元聚集的演进轨迹，发出"十字路口"的文化预警；二是关于伦理道德发展的精神哲学规律，这是基于2007年、2013年两轮全国大调查所做的综合研究，揭示中国伦理道德发展的三大规律，即伦理律，伦理—道德一体、伦理优先律，精神律。三大规律的要义是伦理型文化的规律。

第二编"伦理道德发展的文化轨迹"共三章，基于2007年和2013年的调查，分别揭示现代中国伦理道德的转型轨迹，问题轨迹，以及作为前沿性课题的社会大众信任危机的伦理型文化轨迹。转型轨迹发现，现代中国伦理与道德的发展"同行异情"——伦理上守望传统，道德上走向现代，进入"后伦理型文化时代"。问题轨迹发现，现代中国伦理道德问题的基本走向，是道德问题转化为伦理问题，伦理问题演绎为伦理上的两极分化。问题轨迹的精神节点在伦理，呈现伦理型文化的问题式。在两大轨迹的基础上，以大众信任危机为前沿课题进行个案分析，发现大众信任危机无论在发生学还是文化战略的突破口方面，都聚焦于伦理，遵循伦理型文化的规律。

第三编"社会大众伦理道德共识的精神哲学期待"，是由四章构成的跟踪研究。基于2007年的调查信息，分析诸社会群体伦理道德的价值共识与文化冲突。基于2007年和2013年的调查信息，研究当今中国社会大众价值共识生成的意识形态期待，即三大期待："伦理"觉悟；"精神"洗礼；传统回归。三大期待的核心是"伦理精神"期待，是"伦理型文化"回归的期待。基于2007—2017年十年调查的数据，整体性探讨改革开放40年中国社会大众在伦理道德领域所形成的文化共识及其群体差异。

第四编"伦理道德发展的中国问题"共四章，探讨现代中国伦理道德发展的三大前沿性问题："小康瓶颈"，道德信用与伦理信任，公共物品与社会至善，三大问题聚焦于一点："伦理问题"；在此基础上诊断现代中国伦理道德发展的两大"中国问题"："无伦理"，"没精神"；概括"中国经验"："人之有道—教以人伦"的伦理—道德一体、伦理优先的中国经验；提出中国理论形态："伦理精神形态"。

第五编"伦理道德发展的文化战略"共四章，探讨四个问题：改革开放所形成的"新传统"及其与大众意识形态的辩证互动关系；"后意识形态时代"精神世界的中国问题；现代中国伦理道德发展的文化自觉与文化自信；中国伦理学研究如何伴随改革开放的历史进程迈入"不惑"之境。

结语"新中国70年伦理道德发展的精神哲学轨迹与精神哲学规律"，将改革开放40年还原于新中国70年的文明史历程，发现中国伦理道德发展是由三大历史阶段构成的精神哲学的辩证运动：前20年高昂政治热情推动下直接同一的伦理精神；"文革"10年伦理精神的异化；改革开放40年核心价值观引领下"相互承认"的伦理精神。新中国70年伦理道德发展呈现伦理型文化的精神哲学轨迹和精神哲学规律，演绎伦理型文化的中国气质和中国气派。

目 录

绪论 伦理道德，如何才是发展？ ……………………………… (1)
  （一）伦理道德，"建设"还是"发展"？ ………………… (1)
  （二）公民的道德自主力 …………………………………… (5)
  （三）家庭的伦理承载力 …………………………………… (9)
  （四）集团的伦理建构力 …………………………………… (14)
  （五）社会的伦理凝聚力 …………………………………… (17)
  （六）政府的伦理公信力 …………………………………… (22)
  （七）生态的伦理亲和力 …………………………………… (26)
  （八）文化的伦理兼容力 …………………………………… (29)
  结语 伦理道德的发展与评估体系 ………………………… (32)

第一编 伦理道德发展的精神状况及其精神哲学规律

一 伦理道德状况及其精神哲学分析 ……………………………… (38)
  （一）伦理道德的精神状况 ………………………………… (39)
  （二）伦理道德问题的精神哲学诊断 ……………………… (52)
  （三）伦理道德建设的"精神战略" ……………………… (59)

二 伦理道德发展的精神哲学规律 ………………………………… (65)
  （一）发现"精神哲学规律" ……………………………… (65)
  （二）伦理道德演进的精神哲学图像 ……………………… (69)
  （三）伦理道德发展的精神哲学预警 ……………………… (74)
  （四）伦理道德发展的精神哲学规律 ……………………… (80)

第二编　伦理道德发展的文化轨迹

三　伦理道德现代转型的文化轨迹 ……………………………………（93）
　（一）"转型"三问：如何"转"？什么"型"？何种轨迹？…（93）
　（二）伦理型文化的精神密码 …………………………………（94）
　（三）现代转型的伦理型文化轨迹 ……………………………（103）
　（四）"后伦理型文化" …………………………………………（109）

四　伦理道德发展的"问题轨迹" ……………………………………（116）
　（一）"问题意识"的革命 ………………………………………（116）
　（二）"道德问题—社会信任—伦理分化"的"问题轨迹"……（118）
　（三）伦理上两极分化的精神现象学图景 ……………………（127）
　（四）"问题轨迹"的精神节点 …………………………………（133）
　（五）伦理道德的精神哲学形态 ………………………………（137）

五　社会大众信任危机的伦理型文化轨迹 ……………………（146）
　（一）问题：一个老太绊倒中国？ ……………………………（146）
　（二）"道德信用—伦理信任—文化信念"的危机病理………（149）
　（三）当今中国信任危机的演进轨迹 …………………………（154）
　（四）走向信任的"破冰之旅" …………………………………（160）

第三编　社会大众伦理道德共识的精神哲学期待

六　诸社会群体伦理道德的价值共识与文化冲突 ……………（169）
　（一）诸社会群体的伦理境遇与道德气质 ……………………（169）
　（二）价值共识及其多元表达 …………………………………（173）
　（三）伦理冲突与道德分歧 ……………………………………（177）
　（四）群体差异与地域差异 ……………………………………（180）
　（五）伦理和谐的规律及其道德哲学意义 ……………………（182）
　（六）伦理和谐战略 ……………………………………………（185）

七　社会大众价值共识的伦理精神期待 ………………………（191）
　（一）从多元到二元聚集：大众意识形态的十字路口 ………（191）

（二）"共"于何？期待一次"我"成为"我们"的伦理觉悟 … （194）
　　（三）如何"识"？期待一场"单一物与普遍物统一"的
　　　　　"精神"洗礼 …………………………………………… （210）
　　（四）"价值"何以合法？期待一种"还家"的努力 ………… （220）
八　改革开放40年社会大众伦理道德发展的文化共识 …………… （228）
　　（一）伦理道德的文化自觉与文化自信 ……………………… （229）
　　（二）"新五伦"与"新五常"：伦理—道德转型的文化共识 … （236）
　　（三）伦理实体发展的集体理性与伦理精神共识…………… （241）
　　结语：伦理型文化的共识 ……………………………………… （252）
九　改革开放40年社会大众伦理道德共识的群体差异 …………… （254）
　　（一）文化自觉自信中对伦理道德发展的不同感受 ………… （254）
　　（二）"新五伦"—"新五常"文化共识的群体差异 ………… （260）
　　（三）伦理实体文化认同的群体特征 ………………………… （268）
　　结语：群体差异的文化规律 …………………………………… （283）

第四编　伦理道德发展的"中国问题"

十　"中等收入陷阱"，还是"小康瓶颈"？ ……………………… （291）
　　（一）何种"中国问题"："中等收入陷阱"，还是"小康
　　　　　瓶颈"？ ………………………………………………… （292）
　　（二）"'小'—'康'"瓶颈 …………………………………… （295）
　　（三）走出"小康瓶颈"的国家文化战略 …………………… （301）
十一　如果缺乏信用，信任是否可能？ …………………………… （309）
　　（一）我们是否误诊误读了"诚信"？ ……………………… （310）
　　（二）"诚信"话语的伦理型文化密码 ……………………… （313）
　　（三）走出"诚信围城" ……………………………………… （316）
十二　公共物品与社会至善 ………………………………………… （321）
　　（一）财富的法哲学—经济学悖论 …………………………… （321）
　　（二）财富的伦理风险及其文化预警 ………………………… （325）
　　（三）"社会"的礼物 ………………………………………… （331）
　　（四）公共物品的伦理情怀 …………………………………… （336）
十三　伦理道德发展的"中国问题"与中国理论形态 …………… （342）

（一）何种"中国问题"？"无伦理"；"没精神"！ …………… (342)
（二）何种"中国经验"？"人之有道"——"教以人伦" …… (347)
（三）何种理论形态？"实践理性"还是"伦理精神"？ …… (352)

第五编　伦理道德发展的文化战略

十四　"新传统"与当代意识形态 ………………………… (363)
（一）"多""变"时代的意识形态悖论："非传统"与
　　　"新传统" ……………………………………………… (363)
（二）"多""变"激荡的意识形态矛盾 ……………………… (365)
（三）"新传统"下的当代意识形态辩证 …………………… (368)

十五　"后意识形态时代"精神世界的"中国问题" ……… (372)
（一）"精神意识形态问题"及其"中国意识" …………… (372)
（二）"后意识形态时代"的意识形态 ……………………… (375)
（三）"后意识形态"的"中国难题" ……………………… (381)

十六　现代中国伦理道德发展的文化自觉与文化自信 …… (385)
（一）终极忧患的基因解码 ………………………………… (386)
（二）何种文化自觉？"伦理型文化"的自觉 …………… (390)
（三）何种"文化"自信："有伦理，不宗教" ………… (394)
（四）如何"文化"自立：现代文明的"中国精神哲学形态" … (397)

十七　中国伦理学研究如何迈入"不惑"之境 …………… (403)
（一）"道德哲学"如何"成哲学"？ ……………………… (404)
（二）伦理学如何"有伦理"？ …………………………… (414)
（三）"中国伦理学"如何"是中国"？ …………………… (420)

结语　新中国70年伦理道德发展的精神哲学轨迹与精神哲学规律

（一）伦理道德发展的精神哲学诠释框架 ……………… (431)
（二）"政治热情高昂时代"直接同一的伦理精神 ……… (433)
（三）伦理世界和道德世界的精神哲学异化 …………… (437)
（四）"相互承认"的精神哲学"和解" …………………… (442)
（五）伦理型文化的精神哲学规律 ……………………… (447)

附：各章作为论文发表的相关信息 …………………………（451）
后　记 ……………………………………………………（453）
修改再记 …………………………………………………（460）

绪论：伦理道德，如何才是发展？

（一）伦理道德，"建设"还是"发展"？

关于伦理道德的理念，到底是"建设"还是"发展"？伦理道德的"发展水平"是否可以测评，如何测评？已经是一个亟须突破的重大理论前沿与现实课题。

人们已经习惯于一种话语范式，以伦理道德为主语的谓词搭配是"建设"，所谓"道德建设"，而经济、社会乃至文化在"建设"之外还有另一种话语表述即"发展"，如"经济发展""文化发展"。作为集体潜意识的这种固定搭配，这已经不只是语词习惯，而是隐喻一种理念，因而需要一种理念辩证：伦理道德，"建设"还是"发展"？

显而易见，"建设"的话语重心与其说是其对象，不如说是作为主人的"建设者"。在英文中，"建设"即"建构"（construction），它首先肯定和预设一个建设的主体，将客体作为被"建设"或"建构"的对象，在"建设"的理念下，客体只是主体即"建设者"的作品。而"发展"有三个特点：一是凸显主体性，任何发展都是主体自身的发展，在语态上，"道德建设"是被动态，"道德"是"建设"的对象；"道德发展"是主动态，是道德的自我展开。二是对规律的尊重。"道德建设"强调"建设者"的主观能动性，按照其主观意志和价值诉求对其进行能动建构，而"道德发展"则承认道德本身有其内在规律，它不只是被动的作品，而且是能动的主体。三是对相对独立性的承认。"建设"虽然是一种积极努力，但本质上是一种价值赋予和外在型塑，而发展则是内在的生长。"伦理道德发展"承认伦理道德相对于它所依存的那个时代及其客观存在的相对独立性，肯定是一个完整有机的世界，所谓"伦理世界""道德世界"，是人类超越世俗现实性通向永恒和无限的"精神世界"的核心构造。

"道德建设"的理念内在一种文化风险，它在承认建设主体的同时，也肯定了伦理道德上的某种先知先觉，承认"建设"的权利和"被建构"的义务，因为在"建设"理念中，"建设"和"被建设"的地位不仅截然二分而且永远固化。由此，伦理道德不仅永远只是主流意识形态的作品，而且是掌握意识形态话语权的主体的专利，在市场化和网络化时代，这种话语权不仅属于国家意识形态，而且也属于在经济上掌握话语权的企业家，以及在虚拟世界中左右大众舆论的"网络大V"。"建设者"的多重主体不仅导致价值上的多元，而且可能导致有机价值体系的撕裂，即丹尼尔·贝尔所说的"文化矛盾"，于是便可能出现社会精神生活的两极：要么是由伦理相对主义走向道德虚无主义，要么由伦理上的话语独白走向道德专制主义。为防止内在于伦理道德中的这种深刻文化风险，有必要进行顶层设计理念的重大转变，在坚持主流意识形态根据社会存在的变化对伦理道德"建设"的同时，肯定和尊重伦理道德自我运动的"发展"。以"发展"看待伦理，以"发展"看待道德。

以"发展"的理念看待伦理道德，逻辑地派生另一问题，即对伦理道德的"发展评估"。诚然，基于"建设"的理念也可以对其进行评估，但由此进行的评估，重心往往在于"建设效果"的测评，即"建设者"期望和推行的价值观和行为规范得到落实的程度，甚至是建设者或主管部门推行的各种措施和指令在制度程序上得到体现的状态，无论效果评价还是程序评价，其要义都在"建设者"意志得到贯彻的程度，因而很容易流于形式主义和程序政绩。"发展评估"不同，是对伦理道德实际上所达到发展水平的测量和评估，它承认伦理道德与经济社会一样，有其独立发展规律，也有其客观标准，因而是对伦理道德自身所达到的文明水准而不是客观意志得到贯彻的程度的评估。一句话，"建设评估"重在关于建设者意志对伦理道德影响程度的评估，"发展评估"重在对伦理道德发展所达到的实际水平的评估。虽然"建设评估"最终也必须体现为伦理道德的实际状况，但这些状况至少在相当程度上或是针对伦理道德问题的诊治，或是对经济社会发展的伦理道德跟进即所谓"相适应"，因而其重心在"建设者"，而不是至少首先不是伦理道德本身。同时，由于伦理道德是现代文明体系中的一个因子，在"以经济建设为中心"的国家战略下与其他文明因子尤其与经济发展存在辩证互动的关系，所以"伦理道德发展评估"逻辑与现实地包括两个方面：一是关于伦理道德自身发展的评估；二是关于现代中国"发展"尤其是经济社会发展的伦理道德评估，这一评估的要义是从伦理道德的维度对发展进行伦理道德评价。第二个方面表面上已经溢出主题，然而因为伦理道德发展与经济社会发展之间的辩证互动关系，特别是经济社会对于伦理道德发展的基础性作用，"发展的伦理道德评估"实际上是"伦理道德发展评估"的更具客观性和现实性的评估。

问题在于，如何对伦理道德进行"发展评估"？伦理道德是否可以进行"发展评估"？"建设评估"的优势在于其可操作性，因为它只要对主流意识形态所提倡的伦理道德的认识状况（相当程度上并不是认同状况），以及将主管部门所部署工作得到落实的状况进行测评，便可以获得相关信息。而发展评估则不同，它不仅因属于精神世界和精神生活而具有内在性和主观性，而且因伦理道德的独特文化规律而期待高度的专业性。关于经济发展水平，当今已有诸多成熟并得到公认的测评指标，如 GDP 等；社会发展水平，也有不少测评方法，如关于"社会质量"的测评，国外学者就以公民参与社会的程度作为核心指标。关于伦理道德发展的测评，理论上包括两个相互联系的结构，即伦理关系和道德生活的发展水平，简称伦理与道德的发展水平。在一般共识中，道德是个体的和主观的，伦理是社会的和客观的。然而，伦理与伦理关系之所以体现为水平，本质上也是一种文明境界或精神世界中所达到的境界，因为伦理关系并不是一般意义上的"人际"关系或所谓个别性的人与人之间的原子式关系，而是"人伦"关系，即个别性的"人"与实体性的"伦"的关系，是个体性的"人"在精神世界中所达到的普遍性的"伦"的水平和境界，以及以这种"人伦"水平处理世俗生活中人与人之间关系的能力和状态。而所谓道德发展水平，也不只是熟识道德规范的程度，而是古人所说"内得于己"又"外施于人"的水平，即道德上知行合一的程度，是个体生活和社会生活的道德化水准。

难题在于，无论伦理发展水平还是道德发展水平，因其所源于或属于"精神"，在测评中可能只能定性，难以定量。然而，精神之谓精神，区别于理性的重要本质之一就是知行合一，即内在将其自身实现出来的力量，达到"它的自身就是它的世界，它的世界就是它自身"。因此，便可以也必须从现实世界的存在状态中测评伦理道德得到体现或所谓"呈现"的水平与程度，譬如从收入差距、公共资源配置来测评"公正"的伦理道德水平。因此，与经济社会发展的测评不同，关于伦理道德发展的测评，必须是质与量、定性与定量的统一，透过社会生活的"量"测评伦理道德发展的"质"。同时还必须是相对与绝对的统一。"相对"的要义是它随着社会生活的变化而变化，伦理道德的价值理念在现实生活中展现，体现时代要求和时代特色；"绝对"的要义是伦理道德是人的精神世界的核心构造，在伦理型的中国文化中是人的精神世界和生活世界的顶层设计，体现人类的精神诉求和终极目的，相对于终极诉求和终极目的，它有所谓"发展水平"。与经济社会发展不同，伦理道德体现人类的信念和信仰，其发展水平的参照系不仅有与经济社会的匹合度，而且有其对具有终极意义的理想信念的显现度，因而必有其相对与绝对、现实主义与理想主义两个维度。

与之相关的课题是：如何形成关于伦理道德发展的测评体系？这一课题的关键在于"体系"，以及它与中国社会、中国传统的适应性与表达力。"体系"的双重意义在于，其一，相对于伦理道德尤其是中国的伦理道德传统，它必须是一个体系，或者说必须是一个有机的文化生态或精神生态；其二，相对于当今中国经济社会发展，它必须是一个体系，或者说必须是一个有机的文明生态。伦理道德是一种世界性的文明因子，也是一个中国话语。测评体系是关于当今中国伦理精神状况和道德生活水平的测评，体系之为体系，是将伦理道德当作有机而完整的精神世界，是关于伦理道德的精神世界的发展水平的测评，因而有四个可供参考的维度。一是伦理道德自身发展的规律，尤其是精神哲学规律；二是伦理道德的传统体系，其最直接的理论资源是"大学之道"中的"八条目"，尤其是其中修身、齐家、治国、平天下，即所谓"修齐治平"的水平；三是时代精神的要求，尤其是由传统向现代转化中的新的伦理关系结构和道德生活元素，如集团伦理、社会伦理；四是当今中国社会的重大而前沿性的伦理道德问题，如生态伦理、社会公正、伦理信任等。

基于这四个维度，可以形成关于当今中国伦理道德发展测评的七个结构，即七个"力"：公民的道德自主力，家庭的伦理承载力，集团的伦理建构力，社会的伦理凝聚力，政府的伦理公信力，生态的伦理亲和力，文化的伦理兼容力。以定量话语表述，伦理道德的整体发展水平分别对应为七大指数或七个"度"：公民的道德自觉自持指数，表征个体的道德自主度；家庭的伦理承载力指数，表征家庭的伦理强度；集团的伦理可靠性指数，表征集团的伦理浓度；社会的伦理凝聚力指数，表征社会的伦理温度；政府的伦理公信力指数，表征政府的伦理信度；生态的伦理亲和力指数，表征人与自然关系的伦理安全度；文化的伦理魅力指数，表征文化的伦理的兼容度。七个"力"、七大指数、七个"度"，构成"个体—家庭—集团—社会—国家—生态—世界"一体贯通的伦理道德的发展体系和测评体系，其中，个体、家庭、国家、世界，是传统"大学之道"身、家、国、天下的结构，集团、社会、生态是新的文明元素，它们形成体现伦理关系、道德生活和伦理道德素质发展水平的辩证而有机的体系，标志伦理道德发展水平的总体性话语，就是："道德美好度"；"伦理魅力度"。

（二）公民的道德自主力

道德自主力，是公民道德状况的测评维度，核心是道德主体的素质和水平。道德主体是公民在道德上"自作主宰"的程度，其文化气质就是陆九渊所说的"收拾精神，自作主宰，万物皆备于我"①。道德主体的真谛是公民透过道德的建构而成为主体。根据黑格尔理论，人的精神经过三个辩证发展的阶段。在伦理世界是个体与自己的普遍本质直接同一的实体，在生活世界是个体与普遍本质分裂的个体，在道德世界是达到现实统一的主体，"实体—个体—主体"是精神世界的辩证运动，主体是精神发展的最高阶段。但是，主体的形成，必须以伦理认同为基础，而个体则是精神现实化自身的必经阶段，因此主体不是朦胧未分的自然实体性，当然也不是执迷于个别性的抽象的个体性，因为"把一个个体称为个人，实际上是一种轻蔑的表示"②，它使人"无体"即丧失作为人的公共本质的"体"的家园。在这个意义上，主体既超越个体，又以对伦理实体的认同为前提。只有在这个意义上，才会出现真正的道德主体。

道德主体是由道德所主宰的个体，也是觉悟到自己的伦理本质或公共本质并且扬弃自己的抽象个别性的个体，道德和道德主体生成的标志是所谓"道德世界观"，道德世界观的自觉程度是公民道德水平的基本标志。道德世界观是道德世界的自我意识，它以对道德世界的自觉为前提。道德

---

① 陆九渊《语录·下》。
② ［德］黑格尔：《精神现象学》，贺麟、王玖兴译，商务印书馆1996年版，第35—36页。

世界观的基本问题，是道德与自然的关系问题，以中国传统道德哲学的资源诠释，它包括三方面：1）道德与主观自然的关系，即个体内在的理与欲、道德准则与自然欲望的关系；2）道德与客观自然的关系，即个体内在生命秩序与社会的外在生活秩序的关系，或所谓公与私的关系；3）作为以上两种关系的形上表达，即道德与义务，或所谓义与利的关系。如果不能达到对这三种关系或概言之道德与自然关系的自觉，便表明公民还没有达到道德主体，或迷失于市民社会的个体，或停滞于自然的伦理世界的实体。

公民的道德主体性必须达到这样的自觉：在道德世界和道德世界观中追求和坚持道德的合理性，所谓见利思义，以理导欲，公私合一，由此才能生成和建构"道德的"世界即由道德所主宰的精神世界，其最高境界是"道德规律应该成为自然规律"①，即道德成为个体的习惯与自然，由此便可以克服道德与自然之间，或理与欲、公与私、义与利之间的紧张，既不是自律，也不是他律，而是孔子所说的"从心所欲不逾矩"的自由。然而，道德自由只是公民道德的至善之境，以理导欲、公私兼顾、见利思义的自律甚至他律，是公民道德发展水平的两个不同阶段，乃至"存天理，灭人欲""正其义而不谋其利"式的紧张，在特殊情境和个体道德发展的初级阶段，也是个体道德发展水平的表现。

道德的核心构成是规范，道德自觉首先是对道德规范的自觉。问题在于，在主观而多元的道德规范中，究竟对哪些规范的自觉成为道德发展水平的标志和道德测评的不可或缺的内涵？任何时代，道德规范总是多元多样的，正如恩格斯所说，道德从一个时代到另一个时代、一个民族到另一个民族，会变得完全不同，甚至截然相反。当今之世，作为道德发展测评对象的道德规范的自觉可能包括三个方面的内容。第一是优秀道德传统的继承弘扬，或所谓传统美德。第二是主流价值或国家意识形态所要求的那些规范，其集中表达就是核心价值观所提出的关于个体道德的四大要求：爱、敬、诚、善，即爱国、敬业、诚信、友善。当然，作为道德自觉，还需要对这四大核心价值进行哲学提升，如"爱"不仅是爱国，而且是孔子所说的"爱人"，即中国传统中仁爱的伦理情怀；"敬"不仅是敬业，更深刻表现是对道德的敬畏之心，这就是中国传统道德中所谓"主敬

---

① [德]黑格尔：《精神现象学》，贺麟、王玖兴译，商务印书馆1996年版，第138页。

集义",也是康德所说的对"人内心的道德律"的"满怀敬畏",没有对道德的敬畏就没有道德。第三是当今中国社会大众所达到的关于中国社会最重要德性的价值共识,即所谓"新五常"。根据我们2007—2013年所进行的两轮全国性大调查的信息,在众多德性中五种德性共识度最高,因而也最重要,分别是:爱、诚信、公正、责任、宽容。"善"的规范在部分调查中也处于前五位,但总体上在第六位。① 在"新五常"中,爱、诚信与仁、义、礼、智、信的传统"五常"中的"仁"和"信"大抵相似,"责任"与"义"或所谓义务也可以相通,其他二者则是体现新的时代要求的德目。如果对传统美德、国家意识形态与大众意识形态进行整合,那么,七者可以成为公民道德自觉和道德发展测评的重要内容:爱、敬、信、善、义、公正、宽容。对这七大规范的认同与内化,成为个体道德发展水平的重要标志。

然而,道德之为精神,真谛不在知而在行,只知不行,只是黑格尔所说的"优美灵魂",最终会"消逝得无影无踪",道德的要义不仅是知识的自觉,而且是行为自持,即所谓知行合一。王阳明曾说,说某人孝,不是说他知孝,而是说他已经行了孝。同样,根据我们于2007年所进行的全国性大调查的结果,超过85%的被调查对象认为,当前中国人道德素质中的最大缺陷是"有道德知识,而不见诸道德行动"。② 为此,道德测评不能仅以道德知识为对象,而必须以现实的道德行动为重点,否则它便如当今不少大、中、小学的德育课堂考试,造就在道德上只知不行的"理智的傻瓜"。道德的自持,不仅是行动,而且是坚持和坚守,因而在冲突情境中道德发展水平往往能得到更为可靠的测评。正如黑格尔所说,道德往往发生于某些冲突的情境中,尤其是理与欲、公与私、义与利的冲突中,最典型的便是孟子鱼与熊掌、生与义的两难情境。"鱼,我所欲也;熊掌,亦我所欲也,二者不可得兼,舍鱼而取熊掌者也。生,亦我所欲也;义,亦我所欲也,二者不可得兼,舍生而取义者也。"③

于是,根据"自觉自持力"的理念,道德发展水平便可能有三种测评

---

① 2007年、2013年、2016年,我们进行了三轮道德国情大调查,前两次分别在江苏和全国展开,第三次在江苏投放近万份问卷。这些数据是三次调查的共同信息。
② 参见樊浩《当前中国伦理道德状况及其精神哲学分析》,《中国社会科学》2009年第4期。
③ 《孟子·告子上》。

方法。1）关于道德知识尤其是体现中国传统和主流价值要求在当今中国社会已经形成最大共识的那些道德规范，它们是道德生活中的最大公约数，也是当今中国社会的同一性道德基础。这些道德规范和道德知识，往往体现公民的德性造诣，即个体与社会"同心同德"的能力，也是个体在道德上的教养或教化水平。2）道德行为与道德行为能力。道德知识只是"内得于己"，行为才是"外施于人"，道德测评中关于公民道德行为的观察与考察可以直接体现道德发展水平，这便是孔子所说"君子讷于言而敏于行"的道理。行为是一种能力，也是一种智慧，中国社会关于"见义勇为"与"见义智为"的讨论，就体现了道德发展中能力和智慧的统一。3）设计冲突情境，考察道德发展所达到的水平和境界。这些冲突情境的生活表现是"鱼与熊掌"，最高体现是"生与义"。其实，现实生活的许多日常情境或隐蔽的冲突情境尤其能呈现道德发展水平，不论是排队插队还是自助餐中对稀缺食品取舍有度，都无疑呈现了个体的道德水准和共同体的道德风尚。

知识、行动、冲突都是道德教化，道德教化既是伦理的现实化，也是伦理的异化。黑格尔曾经说过一句令世界惊愕的哲语：道德的最高任务是消灭道德本身，使道德成为多余。事实上，一旦道德规律成为自然规律，道德便成为多余。也许，对整个社会和人的一生来说，这是一个难以企及的至境，然而这种道德与自然同一的至境在现实生活中经常存在，并且成为道德的魅力所在。孟子所说的"见父自然知孝，知兄自然知悌，见孺子入井自然知恻隐"之"自然"就是"道德规律成为自然规律"的生活化体现。中国伦理传统与西方相比最大特色在于它的入世性，其神圣根源奠基于现世的血缘关系，因而道德的终极动力来自血缘之"自然"，而不是上帝的"绝对命令"。

道德世界观生成的标志是关于道德与自然关系的自觉，其最大局限在于道德与自然的紧张，即道德世界中理与欲、公与私、义与利的对峙与对立，所谓道德修养，以及被当今伦理学所误读、误传的所谓"道德法庭"，其实都是这种紧张和对立的表现。紧张必须缓解，对立必须达到和解。道德与自然的和解，在本性和境界上的表现，便是孟子所谓的良知、良能、良心。"人之所不学而能者，其良能也；不虑而知者，其良知也。"① 见父自然知孝之"自然"便是良知良能。而所谓良心，就是孟子

---

① 《孟子·尽心上》。

所说的作为仁、义、礼、智四善端之根的恻隐、羞恶、辞让、是非之心。良知、良能、良心,对个体来说是本性,对社会来说是风尚,对个体和社会来说是"率性之道"。它们扬弃道德与自然的对立,达到道德世界的和解,既是道德发展的人性根基,又是道德发展的最高境界。为此,道德测评应当也必须是对个体和社会的良知拷问,良能发现,良心追寻,它们不仅是个体之善良本性和社会之淳朴世风,也是道德发展的家园回归。在道德发展测评中发现个体与社会的良知、良能、良心的存在状况和发展水平,虽然困难,但却十分重要,它们是道德测评的最为尖端和最富挑战的课题之一。

综上,公民的道德自主力的测评由三大结构五个元素构成。道德世界观的自觉和道德规范的自觉是道德自觉度的两个元素;知行合一与冲突情境中的道德坚持是道德自持度的两个元素;良知、良能、良心的"三良"是道德自觉度和道德自持度的同一性指数。道德世界观中的理欲、公私、义利的自觉意识,传统美德、主流意识形态和大众意识形态三者整合的七大道德规范,是道德自觉指数测评的具体内容。以道德行为为重心的知行合一、冲突中的道德选择是道德自持指数的测评内容。而以道德与自然和解为本质的良知、良能、良心,则是个体本性善良指数和民风淳朴指数的测评内容。三大结构、五个元素体系性地呈现出公民道德的发展水平。

(三) 家庭的伦理承载力

在传统伦理体系中,"齐家"是"修身"之后的环节。在任何文化传统中,家庭都是自然的伦理实体,是伦理的直接存在形态,"齐家"的哲学真义使在家庭或家庭伦理关系中处于不同地位的成员安伦尽份,克尽自己的道德本务,惟齐非齐,从而使家成为一个伦理性的实体,"齐"即实体的中国化表达。家庭是一个伦理性的实体,个体在家庭中的伦理身份是"成员"。正如黑格尔所说,家庭伦理作为自然的关联必须是"精神"的,而且只有具备"精神"这一文化条件时才可能是伦理的。家庭作为伦理实体和个人作为家庭"成员"的必要条件,是每个人的行动以家庭这一整体为内容和现实性,由此个体才能在家庭这一自然的和直接的伦理实体中养育伦理的能力和素质。在这个意义上,家庭是伦理的摇篮和策源地。

"伦理承载力"之成为当今中国伦理道德发展及其测评的聚焦点,有三个方面的根据。

第一，文化传统与文明血脉。在任何文明体系中，家庭血缘关系都是人类与自己的原初状态即原始社会，甚至与自己的生物本性最具普遍意义的关联。梁漱溟先生曾说，中国社会是伦理本位，而伦理本位的根源是家庭本位，中国文化之所以是伦理型文化，最根本的原因就是家庭。与西方文化相比，中国文明的最大特色是其"国家"构造，所谓家国一体、由家及国，于是家庭便具有比其他任何文明更重要、更基础的意义。国外学者发现，家庭是中国文化的万里长城，20世纪的中国虽然伤痕累累，但中国人的家庭始终坚韧。然而时至今日，我们必须正视一个严峻的课题：家庭是否还具有足够的伦理承载力？家庭的伦理承载力使中国文化之所以成为中国文化，是中国伦理道德发展的最具基础意义的条件，家庭一旦失去充沛的伦理承载力或者其伦理承载力削弱到一定程度，中国文化便将不再是伦理型文化，便标志着伦理道德发展最深刻危机的到来。

第二，家庭在当今中国伦理道德发展中的基础地位。在我们所进行的三次全国性大调查中，很多与家庭相关的问题往往都能达成最大共识。"在你成长中伦理道德养成的第一收益场所是什么？"三次调查，几乎所有群体的首选都是"家庭"。"对你道德品质养成影响最大的人是谁？"绝大多数首选"父母"。在最重要的五种伦理关系即所谓"新五伦"中，三次调查，居前三位的都是家庭血缘关系，不仅选择相同，而且排序高度一致：父母子女关系、夫妻关系、兄弟姐妹关系。这些信息说明，家庭在现代中国社会中仍具有绝对的伦理意义。

第三，伦理道德发展的难题。西方曾有预言家预言家庭必将消亡，虽然这一预言并未实现，但基因技术、市场经济，还有认知层面的理性主义都不断侵蚀家庭的精神机体，尤其当今中国特殊的社会结构以及家庭在文明体系中的地位，使家庭伦理问题日益深刻和紧迫。改革开放对中国社会转型影响最大的国情之一是独生子女政策。独生子女对文化最大的影响就是伦理。一方面，它使家庭伦理关系"瘦身"为原子式的单向度，多子女家庭所卵化的具有巨大社会伦理意义的复杂有机的伦理关系断崖式消失，家庭生活及其血缘关系失去原有的伦理养育功能；另一方面，核心型家庭不可避免地出现以"孝"为核心的传统伦理记忆的集体丧失，因为在这场空前的社会试验中，血脉延传的迫切性及其危机意识远远压过或说至少在一代人中暂时压过对"孝"的伦理诉求。独生子女是一次巨大的伦理断裂和文化断裂，当下还无法准确估计这一断裂的文明后果，但可以肯定，家庭的伦理承载力必将面临巨大考验，而这种伦理承载力又关乎中国文化的存续，关乎伦理道德发展。

家庭伦理承载力的测评可以从代际伦理关系、婚姻伦理素质、同胞伦理意识、家庭伦理向社会伦理的移植和扩展能力、家国伦理关系五个层面展开，而它们的伦理精神基础是"爱"或所谓"亲亲"之爱的素质与能力。测评的聚力点和核心问题是家庭伦理安全和家庭伦理风险。

伦理与宗教，都以爱为出发点，区别在于，爱的神圣性根源在哪里。爱的文明真谛是什么？是"在一起"。宗教以上帝之爱为根源动力，其神圣根据在于，我们都是上帝的创造物，上帝造人，上帝和我们的祖先亚当、夏娃本来在一起，这是爱上帝和众生相爱的根本理由，亚当·夏娃因偷吃智慧果被逐出伊甸园，赎罪得救的文化长征本质上是通过上帝之爱重新回到"在一起"的原初状态或本真状态。入世的中国伦理型文化以家庭为爱的根源动力，其神圣根源在于：十月怀胎，人本来就是从父母的实体中走来，因而与父母、与家人，乃至与有血缘关系的所有人，本来就是"在一起"，日后的伦理教养，就是通过"爱"的回归而"在一起"。所以，"亲亲"之爱，是爱的根源，将它扩而充之，便成为社会之爱。这便是孔孟儒家以"仁"说"人"，以"爱人"释仁，又以"亲亲"为爱之根基和始点的伦理智慧，"人—仁—爱人—亲亲—仁道"构成儒家伦理体系的基本内核。正如黑格尔所说，"爱"的本质是不专为自己而孤立起来，是不独立、不孤立，由此"在一起"才有可能，伦理才有可能。孟子说，人有大体和小体，其实人身上有两种构造，所谓理性和情感。理性使人独立，使人强大；情感扬弃人的抽象独立性，使人美好，这种使人美好的情感最终来源于家庭。情感的本性是"只知如此，不可究诘"，这便是孔子"父为子隐，子为父隐，直在其中"的人文大智慧所在。因为，一方面，家庭是情感性和伦理的策源地，不应该被理性建构的社会法则所颠覆；另一方面，由于家庭在中国文明体系中的本位地位，一旦以理性法则颠覆了家庭，社会也便分崩离析。所以，对家庭"亲亲"之爱的伦理状况的测评，其意义不仅关乎家庭的伦理实体性，根本上也关乎社会的伦理凝聚力，是家庭的伦理承载力的根本。

代际伦理测评的核心要素是慈与孝。孝慈是家庭"亲亲"之爱也是家庭伦理承载力的最自然和最强大的表现，然而它们却是两种不同的伦理智慧和伦理能力。"慈"是父母实体性的人格表现。男人和女人以婚姻而成为实体，在中国话语中互为"另一半"，其客观性和人格化的表现就是子女，子女是父母伦理上成为一体的人格化，所谓"爱情的结晶"。因此，"慈"在相当程度上具有本能意义，正如恩格斯所说，爱子女是老母鸡都会的事。"孝"则不同，它是一种对生命的伦理觉悟。孝的精神本性是意识到自己的生命是在父母生命的枯萎中成长起来的，对父母的爱便是对生命根源的爱，所谓"慎终追远"，因而需要启蒙，需要教养。孝慈是家庭的自然伦理安全系统，它以伦理的机制维护人种再生产的生生不息，尤其在物质生活水平低下的条件下，它几乎是家庭也是种族伦理安全的最重要的保障，否则人类文明将遭遇巨大的伦理风险。

正因为如此，伦理型的中国文化发展出了一套完整得几乎具有宗教意义的孝慈尤其是孝亲的伦理智慧和道德规范。当今之世，虽然物质生活水平大幅提高，然而孝慈依然是事关人种延传尤其是人的生命意义的两个最基本的伦理能力。独生子女邂逅老龄化，将中国社会推向空前的高风险，形成"超载的老龄化"——不仅在所谓"2+8"的代际数量失衡而导致的客观伦理条件上超载，更重要的是在文化承载力方面超载，文化尤其是孝道文化的断裂将使老龄人即便不在物质生活条件方面面临"老无所养"，也可能因亲情"供给侧危机"而失去人生意义和终极关怀，日益增多的老年痴呆症呈现了这种文化稀缺。可以说，中国正面临日益严重的家庭伦理风险，遭遇严重的家庭伦理安全危机，即便是"老母鸡都会"的慈爱，也因诸如"卖婴儿买宠物"之类的丧失天良的行为出现深重危机。因此，孝慈素质和孝慈能力的测评便可以为家庭的伦理承载力评估提供重要的信息。

婚姻伦理素质和伦理能力是家庭伦理发展水平的另一个重要标尺，也是当今中国社会的重大伦理难题。孟子曰："男女居室，人之大伦。"男女关系为何是"人之大伦"？很简单，在任何文明的神话传说中，人类历史从哪里开始？从一个男人和一个女人开始。在西方是亚当和夏娃，在中国是盘古、女娲。依据伦理传统和文化现实，当今中国婚姻伦理的关键问题也是测评重点，一是两性关系的道德风尚，二是婚姻的伦理能力。在传统"五伦"范型中，依据家国一体、由家及国的文明原理，家庭伦理中的父子、兄弟两伦与社会伦理都内在巨大的文化亲和，父子关系是君臣关系的范型，兄弟关系是朋友关系的范型，这便是所谓"人伦本于天伦"

的"神的规律"与"人的规律"同一的伦理规律。但唯有对夫妇关系保持高度的伦理警惕和伦理紧张,不能成为男女关系的范型,因为它是"人之大伦"。在任何社会中,两性关系的紊乱都将导致道德风尚的沦丧,导致严重的伦理后果。全国大调查显示,虽然经过40多年改革开放,人们对两性关系已经表现出很大包容,但两性关系所导致的社会风尚问题已经成为家庭伦理中最令人担忧的问题。与之相联系,婚姻危机成为当今中国社会最重要的社会危机之一。危机不仅表现为离婚率的不断攀升,更表现为不婚和失婚人群的不断增长。婚姻能力是人类最重要的伦理能力,它是依自然规律和伦理规律所建构的最重要的伦理实体,是对人的伦理能力的最大检验,因为它以西方学者所说"学会与大猩猩相处"、中国人所比喻的"两个刺猬过冬"的法则,将一个男人和一个女人继而也将一个家庭造就为一个实体。不婚族的不断增长、离婚率的攀升,是社会的伦理能力丧失和伦理素质缺陷的最自然、最直接的呈现。因此,两性风尚、婚姻能力（包括离婚率和结婚率）是婚姻伦理测评的两个基本指标。

  兄弟姐妹关系的伦理测评是一个难题,因为独生子女造就的是血缘关系中的孤独的伦理单子。独生子女在享受"万千宠爱于一身"的伦理厚待的同时,也肩负难以承受的伦理期待和伦理重负,更失去在与兄弟姐妹相处中获得伦理体验和伦理记忆的机会,在这个意义上说他们是伦理上的鲁宾逊并不为过,稀有的多子女家庭已经是社会的非常态,对一代人来说,"悌"已经成为一个伦理上的异国他乡。"孝悌也者,其为仁之本欤。"可以说,独生子女时代,已经失去了培育"亲亲"之爱的能力的横坐标,剩下的只是父母子女之爱的纵坐标的孤独支撑。"兄友弟恭"已经残缺,作为其社会后果,是"友"的伦理凝聚力和恭敬之心的缺失。独生子女时代,以"悌"为核心的伦理能力的测评是一个难以为之而又应当为之的评估,因为它事关家庭伦理能力和伦理记忆可能的断裂。如果在现实伦理关系中不存在,也许只能通过某种兄弟姐妹关系的虚拟来预测和评估。

  家国一体,家庭的伦理承载力及其合理性绝不止于家庭内部,其最大风险和最大难题,是家庭与社会、国家的关系,具体地说,难题有二:家庭伦理的"亲亲"之情如何向社会推扩？如何在家庭伦理与国家伦理,尤其是所谓孝与忠的和解中防止家庭伦理逻辑对国家政治生活的蔓延侵蚀？在家庭本位的中国社会,家庭从来都是一把伦理上的双刃剑,既是文明的基础，也是诸多社会问题的症结所在，它始终存在两个相互矛盾又同时存在的身份认同，即家庭成员与社会公民，这便是黑格尔所说的"黑夜的规律"与"白日的规律"的冲突。两种身份、两大规律的真理在于相互过渡，由此缔造文明的有机性与合理性。于是两个维度的测评不可或缺。一是家庭的公益心和公德心，或者说是孔子"亲亲"基础之上墨子所说的"兼爱"；二是处理国家与家庭关系的伦理状况，即家庭及其成员公私关系的伦理水平，其核心是爱国心与履行政治义务的道德品德。二者构成所谓"家风"，准确地说是处理家庭与社会、国家关系的伦理风尚，它是考察家庭作为文化本位承载其伦理功能的合理性的重要元素。

综上，家庭伦理测评以"伦理承载力"为主题，以家庭的伦理安全与伦理风险为着力点。从"爱"的伦理素质与伦理能力出发，展现为五个结构、七个元素：父母子女伦理关系的孝慈；婚姻伦理的两性风尚与婚姻能力；兄弟姐妹关系的友爱；家庭与社会、国家关系中的公德心和政治义务。由此形成关于家庭的伦理承载力的评估和测评体系。

（四）集团的伦理建构力

集团伦理或组织伦理已经成为目前最具前沿意义的"中国问题"之一，因而必须成为伦理评估的重要因子。

其一，改革开放使中国发生的最大也是最深刻的变化之一，就是进入所谓"后单位"时代。如前所述，传统中国社会结构的特质是家国一体，由家及国，它是中国文明的特色及其对人类文明的最大贡献，也是中国文明面临的最大难题。在这种文明形态中，"家"如何与"国"相通一体是基本课题，因为在"家""国"之间，有一个巨大的跨越，家—国链的断裂将导致文明的严重危机。毛泽东时代的最大文明贡献之一，就是创造性地在"家"—"国"之间建立了所谓"单位"，所谓"单位制"。"单位"往往既是伦理实体，又是政治实体。作为伦理实体履行丹尼尔·贝尔所说的"第二家庭"的功能，作为政治实体，不仅与国家相通，而且对个体履行教育督察等政治功能。企业、事业、学校等林林总总的"单位"在分工体系中各有不同的经济社会和文化功能，但毫无例外都必须具有伦理与政治的两个基本功能。改革开放、市场经济解构了"单位制"，个体走出家庭之后相聚合的各种"实体"，事实上主要是利益共同体，伦理和政治的功能被严重弱化甚至彻底消解,成为"无伦理"因而也是"没精神"的存在,在这个意义上,家庭与国家之间的旷野已经出现,横亘于它们之间的不是"单位",而是"集团"。

其二,根据我们所进行的全国性大调查结果显示,80%以上的受调查对象认为,当今社会造成最严重社会后果或道德上最大恶的行为,不是个体,而是集体或集团。从假冒伪劣到生态破坏,再到企业大爆炸,导致最严重后果的不道德主体不是个体,而是集团,这是当今中国社会必须承认也不得不承认的事实。20世纪中叶,英国哲学家罗素曾满怀担忧地指出,人类的命运正在被一些"有组织的激情所破坏",譬如战争就是最癫狂的集体行动的"恶"。在世界文明史上,集团的恶比个体的恶造成的灾难更深重也更值得警惕。

其三,市场经济、个人主义、理性主义,使"后单位制"下集体行动的逻辑发生根本性变化,利益逻辑成为根本逻辑,无论集体还是组织,都可能因为迷失精神目的性和伦理上的自我调节能力而沦落为"无伦理"的集团,其中最典型的是企业。在单位制转型过程中,关于企业的最重要也是最著名命题之一,便是"企业是一个经济实体"。企业从一个集伦理、政治、经济三大功能于一身的社会公器,成为一个简单的"经济实体"。于是,无论个体企业、民营企业还是国有企业,都逻辑和历史地存在一种危机:从经济实体沦为"经济动物",企业与社会的关系发生根本性蜕变,导致集体行动的恶。在内部,由于伦理的精神力量和政治的制度力量退隐,集体行动的动员机制只剩下利益驱动,于是不仅集体行动,而且共同体的存在都可能因为利益状况的变化而产生经常性危机,中国企业旺盛生命周期的短暂与伦理凝聚力的耗散有着直接关联。

其四,在集体行动中,存在一种伦理—道德悖论:"伦理的实体—不道德的个体"[①]。许多集团行为,如假冒伪劣,生态破坏,往往因对集团内部关系来说可能有利可图而是"伦理"的,但对社会来说,却是严重的恶。集团或集体具有双重主体性和双重功能,在内部关系意义上是整体,在外部关系意义上是个体,所谓"整个的个体"。内部关系的伦理性掩盖外部关系的不道德性,不仅是一种"平庸的恶",而且导致"最大的恶"。根据我们2007年全国性大调查的信息,如果某一行为如排放污水,

---

① 参见樊浩《伦理的实体与不道德的个体》,《学术月刊》2006年第5期。

将对自己及所在共同体带来很大利益，但对环境造成巨大破坏，"不举报"与"沉默率"的总和高达41.9%。① 它说明，"伦理的实体—不道德的个体"已经不是可能，而是现实。

　　以上论证的结论是：必须对集团行为进行伦理测评和道德评估。以往的伦理学理论和道德建设实践有一个共同盲区，即教育、评价、建构的对象都只是个体，最多是所谓职业伦理，而所谓职业伦理归根到底是个体伦理。集团行为长期逃逸于伦理评价和道德归责之外，这是社会风尚和伦理道德问题难以得到根本解决的重要问题之一。这种居于"家""国"之间的中介环节是什么？组织、集体、共同体？"集团"的表达最恰当。"集体""共同体"都有"体"，因而是"有精神"或精神家园的，而"组织"既是名词也是动词，更多强调共同行动形成的过程及其目的性，根据西方管理学理论，组织必须具有共同目的、协作的愿望、信息三要素。而"集团"不同，它是个人的"集合并列"，本质上是"无精神"的，利益驱动是集团形成的最重要动力。所以，在"后单位制"下，如何将"单位"退化而成的诸多"集团"通过伦理的和精神的努力提升为"集体""共同体"，也是一个重要任务。

　　如何对集团伦理进行评估？在操作上，可以将除政府机构以外的所有组织都作为评估对象。评估的逻辑结构有三：集团伦理关系、集团道德行为、集团的伦理—道德素质。其中，集团的伦理建构力是核心，它考察"后单位"背景下各种集团组织对自己的伦理实体性的自我认同和自我建构能力，表现为集团组织的伦理自觉、伦理自治、伦理自制或伦理自律，是集团在伦理上的自我调节力。

　　集团伦理关系：集团的伦理实体性。包括集团内部的伦理关系、集团与社会的伦理关系、集团与国家的伦理关系，它们表征集团的伦理自治能力。在严格的哲学意义上，"实体"是存在与精神一体的概念。当一个集团不仅以组织形态存在，而且个体在自我意识中认同这种存在并且建立起与它的精神同一性时，集团便成为实体。实体以精神为灵魂，那种"没精神"的集团，只有肉体没有灵魂。伦理关系是个体性的"人"建立与作为自己的公共本质的实体性的"伦"的关系，并以此处理现实生活中人与人之间关系的状况。内部伦理关系包括：个体对集团在伦理上的认同

---

① 参见樊浩《当前中国伦理道德状况及其精神哲学分析》，《中国社会科学》2009年第4期。

度；内部利益关系的公正度；内部人际关系的亲和度；个体的自我实现度。集团与社会的伦理关系包括社会大众对集团的伦理评价或伦理上的美誉度，集团对所在区域伦理环境的影响；集团与国家的关系包括集团履行国家义务的状况，集团对国家政治的响应与参与状况，政府部门对集团的伦理评价。在此三者基础上，还有总体性的集团伦理环境、伦理文化，以及重大伦理事件和伦理故事。

集团道德行为：集团的道德主体性，或集团作为道德主体的状况，其核心是集团道德行为的自律或自制力。包括：（1）集团道德行为的道德自觉度，如集团的伦理理念、伦理宪章和具体的道德制度；（2）集团的社会责任状况，如参与公益慈善、遵守道德规范状况；（3）产品的可信度，履行道德义务如纳税状况；（4）集团不道德行为的发生率，如集团贿赂、环境污染、恶性道德事件等。

集团的伦理—道德素质评估：核心是伦理道德的自我调节能力，着力点是经济冲动力与伦理冲动力之间的关系。包括：个体与集团行为的义利价值取向；义利冲突中价值让度与行为选择；集团内部的伦理聚合力与外部道德冲动的强度。

总之，伦理实体性即在内部与外部关系中作为伦理存在的自治力，道德主体性即作为道德主体的自制力，以及义利价值冲突中的伦理调节力，是集团伦理评估的三大着力点。其中，社会贡献、公众评价、重大伦理事件、恶性道德事件、内部伦理关系与外部伦理环境，是兼具客观性与主观性的重要评估元素。

（五）社会的伦理凝聚力

集团、社会、共同体三者之间的关系，是关于社会的伦理评估的概念基础。集团与社会理论上是两个相互交切的概念。个体走出家庭之后以各种形式重建共同生活，集团、组织、集体等是具有一定组织形态的共同体，在此之外，还有一些没有组织形态的共同体生活，如公共场域中的共存关系、邻里关系等。为了对"单位制"解体之后存在于家庭与国家之间的那些中介关系做一个比较仔细的区分，同时兼顾到与原有的"单位"形态的比照，毋宁应该将"集团"与"社会"区别对待。可以将除了职业生活以外的那些公共领域称为"社会"。这个意义上的"社会"已经是一个狭义概念，因为集团等本身也是"社会"。职业生活的伦理是"职业伦理"，职业生活之外的公共生活的伦理是"社会伦理"即"社会公德"，其整体性表现是所谓"社会风尚"，其中，公共领域的伦理关系、公众人物的道德状况，往往具有标志性意义。"社会"与"共同体"的关系是另一难题。在《共同体与社会》一书中，斐迪南·滕尼斯曾将"共同体"与"社会"相区分，认为共同体是具有某种先验性和神圣性的关系，如血缘关系、地缘关系，而社会则是理性建构的结果，也可以说共同体是社会的自然形态。在最广泛的形而上意义上，可以将具有公共生活意义的关系及其组织形态都称作"共同体"，"共同体"概念的精髓在"体"，其本质是对公共生活的伦理性的一种精神赋予。

对"社会"进行伦理评估的最具挑战性也是最易引起混乱的是所谓"市民社会"的概念。"市民社会"本是黑格尔在《法哲学原理》中在家庭与国家之间思辨的一个伦理中介，因而在理论上本身就存在某种不彻底性，比如他认为"市民社会是处在家庭与国家之间的差别的阶段，虽然它的形成比国家晚。"①"在现实中国家本身倒是最初的东西，在国家内部家庭才发展成为市民社会。"②市民社会既是家庭走向国家的中介，又以国家为前提，内在逻辑和历史的混乱。近三十年被移植到中国后，这一思辨性概念便被误读为应然性的存在，将它当作评判社会文明合理性的标准，不少学者认为现代中国之所以存在许多问题，就是因为缺乏"市民社会"的结构。这一立论的根据，可能在学术源头上就是黑格尔所说的那个"市民社会是在现代世界中形成的"断言。③某种意义上可以说，市民社会是与市场经济的经济结构相对应的一种社会结构，在精神现象学意义上，它是原初实体性的伦理世界解构之后的"法权状态"；在法哲学意义上，它是个体被"从家庭中揪出"之后的"集合并列"。市民社会最重要的特质是个体本位，在精神发展和共同体发展的过程中原有的自然实体分裂为以个体为目的的单子，"在市民社会中，每个人都以自身为目的，其他一切在他看来都是虚无。"④黑格尔曾说，既然社会将人"从家庭中揪出"，就必须为个体建立"第二家庭"，市民社会应该具有这样的属性，

---

① ［德］黑格尔：《法哲学原理》，范扬、张企泰译，商务印书馆1996年版，第197页。
② ［德］黑格尔：《法哲学原理》，范扬、张企泰译，商务印书馆1996年版，第252页。
③ ［德］黑格尔：《法哲学原理》，范扬、张企泰译，商务印书馆1996年版，第197页。
④ ［德］黑格尔：《法哲学原理》，范扬、张企泰译，商务印书馆1996年版，第197页。

这是它的伦理性所在,财富的普遍性与权力的公共性是其伦理诉求,但这种伦理性又非常脆弱,因为市民社会的本质是"无精神"。

然而,当下中国学界的讨论往往只偏重于"市民社会"的现代性,完全忘记了它的发轫者黑格尔的那些忠告:"市民社会是个人私利的战场,是一切人反对一切人的战场,同样,市民社会也是私人利益跟特殊公共事务冲突的舞台,并且是它们二者共同跟国家的最高观点和制度冲突的舞台。"① 市民社会导致了生理上和伦理上两极蜕化的景象,其特点是"无尺度",一方面是情欲的无尺度,另一方面是节制这些情欲的制度的无尺度。市民社会应该是一个伦理实体,但又难以成为一个伦理实体,这就是市民社会的悖论。正因为如此,"市民社会"不能成为现代中国社会的理想模式,我们宁愿将与公共生活相关的领域称作"社会"。当然,因为已经将职业共同体从中剔除,这里的"社会"是狭义的。

关于社会的伦理评估的主题是什么?是伦理凝聚力。"社会"的文明本质是"在一起"。对伦理来说,"在一起"的力量不是市民社会中以个人为目的所谓"需要的体系",而是以超越自己的个别性和有限性而过普遍生活、追求成为普遍存在者的伦理,"伦理是一种本性上普遍的东西",普遍的东西"只有作为精神本质时才是伦理的"。② 通过对普遍物的信念将个体在精神上凝聚为一个共同体的力量就是伦理,因此,社会之为社会的精神本质和精神力量是伦理凝聚力。伦理凝聚力的现象形态,以及人们对它的主观感受,便是社会的伦理温度,或社会的伦理魅力指数。市民社会、市场经济造就的是冷冰冰的"需要的体系"和"个人利益的战场",伦理因为个体对共同体的认同和共同体对个体的关怀而饱含人情的温度,这种温度消融个体之间的利益鸿沟,使个体在对普遍物的追求和对自己的公共本质、精神家园的回归中融为一体,因而具有伦理的魅力。伦理凝聚力的精髓是"一体感",其评估结构有三:社会风尚或社会的伦理感;社会公德或个体的道德感;善恶因果律。

社会风尚或社会的伦理感。黑格尔认为,风尚是个人与伦理普遍性的简单同一,是个人的普遍行为方式,其本质是精神,"风尚属于自由精神

---

① [德]黑格尔:《法哲学原理》,范扬、张企泰译,商务印书馆1996年版,第309页。
② [德]黑格尔:《精神现象学》,贺麟、王玖兴译,商务印书馆1996年版,第8页。

方面的规律"。① 伦理感不是一个心理学而是精神哲学的概念,其要义是个别性与普遍性的同一感。"社会的伦理感"不仅是社会对伦理的敏感度,而且是社会生活中的伦理浓度,是伦理的精神追求与市民社会作为"需要的体系"的互动力量。根据当前中国社会的前沿课题,社会风尚或社会伦理感的评估主要有三个元素:道德信用指数、伦理信任指数、伦理安全指数。评估的对象主要是社区、公共场域、网络媒介。长期以来,中国社会为诚信问题所纠结,从假冒伪劣到"扶老人难题",所有问题都归结为诚信问题,继而又将诚信片面地解读为道德信用。然而,无论在理论上还是实践上,诚信都包括两个结构:道德信用与伦理信任,而其超越性的形而上基础就是所谓"诚"的本体。信用是个体的道德品质,所谓诚实守信;信任是一种"文明的资格",是预期和建构未来的风险行为,因而具有重要的伦理意义。伦理信任是一种独立而重要的社会品质,是社会的伦理教养,道德信用不可能自然产生伦理信任。没有信用,社会将缺乏伦理安全;没有信任,社会将缺乏伦理温度和伦理魅力,同样也没有伦理安全。

因此,道德信用与伦理信任的状况,是社会的伦理风险与伦理安全的风尚标志,它们在三大场域中展示。首先是社区。社区是一种具有相对稳定性和自组织形态的公共生活场域,社会生活中的信用与信任状况往往体现社会风尚和社会伦理感的底线,社区中邻里之间的熟悉指数、家庭的"铁窗指数"即家庭单元外部装修中的防盗窗指数,可以直观地体现社区的信任指数和伦理安全指数。其次是公共领域。公共领域包括城市、商场、车站等公共场所,具有标志性的评估元素不仅包括这些公共场域的信用度和受骗度,还包括以"微笑指数"为温度计的信任度,"不要与陌生人讲话"体现社会严重的信任危机,"微笑指数"直接体现社会的伦理温度。最后是网络。网络媒介以隐蔽而赤裸的方式展现社会风尚和伦理感,其信用与信任状况在伦理评估中具有前瞻意义。

社会公德与个体道德感。社会公德在文化反思中长期是被批评的聚焦点之一,不少人认为,由于家庭本位的传统,中国人比较注重私德,但公德缺乏,表现为公共场域中的道德失范。这种批评虽缺乏充分的根据,但却表明公德之于中国社会的重要性。社会公德的评估主要包括三个方面。

---

① [德] 黑格尔:《法哲学原理》,范扬、张企泰译,商务印书馆1996年版,第170页。

其一，公共场域道德规范的履行状况，从闯红灯、排队到旅游景点的道德状况，而志愿者参与状况往往可以作为正向道德的重要标尺。其二，公众人物的道德状况。根据我们进行的全国大调查的结果，演艺界等公众人物，以及企业家和商人的道德状况，在多次调查中都居于最不被满意的群体的前三位，在第二次大调查中，医生成为位列伦理道德上最不被满意的群体的第四位。公众人物的道德状况标志性地体现社会道德，不仅因为他们的显示度而成为公德的显示器，对社会道德具有演绎和示范作用，而且可以由此窥测社会大众的道德底线，因此，演艺人员、商人与企业家、医生，便成为社会公德评估中具有标志意义的群体。其三，公共道德舆论，包括社会舆论中的道德取向，它不仅反映社会的道德敏感度，而且直接拷问社会的道德良知，因而应该成为道德评估的要素。

善恶因果律状况。善恶因果律是人类文明的普遍规律之一，它的实现是人类的最高文化理想，但在不同文化形态中有不同的实现机制。宗教型文化在终极信仰中实现，最典型的就是康德在《实践理性批判》中借助"上帝存在"和"灵魂不朽"两大预设达到道德与幸福的统一，而伦理型的中国文化则透过伦理信念追求在世俗生活中达到，从古神话开始，善恶因果便成为中国人贯通精神世界和生活世界的主题与规律。善恶因果律体现社会伦理和社会道德的现实力量，是社会的伦理凝聚力具有终极意义的根据之一。善恶因果律状况的评估可以从两个方面展开。第一，社会大众关于善恶因果律的信念状况。善恶因果律的核心是道德与幸福的统一，是人类的终极追求，与其说它是现实，毋宁说是信念。它们在生活世界中往往并不直接统一，但人类执着地追求和实现这种统一，这便是信念的力量。黑格尔曾以思辨的方式论证了这种统一，指出道德本身是一个永远有待完成的任务，既然道德还没有完成，那么关于道德与幸福不统一的结论便缺乏根据，而那种认为"没有道德的人生活得很好"的说法只是披着道德外衣的嫉妒。[①] 正因为如此，中国伦理总是教诲人们"自强不息"，"厚德载物"，因为道德与幸福的统一存在于自强不息的永恒努力之中。所以，关于善恶因果、德福同一的信念状况，是社会伦理考察的重要元素。第二，善恶因果的实现程度及其现实力量。善恶因果律虽然本质上是一种伦理信念，但如果缺乏实现的伦理力量，最终也会"化作一缕青

---

① [德] 黑格尔：《精神现象学》，贺麟、王玖兴译，商务印书馆1996年版，第142页。

烟",消逝得无影无踪。这种现实力量包括:对道德楷模的褒奖;对严重不道德行为的惩处力度;社会大众择善固执的能力。

要之,在由社会伦理、社会公德、善恶因果律三者所构成的社会伦理凝聚力的评估体系中,"道德信用—伦理信任—伦理安全"是社会伦理的测评系统;"公共场域的道德状况—公众人物的道德状况—公共道德舆论"是社会道德的测评系统;"善恶因果信念—善恶因果力量"是善恶因果律的测评系统;三个结构、八个元素,构成社会的伦理凝聚力的测评体系。

(六) 政府的伦理公信力

政府伦理评估可能是一个最大胆、最富挑战性也是最有争议的哲学想象,也许它只是一种"书生意气"。然而,虽有争议,或者时机仍不成熟,却必要、应该,并且紧迫。其根据有三。

其一,政府不仅是政治机构,而且从根本上说是一种伦理存在,伦理是其基本属性和合法性基础。政府的政治属性不言自明,顾名思义,"政府"是"政治之府",根据孙中山的理解,"政治就是管理众人的事","众人的事"就是普遍性或所谓公共事务。然而,政府的精神意义和伦理本性却很少被揭示。黑格尔认为,家庭与民族是人与自己的公共本质同一的两个自然的伦理实体,它们伦理世界的两个基本结构,分别遵循"神的规律"(即血缘规律)与"人的规律"(即社会规律),这就是中国话语中的所谓"天伦"与"人伦",而"人的规律"即人在社会生活中所建构的普遍性,"是以政府为它的现实的生命之所在,因为它在政府中是一个整个个体。政府是自身反思的、现实的精神,是全部伦理实体的单一的自我。"[1] 政府的精神哲学意义和伦理使命,一方面是使个体凝聚为一个伦理实体或整体,如民族;另一方面又使民族、国家这些整体作为一个个体而行动。"整个个体"就是政府的伦理本性:对内,它是一个整体,即民族;对外,它是一个个体,即国家。政府使个体性与普遍性的统一成为现实。一方面,通过各种制度和分工保障个体的权力和独立性;另一方面又通过现实行动不断唤醒人的普遍本质和整体性,打破人的孤立性,保

---

[1] [德] 黑格尔:《精神现象学》,贺麟、王玖兴译,商务印书馆1996年版,第12页。

卫人的伦理存在使之不致堕落为自然存在。所以黑格尔才说,为了不让个体以及各种保障人的个体独立性的制度因孤立而瓦解整体,涣散精神,"政府不得不每隔一定时期利用战争从内部来震动它们,打乱它们已经建立起来的秩序,剥夺独立权利"。"战争是这样的一种精神和形式:伦理实体的本质环节,……只在战争之中才是一个现实,才显示出它的价值。因为,一方面,由于战争使个别的财产体制和个人的独立自由以及个别的人格本身都亲切体会到否定力量,另一方面,正是这个否定本质,在战争中,一跃而成为了整体的捍卫者。"[1] 黑格尔以晦涩的语言道出了战争的伦理功能和精神哲学意义。政府作为"整体的个体",其最重要的任务是调节个体与整体的关系,使处于民族和国家中的个体与整体保持一种"有生命的平衡"。这种"有生命的平衡"便是黑格尔所说的"伦理正义":一方面,保障个体的合法权利,包括独立和自由;另一方面,使个体凝聚为整体,并且使破坏整体平衡的自为存在"重返普遍"。在这个意义上,"公正",是政府的基本的伦理本性,政府的基本合法性在于个体与整体之间的伦理正义。

其二,官员道德是当今中国最大和最重要的道德难题。根据我们进行的多次全国性大调查,共同的结果和信息是:政府官员在伦理道德上也是位于最不被满意的群体的前列,政府官员的伦理道德发展评估,已经成为当今中国最具前沿意义的课题之一。虽然不断推进的强力反腐已经使这一问题得到很大改善,但根治依然任重道远,官员道德评估必须而紧迫。政府官员的伦理道德状况,直接关乎政府伦理属性;对官员伦理道德的满意度,相当程度上标志着政府在伦理上的合法度。民族、国家将个体凝聚为一个整体,然而整体中的每个个体不可能亲自在场表达自己的意志和处理与自己相关的公共事务,只能授权于自己所信任的对象,无论代议制还是代表制,其真义都是如此,"代表"的真谛是代替自己表达意志和行使权力。于是,作为人民意志的代表者和被委托的权力行使者,对被委托者的忠诚,便是最重要的品质。而代表与被代表者之间的关系,是一种"服务"关系,公务人员、政府官员的第一美德是"服务的英雄主义",这便是毛泽东所说的"全心全意为人民服务"的哲学根据和哲学精髓所在。在这个意义上,"服务"是政府官员的基本道德品质。

---

[1] [德] 黑格尔:《精神现象学》,贺麟、王玖兴译,商务印书馆1996年版,第13、32页。

其三，行政伦理是当今中国最大和最重要的伦理难题。我们所进行的三次全国性大调查的另一个共同信息是：分配不公与官员腐败，分别是位于第一、第二位的人们对改革开放的最大担忧。如果说官员腐败与官员道德相关，那么分配不公便与决策伦理相关。分配不公所导致的社会问题已经严峻到如此程度，乃至当今中国社会一定程度上已经从经济上的两极分化，走向伦理上的两极分化，其社会心态表达是：政府官员、演艺界、商人与企业家，是伦理道德上最不被满意的三大群体；而农民、工人、教师，是伦理道德上三大最被满意的群体。在政治、文化、经济上掌握话语权的三大精英群体，恰恰是伦理道德上最不被满意的群体，而最被满意的群体是三大草根群体。伦理上的两极分化已经生成，它是比经济上的两极分化更严重、更深刻的分化。防止伦理上的两极分化，必须攻克官员腐败与分配不公两大难题。

权力公共性是政府合法性的基础，而权力公共性的现实体现是决策的伦理性，因而必须对政府决策与行政伦理状况进行评估。这种评估不仅关乎社会公正，而且关乎民族凝聚力和国家安全，当下所倡导的爱国主义核心价值观便与此密切相关。黑格尔断言，"在国家中，一切系于普遍性与特殊性的统一。"[①] 在国家伦理实体中，个人成为一个"群众"，所谓"人民群众"。"群众"之所以不会沦为乌合之众，就是因为它是"精神的存在物"，其最大特质是既追求个别性，又追求普遍性，是个别性与普遍性的统一。所谓爱国心，本质上是一种政治情绪，"这种政府情绪一般说来是一种信任（它转化为或多或少发展了的见解），是这样一种意识：我的实体性的和特殊的利益包含和保存在指导我当做单个人来对待的他物（这里就是国家）的利益和目的中，因此这个他物对我来说就根本不是他物。我有这种意识就自由了。"[②] 可以说，没有伦理公正，就没有群众对国家的信任；没有信任，就不可能培育爱国主义的政治情绪。政府决策的伦理评估的意义就在于此。

政府伦理评估如何展开？"公信力"是核心。所谓"公信力"，要义是政府公共权力在道德上的信用度和伦理上的信任度，二者生成公民对政府的信赖度。由此评估可以从三个维度展开：政府官员道德状况；政府行

---

① [德] 黑格尔：《法哲学原理》，范扬、张企泰译，商务印书馆1996年版，第263页。
② [德] 黑格尔：《法哲学原理》，范扬、张企泰译，商务印书馆1996年版，第267页。

政、公共政策的伦理含量和发展的伦理合理性；政府伦理形象。

第一个维度是官员道德。之所以使用"官员道德"而不是"公务员道德"，是将评估的重点放在那些掌握重要权力的官员，而不是一般的公务人员。诚然，一般公务人员道德很重要，并且面广量大，直接与群众联系，但如果作为他们领导的官员有好的道德示范和道德管束，许多问题便可以迎刃而解。官员腐败是一种国际现象，中国由于社会主义制度和所有制形式的多样性，不仅对官员道德提出更高要求，而且也更为复杂。官员道德评估着力于三个方面：一是廉政状况，底线是不以权谋私，客观标准是遵循各种廉政制度，"廉不蔽恶"。二是勤政，"廉政"只是道德底线，"勤政"才是道德本务，其要义是为人民做好事、做实事的业绩，庸、懒、散是对公共权力的最大玷污。三是服务，服务是官员伦理本务和道德要求，在服务中体现官员的政治品质和政治境界，它包括服务品质、服务态度、服务水平。

第二个维度是行政伦理。行政和决策的伦理公正度是这一评估的核心，聚力点是权力公共性与财富普遍性。国家权力与社会财富是生活世界中伦理存在的两种形态，权力公共性的要义对官员来说是"服务"，对公民来说是"平等"；财富普遍性的根据是"为一个人劳动即为一切人劳动，一个人享受也促使一切人享受"，因而"自私自利只是一种想象的东西"，要义是分配公正。行政伦理评估的要素有三：1）政府决策与公共政策的伦理含量，它不仅表现在一些建设与投资的重大决策，而且从城市盲道、无障碍通道、公共汽车的踏脚板高度，到老龄人政策等，都体现公共政策的伦理含量，其中弱势群体的生存状况和伦理关怀是标志性指标。2）资源配置与财富分配的伦理取向，从城市交通资源配置人行道、自行车道、汽车道的比例，到交通要道红绿灯对行人和机动车等待的不同时间，最直观的表达是最高收入与最低收入的差距，以及低收入人群的比例及其生存状况。3）发展的伦理合理性，其要义是突破单一的GDP标准，将环境保护、资源消耗、社会公平度、伦理安全度、公共政策中的伦理暗示和政府行为中的伦理示范、公民幸福感等要素均作为评估元素。公共政策和资源配置是无声的伦理，无形的道德，丹麦的哥本哈根市政府曾专门改造城市垃圾箱，以方便流浪者寻找食物，表现的就是一种特殊的政府伦理和城市伦理。

第三个维度是政府伦理形象。包括政府作为行政集体的伦理形象和作为政府成员的官员的道德形象,由公民的感受和评价获得。伦理形象既不是政治形象,更不是政绩形象,但却是比它们更深入人心的形象。它由公民对政府的认同度、美誉度、信赖度等要素构成,负面的指标是政府行政的恶性伦理事件如严重失能失职等,官员的恶性道德事件如腐败等、社会的恶性伦理道德事件如弱势群体的恶性暴力事件等。

(七) 生态的伦理亲和力

生态伦理之所以成为评估对象,不仅是因为生态危机已经严重威胁到人类生存尤其是生态安全,更重要的是人类文明已经进入这样的时代,即生态文明时代。"生态文明时代"是以生态为文明特质的时代,它是继农业文明时代、工业文明时代之后的新的文明时代。20世纪人类最重要的觉悟之一就是生态觉悟。从卡尔松在20世纪60年代发表的《寂静的春天》揭示人与自然关系的生态危机之后,人类的生态觉悟经历了几次重大推进。首先是人与自然关系的觉悟;然后将这种觉悟移植于更为广泛的人类生活领域,形成"社会生态""政治生态""文化生态"等重要理念;在此基础上,20世纪90年代,生态觉悟获得形而上学提升,形成"生态哲学"即所谓生态世界观;当今,生态世界观正日益向实践领域转化,形成"生态价值观",[①] 人们对生态问题的日益重视,"绿色发展"的国家战略的提出,就是生态价值观的体现。只有在"生态文明形态"或"生态文明时代"的意义上,才能真正理解生态伦理评估的必要性和文明意义,"生态危机"驱动下的问题意识的理解,很可能将生态伦理及其评估局限于因时制宜的权利之策。

生态在何种意义上是一种伦理?生态伦理一直有所谓"深层生态学"和"浅层生态学"之争。"浅层生态学"要求人类从自身长远生存发展的意义上关切和建设生态,但仍然坚持人类在世界体系中的中心地位;"深层生态学"要求彻底放弃人类中心主义的族类自私而狂妄的理念,将人类置于与宇宙万物平等对话的位置。二者的区别在于从根本上是两种世界观的分歧。应该说,人与自然的关系本身就具有伦理意义,人在漫长的宇

[①] 关于"生态文明形态",参见樊浩《生态文明的道德哲学形态》,《天津社会科学》2008年第5期。

宙演化中诞生，因而与宇宙自然之间存在实体性伦理关系，也许正因为如此，梁漱溟先生才说，人类面临三大关系，人与自然的关系、人与人的关系、人与自身的关系。当然，他没有指出人与自然关系的伦理性，只是试图指证中国文化在攻克人与人的关系中对人类文明的特殊伦理贡献。如果一定要从与人与人之间的关系理解生态的伦理性，那么一个显然的事实是，人与自然的关系本质上是以自然为中介的人与人之间的关系。一方面，是同代人之间一部分人与另一部分人的关系，如污水排放、环境污染；另一方面是代际伦理关系，如过度开发所导致的生态破坏，本质上是对后代资源的掠夺。无论同代关系还是代际关系，都是在人与自然关系的伦理上的不公正，都是对人类生存发展的自然同一性和自然安全系统的破坏，因而具有重要而深远的伦理意义。

毋庸讳言，日益严重的生态危机是生态伦理评估的问题意识。人类种族的自私、族群的自私，掠夺式发展、政绩工程，人类与自然关系的无知，种种原因，导致人类赖以生存的自然环境的深重危机。这一危机已经严峻到如此程度，以至人类已经开始想象如何逃离地球，在另一星球上寻找安身之处。然而问题在于，只要人类不改变对自然这一"他者"的态度，新的星球即便可以寻找，最终也难逃与地球同样的"废球"宿命。因此，对人类种族的绵延来说，与其逃离地球，不如从根本上调整人对自然的态度。应该说，中国的生态觉悟比西方发育得更迟缓。近四十多年来，中国经济得到很大发展，但也付出巨大的生态代价，至今我们仍处于无止境发展的本能冲动之中。当"氧吧"成为商业性的广告用语，当人类时常像动物大迁移一样躲避环境污染时，便标志着生态问题已经严重威胁我们的安全。在这个意义上，生态伦理评估，既是对人对自然的伦理态度的评估，也是对发展的生态代价的评估，更是对我们生存的自然安全与自然危机的评估。

如何评估？生态伦理评估的核心概念是人与自然的"亲和力"。"亲和力"的要义是既"和"且"亲"。孔子说，"君子和而不同，小人同而不和。"[①] 因为"和则生物，同则不继"。[②] "和"是多样性同一，是人与自然之间的和谐，"和"生何"物"？是人与自然同生共荣。然而"和"

---

① 《论语·子路》。
② 《国语·郑语》。

不是人对自然的认识、改造，以及在认识自然、改造自然基础上对自然的征服，"亲和"贵在"亲"。人类应当走出对自然认识、改造、征服的三部曲，学会尊重自然、敬畏自然、亲近自然，这便是"亲"的要义。"亲"的哲学精髓是《中庸》所说的由"尽己之性，尽人之性"，到"尽万物之性"，最后达到"赞天地化育"，"与天地参"的境界。这便是所谓"天人合一"之境，"天人合一"就是天与人的"亲和"。"亲和力"就是天与人"合一"的能力。"亲和"既是面对自然的主观感受和享受，也是一种客观环境和现实境遇，因而根本上是人与自然关系的一种伦理态度和伦理现实。"亲和力"如何测评？从三个维度进行：生态伦理关系、生态道德行为、生态伦理环境。

生态伦理关系测评。生态伦理关系包括直接的人与自然的关系，以及以人与自然关系为中介的人和人的关系，其着力点是测评对人与自然的伦理关系的自觉程度，以及人与自然关系的亲和度。其包括三方面：政府的生态伦理理念，社会大众的生态伦理意识，对待自然的伦理态度；在自然资源的开发与利用中的代际伦理关系；地域的生态伦理关系。其中，政府的生态伦理理念体现于发展理念中，表现为发展中生态意识的自觉程度以及经济发展与生态发展之间的价值让渡。代际伦理关系的突出表现是生态超越和对自然资源的过度开发，美国与西方一些国家对已发现的矿产资源很多并不立即开发，而是留给后人，而对树木砍伐的立法保护更是严格，这当然相当程度上是全球化进程中国家战略理念上的一种民族自私，但其生态保护意识值得借鉴。地域生态伦理关系突出表现于污染物的异域排放等，一些国家根据风向规律在国境的边缘建立化工厂，污染气体流向另一国家就是典型表现。

生态道德行为测评。生态道德行为的测评主体包括政府、集团和个人。1) 政府生态道德行为，集中表现于政府的生态伦理政策，这些政策在宏观层面如经济发展中的环境保护政策，中观层面如对生态破坏和生态污染的处罚政策与措施，微观层面如对与人和自然关系相关的各种政策措施。西方社会体现人与自然关系的典型政策之一，是"宠物福利"，对家庭豢养的宠物狗给予适当经济补贴，当然也有强制性的遛狗规定，以防止动物虐待现象的发生。2) 集团生态道德行为，特别是企业的生态行为，如污染物排放、生态修复投资等，还有社区生态道德行为，如社区自然环境建设、垃圾管理等。3) 个体生态道德行为，相对于政府和集团，个体的行为的生态影响可能小些，但由于社会由个体构成，因而其生态伦理的敏感度和行为能力，如对破坏生态行为的监督、阻止和举报，个体行为中的生态自觉等，对生态发展具有基础性意义。

生态伦理环境测评。包括自然环境、社会环境和文化环境。自然生态环境比较客观，容易被感受，与之密切相关的是对发展的生态评估，包括三大评估：生态伦理成本、生态伦理资源和生态伦理安全的评估。它在根本上是对发展观的评估，当今对发展成本的计算往往只是货币成本、人力成本等，而生态成本是隐性也是影响更长远的成本，如果发展付出过于高昂的生态成本，便具有掠夺性。生态资源是发展的重要资源之一，最典型的体现之一是旅游业，乡村游、风景游在根本上是生态游。由此也必须对发展的生态前景进行展望和评估，这是发展后力的表现。发展的生态评估还可以防止一种偏向：发展迟缓、落后的地区往往原生态反而可以存续，生态伦理的本质是发展过程中伦理与经济的价值均衡和价值让渡，是发展中的生态保护，以不发展保存生态只是对待自然的"遗产心态"。社会环境是生态伦理意识和生态道德行为的综合表现。文化环境的核心形成一种尊重和保护生态的伦理文化，是人与自然关系的文化自觉。

生态伦理关系、生态道德行为、生态伦理环境，构成生态的伦理风险指数、伦理安全指数和伦理魅力指数，生态伦理风险是生态的伦理亲和力的否定性指数，生态伦理安全是肯定性指数，伦理魅力是生态伦理亲和力的综合指数。

（八）文化的伦理兼容力

这是一个更可能引起争议也更难操作的评估结构。然而，评估从来就是在争议中坚守，评估的难度有多大，其前沿性可能也就有多大。在现代文明体系和社会生活中，"文化的伦理兼容力"属于"世界伦理"的范畴，这里的"世界"是一个广义概念，既指向外部关系中的"国际"，也指向内部关系中地域意义上的"城际"，以及不同群体、不同阶层，即所谓"群际"，其时代精神的基础以一个意识形态话语表达就是"开放"。在传统承继方面，它与"大学之道"的"八条目"中"平天下"的结构存在文脉关联，"天下"是家、国结构之上的文化概念，故将"文化"作为考察的主体，这里的"文化"是包含观念、制度和行为在内的总体性话语。"文化的伦理兼容力"着重评估对待外部世界的伦理态度、伦理情怀与伦理关系。其根据有三。

其一,全球化时代走向世界的伦理。近三十多年中国社会变化的重要关键词是"开放","开放"的基本含义是走向和拥抱世界,包括两个方面。一是走向世界的伦理,核心是对异质文化的尊重和民族精神的坚守;二是世界走向我们的过程中拥抱世界的伦理,核心是对异质文化的接纳。前者是爱国主义,后者是世界主义。根据我们2007年、2013年全国大调查的信息,"如果你的导师是外国人,他侮辱了中国,但抗议将引起对自己不利的结果,你将如何选择?"第一次调查有30%以上的沉默率,第二次调查沉默率也在20%左右。可见,民族精神、爱国主义很可能甚至已经被个人的利益算计所绑架。与此同时,外国人来华投资、求学、旅游已成普遍现象,过于警惕的文化鸿沟也体现文化精神中伦理容摄力和文化兼容度的缺失。在全球化过程中,中国人必须重新补上"世界伦理"这一课程,造就面向世界的伦理教养。

其二,高度流动社会的伦理。"开放"不只局限于外部世界,内部世界的开放是更充分、更深入的"改革"。市场经济、城市化,再加上高铁、高速公路、网络媒介,已经将中国社会催生为一个高度开放的社会,传统意义上的"熟人社会"已成背影,在城市空间和职业生活中,几乎人人都可能是"大地上的异乡者",于是如何学会"与陌生人相处"便成为开放社会的伦理要求,是个体与社会伦理教养的另一标志。

其三,市场社会的价值坚守和文化建构力量。无论外部开放还是内部开放,其原初动力都是物质的力量,个人主义、理性主义与市场法则的结合,使开放社会的外部与内部关系汇合成强大的利益逻辑和功利主义的洪流,利益追求成为"在一起"的唯一法则,很可能在精神世界和生活世界中出现伦理的荒野或"伦理戈壁",从而使人的世界失去伦理凝聚力和伦理意义。在这种背景下,对于文化的伦理评估便具有重要的导向意义。

"文化的伦理兼容力"的评估对象是"文化",关键词是"兼容力"。"兼容"不是"包容"。"包容"是以我为是、以我为尊的居高临下的"伦理高地","兼容"是建立在平等基础上的相互承认、相互融合;"包容"是"君临天下","兼容"是"海纳百川"。前者是王者的伦理,后者是平等的伦理。在伦理上,"包容"不是承认,而只是显示包容者的大度,所谓"大腹能容,容天下难容之事",然而背后却是"笑容常开,笑天下可笑之人";而"兼容"则是"和则生物"的共生互动,是彼此需求的彻底的相互承认。在"包容"中,伦理世界局限于包容者的"大腹能容"之中;而在"兼容"中,世界在相互链接中不断延展,共生共荣。开放世界、平等社会,需要"兼容"的伦理,而不是"包容"的伦理。这种"兼容"的伦理与中国"平天下"的传统理想相契合。"平天下"的精髓是"天下平"或"使天下平",绝不是"平定天下",它与"齐家"之"齐"相承接,其要义是通过"己立立人,己达达人","老吾老以及人之老,幼吾幼以及人之幼",最终达到"中国如一人""天下如一家",此"一"之境界即谓"天下平"。在哲学上,它是家国情怀下的伦理同一性建构,因而根本上是一种文化气象、伦理气象,也是一种文化和伦理的力量。这种气象和力量,在多元化的现代社会中,即是"文化的伦理兼容力"。

"伦理兼容力"如何测评？可以从外部伦理世界、内部伦理世界,以及文化的伦理精神三个维度展开。

外部世界的伦理即"国际伦理"的兼容力,其测评要素主要有三：1)走向世界中的爱国主义,它是外部世界关系中的国家伦理意识与民族伦理精神,包括：走向世界的频率如文化、教育、经济、社会的对外交往投资情况等,文化生活中民族尊严的维护,经济政治生活中民族利益的坚持,个人行为中的民族气节与民族伦理形象的保护等。2)拥抱世界中的开放度,如吸引外资的状况,城市外国人士的流通频率与交往能力,城市标志物的双语、多语状况,市民伦理心态上的开放度,政府在经济社会文化政策上的开放度,对外来文化的接受和接纳品质等。3)伦理对话能力,包括社会大众对异质文化的伦理识别能力、伦理互动能力,多元文化中对民族优秀伦理传统的坚持能力等。

内部世界的伦理即"群际伦理"的兼容力,着重考察内部社会流通中的伦理状况与伦理能力。要素有：1)城市或地域的伦理开放度,包括人口流通状况,外来人员的伦理态度与伦理政策,社会大众对外来人员尤其是外来低层打工者如保姆、建筑工人等的伦理态度、理解能力、尊重品质,政府接受外来人员的政策,如城市落户的门槛、子女入学、医疗保障等。2)社会流通的伦理能力,包括：社会阶层的固化程度、低层社会群体的上升通道是否畅通,如优质教育资源的特权化状况等;对弱势群体的伦理态度、伦理援助政策,公共政策和公共生活对多层次、多样化需求的尊重与满足状况等；3）社会在伦理上两极分化状况，如：政治生活中精英阶层及其子女的特权化程度，经济生活中财富集中及其"炫富"状况，诸社会群体、社会阶层之间的伦理关系尤其是相互信任和尊重的状况，由贫民、贱民演发的社会恶性事件的状况等。

伦理精神的兼容力。包括三种伦理能力：理解能力、尊重能力、和合能力。这些能力都发生于"国际"和"群际"之间。包括：对异质文化及其生活方式的伦理能力，对不同社会群体的生存状况和行为方式的理解能力。"理解"不是"了解"，"理解"指向承认和尊重，而"了解"可能只是出于好奇甚至猎奇，开放社会必须发展出一种伦理上的尊重能力，不仅是对异质文化的尊重，而且是对社会内部不同社会群体尤其是低层群体和弱势群体的伦理上的尊重，"学会尊重"是一种社会生活必需的伦理教养和伦理品质。"和合"能力是一种知行合一的能力，它将不同文化、不同群体、不同阶层，在精神世界中"和"，在生活上世界"合"，共生互动，这种能力的伦理基础和传统资源，本质上是一种"及"的伦理能力：对个体来说，是推己"及"人；对社会来说，是老吾老以"及"人之老，幼吾幼以"及"人之幼。"及"是一种伦理境界、伦理教养，也是一种伦理能力。

当今之世，关于文化的伦理兼容力的评估，不是时机不成熟，而是缺乏觉悟。伦理兼容力不成熟，就不可能培育出在伦理上成熟开放的社会。"伦理兼容力"的要义是文化的伦理魅力和伦理温度。由此，文化的伦理兼容力评估便具有重要的现实意义。

结语：伦理道德的发展与评估体系

评估不是权力，测评不是专利，其根本目的是引导和推进发展，向社会宣示正确的价值目标和文化诉求。伦理评估是对个体和社会的一次伦理上的健康体检、水平测试，更是凝聚价值共识的一次文化推动。评估的根本指向不是"后顾"，而是"前瞻"。伦理道德发展评估，作为一种前所未有的事业，目前还是一种思辨、一种想象、一种理想和现实商谈中的行动，它以一种"理想类型"继往开来，达到集体意识和集体行动中的文化自觉和精神超越。

综上，当今中国伦理道德发展的评估测评体系是"七'力'体系"：

公民的道德自主力，家庭的伦理承载力，集团的伦理建构力，社会的伦理凝聚力，政府的伦理公信力，生态的伦理亲和力，文化的伦理兼容力。它们是中国发展的"软实力"，却是伦理道德发展的"硬实力"。七个"力"与七大指数、七个"度"结合，构成伦理道德发展的定性与定量结合的评估体系。然而，评估的科学性与合理性还必须与另外三个重要结构契合，一是当今中国社会诸重要社会群体；二是当今中国社会的主流价值观，依照"伦理道德"与"发展"的关键词，必须与核心价值观中的具有伦理意义的要素，《公民道德发展纲要》的十个基本规范和四个基本结构即个人品德、家庭美德、职业道德、社会公德，以及创新、协调、绿色、开放、共享的五大发展理念相契合；三是当今中国伦理道德发展的理论前沿与现实前沿。当然，还必须体现中国传统和中国智慧，具有直接借鉴意义的是"大学之道"。在理论上，评估体系的概念基础是"伦理"与"道德"的区分与合一；评估的总体性话语是"道德美好度"与"伦理魅力度"；而"伦理道德发展"的逻辑结构则包括四个方面：伦理关系、道德生活、伦理道德素质、推进伦理道德发展的经验教训与管理创新。在整体上，以"七力"的历史结构为纵坐标，以四个逻辑结构为横坐标，综合以上诸要素，形成当今中国伦理道德发展的评估体系。

需要说明，这个评估体系只是基于中国传统和中国国情，提供了关于伦理道德发展评估的理念、理论、结构、元素，最基本的努力是对它进行学术论证，使之成为一个体系。付诸实践，还有许多操作问题需要进一步研究和解决，尤其需要进一步细化可测评的最后一个层次的具体指标体系，这些指标体系既要主观与客观、定性与定量结合，又要根据现实推进做及时调整，并确定"七力"结构，以及诸指标体系在评估中的不同权重，由此形成一个相对稳定的动态评估系统。

第一编
伦理道德发展的精神状况及其精神哲学规律

改革开放激荡中社会大众的伦理道德发展经历了何种历史性进程？2007年的全国调查及其精神哲学分析表明，改革开放30年，中国社会大众伦理道德的精神状况已经从最初的多元多样多变逐渐积累积聚，呈现为梯形结构和二元体质。伦理道德的精神构造是由"市场经济中形成的道德""意识形态中所提倡的社会主义道德""中国传统道德""西方文化影响而形成的道德"四元素构成的近似梯形结构；在义与利、道德与幸福、发展指数与幸福指数等重大问题的判断，以及对伦理关系和道德生活的满意度方面，两种相反的认知势均力敌，形成所谓"50%状态"的二元体质。梯形结构具有不稳定性，"50%状态"既是一种高度的共识，也是一种截然的对峙。伦理世界、道德世界、伦理道德素质及其影响力结构中的突出矛盾，是以个体主义为基础的"理性"对以"单一物与普遍物统一"为精髓的"精神"的僭越。伦理道德精神链的断裂，伦理精神形态的哲学改变，道德同一性力量的危机，是伦理道德发展的三大时代课题。应对这些时代课题的核心战略是"精神战略"，它具体展开为"精神回归"战略、"精神家园—精神生态"战略、"精神同一性"战略。

2007年的调查发出关于伦理道德发展的第一次文化预警：经过30年改革开放的洗礼，中国社会大众的伦理道德发展已经走到一个十字路口，进入重大转换的敏感期和关键期，国家意识形态干预遭遇重大战略机遇期，错过这个机遇期，我们将犯历史性错误。

"精神战略"有待发现和揭示伦理道德发展的精神哲学规律。2007年和2013年两次国情大调查，以及2013年在江苏进行的调查的比较分析表明，中国伦理道德发展呈现三大轨迹：伦理与道德同行异情的伦理型文化的"转型轨迹"；伦理分化的"问题轨迹"；伦理道德与大众意识形态的"互动轨迹"。依此发出2013年调查关于伦理道德发展的第一个文化预警，即伦理道德发展的精神哲学的预警。具体地说：伦理型文化的预警；伦理分化的预警；伦理道德发展的精神哲学规律的预警。它们分别呼唤关于伦理道德发展的"文明自觉"、"问题自觉"和"规律自觉"。中国伦理道德发展遵循伦理型文化的精神哲学规律——伦理律，一体律，精神律，其精髓是从"应当如何生活"的道德问题，向"我们如何在一起"的伦理问题转换的精神哲学革命。

一 伦理道德状况及其精神哲学分析

前言：调查样本与解释框架

2007年，本人作为首席专家率领国家重大招标和江苏省重大委托两大项目的课题组，分别就当前中国社会的和谐伦理状况、当前我国思想道德文化多元、多样、多变的特点和规律两大主题进行全国性调查。

调查以六大群体，即公务员群体、企业家与企业员工群体、青少年群体、青年知识分子群体、新兴群体、困难（弱势）群体为结构，针对六大群体的不同情况分别进行问卷调查、座谈交流、个别访谈，两大课题组对各类群体的问卷样本分别为500份左右。同时，总课题组就两大主题以多阶段分层抽样的方式进行综合调查，每组课题在江苏、新疆、广西三省（自治区）投放问卷1200份，其中，国家项目收回有效问卷1149份，有效回收率为95.75%，省项目收回有效问卷1166份，有效回收率为97.17%。两个项目组的问卷投放总量在一万份以上，可称"万人大调查"。两大课题综合调查问卷略有交叉，调研对象性别比例女高于男三个百分点左右；大专以上文化程度近80%；问卷和座谈基本覆盖各类群体，但大学生和青年知识分子所占比例最高，大部分无宗教信仰。总体看来，总课题组与六大群体的子课题组对同类问题调查获得的信息大多基本相同或相似。①

---

① 本部分所采用的数据，均为本人2007年任首席专家的国家重大招标和江苏省重大委托项目诸子课题或本人直接进行的总课题调研的数据。国家课题组调研负责人是：总课题组，樊和平；公务员群体，董群；企业家与企业员工群体，许建良；青年知识分子群体，刘波；青少年群体，杨绍刚；弱势群体，徐嘉；新兴群体，马向真；集团伦理，王珏。省课题三子课题组的负责人是：思想组，王庆五；道德组，田海平；文化组，陈刚。两大课题组秘书：许敏。因交叉性很强，采用时恕不能将有关调查负责人名单逐一标出。本部分的调查数据，除特别注明外，均以国家总课题组调查为样本。本书中凡2007年全国重大招标和江苏省重大项目的调查数据，皆以此为结构，只标明"来自2007年调查数据"。因此，本部分只是以2007年为时间节点，对中国社会大众化的道德发展状况的精神哲学分析。

调研报告的解释框架和研究方法有三个要点。1)"精神"与"精神哲学"的理念与方法。理由是:伦理道德属于精神文明,应当回归"精神"的家园,对于伦理道德的精神哲学分析,是当今中国道德哲学理论和现实道德建设难以完成而又必须完成的任务。2)道德辩证法。其要义是:将伦理道德作为精神发展的辩证过程,在精神运动的有机体系及其与经济社会发展的生态互动中,对当前中国社会的伦理道德状况进行辩证诊断。3)精神哲学的分析构架采用中西方道德哲学传统中共同或共通的那些理论和学术资源,使之建立在某种跨文化共识的基础上。三个要点以一句话概括就是:当前中国伦理道德状况的精神哲学分析。

(一) 伦理道德的精神状况

对于当前中国伦理道德状况的调查有四个基本结构:伦理关系大调查、道德生活大调查、伦理—道德素质大调查、伦理道德发展的影响因子及其遭遇的新问题大调查。调查发现,当前中国的伦理道德状况,呈现为以下精神哲学的特点。

1. 伦理道德精神的结构形态与生命体征

当前中国社会的伦理道德精神的生命状况如何?用一句话概括:四元素,二元体征,梯形结构。

1)伦理道德精神的文化构成:四元素

当前中国社会的伦理道德精神到底由哪些元素构成?在对"你认为当前我国社会道德生活的基本方面是什么"问题的回答中,选择"市场经济中形成的道德"占40.3%;"意识形态中所提倡的社会主义道德"占25.24%;"中国传统道德"占20.8%;"西方文化影响而形成的道德"占11.66%。国家课题组的这组数据与省课题组在结构上基本相似。

这组数据传递的直接信息是:当前中国的伦理道德精神由四元素构成,形成某种四边形结构。其中,市场经济道德和西方道德是改革开放形成的新的文化和精神因子,而意识形态提倡的道德和中国传统道德,一定意义上可以视为"变"中相对稳定或"不变"的因素。它说明:目前中国伦理道德处于市场经济主导的状态和水平;意识形态虽然发挥了很大作用,但还没有达到主导和引导经济必然性的水平;传统道德在社会生活中仍具有重要地位，但它与意识形态道德力量的总和，才与市场经济道德大抵相当；西方文化对道德生活虽有一定影响，但并不像人们感知或想象中的那么大。

2）伦理道德精神的生命表现：二元体征

伦理道德精神的这种四边形结构的生命表达，体现为一种特别明显甚至强烈的二元体征。所谓二元体征，就是在精神的生命构造方面，表现为两种截然相反的认知或判断的二元对峙，甚至二元对立，双方共存一个同一体中，形成当代中国伦理道德精神的矛盾体。这种二元体征，既是一种高度的共识，也是一种高度的对立和截然的对峙。

二元体征既是一种矛盾状态，也是一种悖论状态，它突出表现为一个悖论，三大对峙。

一个悖论：伦理—道德悖论——

对当前道德状况"基本满意"的判断是主流，占69.71%；不满意的占19.41%；但"满意"的也很少，只有5.31%。但对目前的人际关系①，"不满意"的判断是主流，占73.1%。原因主要有三方面："受功利原则支配"（38.03%）；"关系变简单了，但温情大大减少了"（26.98%）；还有8.09%认为"越来越恶化"。只有25.33%认为"总体良好"。伦理上的认同度总体较低。对道德及其发展状况的"基本满意"、对伦理关系的"基本不满意"，两种相反的判断所达到的社会一致性都相当高，而且比例大体相当，其实质是精神结构中的一种伦理—道德悖论。

三大对峙——

一是义—利对峙。义利关系是伦理道德的基本问题，"天下之事，惟义利而已。"② 它反映社会成员的道德世界观。当今中国社会实际奉行的道德价值是什么？认为"义利合一，以理导欲"的占49.17%，但选择"见利忘义"或"个人主义"的也分别有20.97%和21.93%，后二者相加近43%。两种判断大抵相对立。③

---

① 注：在严格的学术话语中，"人伦关系"而不是"人际关系"才是道德哲学的概念，但鉴于人们习惯上将人际关系当作伦理关系核心的现实状况，调查中采用了"人际关系"的表达方式。

② 程颢、程颐《二程遗书》卷十一。

③ 在当代中国的话语系统中，除极为特殊的学术语境外，"个人主义"乃是一种否定性的评价和判断。

二是德—福对峙。道德与幸福之间的关系，体现社会的道德公正和道德规律的状况。目前中国社会道德与幸福的关系如何？49.87%作出肯定性选择；但32.81%认为德福不能一致，还有16.62%认为"二者没有关系，只要能挣钱就行"，后两项相加，总数为49.43%。两种选择势均力敌。

三是发展指数—幸福指数对峙。经济发展与幸福感之间的关系，反映社会的文明品质和特殊的伦理规律。目前中国社会经济发展与幸福感之间的关系如何？认为"生活水平提高但幸福感、快乐感下降"的占37.3%；认为"生活不富裕但幸福并快乐着"的占35.4%。两种判断同样难分伯仲。与以上两个数据不同的是，这个结果是两类地区的平均值，不同地区的选择事实上有所不同，总体情况是，发达地区的幸福感相对较低。

悖论与对峙的结果是：当前中国伦理道德的生命状况，表现为一种二元体征或二元体质。二元体征透露出一个强烈信息：从精神状况和文化心态的角度考察，当前中国社会的伦理道德，不是多元，也不是一元，而是"二元"。这是一种过渡的和临界的生命状况，是伦理道德发展的一种临界状态。它说明，中国伦理道德发展已经进入一个重大转折和转换的关键期。

3）伦理道德精神的结构形态：近似梯形

将四元素的文化构造与二元体征整合，便可以大致建立起关于当代中国伦理道德精神的生命状况的力学模型。

四元素中市场经济道德主体的地位以及二元对峙的生命体征，这两大特点决定了伦理道德精神的生命状态的逻辑模型。四元素中，市场经济道德与西方道德影响两大元素，是近三十年中国伦理道德精神体系中的最大变量；意识形态提倡的社会主义道德和传统道德两元素，是相对变化较小或"变"中具有一定稳定性的元素；这两组元素两两相对，构成相对应的四边；四元素构造的伦理道德精神具有二元体质的性征，可以视为这个四边形的制约条件。由此，当代中国伦理道德精神的结构形态或生命模型，便是以"市场经济道德"为下底、以"西方道德影响"为上底、以"意识形态中提倡的社会主义道德"和"中国传统道德"为两边、近似地具有某种等腰性质的特殊四边形，即近似梯形。

由此，可以提出一种假设：当代中国伦理道德精神的文化生命，是一种梯形结构或梯形形态。如果再向前推进一步，将伦理道德放到经济—社会—文化的有机生态中，那么，它遵循的便是四边形的力学原理。这个梯形结构所形成的合力，大致围绕市场经济道德作上下波动。

这个结构模型及其力学原理所演绎的精神哲学结论是：当前中国的伦理道德已经从传统形态转型为市场经济道德，但仍然处于经济必然性阶段或经济的自然伦理水平。这种状态及其力学原理符合"经济决定性"的基本规律，但从道德辩证法的观点以及市场经济内在的伦理局限性分析，它还不是合理状态，更远未达到"理想类型"。当然，梯形结构只是四元素和二元体质结合所形成的四边形的一种特殊形态，四元素的形成本质上是伦理道德的多元文化类型，诸类型的性质取决于四元素的长度及其相互关系，以及它们之间不同的排列组合。

2. 伦理世界及其精神

在中西方道德哲学传统及其体系中，伦理世界是伦理道德精神的逻辑起点，个体与实体的关系是伦理世界的基本问题，家庭与民族或国家是两个基本的伦理实体，伦理实体与伦理规律、伦理观与伦理方式、伦理范型、伦理行为，是伦理精神的基本结构。

1）伦理实体与伦理规律

关于家庭—国家—个人关系的主流观念，是认为国家、家庭高于个人，达65.18%。分歧在于，27.5%认为国家高于家庭；17.49%认为家庭高于国家；还有14.62%认为国家和家庭都是一种契约关系，可以因个人需要淡化和解除，5.57%认为它们是个人的手段，两项总和超过20%。这组数据说明，中国社会的伦理实体意识依旧很强，个体—家庭—民族的伦理世界结构未发生实质性改变；但是，家庭与国家在伦理世界中的地位，以及与之相关的"天伦—人伦"或"神的规律—人的规律"的伦理规律，已经发生重大嬗变，表现出多元倾向；大于20%对家庭与国家的契约化与工具化的认同，表明伦理实体已经开始祛魅，存在现实危机。

2）伦理观与伦理方式

总体状况是："从实体出发"的伦理观与伦理方式是主流，或"多"中之"一"，但从个体出发的"原子式观点"在家庭伦理、职业伦理与社会伦理中，都在20%左右，表明总的量变过程中的部分质变已经发生。68.23%认为处理婚姻关系的决定性因素是家庭整体，10.44%认为应当兼顾社会后果，但有20.63%认为它是个人的私事；74.58%认为是职业活动是天职或需要奉献，但有 22.72% 认为只是工具；近 80% 认为遵守公德是个人的义务，但也有 10.88% 和 8.88% 认同遵守公德是出于个人习惯和自身利益，两项总和接近 20%。

3）伦理范型

伦理范型的核心，是对社会的基本伦理关系的认同与建构。调查发现：传统的"五伦"元素未发生根本改变，但其结构原理已部分质变；家庭在伦理关系与伦理范型中，处于基础性地位，仍是中国人伦理精神的"文化长城"。

关于当代中国社会最具根本意义的伦理关系——40.12% 认为是血缘关系，28.11% 认为是个人与社会的关系，15.49% 认为是个人与国家的关系。社会作为家庭与国家的中介，比国家更重要，但其伦理地位远不如家庭。

"新五伦"——传统五伦作为伦理范型，曾经主宰中国社会的伦理精神两千多年。当今中国社会最重视的五种伦理关系依次是什么？在多项选择中，父子占 93.8%；夫妇占 78.4%，兄弟姐妹占 63.5%，同事或同学占 47.1%，朋友占 43.5%。五伦之中，高居前三位的都是家庭伦理关系。与传统"五伦"相比，夫妇关系的伦理地位上升，唯一改变的元素是君臣关系或个人与国家的关系，被转换为同事或同学的社会关系。

4）伦理元素：男女之伦

无论在中国还是在西方的道德哲学传统中，男女或夫妇关系，都是伦理世界中家庭与国家（民族）两大伦理实体相互过渡的中介与"能动元素"（黑格尔语）。在传统五伦范型中，夫妇之伦联结着天伦与人伦，男女关系作为"人之大伦"，被严格而严厉地对待。在现代社会中，虽然这种严肃的传统仍然被部分保留，但变化已经十分巨大。

目前中国社会日趋发展的性开放对道德风尚产生怎样的影响？认为将导致道德沦丧和污染风气的分别占 32.46% 和 25.41%，但认为是社会进步和无所谓的也分别占 19.32% 和 17.23%。这一方面说明对两性关系的伦理性的坚持和严肃态度仍居主流，近 60%；另一方面，也说明"解放"甚至"放任"的情势已经十分严峻，近 40%。这个数据与伦理观、伦理方式中超过 20% 认为离婚是个人私事的选择互为补充，与当代中国社会的离婚率和社会风尚状况大体吻合，可以相互诠释。

5）伦理行为中的矛盾与伦理冲突

伦理行为是基于实体认同的行为，因而与基于个体自由的道德行为不同，必然内在着个体与实体以及诸实体之间的矛盾和冲突，正是这些矛盾冲突，体现了伦理精神的特殊文化气质。如果以家庭生活、职业生活、公共生活为三大基本伦理场域或伦理场，以人与人、人与自然、人与社会为三大伦理关系类型，便可以发现当今中国社会伦理行为中的突出问题。

A. "伦理场"诸难题

家庭伦理场的突出问题是：独生子缺乏责任感（50.1%）；婚姻关系不稳定，性过度开放（42.3%）；代沟严重（36.2%）。核心是家庭伦理传统的断裂或伦理链的断裂。

职业伦理场的突出问题是：把职业当手段，缺乏责任感与奉献精神（62%）；上下级构成利益链，共同对社会不负责任（36.4%）；业主与员工关系不公正，剥削员工（30.7%）。三者之中，"责任"是焦点，核心是作为"普遍物"的诸伦理共体，如企业、社会的伦理神圣性的消解。

公共伦理场的突出问题是：人际关系冷漠（61.5%）；诚信缺乏，社会信用度低（61.4%）；干部腐败（52.9%）。核心是公共伦理资源的供给不足，缺乏伦理效力。

以上问题一言以蔽之：伦理场中伦理普遍性与伦理现实性的危机。

B. 伦理冲突及其根源

当今中国社会存在的基本伦理冲突，依其被选择的概率，排列次序为：人与人的冲突（11.86%），人与自然的冲突（10.76%），人与自身的冲突（10.25%）。人与人的冲突居首位。

人与人冲突的主要原因是：过度的个人主义（65.7%）；竞争激烈，利益冲突加剧（61.7%）；分配不公（59.9%）；价值、利益、制度三大原因同时并存，并且权重接近。

人和自然冲突的主要原因是：企业唯利是图（35.34%）；政府政策失当（25.76%），个人缺乏环保意识（19.5%）。企业与政府是生态伦理的两大责任主体，企业居首位。

人与自身冲突的主要原因是：竞争激烈，工作压力大（53.1%）；欲望过多，不能知足常乐（50.5%）；人际缺乏信任，难以排解烦恼（38.5%）。伦理境遇与道德世界观是两大基本原因。

伦理行为中的矛盾与冲突表明，传统的实体性伦理精神在生活世界中正在遭遇危机，危机的重要表征，就是伦理实体性和伦理普遍性的解构。

6）小结："伦理世界"与"伦理精神"的状况

A. 伦理世界：家庭与民族依然是现代中国社会两个坚韧的自然伦理实体和伦理世界的基本构造，它们在人们的信念中得到高度认同，说明伦理道德具有可靠的精神家园。但是，两性关系的过度开放，两性伦理性质的变化，正在颠覆甚至已经颠覆伦理世界的自然同一性或自然和谐，尤其是颠覆家庭的稳定性和社会的实体性，使家庭与社会的相互过渡出现精神障碍，需要重新探索和建构伦理世界的自然同一性原理或自然和谐原理，在这个意义上，伦理世界或精神家园遭遇挑战甚至危机。

B. 伦理精神：人们在观念中和信念中依然认同甚至坚守"从实体出发"的伦理观和伦理方式，传统的"五伦"伦理范型并未发生实质性改变。但是，从个体出发的"原子式观点"已经得到相当程度的认同，无论是"伦理"还是"精神"都面临被祛魅而工具化的现实危险。

C. 伦理精神中的矛盾：伦理精神中的矛盾，主要表现为在观念和信念中守望传统，坚守伦理的普遍性与精神的实体性，但在现实中，市场经济、独生子女，以及内在于伦理世界中个体性与实体性的逻辑矛盾，又在人的行为中催生和不断滋生着个体主义。观念与现实的矛盾，是当前中国伦理精神中的哲学矛盾。由此便内在两种危险："伦理"沦为利益博弈和制度安排；"精神"被"理性"（理性算计）所僭越。

3. 道德世界及其精神

道德世界具有特殊的精神哲学元素与精神哲学结构。道德世界观，道德规律，道德方式，基德或母德，道德主体，是它的基本元素和基本构造。调查发现，当代中国的伦理道德精神，在道德世界中的变化比伦理世界中更巨大、更深刻，也更具"多"的特点。在道德世界观中，传统虽仍有较高含量，但道德方式、道德规律已经呈现为明显的中西、古今交汇互变的过渡状态，社会的基德和母德在元素及其结构方面已经发生根本性变化。

1）道德世界观

在精神哲学体系中，道德世界观是道德世界的自我意识，其基本问题或基本矛盾，用德国古典哲学的话语表述，是道德与自然，包括道德与主观自然即感性欲望、道德与客观自然即社会现实之间的关系；用中国传统哲学的话语表述，是义与利、理与欲的关系问题。在现实性上，道德世界观表现为关于德性与幸福关系的信念及其现实性的道德规律。

现代中国社会的道德世界观的主流仍然是"以义制利""以理导欲"。在欲望与德性的关系方面,主张节欲或先追究欲望的合理性分别占48.22%和37.68%,两项之和达85.9%,以满足自己欲望为出发点和标准的主张只占12%左右。

"善恶报应"既是道德信念,也是道德规律或道德律。看到有道德的人吃亏,没道德的人讨便宜,48.3%相信善恶报应,32.29%不动心,但也有12.53%承认或主张在重要时刻仿效。

这两组数据仅是一种"观"即观念和信念,如果结合"二元体征"部分对于现代中国社会道德生活中义利关系、道德与幸福关系现实的两种势均力敌的判断和评价,[①] 就会发现:第一,虽然以义制利、以理导欲的传统道德世界观在观念中仍得到很大程度的认同,善恶报应、德得相通的道德信念,以及"道德规律成为自然规律"的道德哲学规律,在观念形态上还未发生根本改变,但在现实中已经遭遇深刻的危机,"自然规律(感性欲望)成为道德规律",以及道德上"搭便车"或道德投机的危险性已经深刻而现实地存在。第二,道德世界观中关于道德与自然(包括道德与感性自然、道德与现实),或义与利、理与欲之间"被预设的和谐",在观念中遭遇挑战,在现实中面临危机。道德世界中正处于蜕变的十字路口:或者改变道德生活中义与利倒置、善恶报应的道德律紊乱或中断的现实,巩固和提升社会的道德信念,或者道德世界观彻底"还俗",以"自然世界观"取代"道德世界观"。

2)道德方式

如果说,伦理方式的分歧根源于"从实体出发"与"原子式进行探讨"的伦理观或"关于伦理的观念",那么,道德方式的殊异便根源于道德与利益、个体至善与社会至善关系中何者优先的道德观或"关于道德的观念"。道德方式的现代性难题,是德性论与公正论,或个体德性与社会公正的关系,准确地说,是个体德性与社会公正、个体至善与社会至善何者优先的二难选择。

调查发现,现代中国社会在道德方式方面同样呈现为德性论与公正论的二元对峙。总体上,德性论或德性优先(48.91%)和公正论或公正优先(50.04%)的选择基本相当。德性论与公正论二元对峙的道德哲学本

[①] 参见本部分(一)之"2)伦理道德精神的生命表现:二元体征"。

质，是道德与伦理的对峙，是道德优先与伦理优先的对峙，是"从实体出发"与"原子式地进行探讨"的道德方式与伦理方式的对峙。二元对峙的形成，表明现代中国无论是在道德哲学理论，还是在伦理道德的精神形态方面，都正处于一个哲学上的转型期。同时，它也是中国伦理道德精神的生命状况的二元体征又一表现和佐证。

3）基德或母德："新五常"

在一个社会或社会发展的某种特殊时期被大多数人普遍认同的德性称为基德，因为这些德性又是其他诸德发育及其合理性的基础，因而被称之为母德。传统中国社会的基德或母德是所谓仁、义、礼、智"四德"，或仁、义、礼、智、信的"五常"，它们形成一个有机的德性体系并与中国传统经济社会状况构成一个有机的文化生态。

调查发现，现代中国社会的基德或母德从元素到结构都已发生根本变化。与"五常"的传统元素相对应，在现代社会所存在的诸种德性的多项选择中，得到最大认同的五种德目依次是：爱 78.2%，诚信 72%，责任 69.4%，正义 52%，宽容 47.8%。五者之中，除第一、第二两个德目在基本内容方面与"仁"和"信"可以相通相接，其余三个德目都具有明显的现代性社会和受西方文化影响的特征；而且，即便是"爱"与"诚信"两个德目，其文化内涵及其在德性体系中的地位也已发生重大变化。

4）道德主体

道德主体是扬弃伦理存在的自然自发性，扬弃个体存在的世俗性和非现实性，所建构的个体内在的实体性。它既是个体道德生命的整体性表现和表达，又是精神作为"伦理上造诣"的人格化和"普遍物"的个体性存在方式。在中西传统道德哲学中，良心、良知、良能往往被分别当作道德主体的自在形态（实体形态）、自为形态和自在自为形态。

调查发现，当今中国社会的道德主体表现为一种十分复杂的状况。对社会行为进行道德评价的主要依据：大多数人认同的规范 57.6%，良心 51%，契约意志 26.6%；自我道德判断的主要依据：自己的良心信念 61.3%，大多数人认同的规范 43.9%，忠恕之道 20.6%。

可见，良心与公共道德规范构成道德主体性建构的两个基本元素，它说明道德主体性中内在着的自律与他律的二元倾向。忠恕之道与契约意志是自我判断与社会评价中的两个相互区别的要件，二者之中，忠恕之道体现某种传统性与民族性，契约意志则是道德评价的新元素，但是，它只有在社会道德评价中具有重要的意义,这说明现代中国社会"契约伦理"虽然已经兴起,但还只是"对人"而不是"对己",远没有成为一种内在的道德精神。

5) 道德精神的生命缺憾

如果说以上两个数据体现了道德精神的常态,另一个数据则揭示了现代中国社会道德精神中的严重缺憾。现代社会公民道德素质中最突出的问题是什么?选择"有道德知识,但不见诸行动"占80.68%,"既无知,也不行动"占11.4%。知行脱节,或"良能缺场",是当代中国道德精神的最突出问题与难题。

6) 小结:道德世界观与道德精神的状况

与伦理世界及其精神比较,当代中国社会的道德世界观与道德精神的变化更为深刻,体现出更为明显的现代性的特点。仔细比较便会发现,以上四个方面的变化,依次愈益巨大。道德世界观的蜕变率在12%左右;德性论与公正论的道德方式呈现为二元对峙局面;基德与母德的选择则至少3/5是现代性社会的新元素;而良心与公共规范互为补充的自我评价与社会评价的道德主体结构,导致80%左右的"有道德知识,但不见诸行动"的品质特质。12%—50%—60%—80%,在观念、价值取向、德性结构和品质构造方面这些不断加剧的变化表明,中国社会的道德精神已经基本完成转型,发生基本的甚至根本的嬗变,变化的基本方向是解构传统,趋向现代性。这种变化有必然性,也有其合理性与非合理性。"有道德知识,但不见诸行动"的普遍现象表明,在道德世界和道德精神中,"理性"已经僭越和颠覆了"精神",应该说,它是现代中国社会的道德世界和道德精神中的重大缺陷。

4. 伦理道德的精神素质及其影响力结构

当前中国社会伦理道德的精神素质如何?生活世界中伦理精神和道德精神的影响因子有哪些?这些调查的目的,旨在获得一些信息,说明当代中国社会的伦理道德精神在生活世界中到底被哪些因素所型塑,发生了怎样的形变。

1) 伦理道德的精神素质

A. 伦理能力与道德能力

调查的结论是:当前中国社会的伦理道德的调节能力总体一般,但伦理沟通仍为处理人际冲突的首选,说明伦理道德在日常生活中仍保持十分重要的文化功能,中国文化依然偏向于伦理型文化,而不是法理型文化。

当前中国社会人际关系的伦理调节能力和个人行为的道德调节能力如何? 63.53%认为一般,17.84%认为很差。综合分析,结论是总体上一般偏下。在遭遇冲突时,首要的行为反映是什么? 54.48%找对方沟通,得理让人,25.59%找第三方调解,只有17.32%选择打官司。这说明伦理调节尤其是自我伦理调节乃是处理人际矛盾的首选,伦理取向明显,社会仍保持较好的自我调节的文化弹性。

B. 伦理感与道德感

当今中国社会的伦理感如何?调查发现,它受情境、信念、利益三要素影响最大。36.64%受情境激发偶尔有,27.33%作为信念时常有,21.58%因利益相关偶尔有,13.32%没有。这说明当今中国社会以境遇伦理为主导,信念伦理虽仍有相当的比重,但地位已经大大下降;伦理感存在相当程度上受功利影响,所谓"功利性道义主义",因而可能动摇不定;伦理"盲区"已经存在并且比例不小。

当今中国社会的道德感如何?它的存在受规范要求、社会评价两要素影响最大。37.34%出于社会评价经常有,36.21%出于对规范的自觉经常有;11.66%在有监督的环境中有;12.01%没有。它说明,当今中国社会的道德感与道德生活偏于他律(第一项与第三项事实上都属于他律);"道德盲区"已经存在并同样比例不小。

C. 荣辱感

当今中国社会的荣辱感如何? 39.51%认为虽然有但已严重退化,23.76%认为有,22.19%认为很少,5.29%没有。社会的荣辱感状况不容乐观,它表明伦理道德的精神基础,尤其是建构伦理道德同一性的精神基础遭遇严峻难题。

2) 伦理道德精神的影响力结构

A. 肯定性结构:受益场域与影响因子

两大策源地:人生过程中最大的伦理道德受益场域是什么?家庭63.20%,学校59.70%,社会32.20%。可见,家庭与学校是伦理精神与道德精神的两个最重要的策源地。

四大影响因子:哪些因素对当前我国新型伦理关系与道德观念起主要作用?网络媒体74.20%、市场57.80%,政府56.70%,大学及其文化

56.50%。四要素中，网络媒体居首，市场、政府、大学并列第二。这一信息结构可能与总课题组的调研对象主要是青少年与青年知识分子有关，在对公务员群体的调查中，大部分认为网络只是工具，对自己的道德品质没有实质性影响。

B. 否定性结构：文化因素与责任主体

对当前伦理关系和道德风尚造成最大负面影响的文化因素是：市场经济导致的个人主义55.35%，外来文化冲击28.20%，传统崩坏12.01%。市场经济派生的个人主义是首要因素。

哪些因素应当对当前不良道德状况负主要责任：社会不良影响57.80%，官员腐败52.60%，学校教育功能弱化30.10%。社会不良影响与官员腐败是两大主导因素。

3）伦理道德方面最不满意的群体

"你对哪些人的伦理道德状况最不满意？"政府官员74.80%，演艺娱乐界48.60%，企业家33.70%。政府官员高居榜首，演艺人员次之。在政治、文化、经济上掌握话语权力的群体，恰恰是伦理道德上被认为最不满意的群体，这种反差和异化的严重后果，是道德信用的丧失。

4）《公民道德建设纲要》的实施效果

53.96%认为"有效果但很小"，34.81%认为"没有实质性效果"。批评性与否定性评价相当集中，说明我们仍未找到一条适合当前中国伦理道德发展规律的建设途径。当然，这一结果可能与以上关于伦理道德发展的肯定性结构与否定结构之间的相互消解的状况相关，应当在一个更大的系统中理解和诠释。

5）小结：伦理道德的"精神之结"到底在哪里？

伦理—道德素质调查最富有挑战性的课题和难题，可能在于一般甚至一般偏下的伦理道德能力与伦理道德素质，与伦理道德精神的影响力结构，以及以实施《公民道德建设纲要》为标志的伦理道德建设的现实效果三者之间的因果关联。发现和揭示这个关联也许有待更深入的调查和更深刻的研究，但从现有的信息中，可以发现以下五个"不对称"：

第一，伦理道德能力、伦理道德的精神素质与伦理型的文化取向之间存在的不对称。这一不对称造成社会的精神需求与精神供给之间的不平衡，形成伦理道德精神的资源性短缺或稀缺。

第二，家庭与学校在伦理道德精神培育中的文化策源地地位与独生子女结构导致的家庭伦理性的淡化与退化,市场经济导致的学校的还俗与道德教育功能的弱化之间存在的不对称。这一不对称造成伦理精神养育的源头性枯萎,严重的情况甚至造成源头性污染。

第三,网络、市场、政府、大学及其文化对伦理道德精神的影响力,与这些因子本身所具有的伦理道德含量,以及社会对这四因子所进行的伦理道德建构的努力及其效果之间存在的不对称。这一不对称导致伦理道德精神生成因子的功能缺位甚至功能倒置,建构性的力量异化为解构性力量。

第四,公共权力与普遍财富作为生活世界中的伦理存在与官员腐败和分配不公对生活世界中伦理性的消解之间存在的不对称;政府官员与演艺人员作为伦理道德在政治和文化上的示范群体与他们沦为在伦理道德上最不被信任的群体之间存在的不对称。这类不对称导致的直接后果,便是伦理普遍性和道德信用的丧失。

第五,以上四个不对称的结果,便是伦理道德建设的努力与伦理道德建设的效果之间的不对称。这种不对称至少可以部分诠释《公民道德建设纲要》的实施为何"效果很小"甚至"没有实质性效果"。

或许,这五个"不对称",可以有助于我们部分地解开伦理道德的"精神之结"。

5. 精神的矛盾体:集团行为的伦理—道德悖论

当代中国伦理道德精神的四边形结构与二元生命体征及其素质特征,在集团行为中得到集中体现。调查发现,当代中国社会的集团行为,是一种精神矛盾体,这个矛盾体呈现为一种普遍性的伦理—道德悖论:伦理实体—不道德的个体。集团行为的伦理—道德悖论,既是对当代中国伦理道德状况具有典型意义的诠释,又是伦理道德发展的新问题与新发现,它在某种和谐上征兆着中国伦理道德精神和道德哲学的某种转型。

集团行为因其表面上天生的伦理性以往一直逃逸于道德评价和道德规约之外,然而,集团行为往往造成比个体更为严重的伦理与道德后果。一旦以自觉的集团伦理意识对集团行为进行道德评价,便很容易发现诸多集团行为在道德上的否定性本质。与个体不同,集团行为的特点表现为集团内部的伦理性与集团、与社会关系的非道德性的悖论。当今中国社会集团行为的难题与症结,在于对于其道德本质的"集体无意识",它表现为因

"司空见惯"而视"实然"为"自然",视"实然"为"应然",或者因与自己的利益相关而放弃道德评价甚至反为其进行道德辩护。

1)集团行为的道德后果:比个体行为危害更大——50.30%认为集团不道德比个体不道德危害更大;31.07%认为相同。

2)关于当今中国社会几种典型的集团伦理行为的道德判断和道德态度——

对政府机关为本单位子女入学提供便利行为的评价:36.29%、22.19%、10.88%分别认为是不道德、干部谋私和严重不道德,总数达69.36%;19.32%认为符合内部伦理,但侵蚀道德,两项之和达88.68%,意见高度一致;但也有8.88%认为道德,这种选择可能与既得利益有关。

对高校招生中对本校子女的降分录取的评价:43.43%认为不道德,29.16%认为符合内部伦理,但不道德,两项之和"不道德"选择比例为72.59%;21.15%认为司空见惯,无可奈何;只有4%认为理所当然。

3)集团伦理意识及其道德反映:有意识与无意识并存——对那些可能对本单位带来高福利但对社会造成公害的行为,56.57%会劝阻或举报,但也有33.86%不会劝阻。

集团行为及其内在的伦理—道德悖论研究的意义在于:1)它是一种新的伦理道德类型,由个体伦理向集团伦理的过渡,标志着伦理精神、道德精神和道德哲学的现代转型,现代伦理道德,现代道德哲学,应当也必须有两大对象:个体伦理,集团伦理;2)集团行为是一种伦理—道德的"精神矛盾体",其内在的伦理—道德悖论集中体现了现代文明的精神风貌和文化矛盾;3)与个体相比,集团行为不仅会造成更为严重的伦理道德后果,现代文明中的重大伦理灾难与道德后果如战争掠夺、生态危机的主体都是集团,而且集团行为往往是个体伦理道德精神的直接的"社会环境",其影响也更为深刻。只有将集团和个体行为同时作为伦理道德规约的对象并以此为相互影响的生态系统,才能真正解释和解决现代中国伦理道德精神的诸多课题和难题。

(二)伦理道德问题的精神哲学诊断

当代中国伦理道德的"精神问题"或精神哲学难题,主要表现在三方面：伦理道德精神链的断裂；伦理精神形态的哲学改变；道德同一性力量的危机。

1. 伦理道德精神链的断裂

当前中国伦理道德的重要症候是：分析性地考察伦理道德精神的每一个因子、每一个结构，似乎都未出现重大问题，或者未发生根本性蜕变，但整个机体似乎有些令人不适，甚至分明感到处于某种危机之中。对这种状况可能作出的精神哲学解释是：精神链的断裂。

1）伦理精神链的断裂

"伦理本性上是普遍的东西，这种出之于自然的关联本质上也同样是一种精神，而且它只有作为精神本质才是伦理的。"① 伦理是一种普遍存在者，道德的真谛是将人从个别性的存在提升为普遍性存在，所以孔子将"礼"与"仁"作为道德哲学与伦理精神的两个基点，礼是伦理实体性，仁是道德主体性。但是，无论伦理还是道德，只有当具有"精神"，与"精神"同一时，才获得其文化真性，因为精神的本性是"单一物与普遍物的统一"。② 根据中西方道德哲学传统和人的精神发展规律，伦理精神必须经过"伦理世界—生活世界—道德世界"的辩证运动才能完成。在伦理世界中，伦理精神直接体现为家庭与民族两大伦理实体，所谓"天伦"与"人伦"；在生活世界中，伦理精神的现实基础是权力的公共性与财富的普遍性或社会性；在道德世界中，伦理精神的表现是个体的德性，"德毋宁应该说是一种伦理上的造诣"③。"伦理世界—生活世界—道德世界"辩证运动的精髓是：只有这个辩证运动的完整过程，才是伦理精神的机体和生命，其中任何一个环节的异化和脱节，都会导致伦理精神链的断裂或伦理发展的精神障碍。

当代中国伦理发展的基本难题，是伦理精神链的断裂。调查显示，当代中国社会在三个世界中对伦理普遍性的诉求不仅存在，而且还比较执着，严重的问题发生在三个世界相互过渡的精神运动之中。一方面，理性主义、市场经济、独生子女诸因素的交互作用，催生了早熟的"法权状

---

① [德] 黑格尔：《精神现象学》，贺麟、王玖兴译，商务印书馆1996年版，第8页。
② [德] 黑格尔：《法哲学原理》，范扬、张企泰译，商务印书馆1996年版，第173页。
③ [德] 黑格尔：《法哲学原理》，范扬、张企泰译，商务印书馆1996年版，第170页。

态",即抽象的个人主义;另一方面,官员腐败与分配不公两大社会难题,撕裂了生活世界中的权力与财富的伦理普遍性和伦理精神,普遍性只有希冀在制度安排与利益博弈中实现,而制度安排与利益博弈的共同特点是"没有精神"。前一方面的后果是,生活世界中的伦理精神缺乏神圣性的家园,出现伦理世界向生活世界过渡的精神障碍;后一方面的后果是,生活世界因伦理普遍性的缺场或遮蔽,难以向道德世界过渡。于是,伦理世界难以为生活世界提供精神家园与精神策源地,生活世界因难以坚守伦理普遍性,也难以为道德世界提供客观基础,必然的结果,便是伦理精神链的断裂。

2) 道德精神链的断裂

对"人"的信念和向人的普遍性的回归,是道德精神的真谛和动力,这便是"成为一个人,并尊敬他人为人"的"法的命令",[1]也是孔子"仁者,人也"[2]的精髓。个体道德精神的发展同样必须经历三种形态、两个过程的辩证运动:"实体—个体—主体"。在伦理世界中,人与家庭、民族两大伦理实体直接同一,是实体性的存在,所谓家庭成员或社会公民;在生活世界中,人透过社会财富和公共权力获得普遍性,是个体的存在;在道德世界中,人通过扬弃义务与现实、道德与自然的矛盾而成为普遍存在,是主体性的存在。三个环节、两大过程的辩证运动,构成道德精神的有机生命形态。

当代中国道德发展的基本难题,是道德精神链的断裂。其主要矛盾是道德精神流连于抽象的个体,既缺乏实体的伦理家园感,又难以上升为道德的主体性,"个体"成为"实体"与"主体"之间的隔离带甚至断裂带。第一次断裂发生于实体向个体的精神运动过程中,其罪魁是过度的个人主义。第二次断裂发生于个体向实体的回归中,其渊薮是生活世界的过度世俗化,道德世界观中"预定的和谐"被"倒置",不是"道德规律成为自然规律",而是"自然规律成为道德规律"。调查发现,虽然"良心"仍然是道德选择与评价的首要机制,但基于个体主义的良心,很可能"处于作恶的待发点上"。在当代中国,道德精神不是没有,而是发生了变异,是一种基于"单一物"即个体主义而不是基于"单一物与普遍物

---

[1] [德]黑格尔:《法哲学原理》,范扬、张企泰译,商务印书馆1996年版,第46页。
[2] 《礼记·中庸》。

统一"的抽象的道德自由。同时，由于精神链的自我分裂，因而缺乏自我同一性的力量，尤其缺乏知与行、世俗性与神圣性统一的力量。

3）"伦理精神—道德精神"生态链的断裂

无论在中国传统还是在西方传统中，伦理与道德都是两个既相区别又不可分离的精神生态与精神运动过程。黑格尔的精神现象学与法哲学体系思辨地揭示了伦理精神—道德精神运动的道德辩证法。在中国道德哲学传统中，伦理与道德本是两个前后相续又相互渗透的过程，即"伦—理—道—德"精神运动的辩证过程。[①] 其中，"伦"是人的单一性与普遍性同一的原初实体，是自在形态的伦理；"理"是"伦"的规律与理性，是认知形态的伦理；"道"将关于"伦"的理性和规律转换为具有普遍性和行为意义的规范，是冲动形态的伦理；而"德"则透过"理"与"道"的中介，将"伦"的实体性转换和建构为个体的主体性，是"伦理上的造诣"。实际上，"德"之后，还有一个精神环节，即"得"，以"德"处理现实的利益关系或所谓"得"的关系，便达到"道德与自然被预定的和谐"，达到"德—得相通"。于是，伦理—道德生态，便是由现实的伦理关系或伦理实体出发，最后复归于现实的道德生活的辩证过程。

以此观照，当代中国伦理道德精神遭遇的根本性难题，便是伦理精神—道德精神生态链的断裂。其集中表现是伦理认同与道德自由之间的矛盾：伦理上守望传统，道德上趋向现代；对道德生活相对满意，但对作为道德行为后果的伦理关系尤其是人际关系不满意；有道德知识，但却难以诉诸道德行动。矛盾的结果是，个体至善与社会至善、个体德性与社会公正之间相互期待，相互诉求，但又相互观望，互不满足，导致伦理精神与道德精神之间的不良循环甚至断裂。

伦理精神链的断裂，道德精神链的断裂，伦理精神—道德精神生态链的断裂，三大断裂诊断的精神哲学结论是：当代中国社会的伦理道德问题，本质上是一种精神障碍，是精神生命不畅的障碍，也是精神生命的运动障碍。

2. 伦理精神形态的哲学改变

半个多世纪尤其是近三十年来的中国社会深刻变化的文明后果之一，

[①] 注：关于"伦—理—道—德"辩证运动的精神哲学过程，参见拙著《伦理精神的价值生态》，中国社会科学出版社 2007 年版。

就是伦理道德的精神形态正在发生甚至已经发生哲学改变。这种哲学改变与伦理道德精神链的断裂相互诠释，形成当代中国伦理道德状况的特殊图景。

哲学改变一："伦理方式"的哲学改变——"从实体出发"与"原子式地探讨"

黑格尔在谈到伦理观、伦理方式及其与"精神"的关联时曾经下了如下断语："精神具有现实性，现实性的偶性是个人。因此，在考察伦理时永远只有两种观点可能：或者从实体出发，或者原子式地探讨，即以单个的人为基础而逐渐提高。后一种观点是没有精神的，因为它只能做到集合并列，但精神不是单一的东西，而是单一物和普遍物的统一。"① "从实体出发"与"原子式地进行探讨"，被黑格尔断定为"永远只有两种可能"的伦理观与伦理方式，而"原子式的观点"因其"没有精神"而不具合理性与现实性。

调查提供的信息是：当代中国伦理观与伦理方式的主流在观念与信念方面仍是"从实体出发"，其根据是关于个人与家庭和国家关系、婚姻伦理、职业伦理、公共伦理中的四个80%，但是，第一，在这四个80%之外，是与之对立的"原子式进行探讨"四个20%，它真确地说明这种传统已经部分质变；第二，调查所发现的伦理场的难题及其遭遇的伦理冲突，都与过度的个人主义有关，说明在现实生活中，"原子式地进行探讨"的伦理方式已经大大超过观念中的20%；第三，对伦理观与伦理方式变化具有直接诠释意义的，是德性论与正义论的两个正相对立的50%左右的主张，它表明在自觉的理论形态上，两种伦理观或伦理方式几乎势均力敌。由此可以断言，"伦理方式"已经发生哲学改变。

哲学改变二：伦理形态的哲学改变——个体伦理与集团伦理

无论传统伦理，还是传统道德，其规约的对象主要是个人，集团及其行为长期逃逸于道德评价之外。与个体行为相比，集团行为具有伦理与道德的双重性，即内部关系中的伦理性，以及作为"整个的个体而行动"的外部关系的道德性。通常的情况是，伦理性遮蔽了道德性，形成"伦理的实体—不道德的个体"的伦理—道德悖论。市场经济与全球化使这种悖论成为现实。这一悖论的逻辑与历史后果，便是伦理形态发生哲学改

---

① ［德］黑格尔：《法哲学原理》，范扬、张企泰译，商务印书馆1996年版，第173页。

变,个体伦理与集团伦理同时成为伦理精神的两种哲学形态,其中集团伦理可能是更为重要的形态。

调查显示,超过50%的人认为集团不道德比个人不道德造成的危害更大,但由于集团行为内部的伦理性,对诸如高校为教工子女降分录取、政府机关为子弟入学提供方便等行为,在70%认为不"不道德"之外,也有近30%因"司空见惯"而"理所当然",还有近40%对危害社会但给自身带来福利的集团行为不劝阻。这些具有多元倾向的数据表明:当代中国的伦理精神的形态,正处于某种嬗变之中,从个体伦理到集团伦理的哲学改变正在发生。

哲学改变三:"精神"的失落——"理性"对"精神"的僭越

在世界文明体系中,中国与德国两个民族特别强调精神。在黑格尔哲学中,精神具有两个基本规定:"单一物与普遍物的统一";思维与意志的统一。精神的哲学地位高于理性,是理性与它的世界的统一。① 王阳明曾以"精神"诠释"良知":"夫良知也,以其妙用而言,谓之神;以其流行而言,谓之气;以其凝聚而言,谓之精。"② 在王阳明体系中,良知是道德的本体,其本性是知行合一,其观点与黑格尔相通。可见,精神是超越于理性而与伦理道德相同一的概念。

当代中国伦理道德发生的最为深刻的哲学变化之一,是理性对精神的僭越。在现实伦理关系与道德生活中,利益博弈、制度安排、契约意志的理性正在置换以对实体或普遍物的信念为本质的精神。诚然,原子式的理性思维,如利益博弈、制度安排等也可以达到某种普遍性,但正如黑格尔所说,它只能达到"集合并列"的形式普遍性,其根本缺陷是"没有精神"。"精神"缺场,诸如"道德银行"之类的"无精神的伦理",是现代中国伦理道德可能面临的最为深刻的哲学难题。

需要强调的是,以上三大改变,不是一般意义上的改变,而是哲学形态的改变,因而是具有根本意义的改变。这些哲学改变虽然现在只是局部地发生,或者只表现出某些征兆,但却具有或者可能具有某种颠覆性的意义。

---

① 参见〔德〕黑格尔《精神现象学》,贺麟、王玖兴译,商务印书馆1996年版,第1页。
② 王守仁:《传习录》中。

3. 道德同一性力量的危机

伦理道德作为"单一物与普遍物的统一"的精神，需要建构同一性的现实力量。调查发现，当代中国伦理道德正遭遇同一性力量的危机。

1）同一性主体力量的缺场和异化：三大悖论

悖论一：需要思想领袖，但思想领袖"集体失语"——知识精英是公认的处于第一位的思想行为的影响力群体。"对你的思想行为影响较大的群体是哪些？"三省（自治区）的调查结果高度一致：知识精英居第一位（40.03%），党政官员居第二位（25.21%）。但调查获得的另一个信息是：中国的知识精英作为一个群体因其"对中国的实际情况不太了解"而难以承担思想导师的使命，它在学术理论方面的表现就是因其缺乏"中国意识"和"中国话语"而导致"集体失语"。

悖论二：需要道德示范者，但示范者道德信用丧失——党政官员应当是最具道德示范性的群体，但又是当今道德上公认的最不满意的群体。官员腐败现象的严重存在，不仅使其难以履行道德示范作用，而且导致社会道德信用的丧失。

悖论三：建构同一性的最强大工具，沦为解构同一性的力量——"对形成我国当前各种新型伦理关系和道德观念，哪些因素起主要作用？""网络和媒体"以73.7%高居榜首。然而另一个事实却是：演艺人员成为处于第二位的道德上最不满意的群体；现代媒体内在着由"文化产业"沦为"文化工业"的危险。媒体在现代社会中的同一性功能已经出现异化。

2）同一性客观基础的动摇

权力的公共性与财富的普遍性，是生活世界中伦理存在的客观基础。权力与财富一旦失去普遍性，便失去伦理性。"你对改革开放的主要忧虑是什么？"38.16%选择"导致两极分化"，33.79%选择"腐败不能根治"。一方面，公共权力的伦理性已经由于官员腐败而遭遇严峻挑战，甚至处于深刻危机之中；另一方面，分配不公导致社会财富的伦理性的瓦解。结果是：生活世界中作为伦理普遍性的两大现实载体，即公共权力与社会财富的伦理性遭遇解构，同一性客观基础发生动摇。

3）同一性文化基础的祛魅

伦理道德的精神同一性建构，至少需要两大文化基础：传统的持续；

社会生活的基本文化统一性。当代中国社会,这两个基础不能说不存在,而是"祛魅",甚至严重"祛魅"。一方面,传统的崩坏,内在着"集体失忆"的危机;另一方面,利益多元产生的价值混乱,以及集团行为中的伦理—道德悖论,导致现实社会文化环境的同一性的丧失。由此,便出现道德同一性的文化危机或哈贝马斯所说的"合法化危机"。

(三) 伦理道德建设的"精神战略"

四边形结构形态与二元生命体征,表征当前中国伦理道德精神已经走到一个重要的十字路口。四边形结构的力学特性是不稳定性;二元体征标志着经过三十年的发展,中国社会的伦理道德已经进入一个重大转折和转换的关键期。

"十字路口"的核心战略是"精神战略"。理由很简单,伦理道德的"十字路口",根本上是"精神的十字路口"。"精神战略"的主题是"精神"。"精神战略"的要义,是以"精神"为着力点,透过"精神建设",破解处于"十字路口"的伦理道德发展的"中国难题"。"精神战略",既是以"精神"为着力点的战略,也是基于精神哲学的战略。

"精神战略"有两个关键词:"畅通";"理论—实践工程"。"畅通"的要义是通过解决突出问题,畅通伦理道德的精神生命,进而强化伦理道德精神的生命机体;"理论—实践工程"的要义是:"精神战略"必须同时回应和探讨相关的前沿性理论难题与实践难题,系统地解决有关重大课题。

"精神战略"凝聚为一个理念和口号:"捍卫和蓬勃精神!"它具体展开为三大战略。

1. "精神回归"战略

这一战略的核心是:伦理道德的本性是精神,"理性"对"精神"的僭越,是当代中国伦理道德发展的基本问题,是一切伦理道德困境的现实症结和哲学根源所在,必须实施"理性"回归"精神"的理论工程与实践工程。

1)理论工程:"理性"与"精神"的哲学辩证,"精神"的理论回归

长期以来,人们似乎已经形成一种"共识":伦理道德是"实践理

性",其根据被认为来自康德的《实践理性批判》。其实,这一观点既是对康德道德哲学的误读,也是对伦理道德本性的误读。因为:(1)在康德"三批判"的哲学体系中,道德只是确证纯粹理性的实践能力,但不能由此反证道德就是实践理性。① (2)"精神"作为中国哲学的传统话语,对伦理道德具有比"理性"更高的解释力和表达力:其一,"精神"是思维和意志、知与行的统一,具有直接的现实性(实践性),只有当实现自身时,理性才上升为精神;其二,"精神"作为"单一物与普遍物的统一"与伦理道德直接同一,"是一切个人的行动的不可动摇和不可消除的根据地和出发点"。② 其三,正因为如此,精神与民族及其伦理生活直接同一,民族是伦理的实体,伦理是民族的精神。"理性"对"精神"僭越,不仅造成理论上的混乱,而且是诸多实践困境的哲学根源。

"精神战略"的基本理论工程是:对伦理道德的哲学本性进行理论澄明,使之从"理性"回归"精神",并由此确立道德哲学的"中国话语",进而诠释和解决伦理道德发展的"中国问题"。

2)实践工程:消除"理性"对"精神"的僭越,"精神"的实践建构

"精神"回归的实践工程,着力解决三大难题。

第一,以核心价值观超越四边形结构与二元体质。四边形结构的不稳定性和二元体质的临界性,充分彰显了核心价值观确立的紧迫性和战略意义。关键在于,二元对峙根本上是人的单一性与普遍性(或个体性与社会性)、理念与现实的对峙,其哲学本质是理性与精神的对峙。因此,(1)核心价值观必须以"精神"建构而不是"理性"培育为着力点,因为只有"精神"才能达到二者的统一;(2)对伦理道德来说,核心价值观不是"底线伦理",而且是"天理",是"绝对命令",具有知行合一的精神哲学本性。

第二,以"精神建设"应对伦理精神形态的哲学改变。"伦理是本性上普遍的东西",当前我国伦理精神所遭遇的三大哲学改变,伦理的普遍本性或"精神"的失落是症结。"从实体出发"到"原子式地进行探讨"

---

① 关于这一问题的道德哲学辩证,参见樊浩《"实践理性"与"伦理精神"》,《哲学研究》2005年第1期。

② [德]黑格尔:《精神现象学》下卷,贺麟、王玖兴译,商务印书馆1996年版,第2页。

的伦理观与伦理方式的蝶变、"伦理的实体—不道德的个体"的集团伦理悖论,都源于伦理普遍性的缺场。"理性"回归"精神"的从容对策是:(1)以培育具有普遍性、神圣性品质的伦理认同为重心,建构现代社会的伦理精神,并以此扬弃抽象的道德自由;(2)以家庭伦理精神—民族伦理精神建设为着力点,建构伦理精神的自然基础和现实家园。

第三,透过意志培育,扬弃知行脱节,建构知行合一的"精神"品质。"有道德知识,没有道德行动",是对于当前道德素质的"中国问题"的高度共识。这一问题的哲学表述是:只有道德理性,没有道德精神。解决问题的路径同样是:扬弃"理性"的抽象性,建构思维与意志一体、"认知形态的伦理"与"冲动形态的伦理"一体的道德"精神"。

2. "精神家园—精神生态"战略

精神链断裂,是当前我国伦理道德发展面临的突出而深层的难题。应对这一难题的战略选择是:畅通伦理道德的精神生命,建立精神生态。核心战略是寻找和建构精神家园。

1)理论工程:复归精神生态,寻找精神家园

应对三大断裂的精神生态建构,面临三个前沿性的理论课题。

A. 伦理精神的家园在哪里?"失家园"是当今世界的普遍感受与共同难题。在道德哲学意义上,"失家园"首先是失落伦理精神的家园,突出表现为伦理世界、伦理实体在精神的生命体系中神圣地位的消解。伦理世界是个体与实体直接同一并以普遍性为本质的世界,其自然形态是家庭与民族的伦理实体,它们是人类精神的家园。中西方文化对"三代"和古希腊的眷念,相当程度上是对自己精神家园的回归。现代性的狂飙突进,扫荡了伦理精神的家园:哲学上,宣布"实体死了";现实生活中,"市民社会"和"全球化"的飓风席卷家庭精神和民族精神,前者被宣布为"私德",后者被视为"地方性",家庭精神与民族精神之间的生态关联解体。于是,伦理精神的发展便面临一系列难题:伦理精神的家园在哪里?认同和复归伦理世界,以及家庭与民族伦理实体作为精神家园的神圣性意义,是完成这一课题的基本理论任务。

B. "市民社会"有没有精神家园?现代中国社会伦理道德的许多重大问题,与"市民社会"理论的殖民千丝万缕。在它的发轫者黑格尔那里,市民社会是家庭与国家之间的思辨性的过渡环节,现代哲学将它与现

代社会的实然与应然相等同并不加区别地移植到中国社会，导致伦理道德生活中的诸多理论混淆。市民社会作为"个人利益的战场"，与市场经济的自发规律结合，使道德精神停滞于个体，既否定作为个体精神家园的实体，也难以上升为真正的道德主体，很容易使人的道德精神走向一条脱离伦理认同的无归之路。市民社会有没有精神家园？这既是一个理论难题，更是一个实践难题。

C. 伦理优先，还是道德优先？这一困惑既是一个古老的道德哲学难题，更是公正论与德性二元对峙的核心所在，其本质是内在于现代性道德哲学中伦理认同与道德自由之间难以调和的矛盾。作为这一困惑和矛盾的现实后果，便是当前中国社会的另一个二元对峙——对道德生活基本满意和对伦理关系基本不满意。道德的主观性使其具有自由的假象，然而一旦脱离伦理普遍性，良心便沦为"个人的私意"，出现"我就是道德"的尼采式的绝对道德自由和庄子式的道德相对主义。然而如果执着于伦理的绝对地位，也会导致像儒家伦理那样由整体主义走向道德专制主义的悲剧。也许，问题的合理解决，有待于伦理与道德、公正论与德性论的辩证互动，或伦理—道德价值生态的建构。

2）实践工程：突破三大核心难题，在畅通精神生命中建构精神家园

A. 以官德治理和分配公正为着力点，透过权力公共性与财富普遍性的重建，修复伦理精神生态。官员腐败与分配不公消解了生活世界伦理精神的现实性和客观基础，使生活世界从伦理世界与道德世界的中介，异化为伦理精神发展的"中梗阻"，导致伦理精神的断裂。惩治腐败和分配公正的精神哲学意义，不只是为伦理道德提供客观基础，更是修复伦理精神生态，建构生活世界的精神家园的基本实践工程。

B. 透过伦理—经济的价值生态，扼制市场经济产生的过度个人主义，修复道德精神生态。市场经济自发性滋生的过度个人主义，导致道德精神的断裂，是现代道德发展遭遇的最严峻难题，根源在于市场运行中道德资源供给不足，伦理—经济生态失衡。建构伦理—经济的价值互动，以此扼制过度的个人主义，是培育道德精神，修复道德精神生态链的现实路径。

C. 强化"伦理场"建设。家庭、学校和社会，是当今中国社会最重要的三大伦理场。伦理场建设的难题是：其一，在多元文化背景下如何建构和捍卫其伦理性，拒绝世俗化的过度侵袭，在这方面，关于孔子"亲亲相隐"的争鸣具有启发意义；其二，如何从伦理"教育"场域推进为

伦理"训练"场域，培育知行合一的"精神"，而不是道德上"理智的傻瓜"；其三，优化社会伦理场，提升社会环境的伦理含量和伦理质量，努力建构家庭、学校、社会的伦理同一性。

3. "精神同一性"战略

这一战略解决的核心课题是：多元文化背景下社会的伦理同一性；个体行为的道德合法性。

1）理论工程："合法化危机"的超越

这一工程的基本课题是：寻找多元文化时代伦理道德的精神同一性基础，超越合法性危机。

哈贝马斯认为，动机危机是现代西方社会最深刻的合法性危机，其表现是文化模式难以通过社会化媒介和教育实践转化到人格结构中。① 合法性的真谛是社会同一性。"伦理始终是合法性的基础。"而道德"是一种只承认普遍规范的系统"。② 在"一切都被允许"的多元文化背景下，伦理道德是行为合法性或社会同一性的精神基础。哈贝马斯发现，合法化危机的重要根源之一，是传统的崩坏。调查发现，在现代社会，"传统道德"（27.19%）几乎与"理性科学"（28.13%）并列，成为"对社会文化现象是非判断的主要依据"。传统是一个民族的"集体记忆"，而伦理道德传统是其中最具稳定性的元素。在全球化时代，如何重新审视传统的精神哲学意义，确认优良的伦理道德传统在超越合法化危机中的基础性地位，是基本理论工程之一。

2）实践工程：精神同一性的现实建构

这一工程由两个子结构构成。

A. 尊重传统，巩固民族的"集体记忆"。胡适先生曾经说过，新思潮本质上是一种新态度。在多元社会中，传统具有"变"中相对"不变"的品质，对传统的过度批判，将导致一个民族"集体失忆"，从而使社会精神处于"失家园"的境地。在全球化时代，必须进行现实努力，就是重新反思和调整我们对待传统的态度，从"集体记忆"与社会同一性

---

① ［德］尤尔根·哈贝马斯：《合法化危机》，刘北成、曹卫东译，上海人民出版社2000年版，第100页。

② ［德］尤尔根·哈贝马斯：《合法化危机》，刘北成、曹卫东译，上海人民出版社2000年版，第113、114页。

的精神哲学意义上重塑关于传统的合理理念。

B. 知识精英与党政官员共谋，培植同一性的现实力量。作为思想行为的最大的影响力群体，当代中国伦理道德精神的发展，亟待知识精英的集体自觉，以清醒的"中国意识"和"中国话语"，担当起"为天地立心，为生民立命，为往圣继绝学，为万世开太平"的精神文化使命。作为第二个影响力主体，党政官员群体应当通过回归"内圣外王"的民族传统，在为自己找回道德信用的同时，也为社会找回伦理信心。在"后意识形态时代"，也许只有知识精英与党政官员形成某种"精神共谋"，才能真正形成伦理道德精神同一性的强大力量。

直面"现代性碎片"的侵袭和解构，现代伦理道德的"中国问题"本质上是一个机体生命畅通的课题，必须进行辩证分析和辩证诊治。以"单一物与普遍物的统一"为本质的"精神"为这一工程提供了概念基础和中国话语，也提供了现实着力点。20世纪40年代，罗素曾预言："在人类历史上，我们第一次达到这样一个时刻：人类种族的绵亘已经开始取决于人类能够学到的为伦理思考所支配的程度。"[①] 经过半个多世纪尤其是近三十年的演进，我们已经遭遇这样一个时刻：中国的伦理道德发展相当程度上取决于学会"精神地思考"的程度，其意义如此深刻，乃至关乎我们"种族的绵亘"。也许，这就是精神哲学分析的意义所在。

---

① ［英］罗素：《伦理学与政治学中的人类社会》，肖巍译，中国社会科学出版社1999年版，第159页。

二 伦理道德发展的精神哲学规律

（一）发现"精神哲学规律"

作为特殊的精神现象，伦理道德发展的精神哲学规律是什么？

这一追问的问题指向是：伦理道德不仅作为社会意识被社会存在"决定"，而且作为精神现象有其独立的发展规律，这就是精神哲学规律。精神哲学的要义，是"在精神活生生的发展中去认识精神的本质或概念和精神自身从一个环节到另一个环节、从一个阶段到另一个阶段、从一种形态到另一种形态的必然性，也就是它成为一个自我实现、自我认识了的有机整体的必然进展"①。精神哲学的研究对象具有三个要素：精神的本质或概念；精神的诸现象形态；精神的自我运动或精神诸现象形态的辩证发展。精神哲学是对于人的精神本质及其发展形态的哲学把握。"关于精神的知识是最具体的，因而是最高和最难的。"但由于它是"对于人的真实方面——自在自为的真实方面，即对于人作为精神的本质自身的知识"②，于是，研究伦理道德发展的精神哲学规律，便是空前艰巨而又必须攻克的学术前沿，否则，无论伦理道德发展，还是人的精神建构，都难言真正完成。

简言之，"伦理道德发展的精神哲学规律"是伦理道德作为精神现象发展的规律，它作为一个真命题，不仅前提性地承认伦理道德具有精神的本质，而且指证伦理道德是人的精神发展的特殊形态和特殊阶段。精神哲学规律不只是探讨伦理道德作为人的独特精神现象的发展

---

① ［德］黑格尔：《精神哲学》，杨祖陶译，人民出版社2006年版，译者导言第12页。
② ［德］黑格尔：《精神哲学》，杨祖陶译，人民出版社2006年版，译者导言，第1页。

规律，由于伦理道德是人的精神发展进程中最具现实性的环节，因而也是人的精神现实发展的规律。它与三个问题深度关切：伦理道德在何种意义上是"精神"的"现象"，在人的精神发展和精神哲学体系中处于何种阶段？伦理与道德在人的精神发展中具有何种不同的哲学意义？

显然，伦理道德在哲学意义上成为"精神"的"现象"，是精神的现实形态。因为"哲学所研究的是理念，从而它不是研究通常所称的单纯的概念"。"定在与概念、肉体与灵魂的统一便是理念。"[①] "精神哲学"不仅研究"精神"的概念，更研究精神在现实化过程中所展现的种种形态即精神的"定在"，伦理道德就是人的精神辩证发展的特殊环节和特殊形态。诚然，它们只是精神发展到一个阶段的现象形态，人的精神的有机整体及其辩证发展还有其他阶段及其现象形态，在黑格尔精神哲学体系中，便有主观精神、客观精神和绝对精神三大阶段和三种形态，伦理道德只是客观精神或精神客观化、现实化自身的特殊现象形态。在这个意义上，"伦理道德发展的精神哲学规律"严格意义上只是它们作为精神发展的一个阶段或一种形态的规律，或黑格尔所说的"客观精神"规律，而不是精神发展的全部规律，确切地说，它是精神在现实世界中发展的规律，如果将这个现实世界称作"社会"，那么，它就是人的精神发展的社会规律。

更具哲学意义也是更需要深入研究的是，伦理道德既是精神发展的特殊阶段的现象形态，呈现共同的精神本质，又是这个阶段和这种形态的两个不同环节，具有不同的哲学地位，二者"理一"而"分殊"。在这个意义上，"伦理道德发展的精神哲学规律"是伦理与道德的辩证互动推动人的精神世界辩证发展的哲学规律，因而也是伦理与道德矛盾运动的规律。中西文明自古至今，伦理与道德共生互动，在哲学体系与人的精神世界中比肩而行的历史，已经演绎出二者之间不可分离而又肩负不同文化使命的精神哲学关系，只是在现代性文明中遭遇不同哲学命运，道德成为强势话语，伦理逐渐被冷落甚至凌辱，然而这正是现代性精神"单向度"的缺陷，伦理认同与道德自由之间难以调和矛盾的西方病灶，已经昭示精神世

---

① [德]黑格尔：《法哲学原理》，范扬、张企泰译，商务印书馆1996年版，"导论"第1页。

界辩证复归的必然性。

伦理与道德在人的精神发展中具有何种不同哲学意义？在中国话语中，"伦"是个体性与普遍性统一的具有精神意义的实体，"理"是"伦"之真理或达到"伦"之实体的规律。"伦犹类也。理，分也。"①"道"是由"伦"之"理"而产生的价值规范，"别交正分之谓理，顺理而不失之谓道，道德定而民有轨。"②"理"向"道"的转化，是思维向意志、真理向规范的转化；"德者道之舍，物得以生"，③ "德"是由对"道"的内化而建构的主体，是由"伦"的实体出发而进行的主体性精神建构。伦理与道德都希求个体与实体的统一，但是，伦理是个体性与普遍性统一的实体性存在，是客观的和社会的；道德是根据伦理的实体性要求所进行的主体性建构，是主观的和个体的。概言之，"伦"是实体，"道"是本体；"理"是天理，"德"是主体。伦理是人伦之理即人的"伦"真理与"伦"天理，是人的实体性或精神家园；道德是人的得道之行或主体性建构。伦理与道德在人的精神发展中的辩证运动及其不同哲学地位的中国表达，是"伦—理—道—德"的体系，居伦由理，明道立德，就是伦理道德发展的精神哲学过程。④

这一精神哲学过程用黑格尔的话语表述就是：实体即主体，伦理的实体复归于道德的主体。无论如何，在伦理与道德的关系中，伦理逻辑地并且历史地具有前提性的精神哲学地位。当然，在不同文化传统中，伦理与道德历史地表现为不同的哲学关系，呈现不同的精神气质，体现不同的精神哲学规律。伦理道德发展的精神哲学规律，既是伦理道德在精神世界中的发展规律，也是精神世界发展的伦理道德规律，其要义是伦理与道德的辩证互动，推动人的精神世界的矛盾运动和现实发展，因而又是伦理与道德在精神世界中相互关系的规律。由于精神世界与现实世界不可分离的必然联系，伦理道德发展的精神哲学规律，本质上也是伦理道德作为精神现象与现实世界辩证互动的哲学规律。

精神哲学规律是人的精神世界和精神生活发展的哲学规律。在《精

---

① 《礼记·乐记》。
② 《管子·君臣》。
③ 《管子·心术上》。
④ 注：关于伦理与道德的关系及其精神哲学意义，请参见樊浩《〈论语〉伦理道德理论的精神哲学诠释》，《中国社会科学》2013年第3期。

神现象学》中,黑格尔第一次提供了"伦理世界—教化世界—道德世界"的伦理道德发展的精神哲学图谱。这个图谱是历史主义和生命论的,因为它与人类意识和人类文明的发展史相一致,也与个体生命发育史相契合。作为体系性探讨伦理道德发展的精神哲学规律的第一人,黑格尔给后人提供了哲学指引,也给后人留下继续创造的哲学任务和学术空间。其贡献在于:其一,将伦理与道德当作精神,凝心聚力地探讨人的精神宇宙的神秘构造和演化规律,遗憾的是他把现实世界仅作为"精神"的现象或诸现象形态。其二,将伦理与道德作为人的精神世界或所谓"客观精神"的两个基本构造,在他的精神哲学中,人的精神世界的运行轨迹是分别以伦理和道德为两个焦点的椭圆,现实世界的一切,都是精神环绕这两个焦点运转而留下的足迹或精神所"现"出的"象"。其三,第一次描绘了伦理与道德一体、辩证运动的精神哲学规律,做出了开创性贡献。然而,头足倒置的哲学思辨一旦落实到现实世界,便沦为"原罪"(马克思语)。于是在黑格尔的哲学体系中,《精神现象学》提供的"伦理世界—教化世界—道德世界"的图谱,与《法哲学原理》提供的"抽象法—道德—伦理"的图谱,便出现"伦理"与"道德"的位序倒置,使黑格尔精神哲学陷入难以自拔的内在矛盾。

当代中国伦理道德发展的精神哲学规律是什么?我们虽然可以从黑格尔的精神哲学图谱中获取启迪,但由于它是一种基于西方经验的西方智慧或西方精神哲学,因而对于中国问题不具有彻底的解释力和完全的适用性。中国伦理道德根源于与西方不同的文化传统,具有特殊的文明际遇和文化惯性。在研究理念和方法上,不能简单地用黑格尔精神哲学诠释中国伦理道德发展,也不能用中国伦理道德发展简单地证实或证伪黑格尔精神哲学,而应当从中国伦理道德的现实发展中,发现其精神哲学规律。当然,作为宝贵的学术资源,也许从中可以发现它与"黑格尔图谱"的可能契合及其特殊文化个性。

一百多年来的文化激荡尤其是改革开放的背景下,伦理道德在现代中国社会具有何种与西方不同的文明意义?当代中国伦理道德发展呈现何种精神哲学轨迹?现实生活中存在的大量伦理道德问题,传递何种精神哲学信息,发出何种精神哲学预警?市场化与全球化双重推动下中国伦理道德发展到底有何种精神哲学期待?通过对2007—2013年三次不同时间、不同地点、不同方法、不同对象的调查①的海量数据中的共同信息的精神哲学分析，结果发现：当前中国社会的伦理道德发展，体现伦理型文化的特点和规律，伦理与道德是精神世界的两个焦点，其中伦理是精神世界的哲学重心；"伦理型文化"是关于伦理道德发展的"文明自觉"，"伦理分化"是关于伦理道德发展的"问题自觉"；伦理律，伦理—道德互动律、伦理优先律、同一律，是当今中国伦理道德发展的基本精神哲学规律。

（二）伦理道德演进的精神哲学图像

任何社会文明体系，都存在大量的伦理道德问题，但很少像当代中国这样，伦理道德几乎聚焦了全社会的目光、期待和努力，以至于伦理道德问题不仅是"中国问题"，而且是"中国难题"。其根本原因不仅在于市场经济和社会转型，更在于中国文化区别于西方的不同精神气质，在于特殊文化背景下伦理道德演进的精神哲学轨迹。

调查已经揭示了当今中国伦理道德演进的轨迹：伦理道德现代转型的文化轨迹，伦理道德演进的"问题轨迹"，伦理道德与大众意识形态的"互动轨迹"。分别简称"转型轨迹""问题轨迹""互动轨迹"。② 有待进一步探讨的是：三个轨迹形成伦理道德发展的何种精神哲学的整体轨迹或总体图像？这些轨迹中到底隐藏哪些精神哲学密码？理论假设是：当今中国的伦理道德呈现伦理型文化的演进轨迹，显示伦理型文化的精神哲学密码，伦理与道德是精神世界的双核，或者说，是伦理道德在文化、经济、社会、政治的现实世界中运行，写意自己的浩瀚精神宇宙的坐标轨迹的两大焦点，其中伦理是精神世界的重心，也是这个精神世界的标志和总体性文化气

---

① 三次大调查的数据分别为：第一次是 2007 年分别在江苏和广西、新疆组织的六大群体的大调查；第二次是 2013 年与 CGSS 调查组织在全国 28 个省区（新疆、西藏除外）组织的调查；第三次是 2013 年在江苏组织的独立调查。三次调查，分别以"调查一""调查二""调查三"表述。因此，本部分是基于 2007、2013 年的全国和江苏调查所做的关于伦理道德发展的精神哲学规律的分析。

② 关于三大轨迹的研究，分别详见樊浩《伦理道德现代转型的文化轨迹》，《哲学研究》2015 年第 1 期；《当前中国伦理道德的"问题轨迹"及其精神形态》，《东南大学学报》2015 年第 1 期；《当前中国伦理道德与大众意识形态领域"中国问题"的演进轨迹与互动态势》，《哲学动态》2013 年第 7 期。

质。

1. 转型轨迹：伦理道德现代转型的文化轨迹——依然是伦理型文化，伦理道德在现代转型中呈现反向运动，呈现"后伦理型文化"的特征。一方面，调查数据为"伦理型文化"判断提供了三大证据：宗教信仰远非主流；① 伦理是调节人际关系的首选；② 满意而忧患的伦理道德心态。③ 但另一方面，调查数据也显示当代中国伦理道德已发生重大转型，伦理与道德沿着不同的方向前行，显现"后伦理型文化"的特征。证据之一是量的嬗变率，以"五伦"为标识的伦理上的嬗变率是20%，以"五常"为标识的道德上的嬗变率是80%。④ 证据之二是伦理与道德的不同文化关系。仁、义、礼、智、信的传统"五常"的基本文化功能，是将"五伦"的伦理要求内化为个体的德性教养，在伦理与道德之间表现为某种文化亲和；而爱、诚信、责任、正义、宽容的"新五常"，不仅直指现代社会生活中的种种道德问题，更具有明显的伦理批判向度，尤其是责任、正义、宽容三大"新德"，在伦理与道德之间表现出的某种张力，具有现代性特征。在精神哲学意义上，新旧五常的伦理诉求及其文化取向沿不同方向前行。伦理道德文化转型的总体轨迹表现为：伦理与道德"同行异情"：伦理上守望传统，道德上趋向现代。

2. 问题轨迹：伦理道德的"问题轨迹"——透过"道德问题—伦理信任—伦理分化"的轨迹，由经济上的两极分化，到伦理上的两极分化，由此可以透析当前我国伦理道德运行的经济—社会轨迹。也许这是一个值得商榷的发现，但确实是从三次调查的共同信息中可以得出，至少必须引

---

① 调查显示，有宗教信仰的人口在全国占11.5%（调查二），在江苏占8.8%（调查三），作为少数民族和宗教地区的广西、新疆，与非宗教地区的江苏的平均数为19.5%（调查一）。

② 当发生人际冲突时，80%以上的人选择"沟通"这一伦理路径或"忍耐"这一道德路径。

③ 三次调查，超过60%甚至高达80%对当前的伦理道德状况满意或基本满意，98.7%的受访者对自己的道德状况满意或基本满意，但在文化态度和价值期待上却又感受到深刻的伦理危机和道德诅咒。

④ 与传统"五伦"相比，在最重要的五种伦理关系即"新五伦"中，三次调查只有君臣关系被置换为个人与社会或个人与国家的关系，其他四伦，即父子、夫妇、兄弟、朋友关系，要素及排序都没变；但在道德领域，与传统"五常"相比，"新五常"即最重要的五种道德规范分别是：爱、诚信、责任、正义、宽容，其中爱与诚信与传统"五常"相通，其他三种都有明显的时代特征。

起警惕和忧患的假设。证据如下：第一，对分配不公与官员腐败两大道德问题的社会承受力，已经开始接近甚至突破心理底线。① 第二，主流群体的信任危机，伦理道德的文化重心下移，伦理上的两极分化出现。"你对什么人在伦理道德上最不满意？"三次调查，不同时间、不同方法、不同对象，但排序完全相同：政府官员居第一位，演艺娱乐圈居第二位，企业家和商人居第三位，医生居第四位；与之相对照，第二次和第三次调查，在关于伦理道德最满意群体的调查排序中，居前三位的分别是：农民、工人、教师，第四位是专家学者。第三，由此，可以假设：在现代中国社会，由分配不公和官员腐败两大问题所导致的经济上的两极分化，已演进为伦理上的两极分化：在政治、文化、经济上掌握话语权力的三个群体，恰恰是伦理道德上令人最不满意的群体；而伦理道德上最令人满意的群体，则是"草根"群体。由道德问题所导致的伦理信任危机，已经逐渐形成伦理上的两大"精神集团"，这是一个严峻的意识形态信号。

3. 互动轨迹：伦理道德与大众意识形态的互动轨迹——由伦理道德问题到国家意识形态安全危机。调查显示，这一互动轨迹是：道德问题演化为伦理问题尤其是诸社会群体之间伦理关系问题—伦理问题演化为对主流群体的信任危机—信任危机导致大众意识形态领域思想领袖缺场—思想领袖缺场影响国家意识形态安全。调查一发现一个严峻问题："当党中央宣传与国外思潮发生矛盾时，你相信谁正确？"64%的企业群体、61%的公务员群体、44%的农民群体选择"相信国外正确"。令人欣慰的是，这种情况在七年后的调查中发生根本性改变。"当国外报道与主流媒体不一致时你相信谁正确？"调查二和调查三中分别有40.3%和54.1%选择"相信主流媒体"。但是道德问题通过伦理信任的中介，将深刻影响大众意识形态，最终影响国家意识形态安全，则是一个必须警惕的社会事实。

转型轨迹、问题轨迹、互动轨迹，内在的哲学路径是由道德而伦理，

---

① 调查一已经发现，当今中国最令人担忧也是最严重的社会问题有二：两极分化（选择率38.2%）；腐败不能根治（选择率33.8%）。调查二和调查三中，认为两极分化与官员腐败问题"严重"或"非常严重"的判断分别在70%和80%以上；调查一中，影响人际关系紧张的第一因素是"过度个人主义"，而调查二和调查三中，第一因素已经置换为"分配不公，贫富差别过大"，说明近七年中分配不公愈益严重；对于收入差距，"不合理"的判断是绝对主流，区别只在于心理上和伦理上的承受底线，在发达的江苏地区，已经开始突破底线，有39.3%选择"不合理，不能接受"，虽然只超出"不合理，可以接受"的37.9%近两个百分点，但却是量变向质变的重大转化，说明经济越发达，分配不公现象越严重。

由伦理而文化、经济、社会和意识形态，其精神重心和轨迹的交集点，都指向同一个对象：伦理。可以发现，无论是对于精神生活和精神世界的建构，还是对于伦理道德的精神哲学发展，伦理都具有十分重要的精神中枢的意义。

伦理道德转型轨迹的精神哲学前沿问题，在于"伦理型文化"的可能性和必然性。宗教是西方人安身立命的精神基地，西方学者常批评中国人"没信仰"，中国学者则时常以"有信仰，不宗教"回应。其实，"无信仰"的批评，其本质是西方文明中心论的偏狭心态和对中国文化的无知，如果说宗教或所谓"信仰"是人安身立命不可或缺的精神支柱，那么，"无信仰"只表明中国社会只是无宗教信仰，却必定存在这种信仰的文化替代。当今中国社会的精神世界的真正秘密，在于"不宗教，有伦理"中的"不宗教"与"有伦理"的因果关系中："不宗教"是因为"有伦理"，延伸开来，伦理与宗教，互为文化替代。西方文化是一种宗教型文化，现代中国文化依然是一种伦理型文化。因为"有伦理"，所以才"不宗教"。"有伦理"缘何可以"不宗教"？秘密隐藏于"家庭"中。[①] 家庭，家庭血缘关系为伦理型文化提供了什么？答案是：提供了伦理的终极性和神圣性根源，成为伦理的策源地。梁漱溟先生早就发现这一秘密。"中国之家庭伦理，所以成一宗教替代品者，亦即为它融合人我泯忘躯壳，虽不离现实而拓远一步，使人从较深较大处寻取人生意义。"[②] 黑格尔在异域文化中有同样的发现："对意识来说，最初的东西、神的东西和义务的渊源，正是家庭的同一性。"[③] 家庭，既是伦理的家园，也是伦理型文化的根源，因而既使伦理也使伦理型文化成为可能和必然。

"问题轨迹"有待追究的精神哲学前沿是：当今中国精神世界和精神生活中的核心问题，到底是道德问题，还是伦理问题？这一难题在"问题轨迹"中有待解开的密码是：经济和政治生活中的道德问题如何演绎

---

① 调查发现，家庭是现代中国伦理型文化的根基与根源。"何种伦理关系对社会秩序和个人生活具有根本性意义？"调查二和调查三中首选家庭血缘关系的比例分别达62.7%和47.0%，居第二、第三位的分别是个人与社会、个人与国家的关系。经济越是不发达，文化水平越低，社会开放度越低，家庭的地位越重要。可以佐证的另外两条信息是，三次调查中，分别有超过40%、50%、60%的受访对象认为，家庭是个人成长中得到的最大的伦理教益和道德训练场所；"新五伦"中的前三伦，毫无例外都是家庭血缘关系。
② 梁漱溟：《中国文化要义》，学林出版社2000年版，第87页。
③ ［德］黑格尔：《法哲学原理》，范扬、张企泰译，商务印书馆1996年版，第196页。

为伦理问题？伦理问题如何演绎为严峻的社会问题？最后，伦理为何成为由道德问题向社会问题演绎的枢纽与中介，导致由经济上的两极分化演绎为伦理上的两极分化？伦理，而不是道德，事实上成为当今中国社会生活尤其是社会精神生活诸问题的斯芬克斯之谜。当今中国社会，道德问题具有两个最重要的聚焦点，这就是分配不公与官员腐败。两大问题虽然是在任何国家、任何文明体系中都可能存在的普遍问题，但是，在中国现代社会，由于它们本身是道德问题积累到一定程度的结果，也由于两大问题相互感染和相互强化，因而不仅动摇甚至颠覆了社会的伦理存在，也动摇甚至颠覆了经济和政治的伦理合法性，于是在伦理型的文化中必定人格化为诸社会群体之间的伦理信任危机，最后导致由经济上的两极分化演绎为伦理上的两极分化，生成"伦理上的两极"或伦理上的两大"精神集团"。经济上的两极分化在当今世界普遍存在，但演绎为伦理上的两极分化，则是中国社会特有的现象，分配不公与官员腐败，在中国不仅仅是经济和政治生活中的道德问题，而且是道德问题的经济和政治的现象形态，根本上是一个精神问题，正因为如此，在伦理型的中国文化中，它们才可能并且必定最后由经济上的两极分化演绎为伦理上的两极分化。不难发现，在问题轨迹中，伦理既是问题重心和问题轨迹的转换点，也是问题的后果。

互动轨迹的精神哲学前沿是：伦理道德到底如何影响大众意识形态，由精神问题演化为政治问题？如果说"问题轨迹"演绎道德如何通过伦理的中介进入社会，那么，"互动轨迹"便演绎道德如何通过伦理的中介进入意识形态。应该说，这一轨迹同样是问题轨迹，只是它是问题轨迹在意识形态领域的呈现。互动轨迹的前两个环节，即道德问题向伦理信任危机的转化与问题轨迹的前两个环节交集重叠，特殊性在于，伦理信任危机在意识形态领域的直接后果是导致思想领袖缺场，进而演绎为大众意识形态的同一性危机或主流意识形态的信任危机。由伦理信任危机向主流意识形态信任危机的转化，是这一轨迹的特殊性所在，伦理同样是问题的重心。

三大轨迹形成的伦理道德发展的精神哲学的总体图像是什么？一言以蔽之，是以伦理与道德为两个焦点，以伦理为重心，道德通过伦理的中介进入现实世界，形成伦理—文化、伦理—经济、伦理—社会、伦理—政治诸价值生态的精神世界轨迹与精神哲学图像。三大轨迹一方面是伦理道德作为"精神现象"自身运动的轨迹，另一方面是伦理道德与文化、经济、社会、大众意识形态辩证互动，构成有机文明生态的轨迹。转型轨迹通过道德的"变"与伦理的"不变"，体现文化转型中伦理的精神同一性意义；问题轨迹由经济与政治生活中的道德问题，演化为伦理上的两极分化，透过伦理的中介成为社会问题；互动轨迹由道德问题经过伦理信任，演化为意识形态问题。三大轨迹所呈现的是伦理道德在文化—经济—社会—政治的现实世界中运行的精神世界的椭圆形轨迹；伦理与道德，是精神世界的坐标轴上的两个焦点；而伦理，始终是这个轨迹、这个世界的重心。

这个椭圆形轨迹所描绘和呈现的是一个精神宇宙的图像，借用天体理论话语，既是精神围绕生活世界公转的轨迹，也是精神在自己的世界中自转的轨迹。伦理与道德的两个焦点、伦理重心、价值生态、椭圆形轨迹，是伦理道德发展的精神哲学的总体轨迹与总体图像的四个基本要素。其要义是，道德并不是直接地，而是透过伦理的中介，与文化、经济、社会、政治辩证互动，伦理既是道德的后果，又是文化、经济、政治、社会的直接精神动因，因而是精神哲学轨迹和精神哲学图像的关键性和标识性元素。在这个意义上，当今中国伦理道德的精神哲学气质是一种伦理气质，当今中国伦理道德的精神哲学轨迹所呈现的，是伦理型文化背景下，以伦理为重心的伦理道德发展的精神哲学轨迹和精神哲学图像，简言之，是伦理与道德一体、伦理优先的精神哲学轨迹与精神哲学形态。也许，这就是中国文化之谓"伦理型"文化，而不是"道德型"文化的精髓所在。

（三）伦理道德发展的精神哲学预警

当前我国伦理道德的演进轨迹，从肯定和否定的维度发出两个重要的精神哲学预警：伦理型文化的预警；伦理分化的预警。

1. 伦理型文化的预警

学界业已形成一种共识：中国传统文化是一种伦理型文化；三次调查的最重要发现之一是：现代中国文化依然是一种伦理型文化。转型的轨迹传递两个重要的精神哲学信息——文明体系中伦理道德对于人的安身立命的核心意义；文化转型中伦理道德的发展规律尤其是伦理作为变中之不变的文化因子的地位。问题轨迹与互动轨迹在一定意义上是对这一发现的诠释与反证。三次调查相当程度上是对现代中国伦理型文化的再确认，这个确认是一种文化认同，也应当推进一种文明自觉。作为"文明自觉"的精神哲学成果，就是关于"伦理型文化"的预警。伦理型文化预警的要义是：1）伦理道德在"伦理型文化"背景下的特殊地位；2）伦理道德发展的"伦理型文化"规律。"伦理型文化"的文明自觉，核心是"伦理自觉"，是关于现代中国文明的伦理气质、伦理意义和伦理规律的自觉。

在中西方文化的现代激荡之初，梁漱溟先生便发现，"宗教问题实为中西文化的分水岭"①。宗教型文化与伦理型文化背景下的伦理道德的精神哲学形态，区别并不只在于有无宗教，而在于伦理道德的精神哲学意义。有学者发现，伦理可以无宗教，但宗教不可以无伦理，因为宗教的重要内容之一是伦理道德的教训（成中英语）。这是一种慧见，但事实上，任何关于伦理道德的精神哲学体系，也都可能有宗教因子渗透。黑格尔建立了以伦理与道德为基本元素的精神哲学体系，但无论"伦理世界—教化世界—道德世界"的现象学体系，还是"抽象法—道德—伦理"的法哲学体系，"精神"最后都只能在宗教信仰和哲学概念中才能回到自身；作为中国传统道德哲学的最后形态的宋明理学，也是因为佛教的参与，形成儒、释、道三位一体的自给自足的精神体系，才得以完成。伦理型文化是以伦理为主体，在入世的伦理中安身立命的文化。人的深层精神构造中潜在超越性诉求，这些超越性诉求在中国具有与西方完全不同的文化路径，它主要不是通过宗教而是通过伦理实现。宗教的要义是什么？"宗教者出世之谓也。"② 宗教在出世中达到超越，伦理在入世中达到超越。必须将伦理型文化的文化自觉推进为一种文明自觉：历史上，伦理道德是中国民族对人类文明做出的最大贡献；③ 今天，伦理道德依然是中国文化的核心构造，是中国人精神世界的重心，因而依然是中国民族立于世界之林的精神根据地。

由此，便可以发出关于伦理道德尤其是伦理在现代中国文明体系中的地位及其演进规律的预警。伦理道德是中国人精神世界的中枢，因而一旦伦理道德出现危机，便不仅标志伦理关系和道德生活的危机，而且是整个

---

① 梁漱溟：《中国文化要义》，学林出版社2000年版，第95页。
② 梁漱溟：《东西文化及其哲学》，商务印书馆1999年版，第100页。
③ 蔡元培先生曾说："我国以儒家为伦理学之大宗。而儒家，则一切精神界科学，悉以伦理学为范围。……我国伦理学之范围，其广如此，则伦理学宜若为我国惟一发达之学术矣。"蔡元培：《中国伦理学史》，东方出版社1996年版，"绪论"第2页。

精神世界的危机。在中国，伦理道德从来都不只局限于伦理关系与道德生活内部，乃至不只漫游于人的精神世界，而是关乎人的生命和生活意义的终极性构造，因而伦理道德的危机最终将演化为整个精神世界和生活世界的危机。但是，在伦理型文化中，伦理具有比道德更为重要的地位。梁漱溟先生认为，中国社会不是如一般人所说的家族本位，因为家族在任何社会中都受到重视，中国与西方社会最大的区别是伦理本位。"中国是伦理本位的社会"，"伦理始于家庭，而不止于家庭""伦理关系，即是情谊关系，亦即是其相互间的一种义务关系。伦理之'理'，盖即于此情与义上见之"。① 在伦理型的中国文化中，伦理不仅是人的精神生活的基地，而且是经济、政治、文化的价值内核，是经济社会与文化的精神气质，就像韦伯所说新教伦理是现代资本主义文明的精神气质一样。

无论人们在关于伦理与道德关系方面是否达到某种哲学上的概念自觉，无论伦理与道德之间的概念边界模糊到何种程度，中国文化之谓"伦理型文化"而非"道德型文化"，已经隐喻伦理在文明体系和人的精神发展中重于道德的哲学地位。伦理道德转型中的"同行异情"所标示的伦理在文化转型中作为"变"中之"不变"的地位，绝不只是一般意义上的嬗变率描述，毋宁说"不变"所凸显的是伦理在中国文明体系和人的精神构造中相对于道德的更为内核、更具基础性的那种文化意义，这便是"伦理本位"而非"道德本位"的真义。伦理型文化与宗教型文化，是世界文明体系中的两大精神世界类型，演绎着伦理道德发展的两大精神哲学规律。如果说在宗教型文化中，精神世界是宗教与道德的交响，那么，在伦理型文化中，精神世界便是伦理与道德的协奏。

严格说来，无论是伦理型文化还是伦理本位，都不是预警，而只是某种发现与体认。预警之为"警"，似乎潜在某种危机意识，因为它们关乎全球化背景下的文化自觉与文明自觉，关乎对现代中国社会中诸伦理道德问题的意义判断和忧患意识，因而"发现"便被"危言耸听"地表达为"预警"。这一精神哲学预警的意义在于：第一，必须在文明自觉的意义上定位伦理道德对现代中国文明、现代中国社会意义，面对严峻的伦理道德问题和强烈的伦理道德情结，既保持清醒的忧患意识，又不惊慌失措，由此将"文化自觉"推向"文明自觉"；第二，必须遵循伦理型文化的精

---

① 梁漱溟：《中国文化要义》，上海学林出版社2000年版，第77、79、80页。

神哲学规律，推进伦理道德发展，在伦理与道德之中，确立伦理优先的战略；第三，必须高度重视家庭在伦理道德发展中的地位，因为它依然是现代中国伦理型文化和伦理道德发展的精神家园。

2. 伦理分化的预警

伦理上两极分化的预警包括两个结构：一是由经济上两极分化向伦理上两极分化演进的预警；二是在精神世界与生活世界中分裂为伦理的两极，即抽象的个体性与僵硬的普遍性的预警。

如前所述，经济上两极分化是现代文明的通病，但经济上两极分化演化为伦理上的两极分化，却是中国伦理型文化特有的现象。伦理上两极分化的生成，需要两大条件：经济上两极分化的伦理根源；伦理型文化的气质。伦理上两极分化既是精神世界也是现实世界的文化图景，在当今中国社会，其典型表现，是因诸社会群体之间伦理信任的缺失而形成伦理上的两极，两极的单元不是个体，也不是某一类群体，而是诸多群体构成的群体集。由于伦理上两极分化起源于经济上的两极分化，两极分化往往具有以下特征：第一，经济或利益的两极，即在经济上处于优势地位，或在现实社会变化中获得最大利益的诸群体是一极，在经济上相对处于弱势地位的诸群体是另一极；第二，仅仅利益的两极，可能还只是经济上的两极分化，伦理上的两极分化还需要另一个条件，即诸群体利益的获得，或诸群体之间财富的差异缺乏伦理合理性甚至缺乏伦理合法性；第三，正因为如此，一极对另一极产生伦理信任危机，甚至产生伦理信任的偏见，从而以某种固化的模式进行抽象的而不是具体的伦理评价——或依群体中个体的道德状况对群体进行整体伦理判断，或依对某个群体的整体伦理评价对该群体中的个体进行的伦理判断，盖然论和以偏盖全是其基本特征，其话语形态诸如"无商不奸""无官不贪"等，由此形成伦理上的两极集团。

伦理上的两极不能简单等同于伦理集团。伦理集团在概念上可能是伦理性的团体或以某种伦理机制建构的团体，也可能是伦理实体的现象形态，如家庭、社会组织等。伦理上的两极是因伦理危机尤其是伦理信任危机所产生的群体集，借用管理学的概念，它可能是伦理上的非正式组织，是因为一类群体对另一类群体共同的伦理评价及其所派生的伦理情感而形成的群体。一般说来，这个伦理上两极中的任何一极在群体上都不是单数，而是复数。

由于伦理上两极分化的形成具有经济上两极分化的根源，所以，两极内部不仅具有伦理上的共同话语，也有经济上的共同诉求。一方面，伦理上的两极分化是伦理危机积累和积聚到相当程度的结果，它以某种强烈而偏激的社会伦理情绪的方式表现和表达出来，如对某一类群体近乎不容置辩和无条件的不信任，现代社会中的仇官、仇富现象，就是伦理上两极分化的结果。伦理性的两极分化在认识论上是某种具有社会性的伦理上的情绪直觉或"伦理直觉"。另一方面，伦理上两极分化又可能是社会问题积累和积聚到相当程度的强烈信号，伦理上两极分化一旦形成，将形成一种强烈的伦理情绪，可能表现为一种伦理上的偏见或偏激，这种情绪不一定会形成伦理上的两极对峙，但却可能导致并且表现为经济上与伦理上的两极倒置，即在经济上甚至政治和文化上处于优势地位的一极，在伦理上可能处于弱势或劣势地位，居于被怀疑、批评和接受道德审判位置。

由经济上的两极分化向伦理上的两极分化的演进，之所以是"精神哲学"预警，是因为它们在当今个体精神与社会精神中逻辑地存在甚至已经发生的伦理分化。这种分化之所以必须"预警"，是因为它们可能由精神走向现实，甚至已经部分地走向现实。伦理上两极分化的精神哲学预警的内容有两个方面。

1）经济上两极分化的无伦理、不道德预警。经济上两极分化向伦理上两极分化演化的因果关联，以及必须发出精神哲学预警的最基本的理由，是经济上两极分化的无伦理性与不道德性。虽然一切经济上的两极分化从根本上说都具有无伦理性和不道德性，但一旦经济上的两极分化演化为伦理上的两极分化，就预示着它们不仅本质地而且直接地丧失伦理道德的合法性。就是说，在经济上的两极分化与伦理道德性质之间产生了某种因果倒置。无伦理和不道德已经不是经济上两极分化的结果，而是原因，换言之，经济上的两极分化的生成，尤其是财富的不合理的和过度的积累和积聚，至少部分是无伦理和不道德的后果。

2）社会信任危机。由于政治、文化、经济地位与伦理地位的倒置，会形成文明体系内部的不平衡，即现实社会生活与伦理关系的不平衡，它的进一步发展，会导致整个社会的信任危机，尤其透过对主流群体的伦理信任危机导致全社会信任危机，由此可能进一步演绎为现实的社会危机。当今中国社会的信任危机，不仅是由于事实上存在诸多不被信任的伦理行为，而且更深刻地表现为社会心态上的不信任，或已经成为伦理定势的社会心态上的不信任，形成所谓"不信任"的社会心态与心理定势，这才是经济上两极分化演绎为伦理上两极分化所必须发出精神哲学"预警"的更为充分的理由。

经济上两极分化与伦理上两极分化并存，以及二者之间的因果关联，逻辑与历史地派生另一个精神哲学预警：伦理的两极。伦理的两极也是伦理上的两极分化，但它不是诸群体之间的伦理分化，而是发生于精神生活内部的伦理分化，它形成的伦理两极，是个体"单一物"与伦理"普遍物"的两极。伦理的根本文化任务，是将人从个体性存在提升为普遍性存在，获得"伦"的教养与"德"的修炼，达到"单一物与普遍物的统一"，单一性的"人"与普遍性的"伦"的关系，是伦理的基本课题，"人"与"伦"同一的哲学中介便是"德"的主体性的建构。但是，人的单一性向"伦"的普遍性的过渡，"德"的主体性的建构，必须具备一个精神哲学条件，这就是生活世界或所谓教化世界中伦理普遍性的现实存在。在现实世界中，伦理普遍性或个体性与普遍性的结合，有两种客观形态，这就是社会财富的普遍性与国家权力的公共性。财富与国家权力，既是伦理的两种世俗形态，也是伦理的两种精神形态，这就是黑格尔之所以将它们作为精神现象学中教化世界的两大客观精神要素的原因。如果财富失去普遍性，权力失去公共性，现实世界中的伦理便遭遇分崩离析的厄运和危机。分配不公与官员腐败，是财富与权力的伦理危机的强烈表征，作为生活世界向精神世界的过渡和内化，其精神哲学表现，就是由经济上的两极分化向伦理上的两极分化演进。

问题在于，伦理上两极分化的精神哲学后果是什么？就是伦理的两极的生成或人的精神世界中单一性与普遍性、个体性与整体性的对峙与对立。作为分配不公与官员腐败的精神哲学后果的伦理上的两极分化，标志着生活世界中的伦理危机，当现实世界中人的个体性与普遍性或"单一物与普遍物的统一"失去财富与权力的现实基础时，人的精神便退回个体或自我，从而如黑格尔所说，普遍性的人，不幸沦落为无实体的"个人"。但是，社会生活诉求普遍性，经济与政治的运作不断催生和强化普遍性，普遍性是社会生活的精神哲学条件。由于这种统一在现实生活中的不可能，于是，精神世界便被分离和分裂为伦理的两极：个体性的一极，普遍性的一极。这就是黑格尔所说的"顽固的单点性"与"冷酷的普遍性"之间的对立。"分裂成简单的、不可屈挠的、冷酷的普遍性，和现实自我意识所具有的那种分立的、绝对的、僵硬的严格性和顽固的单点性。"① 现实生活中个人主义的盛行，精神生活中普遍性的稀缺，相当程度上就是伦理两极生成的标志。伦理的两极，并不意味着相互之间的不诉求，而是说社会缺失达到二者统一的基础，是二者之间的不相遇。个体单一性与社会普遍性之精神两极的固化与僵化，彼此之间的难以通达，是伦理两极在精神上生成的表征与表症，其现实表现是大众意识形态的信任危机。从而使社会的价值共识成为不可能。

预警之为预警，意味着即将发生或正在发生，不仅因为它的前瞻性，更因为它的问题指向所内在的重大意义。预警绝不是杞人忧天，而是未雨绸缪，是防患于未然的警钟，也许，这才是人文社会科学研究的重要使命。当然，与其他预见性或预言性研究不同，因为它是从问题出发，用忧患和批评的眼光看待世界，因而"预警"往往不合时宜甚至是多此一举的唠唠叨叨。不过，无论如何，"多此一举"有时可能比"无此一举"更有作为，至少，是努力作为，正在作为。

（四）伦理道德发展的精神哲学规律

伦理道德演进的三大轨迹、两大预警，隐喻当今中国伦理型文化背景下伦理道德发展的基本精神哲学规律：伦理规律；伦理—道德一体、伦理优先规律；伦理精神规律。简言之，伦理律，一体律，精神律。

1. 伦理规律或伦理律。

顾名思义，"伦理型文化"背景下伦理道德发展的精神哲学规律，首先是伦理规律。这一假设绝不是望文生义的牵强附会，而是体现传统和现代中国文化特点对当今中国社会的伦理道德发展和伦理道德问题具有解释力的发现。伦理规律的基本内容是：其一，伦理的规律是当今中国伦理道德发展和人的精神世界建构之第一的和最基本的规律；其二，当今中国的伦理的发展遵循并体现独特的精神哲学规律。伦理规律的精神哲学要义是："伦理本性上是普遍的东西"，② "本性上普遍的东西"，不仅意味着

---

① ［德］黑格尔：《精神现象学》下卷，贺麟、王玖兴译，商务印书馆1996年版，第119页。
② ［德］黑格尔：《精神现象学》下卷，贺麟、王玖兴译，商务印书馆1996年版，第9页。

伦理是"普遍物",更重要的是表明伦理将人从个别性存在提升为普遍性存在的必由精神之路。伦理规律之为伦理道德发展的基本精神哲学规律,是对伦理在精神发展中的地位对伦理自身发展的精神规律的哲学自觉,借用梁漱溟的话语,伦理规律之成为当今中国伦理道德发展的首要精神哲学规律,根本上是"伦理本位"的规律。

在当今中国伦理道德的现实发展中,"伦理规律"在三个方面体现:伦理神圣律;伦理存在律;伦理信任律。三者形成自在—自为—自在自为的伦理规律的辩证构造。

所谓伦理神圣律,一方面,表明伦理作为顶层设计和终极关怀,在当今中国社会的精神世界与精神生活中依然是最高和最后的超越性存在;另一方面,预示在当今的中国社会,伦理具有世俗性的神圣性根源,这就是家庭。前者是伦理神圣律的必然性,后者是伦理神圣律的可能性与现实性。"轨迹一"已经显示:在当今中国社会,家庭是社会秩序和个人安身立命的第一因子,是伦理教化和道德训练的第一受益场所,也是诸伦理关系的绝对基础,占"新五伦"的五分之三。如果说,出世的宗教型文化的伦理基础和伦理策源地是最高存在者作为终极实体的神圣性,那么,入世的伦理型文化的伦理基础和伦理策源地便是家庭自然伦理实体的神圣性,前者是宗教神圣性,后者是世俗神圣性。在这个意义上,当今中国社会的伦理神圣规律,便是家庭伦理规律,即家庭在精神世界中作为伦理的自然基础和神圣根源的规律,用中国传统道德哲学的话语表述就是:"人伦本于天伦而立。"不过,这一命题已经具有现代内涵,它不像传统社会那样,表征一切社会伦理关系以家庭伦理为范型,而只是说,在伦理型文化背景下,家庭作为直接的伦理实体,依然是伦理的神圣性根源和自然基础。

伦理存在律的精髓是:伦理是存在,也必须存在。它是社会生活或所谓教化世界中伦理现实性的规律。在社会生活中,伦理以两种形态客观化自身,这就是社会财富与国家权力。根据历史唯物主义的观点,伦理关系、伦理观念是现实经济关系和政治关系的反映和体现,处于被决定的地位;根据精神哲学的观点,社会财富与国家权力是伦理理念的客观化,或者说是伦理的存在和实现方式。历史唯物主义与精神哲学的观点并不截然对立,毋宁说它们是从两个维度对同一问题的不同哲学洞察。精神哲学的观点并不"唯心",其要义是:社会财富和国家权力,换言之社会的经济和政治秩序,是人的价值追求和主观能动的文化创造,是伦理的精神确证及其现实形态,因而只有体现伦理的精神本质,财富和权力才具有真正的合理性与合法性。于是,一旦社会生活中财富与权力失去伦理性,沦为自私自利和"少数人的战利品",就标志着伦理存在的危机。伦理存在规律表明,在社会生活尤其是社会财富和国家权力的经济政治关系中,伦理必须现实地存在,而不只是主观性的意识;伦理存在是伦理关系、伦理精神的前提。"问题轨迹"已经显示,分配不公与官员腐败严重侵蚀甚至颠覆社会的伦理存在,是当今中国伦理道德问题的现实根源。在这个意义上,当今中国伦理道德发展首要的也是最严峻的课题,是保卫伦理存在。

伦理信任律既是生活世界中伦理存在的信任规律,也是对伦理本身的信任规律,它在现象形态上是人与人之间、诸社会群体之间的伦理信任规律,在哲学形态上是个体性的"人"对实体性的"伦"的伦理信任规律。伦理信任以"伦"或伦理存在为客观基础。伦理信任危机,不只是人与人之间的信任危机,因为人与人之间的信任危机往往被赋予太多的主观性质,将伦理信任危机诠释为人与人之间的信任危机,严重弱化了这一精神危机和社会危机的严重程度。伦理信任危机,根本上是人对"伦",即人对自身存在的"伦"的实体性关系的信任危机,尤其是对人的本质、人对生活中的伦理共同体的信任危机,因而是一种伦理安全危机并将演化为对伦理存在的信念危机。由于中国文化是一种伦理型文化,伦理安全危机,伦理信念危机,最后便是在精神世界和生活世界"失家园"的终极关怀和终极归宿的危机。伦理信任危机,本质上是一场人伦危机。

2. 伦理—道德一体、伦理优先规律,简言之,一体律

伦理—道德一体、伦理优先的精神哲学要义是:"德毋宁应该说是一种伦理上的造诣。"①"毋宁"的话语密码是:道德,必须是一种伦理上的造诣;道德,只是一种伦理上的造诣。"必须"表明伦理—道德一体,是事实判断;"只是"表明伦理之于道德的优先地位,是价值判断。这一规律关涉三个重要现实和理论问题:1)当今中国精神世界的根本问题到底是伦理问题还是道德问题?2)伦理型文化背景下精神世界的建构,到底是伦理优先还是道德优先?3)如何在精神哲学的意义上化解理论和实践中存在的伦理与道德之间的矛盾,达到二者的同一?何种问题—何者优先——一体互动,呈现的是伦理型文化背景下,伦理与道德一体、伦理优先的

---

① [德]黑格尔:《法哲学原理》,范扬、张企泰译,商务印书馆1996年版,第170页。

精神哲学规律。

当今中国精神世界中的根本问题到底是伦理问题还是道德问题？在国家意识形态和大众意识形态话语中，回答似乎已经"约定俗成"：道德问题。"道德沦丧"与"道德建设"的话语，已经从否定和肯定两个维度集中表达。然而，无论是"问题轨迹"还是"互动轨迹"，都明白无误地传递一个强烈信号：精神病理的基本脉络是个体道德问题积累和积聚为群体道德问题—群体道德问题演化为群体之间的伦理关系和伦理信任问题—伦理关系和伦理信任问题演化为诸社会群体之间伦理上的两极分化和大众意识形态的信任危机。无论如何，伦理问题既是中介，也是后果。在这个意义上，当今中国社会最严峻的问题，已经不是道德问题，而是伦理问题。也许，人们可以辩护，伦理问题起源于道德问题，因而道德是根本问题，道德问题解决了，伦理问题就迎刃而解。但是，"问题轨迹"已经显示，分配不公与官员腐败两大问题从开始就是伦理问题，不仅是伦理存在的问题，而且是经济与政治秩序中的伦理关系与伦理认同问题。于是，在精神世界与现实世界的问题链中，伦理问题便不仅是结果，而且是原因，甚至是根源。将当今中国精神世界的根本问题定位于"道德问题"而不是"伦理问题"，严重遮蔽了问题的严重性，也严重弱化了问题解决的难度。因为，"道德问题"往往是个体性问题或个体的道德教养问题，而"伦理问题"不仅标志道德问题可能已经积疾为社会风尚，而且与个体对伦理实体的认同，与社会的伦理凝聚力和伦理合法性密切相关。"伦理问题"比"道德问题"更深刻，也更难以彻底解决。

由此，必须进行精神哲学的"问题意识革命"，从"道德问题意识"转换为"伦理问题意识"。换言之，当今中国社会不只期待一次道德进步，更期待一种伦理觉悟。在一般意义上，群体性、客观性的伦理问题的解决，有待个体性与主观性的道德问题的解决，但在现实性上，尤其在分配不公与官员腐败成为最严重的社会问题的背景下，道德问题的解决，必须以伦理问题的解决为前提。普遍而深刻地存在的分配不公问题，至少一开始并不是部分人的道德问题，而是关于财富的伦理意识和对诸社会群体之间关系的伦理认同，归根到底是对于社会的伦理存在的理念和态度问题；同样，普遍而深刻地存在的官员腐败问题，不仅动摇甚至颠覆了社会的伦理存在，而且从一开始就根源于关于权力的伦理意识和制度的伦理安排。

调查已经显示，现代中国伦理道德的精神哲学形态已经发生某种悄然而深刻的变化。在2007年的调查中，公正优先与德性优先两种主张平分秋色，分别为49.1%和50.9%，但在2013年的调查中，70%以上的受调查对象主张公正优先。短短七年中发生的这一巨大变化不能仅仅解释为认知判断的改变，根本上是社会伦理关系和伦理存在的变化，背后隐藏着一种严峻现实：当今中国社会由分配不公和官员腐败所导致的两极分化日益严重，问题的解决必须以"公正"的伦理诉求为优先。无论"问题轨迹"与"互动轨迹"所呈现的社会事实，公正优先与德性优先的精神形态转换，还是正义论与德性论的学术论争，在现实性上都指向一个问题：当今中国社会伦理道德问题的解决，伦理道德的精神哲学形态，到底是"伦理优先"还是"道德优先"？公正或正义是伦理诉求，德性是道德诉求，公正论与德性论的争论，不是二者择其一的选择，而是伦理与道德何者优先的精神哲学觉悟和问题意识革命。

但是，无论是"何种问题"病理诊断，还是"何者优先"问题意识革命，都难以走出"鸡"与"蛋"的循环，当今中国伦理道德发展的精神哲学规律，根本上是伦理与道德辩证互动的规律或伦理道德一体的规律。在人类精神世界中，伦理与道德逻辑和历史地是一对孪生儿，在伦理型的中国文化中，它们甚至是一对连体儿。因此，无论精神哲学还是人的精神世界，从一开始就可能甚至已经陷入伦理与道德的纠结。黑格尔《精神现象学》和《法哲学原理》中伦理与道德的哲学位次倒置的矛盾，就是这种纠结的体系性表达，伦理前置的精神现象学规律，道德前置的法哲学规律，只有复归于伦理道德一体、辩证互动的历史哲学规律才能扬弃其自身的矛盾。在伦理型的中国文化中，伦理与道德不仅几乎在历史上同时诞生，从"五伦四德""三纲五常"，到"天理人欲"的中国传统伦理精神的历史发展，呈现的都是伦理与道德一体、伦理优先的精神哲学规律，并不是像康德那样，只需"仰望星空"，对内心道德律满怀敬畏便可以思辨地完成和体系性地了结。

西方精神哲学的历史悬案之一是：康德仰望星空"望"了什么？又"敬畏"了什么？归根到底，最终仰望的和敬畏的是上帝。西方精神哲学的传统是道德与宗教合一，道德以宗教为终极根据，因而道德与伦理才可能甚至必然处于分离或若即若离的状态中。由此也才能理解，西方学术史以两千多年的进步到黑格尔所建立伦理与道德一体的精神哲学体系为何陷于悖论与厄运：一方面这个体系最后依然要羞羞答答地借助宗教的绝对精神才能完成；另一方面，这个体系的历史命运最终与它的主人一样在西方世界备受冷落，甚至被当作死狗打。原因很简单，精神世界中既然已经耸立宗教这个彼岸的上帝，此岸"伦"的终极实体便再无立锥之地与之分庭抗礼。相反，在伦理型的中国文化中，伦理与道德总是在精神世界及其哲学体系中同一，并且伦理始终处于优先地位，无论儒道共生的历史事实，还是孔子所开创的"克己复礼为仁"的儒家传统，都是伦理与道德一体、伦理优先的精神哲学传统的历史与逻辑的诠释。

3. 伦理精神规律，或精神律

伦理精神规律或精神律的要义是："伦理本性上是普遍的东西，这种出之于自然的关联（指家庭，引者注）本质上也同样是一种精神，而且它只有作为精神本质才是伦理的。"① 伦理精神规律揭示伦理与精神之间的哲学关联："本性上普遍的东西"只有"是精神"，"才是伦理的"。简言之，有"精神"，才有伦理。正因为如此，伦理精神规律本质上是伦理与精神同一的规律，即精神律。它的问题是：如果没有"精神"，"伦理"将会怎样？

伦理精神规律关涉三个精神哲学问题：伦理与精神的关系；伦理存在与伦理能力的关系；伦理批判与伦理认同的关系。

伦理与精神的关系不仅一般地表征二者之间的同一性，更昭示一个哲学真理："精神"是伦理的存在方式，也是伦理的文化条件。在哲学本性上，伦理不只是一般性地建构普遍性与普遍生活，政治、经济、制度等都指向普遍性，但伦理普遍性通过也只有通过精神才能达到。在一定意义上，精神可以被当作宗教与伦理的共同话语，因为无论是上帝的终极实体，还是"伦"的终极实体，只有透过精神才能达到。在西方哲学中，精神被诠释为"包含着人类整个心灵和道德的存在"并因之与神学相近。② 这一诠释已经隐喻它有宗教与伦理两个维度。精神是什么？现代文明中，"精神"的哲学对应面是"理性"。"精神"与"理性"的分歧不只是传统性与现代性，更是两种伦理观或伦理方式——"从实体出发"与"从单个的人出发而逐渐提高"。它们都试图建构甚至都能够达到某种普遍性，但只有

---

① ［德］黑格尔：《精神现象学》下卷，贺麟、王玖兴译，商务印书馆1996年版，第8页。
② ［德］黑格尔：《历史哲学》，王造时译，上海书店出版社1999年版，"英译者序言"第1—2页。

"精神"才能达到"单一物与普遍物的统一",即个体性的"人"与实体性的"伦"的统一的伦理,而"理性"只能达到个体性的"集合并列",即所谓形式普遍性。

如果一定要在伦理道德与理性之间建立某种同一性关系,那么,毋宁说道德可能被"理性",而伦理一定是"精神"。因为,"道德"的基本问题是本体性的"道"与主体性的"德"的关系,这种关系被朱熹禅悟为"月映万川"。本体性的"道"如何现实化为个体性的"德",从而生成道德主体?在程朱理学那里经历了性、心、情、命等一系列被陆九渊批评为"支离事业"的格物致知的理性过程,陆王心学以良心与良知的"简易工夫"对程朱理学格物致知的"支离事业"批评,其哲学本质是精神对理性的扬弃。① 王阳明"良知论"对近现代中国的深远影响,一定意义上表征"精神"的某种哲学回归。"理性"的玉兔东升,"精神"的金乌西坠,是当今世界具有全景意义的哲学图像,中国伦理道德的发展,必须扬弃理性主义的伦理观与伦理方式,回归"精神"的传统和家园,才能建构真正意义上的"'精神'哲学"与"'精神'世界"。

伦理存在与伦理能力的关系,是"精神"规律的第二个哲学问题。一般认为,伦理认同与道德自由的矛盾,是现代伦理道德也是精神生活的基本问题,其实,它只是"西方问题",而不是"中国问题",它是基于西方文明尤其是西方精神哲学难以克服的伦理与道德分离的矛盾而出现的"问题意识"。伦理存在与伦理能力及其关系问题,才是中国精神哲学尤其是现代中国伦理道德发展的"中国问题"。伦理存在尤其是生活世界中的伦理存在,是伦理的客观性;伦理能力是社会的伦理认同的精神能力。伦理的现实性,必须同时具备客观与主观两个条件,即客观性的伦理存在和主观性的伦理能力。伦理能力的精髓是一种精神能力。当今中国社会的伦理道德发展同时面临两大精神哲学任务。一是消除分配不公和官员腐败,捍卫社会的伦理存在;一是扬弃理性主义与个人主义,提升社会的伦理能力。两大任务,在哲学上是一场"精神保卫战"。伦理存在被解构和颠覆,伦理道德发展便失去客观现实性;伦理能力式微,社会缺乏伦理认同的精神能力,伦理道德发展便缺乏主观现实性。伦理存在与伦理能力的

---

① 注:王阳明以"精神"诠释"良知"便是证据。"夫良知也,以其妙用而言,谓之神;以其流行而言,谓之气;以其凝聚而言,谓之精。"见王守仁《传习录》中。

关系，是当今中国伦理发展的基本问题与基本矛盾，也是具有普遍意义的精神哲学规律。

伦理批判与伦理认同的关系，是"精神"规律的第三个哲学问题。正义论与德性论之争，一定意义上是伦理批判与伦理认同矛盾的哲学表达，正义诉求倾向于社会的伦理批判，德性诉求倾向于伦理认同，但批判与认同之间并不截然排斥。批判与认同的精神哲学辩证法是：过于激烈的伦理批判会导致伦理虚无主义与道德自由主义；不加反思和批判的伦理认同会导致伦理保守主义甚至道德蒙昧主义。中国传统道德哲学，尤其是古典儒家在精神哲学层面往往兼具批判与认同的两面，但以伦理认同为基调，无论是孔子"克己复礼为仁"的精神哲学范式，还是"内圣外王"的精神哲学追求，都逻辑与历史地内蕴着认同与批判的统一。正因为如此，儒家伦理和儒家精神哲学才在伦理批判中保持一以贯之的建设性，当然以认同为基调的精神哲学特质也使其在历史演变中流于过度的道德理想主义和伦理乐观主义，最后陷入"创造了一代代的圣人，也维护了一代代的专制制度"的悲剧。

中国传统伦理中最深刻的精神哲学矛盾，不是个体与整体的矛盾，而是个体至善与社会至善的矛盾。中国传统伦理将哲学上的义与利、道德上的理与欲的关系问题，最后归结为伦理上的公与私的关系问题，应当说是一种慧见。问题在于，"存天理，灭人欲"的宋明理学，终因缺失伦理上的批判性而失去合理性。与此相对应，缺乏德性前提的西方正义论传统，其现代命运必然是不仅解构了伦理，也解构了道德，陷入道德自由主义和道德虚无主义，最后使正义的伦理诉求流于没有内涵的空洞哲学理念。批判与认同的统一，是现代伦理道德最重要的精神品质之一，重要哲学启迪在于：在进行伦理反思和伦理批判的同时，必须培育和发展伦理认同的建设性能力。

综上，当今中国伦理道德发展遵循三大精神哲学规律，即伦理律、一体律、精神律；表现为三种精神哲学关系，即伦理与文化的关系、伦理与道德的关系、伦理与精神的关系；基于三个精神哲学命题："伦理是本性上普遍的东西""德是一种伦理上的造诣""有'精神'才有伦理"。三大规律、三种关系、三个命题，进行的是一个关于现代精神哲学乃至现代文明的"问题意识革命"——从"应当如何生活"的道德问题，向"我们如何在一起"的伦理问题转换的精神哲学革命。

第二编
伦理道德发展的文化轨迹

本部分根据 2007—2015 年在全国和江苏进行的持续调查的数据，跟踪和描述改革开放进程中社会大众伦理道德发展的精神哲学轨迹，尤其是具有集体记忆和精神史意义的转型轨迹和问题轨迹，在两大轨迹的交叉重叠中复原伦理关系和道德生活的演进轨迹。

持续八年的不同时间、不同方法、不同对象、不同地区的伦理道德国情调查的海量数据表明，经过 30 年多来改革开放的激荡，沉积于现代中国社会深层的依然是伦理型文化的精神密码，具体表现有三："有伦理，不宗教"的精神生活方式和人际关系的调节方式；以对伦理道德状况基本满意但高度忧患的悖论方式呈现的终极价值与终极忧患；家庭本位但在文化上超载的伦理道德根基。以"新五伦"和"新五常"为纵横坐标的伦理道德现代转型的文化轨迹，呈现反向运动——伦理上守望传统，道德上走向现代，生成伦理与道德"同行异行"的精神图像，演绎"后伦理型文化"的形态特征。

中国社会伦理道德问题的解释和解决，期待"问题意识的革命"，其要义是由精神世界中"道德的独舞"，进入对伦理道德"问题轨迹"的哲学诊断及其精神形态的追究。调查显示，当今中国社会出现"道德问题—社会信任—伦理分化"的"问题轨迹"。个体道德问题向群体道德问题积聚，群体道德问题演化为伦理存在和伦理认同危机，伦理存在和伦理认同危机演化为伦理上的两极分化，是"问题轨迹"的三个精神节点。现代中国社会伦理道德的精神哲学形态，不是西方式的伦理形态或道德形态，而是伦理与道德一体、伦理优先的"伦理—道德形态"，它是与文化传统一脉相承的"中国形态"。因此，必须将"道德问题意识"推进为"伦理问题意识"，建立"伦理—道德的问题意识"，达到伦理道德一体的精神哲学形态的理论自觉和理论建构。

转型轨迹与问题轨迹交错所形成的"伦理—道德纠结"在"扶老人难题"中典型体现。自 2006 年发生于南京市的彭宇扶徐老太案至 2015 年，"扶老太难题"在 10 年持续中已经成为中国社会大众信任危机的信号，其中依次递进的三大焦点表征伦理型文化背景下信任危机的特殊轨迹："撞，还是没撞"的道德信用问题；"信，还是不信"的伦理信任问题；"扶，还是不扶"的社会信心与文化信念问题。"道德信用危机—伦理信任危机—社会信心和文化信念危机"，就是伦理型文化背景下信任危机的病理图谱。伦理信任是文明社会及其个体的文明资格和文明能力，开启伦理信任的"破冰之旅"必须走出三大理念和理论误区:走出"市民社会陷阱";走出信任的"伦理半径";走出"农夫与蛇"和"宠物心态"的两极。

三 伦理道德现代转型的文化轨迹

（一）"转型"三问：如何"转"？什么"型"？何种轨迹？

鸦片战争以来的中国精神史，相当程度上是文化反思和文化涤荡的历史。历史事实是，中西方社会经历了两条完全不同的由传统向近现代转型的启蒙路径。"启蒙运动有两种形式：一种是'以复古为解放'的形式；另一种是'反传统'以启蒙的形式。"① "复古为解放"是西方路径，"回到古希腊"是近代文艺复兴、现代、后现代一以贯之的主题和口号；"反传统以启蒙"是中国路径，自戴震在理学内部发出"后儒以理杀人"的批判，到五四运动"打倒孔家店"的呐喊，再到"文化大革命"和后来的现代化运动，激烈的"反传统"是近现代以来中国民族一以贯之的文化性格。"可以说，世界上还没有哪一个民族像我们这样，对自己的传统文化彻底批判、摧陷廓清，并且反复涤荡。"② "杀人""打倒""大革命"，不断深入且不断组织化的决绝性话语，似乎表征与传统彻底决裂的不容置喙的文化意志，也隐喻某种文化断裂。如果说这些过激的情绪性话语还只是一种态度和思潮，那么，发生于 20 世纪前半叶的政治革命和后半叶的市场经济转型，则从政治和经济两个维度动摇甚至颠覆了传统文化赖以存续的基础。显而易见的事实是，无论文化启蒙还是文化革命，锋芒所指，首先是伦理道德，因为中国文化是一种伦理型文化，伦理道德是文化的核心构造和标志性符号。一个半世纪欧风美雨、反复不断文化涤荡、

---

① 中国社会科学院科研局编：《五四运动与中国文化建设》，社会科学文献出版社 1989 年版，第 464 页。
② 中国社会科学院科研局编：《五四运动与中国文化建设》，社会科学文献出版社 1989 年版，第 549 页。

日趋深入的社会经济变革,也许历史已经走到一个关头,可能并且必须回答这样的问题:现代中国文化、中国伦理道德到底发生了何种转型?

"转型"问题逻辑和历史地聚焦于三大追问:如何"转"?什么"型"?何种轨迹?

调查提供的信息也许令人始料不及:中国社会已经根本变化,但是,伦理型的文化基因和文化基调没变,中国文化依然是伦理型文化,只是"江山依旧主人易"。如果反用梁漱溟先生在《东西文化及其哲学》中那个精彩的比喻,它犹如一台文化历史剧,在近现代转型中,脚本还是那个脚本,伦理型文化的魂魄依旧,只是演员及其演绎方式被赋予时代气息和时代气质,进入"后伦理型文化时代"。由此,伦理道德转型呈现特殊的文化轨迹和文化图像,在传统与现代的交织和纠结中,伦理与道德以共生互动精神形态"同行异情"。

(二) 伦理型文化的精神密码

我们的时代似乎处于理性判断与经验感受的纠结之中:我们分明感受到宗教现象的增多,也期盼一个法治社会的到来,然而伦理却是生活的主流与主宰;我们对大量存在的伦理道德问题忧心忡忡,然而对伦理道德状况又基本满意;家庭在我们的文明中被赋予本位使命,然而严重瘦化的家庭却又明显地在文化上力不从心……也许,不是理性判断,也不是经验感受,而是二者之间的纠结,才是我们这个时代的真相。

无论在人们的感觉中现代中国文化如何面目全非,无论人们认为现代中国社会的文化"失根"已经严重到何种程度,调查提供的结果,却雄辩而又令人难以置信:现代中国文化,依然伦理型文化,只是,它以时代纠结的方式,展示在转型中坚持的伦理型文化的文明密码和精神意向。

1. "不宗教,有伦理"

无论是宗教还是伦理,其根本指向都是人从有限向无限的超越。人的存在是一个悖论:已经是"一个人",但却要追求成为"人"。"一个人"是个别性存在,而"人"是普遍的实体性存在。人的生命是有限的,由此便诞生达到永恒与不朽的渴望与生命追求。于是,"成为一个人,并尊敬他人为人",便成为"法的命令"。如何成为普遍存在者?如何达到不朽？有两种不同的文化设计与文化安顿，这就是宗教与伦理。二者都指向普遍，根本区别在于安身立命的文化支点不同：宗教是出世，伦理是入世；前者是信仰，后者是信念。前者代表的是世界三大宗教，后者代表的是中国伦理型文化。两个支点支撑着人类的两大精神宇宙，构成人类精神世界的两个"阿基米德支点"，由此可以撬动整个人类的精神星球。在相当意义上，宗教与伦理，是人类的终极信念和终极安顿的两大文化形态。

一个半世纪欧风美雨，尤其是21世纪以来的全球化飓风，对中国人的信仰到底产生何种影响？中国人安身立命的文化选择到底发生何种变化？"不宗教，有伦理"，也许是比较恰当的表述。

三次调查表明，目前中国社会有宗教信仰者在8.8%—18.6%之间（表1）。[①]

表1　　　　　　　　现代中国社会的宗教信仰状况　　　　（2007，2013）

	无宗教信仰	有宗教信仰
调查一	81.4%	18.6%
调查二	88.5%	11.5%
调查三	91.2%	8.8%

三次调查数据有明显差异。因为，第一次调查主要在江苏、广西、新疆三省（自治区），其中，江苏代表发达地区，广西、新疆不仅代表发展地区，而且代表少数民族和宗教地区，并且，江苏与广西、新疆投放的问卷量相当，两次调查，每类地区问卷量都是1200份（共2400份），因而有宗教信仰的比例比第三次高出近10个百分点；而且，受调查对象大多是具有高等学历的中青年，具有很强的未来性，可以代表目前主流社会群体中宗教信仰的高值。调查二、调查三分别在全国和江苏采用正态分布的方式随机抽样，代表宗教信仰的一般水平。三次调查数据显示，宗教信仰远非现代中国社会精神生活的主流，即使最高值也没达到五分之一。

---

① 此部分的数据分别来自本人作为首席专家于2007年在江苏、广西、新疆所进行的全国调查；2013年在除西藏、新疆以外的所有省份所进行的调查，2013年在江苏所进行的调查。三次调查分别以调查一、调查二、调查三标注。

在没有宗教信仰的背景下如何安身立命？调查以人际关系调节方式为例进行抽样，发现伦理手段，依然是当今中国社会人际矛盾首要的和主流的调节方式。

"如果发生利益冲突，你会选择哪种途径解决？"2007年的调查（调查一）显示，78.9%作出伦理性选择。因为，不仅"直接找对方沟通"和"通过第三方沟通"是伦理手段，而且"得理让人""不伤和气"都是中国传统的伦理价值取向。与之相对应，被现代人认为最有效率的法律手段只占18%（图1）。值得注意的是，由于调查一中年轻大学生占一半左右，这个数据对现代和未来中国社会的伦理与法律选择，具有很强的解释力和前瞻性。

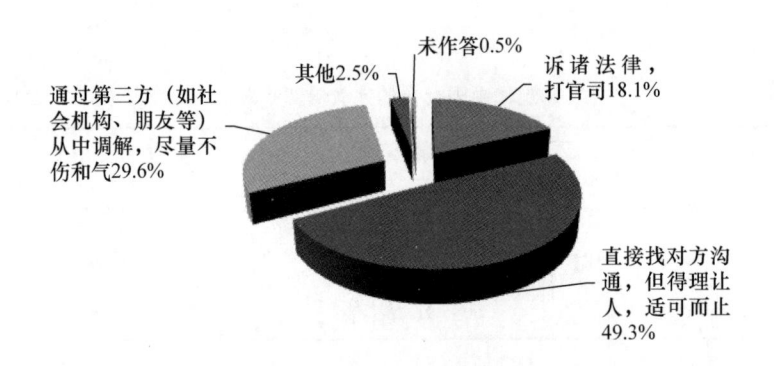

图1 调查一，人际关系调节方式（2007）

为了进一步展示现代中国社会人际关系的调节方式与价值取向，七年后的调查二、调查三对人际关系作了仔细区分，增加了"能忍则忍"的道德选项但结果依然如此（表2）。

表2　　　　　　调查二、调查三，人际关系调节方式　　　　　　（2013）

	直接找对方沟通，得理让人，适可而止	通过第三方从中调解，尽量不伤和气	诉诸法律，打官司	能忍则忍
家庭成员之间	53.9%（二） 58.3%（三）	8.6%（二） 9.6%（三）	0.6%（二） 0.6%（三）	33.6%（二） 31.5%（三）

续表

	直接找对方沟通，得理让人，适可而止	通过第三方从中调解，尽量不伤和气	诉诸法律，打官司	能忍则忍
朋友之间	49.8%（二） 49.8%（三）	23.4%（二） 29.1%（三）	1.2%（二） 2.6%（三）	22.4%（二） 18.5%（三）
同事之间	37.0%（二） 46.2%（三）	23.4%（二） 27.8%（三）	2.1%（二） 2.2%（三）	15.7%（二） 23.9%（三）
商业伙伴之间	18.2%（二） 24.6%（三）	15.6%（二） 15.9%（三）	21.2%（二） 50.0%（三）	5.9%（二） 9.5%（三）

显然，除"商业伙伴"外，选择法律手段的比例都不超过3%，如果说沟通和调解是伦理手段，那么，与第一次调查相比，新增加的"能忍则忍"则是典型的中国式的道德路径。可见，除"商业伙伴"之外，伦理道德是处理人际矛盾的绝对首选和绝对主流。

2. 基本满意，但高度忧患

当前中国社会的伦理道德状况到底如何？调查发现，这一聚集了全社会目光的重大问题绝非"事实"所可直观呈现的，而是与一种价值心态深刻关联。调查研究的最大难题不是数据，而是数据背后潜藏的巨大而深刻的反差和纠结。

三次调查，最出乎意料的信息，是对于当前我国社会伦理道德状况的满意度。改革开放以来，中国社会的伦理道德遭遇诸多难题，这些难题如此深刻和巨大，以致人们以"代价论"批评或辩护。然而，与经验事实和社会情绪几乎截然不同，三次调查的共同的结果是：绝大多数受调查对象在理性选择中对伦理道德状况表示满意或比较满意（表3）。

表3 **对伦理道德状况的满意度** （2007，2013）

	满意或比较满意	不满意或比较不满意	其他
调查一	75.0%	19.4%	5.6%
调查二	79.9%	20.1%	—
调查三	62.9%	32.3%	4.8%

意料之中但却冲击力太大的信息是：在调查三中，高达 98.7% 的受调查对象对自己的道德状况表示非常满意或比较满意，只有 1.2% 对自己的道德状况表示"比较不满意"（图 2）；但同样是在调查三中，却有 32.3% 对社会的伦理道德状况不满意或比较不满意（表 3）。

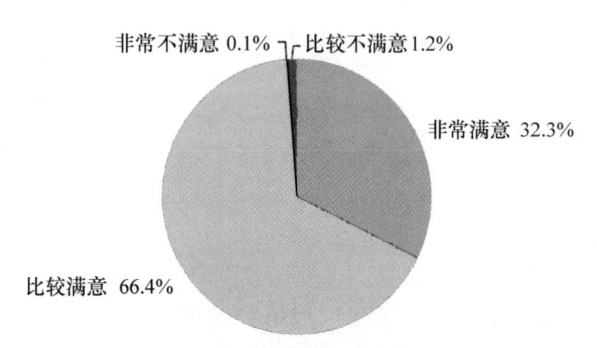

非常不满意 0.1%　比较不满意 1.2%
非常满意 32.3%
比较满意 66.4%

图 2　调查三：对自我道德状况的满意度（2013）

我们有足够的理由对自己的道德状况"比较不满意"的那个"1.2%"的道德清醒和道德勇气表示敬意，但应当深思和追究的是潜在于这些高度一致的信息背后的两个似乎匪夷所思的巨大反差：1）切身感受与理性选择之间的反差。经验事实和社会情绪中处处感受的是对伦理道德的强烈不满和激烈批评，但调查数据提供的却是满意和比较满意的绝对多数；2）近乎 99% 的对自己道德状况的满意率和近乎 33% 的对社会伦理道德状况的不满意率，99% 和 33%，二者之间的反差正好是三倍。以上反差表现于两个方面：对伦理道德状况的定性评价和定量评价之间反差；对社会的评价与对个体自我评价之间反差。

反差呈现的两极过于刺激，到底何种信息才是"社会事实"？回答是：所有信息都是事实，但两极反差更是可能经受理性反思和历史检验的深刻社会事实，是事实背后的事实。第一个反差是终极价值与终极忧患关系的事实，第二个反差是个体道德与社会伦理关系的事实。

文化即"人化"。任何成熟的文化都是一个有机生态，宗教型文化与伦理型文化是两种文化生态也是人的精神世界的顶层设计，并由此成为人的精神世界和精神生活的终极价值。宗教与伦理如何体现其作为"终极价值"的存在意义？在文明史上，终极忧患和终极批评是典型形态。西方宗教型文化终极忧患的最具表达力的形态，是俄罗斯作家陀思妥耶夫斯基在《罪与罚》中的那个著名发问："如果没有上帝，世界将会怎样？"这是小说主人公的自我追问，也是作者对世界的追问，它道出了宗教世界具有终极意义的文明忧患。这种终极忧患在尼采那里，以悲剧性的话语表达和演绎："上帝死了！""上帝死了"具有众多解读，既是终极解放，也是终极恐惧，但可以肯定的是，正因为对人类生存的终极意义，"上帝之死"才成为如此天崩地裂的重大文明事件。更吊诡的是，尼采宣布"上帝死了"之后，自己就疯了。事实上，不仅尼采疯了，整个西方世界都疯了。与此相对应，伦理型中国文化的终极批评和终极忧患是："世风日下，人心不古。"虽然这一话语方式形成于清代，如李汝珍《镜花缘》和革命家秋瑾的时代批判，但这种文化情结和文化批评自古便是文明史上的绝唱，孔子开创的儒家与老子开创的道家，相当程度上就是这种文化忧患与文化批评的典范。《道德经》的反绎，就是"大道废，有仁义，智慧出，有大伪"的具有形而上意义的终极道德批评的卓越智慧；而《论语》则是以"克己复礼"为使命的拯救"世风日下"的匡时救世之"语"。

回到现实，为何在理性反思中对现实道德状况满意或比较满意，但在社会情绪中却总是不满意和充满忧患？根本原因在于伦理道德对于中国社会、中国文化和中国人安身立命的终极价值和终极意义。一个简单的逻辑是：因为是终极价值，因而在社会心态中总是如履薄冰、如临深渊地终极忧患，在历史情结中总是终极批评。顶层设计—终极价值、终极忧患—终极批评，在肯定和否定两个维度构成理性与情绪、价值与态度的一体两面。在这个意义上可以说，"世风日下，人心不古"，是伦理型中国文化的终极价值和终极批评的近现代话语，就像"如果没有上帝，世界将会怎样"是宗教型文化终极价值和终极批评的近现代话语一样。其中，"世风"是伦理；"人心"是道德；"日下"与"不古"以否定性方式表征对伦理同一性、道德同一性丧失的文化忧患。

调查三中对自己道德状况满意和对社会伦理道德状况不满意的那种高达三倍的反差，表面上是对自我的评价和对社会的评价之间的反差，但归根到底是伦理与道德之间的反差，这一反差对现代中国的伦理道德形态具有深刻的表达和解释意义。在学理上，道德是主观的，伦理是客观的，二者具有深刻的精神同一性，也内在深刻的精神风险。按照黑格尔的理论，"德毋宁应该说是一种伦理上的造诣"。"伦理性的东西，如果在本性所规定的个人性格本身中得到反映，那便是德。这种德，如果仅仅表现为个人单纯地适合其所应当——按照其所处的地位——的义务，那就是正直。"①德是一种伦理造诣，伦理性格，伦理正直，必须具有伦理基础和伦理确定性。然而德或道德又具有主体性，这种主体性的最后确立和完成，在陆九渊心学和黑格尔精神现象学中都称作"良心"。"良心"的本质是普遍性，是众多自我意识的"公共元素"，它以行动"翻译"普遍，但又以个别性的方式表达和呈现。良心的法则是：一个人的"心"即所有人的"心"。其精神信念是：一个人的"心"必须也应当与所有人的"心"同一。但由此也内在一种危险和可能：将一个人的"心"当作所有人的"心"，以主观个别性僭越客观普遍性，由此，良心便处于"作恶的待发点上"并可能走向以不善为善的伪善。所以，一旦脱离伦理，道德便沦为抽象的主观性，于是，自我道德评价便可能沦为缺乏伦理内容的自大与自恋。

3. 家庭本位及其文化超载

现代中国文明具有最具基础意义的元素是什么？家庭。

"哪一种伦理关系对社会秩序和个人生活最具根本性意义？"调查显示，家庭血缘关系具有绝对优先的地位。

表4　　　　　　　　最具根本性意义的伦理关系　　　　　　（2007，2013）

	血缘关系	个人与社会的关系	个人与国家民族的关系
调查一	40.12%	28.11%	15.49%
调查二	62.7%	18.8%	7.7%
调查三	47.5%	24.6%	16.8%

值得研究并有待解释的是，三次调查，血缘关系虽然都居绝对首位，但调查一、调查三与调查二的数据差距超过20个百分点。可能的原因是，调查二的数据来自除新疆、西藏外的28个省市，其中社会底层的人员占相当比例，88.6%未受过高等教育，文盲率达14.1%，21.5%只有小学以下学历。而调查一中，近80%具有高等以上学历。这表明，受教育程度越低，社会阶层越低，家庭的地位越重要。但有一点可以肯定，无论对社会秩序还是个人生活，家庭都具有绝对的首要意

---

① [德]黑格尔：《法哲学原理》，范扬、张企泰译，商务印书馆1996年版，第170、168页。

义。而且，三次调查，血缘关系、个人与社会的关系、个人与国家的关系的序位完全相同，因而不得不说，这是现代中国的文化共相。

在现代中国伦理型文化因何可能？或者说这种伦理型文化的基础是什么？依然是家庭。

"成长中得到最大伦理教益和道德训练的场所是哪些？"三次调查，无论用何种方式选择，结果都完全相同，家庭高居首位。

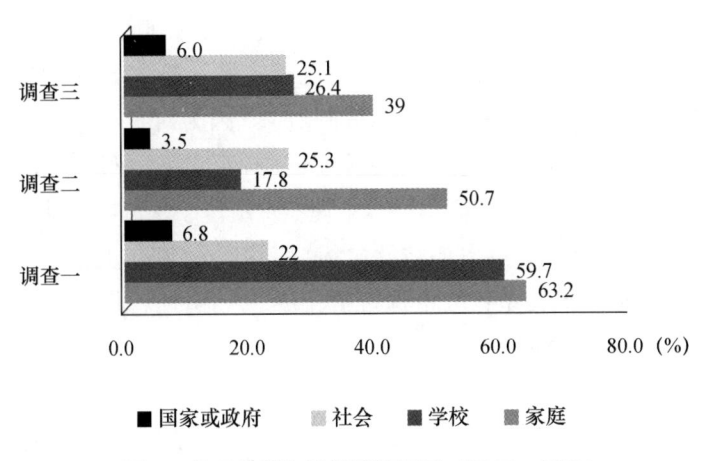

调查	国家或政府	社会	学校	家庭
调查三	6.0	25.1	26.4	39
调查二	3.5	25.3	17.8	50.7
调查一	6.8	22	59.7	63.2

图3　伦理教益和道德训练场域（2007，2013）

以上两大信息，最重要的是家庭在社会秩序、个人生活和伦理道德发展的绝对地位，因为它是伦理型文化的基础，也是伦理型文化的确证。家族本位被当作中国传统文化的根基。两百多年前，黑格尔就在异域发现家庭与中国伦理型文化之间的因果关联。"中国纯粹建筑在这一种道德的结合上，国家的特性便是客观的'家庭孝敬'。中国人把自己看作是属于他们家庭的，而同时又是国家的儿女。"黑格尔认为，中国的"家庭的精神"就是实体的精神与个人的精神统一的精神。[1] 近代以来的中国社会与文化虽然饱受冲击，但家庭依然是最坚固的文化堡垒。福山曾借用澳洲学者杰纳的研究，表达这样的观点："二十世纪的中国历史固然伤痕累累，唯一比其他机制更坚韧、更蓬勃的就是父氏制度的中国家庭，因为家庭一向就是中国人对抗外在险恶环境的避风港，而农民终于也了解他们唯一能

---

[1] ［德］黑格尔：《历史哲学》，王造时译，上海书店出版社1999年版，第127、126页。

够真正信赖的人，还是最亲近的家人。"① 家庭在现代中国如此坚固，以至有学者惊呼：家庭才是中国文化真正的万里长城。"显然得很，家庭是中国传统文化的堡垒。中国文化之所以那样富于韧性的绵延力，原因之一，就是由于有这么多攻不尽的文化堡垒。稻叶君山说保护中国民族的唯一障壁，是它的家族制度。这种家庭制度支持力量的坚固，恐怕连万里长城也比不上。"②

在学理上，家庭与伦理、家庭与伦理型文化之间到底何种关系？在黑格尔的体系中，家庭是直接的和自然的伦理实体，是"天然的伦理的共体或社会"；而且，家庭也是伦理的策源地，"因为对意识来说，最初的东西、神的东西和义务的渊源，正是家庭的同一性"③。梁漱溟先生认为，中国文化是伦理本位而非家庭本位，伦理本位决定了家庭在文化中的首要地位。"伦者，伦偶；正指人们彼此之相与。相与之间，关系遂生。家人父子，是其天然基本关系；故伦理首重家庭。"④ 由此，伦理与家庭之间形成一个相互诠释的循环关联。

然而，现代中国遭遇的最大难题，不是家庭在文化和社会体系中本位地位的动摇，而是家庭本身的重大变化，最深刻的变化是由于独生子女政策所导致的家庭结构瘦化，核心型家庭的诞生。在这种家庭结构下，家庭虽然依然是直接的和自然的伦理实体，但能否继续承担作为伦理策源地的文化功能，确实是一个有待追问的问题，至少，无论在理论上还是现实性上，作为伦理策源地，核心型家庭出现文化超载，或者说，核心型家庭已经难以继续胜任这一文化使命和文化重负。家庭本位与文化超载，构成现代中国伦理型文化的一个悖论和一大难题。

综上，"不宗教，有伦理"在事实层面呈现代中国社会生活方式和精神世界的主流，"满意而忧患""本位而超载"以悖论的方式，在终极价值与文明根基两个维度，呈现现代中国社会之精神世界的宏观构架。三大信息及其分析，隐喻现代中国社会的文明密码与精神气息：伦理型文

---

① ［美］弗朗西斯·福山：《信任——社会道德与繁荣的创造》，李宛蓉译，远方出版社1998年版，第113页。
② 殷海光：《中国文化的展望》，上海三联书店2002年版，第98页。
③ ［德］黑格尔：《法哲学原理》，范扬、张企泰译，商务印书馆1996年版，第170、168页。
④ 梁漱溟：《中国文化要义》，学林出版社2000年版，第79页。

化。终极价值以终极忧患的方式反证和凸显伦理型文化形态;家庭在文明体系中的本位地位奠定伦理型文化的基调和基色;而"不宗教,有伦理"则向世界宣告:虽然世界多彩,但我们并未见异思迁,伦理依然是第一选择。

(三) 现代转型的伦理型文化轨迹

无论如何,经过近现代转型的洗礼尤其是近三十年市场经济的激荡,中国文明已经变化。现代中国的伦理文化到底具有何种时代气质?其历史形态到底如何?在文明变迁中,伦理与道德到底呈现何种转型轨迹?

调查发现,伦理与道德,而不只是伦理或道德,是现代中国伦理型文化的两个基本精神结构,在现代转型中,它们呈现反向运动:伦理上守望传统,道德上走向现代。

关于伦理道德的精神走向及其转型轨迹的调查,聚焦于"新五伦"和"新五常"。理由很简单,虽然不同文化传统中伦理与道德的精神哲学形态与历史哲学形态存在巨大差异,虽然任何民族的伦理关系、道德生活,以及在此基础上建构的道德哲学理论,都是一个复杂而不断变化的体系,但无论如何总存在某些基本的内核,伦理范型与基德、母德就是最具标志性和表达力的话语与构造,并且分别构成伦理与道德的内核。与西方文明相比,中国伦理传统与道德哲学传统最重要的特色,是伦理与道德始终同一。在历史上,当诞生老子"道德经"的同时,就诞生孔子以"复礼"为伦理旗帜的"论语",此后,伦理与道德的精神哲学体系虽经历了多次形态转换与话语转变,演绎为以"五伦四德""三纲五常""天理人欲"为内核和话语的历史哲学体系,但伦理与道德同一的传统一以贯之,其中,"五伦""三纲"是伦理或伦理范型,"四德""五常"是基德或母德,而宋明理学的"天理人欲"则是伦理与道德同一的形而上学体系。[1]

可以说,伦理与道德同一的道德哲学与精神哲学体系,是中国伦理型文化对人类文明的特殊贡献,也是伦理型文化高度成熟的表现。在传统社会和传统道德哲学中,对伦理范型和基德、母德最有表达力的是所谓"五

---

[1] 关于伦理与道德同一的历史哲学传统,参见樊浩《伦理道德的历史哲学形态》,《学习与探索》2011 年第 1 期。

伦"与"五常"。因为，虽然"三纲五常"是封建时代传统伦理道德的主导形态，但"三纲"只是"五常"的异化；而"四德"向"五常"的转化则具有逻辑与历史的合理性。[①] 在这个意义上，"五伦"与"五常"才是中国传统伦理道德也是中国伦理型文化的坐标，其中，"五伦"是伦理范型，具体内容是君臣、父子、夫妇（夫妻）、兄弟、朋友；"五常"是基德或母德，具体内容是仁、义、礼、智、信。以此为参照，就可以对现代中国伦理道德变化进行考察和描述，其文化坐标与话语形态便是所谓"新五伦"与"新五常"。

1. "新五伦"与伦理转型

在一般意义上，转型的基本含义是传统向现代的转化，因而伦理与道德诸元素中传统与现代的含量，是衡量转型的量化指标。

"新五伦"是什么？或者说，在现代中国社会，五种最重要的伦理关系是哪些？三次调查，结果惊人相同。排列前三位的都是家庭血缘关系，并且排序完全相同：父母子女、夫妻、兄弟姐妹；排列第五位的也相同：朋友；不同的只是第四伦，调查一中"同事同学"的社会关系，在调查二中被置换为"个人与国家"的关系（表5）。调查三因着力了解三种最重要的伦理关系，因而第四伦与第五伦空缺。

表5　　　　　　　　　　"新五伦"　　　　　　　　　（2007，2013）

	第一伦	第二伦	第三伦	第四伦	第五伦
调查一	父母子女	夫妻	兄弟姐妹	同事同学	朋友
调查二	父母子女	夫妻	兄弟姐妹	个人与国家	朋友
调查三	父母子女	夫妻	兄弟姐妹		

以上数据，潜在诸多重要的学术信息。第一，在现代伦理关系体系中，家庭依然是不可动摇的伦理基石，它与家庭本位的文化相互诠释，同时也表明现代中国伦理的特殊民族精神气质；第二，伦理精神的构造依然

---

① 关于"五伦"与"三纲"、"四德"与"五常"的关系，参见樊浩著《中国伦理精神的历史建构》，江苏人民出版社1992年版。

是"天伦"与"人伦"或黑格尔所说的"神的规律"与"人的规律"的统一;第三,伦理的精神规律依然是"人伦本于天伦而立",一方面,"新五伦"之中,家庭关系居其三,另一方面,图2已经呈现,家庭是伦理受益与道德训练的第一场域;第四,最重要的信息是,与传统"五伦"相比,"新五伦"之中,只有一伦发生变化,这就是君臣关系为同事同学的社会关系或个人与国家的关系所取代。由此可以推断,在现代转型中,由"新五伦"的伦理范型所表征的传统伦理的衰变率只有五分之一,即20%。

2. "新五常"与道德转型

"新五常"即现代社会中最重要的五种德性或德目。三次调查对此采用了不同方法。调查一和调查三都是在问卷中列出二十多种德目供受调查者选择,调查二则完全由受调查对象自己表述。调查结果体现以下特点。

第一,三次调查,有三项完全相同:爱,诚信,正义;有两项在两次调查中相同:责任、宽容。

第二,调查一和调查三采用相同方法所进行的不同时间、不同对象、不同地区的调查,所获得的关于"新五常"的要素完全相同,区别只是"诚信"和"责任"是第二德性还是第三德性在位序上置换,其他第一、第四、第五德性,不仅内容,而且排序完全相同。

第三,调查二自我表述中的两个与调查一、调查三不同的德性,分别是居第三位的"孝顺"和居第五位的"善良",它们显然是基于日常生活的话语表述,并且与受调查对象的文化水平和生活状况相关。

第四,由此,便可以概括出现代中国社会中最重要的五种德性或五个基德、母德,即所谓"新五常":爱、诚信、责任、正义(公正)、宽容(表6)。

表6　　　　　　　　　　"新五常"　　　　　　　　　(2007,2013)

	第一德性	第二德性	第三德性	第四德性	第五德性
调查一	爱	诚信	责任	正义(公正)	宽容
调查二	诚信	爱	孝顺	正义(公正)	善良
调查三	爱	责任	诚信	正义(公正)	宽容

显而易见，与传统"五常"相比，"新五常"中只有"爱"和"诚信"与"仁""信"相似相通，其他三德都具有明显的现代性特质。"新五常"的衰变率是五分之三，即60%。

3. 伦理道德的转型轨迹："同行异情"

诚然，无论达到何种共识，无论这种共识如何惊人和有意义，"新五伦"与"新五常"在相当程度上还只是话语表述或概念，这些话语和概念的内涵与传统社会相比，已经发生重大甚至根本的变化，但它们之所以被认同或被选择，就是因为相当程度上表征和诠释着一种文化价值传统。由此，便可以从量和质两个维度对伦理与道德的精神构造、文化走向及其转型轨迹进行定量和定性的描述。

在伦理范型或伦理转型方面，传统与现代呈现4∶1的"20%状态"。即80%的元素坚守传统，20%走向现代。具体地说，与君臣、父子、夫妇、兄弟、朋友的传统"五伦"相比，父子、夫妻、兄弟姐妹、同事同学（个人国家）、朋友的"新五伦"中，父子、夫妻、兄弟姐妹、朋友四伦属于传统，只有君臣一伦为同事同学或个人与国家的关系所替代。

在基德、母德或道德方面，传统与现代呈现2∶3的"60%状态"，即60%走向现代，40%坚守传统。具体地说，居第一和第二位的爱和诚信两德体现传统，责任、正义（公正）、宽容三个新的元素属于现代。

于是，在伦理与道德的关系方面，如果以现代为原点，文化态势便是："20%"VS"60%"，伦理与道德的现代转型呈现"三分之一状态"，伦理与道德的文化构造呈现"三分之一体质"。

如果将伦理与道德浑然一体，那么，"新五伦"与"新五常"十个元素中，四个具有现代特征，六个与传统契合，伦理道德的现代转型呈现"三分之二状态"。

诚然，"新五伦"与"新五常"诸元素的传统与现代的定性，以及由这些元素所构成的伦理范型与基德、母德的文化性质，都是一个有待论辩的问题。在传统"五伦"中，君臣关系所隐喻的是个人与国家的关系，至少具有这一关系的历史内核。"五伦"之中，父子、兄弟是天伦，君臣、朋友是人伦，夫妇则介于天与人之间，是天伦与人伦相互过渡的中介，正因为如此，孟子才说"男女居室友，人之大伦也。"① 如果用现代话语诠释，"五伦"之中，包括三类关系：家庭血缘关系、君臣关系所表征的个人与国家的关系、朋友关系所表征的个人与社会的关系，后二者即是所谓"人伦"。"新五伦"的伦理构架没有发生根本性变化，只是第四伦似乎在以同事同学为表征的个人与社会的关系与"个人与国家"的关系之间的徘徊。但不可否认，无论是在三次调查中，还是在现代话语体系中，都还没有找到诸如"君臣"那样足以表征个人与国家关系的总体性话语，在这个意义上，个人与国家关系在"新五伦"中的缺场，相当程度上也可能由于现代社会中这一关系的标志性表达的失语。传统"五伦"与"新五伦"中，属于家庭关系的三伦的排序完全相同，只是由于在传统"五伦"中居首位的君臣关系退隐，三者在伦理范型中的地位发生整体性提升，而个人与国家的关系即便出场，也只能处于第四位，因为居第五位的"朋友"关系没有改变。

与"新五伦"相比，"新五常"诸元素的文化气质可能更为清晰。"爱"与"仁"的相通，具有文本的根据："仁者爱人"②。"信"被置换为"诚信"，表达方式在具有现代气质，也更具问题针对性的同时，含义也更为具体，但如果进行哲学提升，无论"诚"与"信"，还是二者合一的"诚信"都可以作为一个具有形上意义的哲学话语，从而与传统"五伦"的"信"相通。只是，在"新五伦"中，"诚信"的地位大大提升了，从第五位上升为第二位。"责任"既是西方道德哲学的概念，也是现代德性。成中英先生曾将伦理体系分为两类。"第一类伦理体系可名为德性伦理，第二类伦理体系可名为责任伦理。"第一类是"典型的传统中国的儒家伦理"，第二类"则是典型的现代西方责任伦理。"③ 可见，"责任"不仅是西方的，而且是现代的。"正义"或"公正"作为西方传统和西方德目，似乎更为直白，因为它是著名的"希腊四德"之一，在亚里士德那里得到系统表述。"公正自身是一种完满的德性，它不是笼统一般，而是相关他人的。正因为如此，在各种德性中，人们认为公正是最主

---

① 《孟子·万章上》。
② 《孟子·离娄上》。
③ 见樊浩《中国伦理精神的历史建构》，江苏人民出版社1992年版，"成中英序"第6、7页。

要的，它比星辰更加光辉，正如谚语所说：公正集一切德性之大成。"①宽容虽是中国传统美德之一，但它成为五个最重要的德目之一，与多元文化背景以及现代中国社会的现实有着密切关系。因此，"新五常"之中，责任、公正、宽容，既是全球化背景下与西方相接相通的德性，也是指向现代中国社会伦理关系和道德生活需要的德性，总之，是体现"现代"或传统向现代转化的德性。

也许，关于伦理道德的转型的定性描述更为简洁：伦理上守望传统，道德上走向现代——伦理与道德在现代转型中呈现反向运动。这种反向运动，如果借用宋明理学的话语，就是："同行异情"。

"同行异情"是朱熹诠释天理与人欲关系的创造性话语。"有个天理，便有个人欲，盖缘这个天理，须有个安顿处，才安顿得不恰好，便有人欲出来。"一方面，"人欲便也是天理里面做出来，虽是人欲，人欲中自有天理"②。"天理"与"人欲""同行"；但另一方面，天理与人欲又"异情"，异在何处？就"异"在是否溺于自然欲望。"同行异情，盖亦有之，如'口之于味，目之于色，耳之于声，鼻之于臭，四肢之于安佚，圣人与常人皆如此，是同行也。然圣人之情不溺于此，所以与常人异耳。'"③由此，朱熹反复强调"天理人欲，不容并列"④。"人之一心，天理存则人欲亡，人欲胜则天理灭"。"此胜则彼退，彼胜则此退，无中立不进退之理，凡人不进便退也"⑤。显然，无论伦理与道德的关系，还是传统与现代的关系，都不是也不能等同于天理与人欲的关系，但这并不妨碍"同行异情"对其具有表达力和解释力。

在人的精神构造中，伦理与道德"同行"，有伦理就有道德，"德是一种伦理上的造诣"；问题在于，伦理与道德在精神发展和人类文明体系中各有其文化本务，伦理是"人理"，是人伦之理，道德是"得道"，是得道之行；伦理是实体认同，道德是意志自由，伦理与道德具有"认同"与"自由"的"异情"。"溺"于伦理，可能走向文化专制主义，丧失自

---

① [古希腊]亚里士多德：《尼各马科伦理学》，苗力田译，中国社会科学出版社1999年版，第97页。
② 《朱子语类》卷十三。
③ 《朱子语类》卷一○一。
④ 《孟子集注·万章章句上》。
⑤ 《朱子语类》卷十三。

由;"溺"于道德,可能流于自由主义与虚无主义。伦理与道德在人的精神世界中"同行异情",这是中国伦理型文化的大智慧,也是其魅力和生命力所在。传统与现代的关系同样如此。"有个现代,便有个传统",任何现代都只是传统的现代,传统与现代同行;但二者毕竟代表不同的文化态度和精神走向,因而"异情";在现代社会中,传统与现代"同行异情"。由是,结论便是:在现代中国社会,在传统与现代的精神走向方面,伦理与道德"同行异情";在人的精神构造中,伦理与道德也逻辑与历史地"同行异情"。

(四)"后伦理型文化"

综上,三次历时性调查的共识结果显示,当前中国文化至少在四个方面表现出相互矛盾的特性:不宗教,有伦理;对伦理道德状况比较满意但高度忧患;以家庭为本位但家庭的文化功能超载;伦理与道德"同行异情"。这些相互矛盾的状况,隐喻中国文化的现代形态:后伦理型文化。其中,矛盾的第一方面呈现伦理型文化的本色,矛盾的后一方面体现伦理型文化"后"的时代特点,矛盾两方面的统一,生成"后伦理文化"形态。如果"不宗教,有伦理"只是为伦理型文化提供可能的假设,那么,"基本满意—高度忧患"和"家庭本位—文化超载"的悖论,则在终极价值与文明基础两个层面使"后伦理型文化"从可能成为现实,而伦理与道德的"同行异情"则是"后伦理型文化"最具表达力的诠释。"后伦理型文化"既是伦理型文化的现代形态,也是"后伦理时代"的文化。

"后伦理型文化"的现实性与合理性与两个因素密切相关。一是人们对待传统,尤其传统伦理道德的态度;二是"后伦理型文化"所呈现的诸要素的历史合理性与现实合理性。

对待传统的态度不仅与传统的命运相关,而且在相当程度上决定新的文化形态。正如胡适先生所说,新思潮本质上是一种新态度。这种新态度,不仅是对传统的新态度,而且是对现代的新建构。调查发现,经过长期文化激荡的洗礼,现代中国社会对待传统的态度发生了重大变化。

"当前中国社会道德生活中最重要的元素是什么?"三次调查显示,社会选择和社会心态已经发生很大变化。(表7)

表7　　　　　　　　道德生活中最重要的元素　　（2007，2013　单位:%）

	市场经济道德	中国传统道德	意识形态道德	西方道德
调查一	40.3	20.8	25.2	11.7
调查二	10.6	61.8	17.2	3.9
调查三	19.8	46.8	29.5	2.8

三次调查，两个元素没有变化："意识形态中提倡的社会主义道德"稳居第二，"西方道德"稳居第四。最大的变化是：在调查二和调查三中，"中国传统道德"从调查一的第三位跃居第一位。也许，这一问题本身既是事实判断，也是价值判断，但无论如何，经过七年左右，在后两次调查中，传统道德从第三元素上升为第一元素，标示着现实道德生活中的传统含量或人的精神世界中的传统情结的大幅增长。

传统情结的增长在问题诊断中同样得到体现。"对伦理关系和道德风尚造成最大负面影响的因素是什么？"在后两次调查中，"传统文化崩坏"选择率大大提高。在调查一中，它只是第三因素，但在调查二中已经跃居第一因素；在调查三中，它也以很高的选择率成为第二因素，比作为第三因素的"外来文化冲击"高出一倍。（表8）

表8　　　　对伦理关系道德风尚造成最大负面影响的因素

（2007，2013　单位:%）

	传统文化的崩坏	市场经济导致的个人主义	外来文化冲击	网络技术
调查一	12.0	55.4	28.2	2.0
调查二	33.1	28.2	21.4	——
调查三	25.4	41.7	12.6	11.6

在调查一和调查三中，伦理道德的传统情结以肯定的方式得到表达。"对我国的伦理关系和道德生活，你最向往和怀念的是什么？"在调查一中，传统伦理道德以22.7%的选择率居第二位，比第一位低8个百分点；而在调查三中，则以38%的选择率高居第一位，比第二位高14个百分点。

可见，传统情结的增长，已经是现代中国的重要社会事实，由此，作为传统伦理型文化延续和转型的"'后'伦理型文化"的生成，便具有最重要的社会精神基础。有待追问的另一个问题是："后伦理型文化"到底是否具有、具有何种合理性？

"不宗教，有伦理"，作为一种当前中国人信仰与处理人际关系方式的客观呈现，与中国文化的本性有关。有一种观点认为，在现代化与全球化背景下，中国文化应当也必须融入世界，进而改变原有的轨迹，自20世纪初提出"全盘西化"的在文化上趋炎附势的口号以来，这股潜流虽不断切换话语方式与出场形态，但从未绝后，全球化的飓风使其获得新的生机。在人们的经验感受中，近代以来中国文化几经涤荡，已经面目全非，早已改弦易辙，只留下一张汉语话语的肌肤。然而，任何民族的文化，在"变"中必定潜在某种的"不变"的基因，这是民族生命的存在方式和文化发展的规律，只是"变"可以感性体验，而"不变"则有待理性洞察和智慧把握。现代性怪癖的推波助澜，使得对"变"的追逐成为人的欲望放逐的文化任性，不仅导致文化失忆的精神痼疾，而且导致了人类理性病入膏肓而又开始追悔莫及的肤浅。

正如一位哲人所说，也许人类是唯一意识到自己必定死亡的动物，如果说"生"是一次荒诞的事件，那么"死"则是不可逃脱的必然归宿。于是，追求永恒便是人类最大的奢望，自人类诞生这种奢望便以坚不可摧的顽强生命力薪火相传，成为人类精神基因的一部分。从雄才大略的秦始皇自封"始皇"，到道家炼丹成仙，再到长足发展的现代医学，肉体上永恒已经被宣布为虚妄，于是人类透过天马行空的想象力，将乞求的目光投向文化，在信念中、在信仰中，筚路蓝缕地开辟了两条成为普遍存在者的精神上的康庄大道，希图由此走向不朽与永恒。一条是宗教，世界上五分之四的人选择了它；一条是伦理，占世界总数近五分之一的中国人选择了它。两条道路虽然风情千秋，但理一分殊，殊途同归，都为解决人类的终极难题。

但也许正因为数量上这种差异，容易滋生某种偏见甚至浅薄，误认为宗教才是正道。其实，正如梁漱溟先生所说，中国文化之所以没有选择和走上宗教之途，根本上是因为中国民族的早熟和早慧。一个显而易见的事实是：中西方文化都追求成为普遍存在者，都希求"单一物与普遍物的统一"，但是，中国文化不需要将普遍存在者或所谓"普遍物"人格化，而是通过哲学的方式把握。宗教与伦理最大的区别是人生基点或人的精神支点的出世与入世，是终极目标的在场方式的不同。在宗教型文化中，普遍存在者或普遍物是存在于彼岸的上帝、佛主、安拉；在伦理型文化中，普遍存在者即此岸的君子和圣人，只是，他们不可能一蹴而就，而是作为一个"永远有待完成的任务"，必须"颠沛必如是，造次必如是"地自强不息。两种文化是两种智慧，分别建构以宗教或以伦理为支点的文明生态。"人间正道是沧桑"，承载的都是通向无限与不朽的人类沧桑之路。

出世需要信仰，入世需要信念，信仰与信念，只是达到普遍物的两种精神方式，任何以偏概全，都只能是偏见和缺乏智慧的表现。有些人甚至通过调查数据力图证明，现代中国社会的状况是"有信仰，不宗教"。事实上，这是在向宗教暗送秋波，很可能走向文化上骑墙式的油滑和不彻底。宗教信仰是宗教存在的核心要件，而不仅仅在于其作为"精神集团"的组织形态。既然不宗教，就一定存在某种宗教的替代物。综观人类文明史，有强大的宗教，就不需要强大的伦理；有强大的伦理，就不需要强大的宗教，二者之间似乎存在某种"二者必居其一"的严峻甚至冷峻，原因很简单，它们具有相似相通的文化功能。一种成熟的文化和成熟的民族，不可能长期保存两种功能完全相同的文化要件，文化发展遵循"节约理性"的原则，就像人身上不存在两种功能完全重叠的器官一样。《封神榜》以神话的方式显示，人类最初曾拥有三只眼，也许，这是人类存在的真实历史，但是当人类进化到两只眼完全可以捕捉外物时，"第三只眼"的命运就终结了。人类至今仍然需要两只眼、两只耳，是因为一只眼、一只耳，都只能"视而不见"，"充耳不闻"。宗教与伦理、宗教型文化与伦理型文化的关系，就是如此的简单而直白。

也许，如果对调查所发现的"不宗教，有伦理"作另一种表述，即"有伦理，不宗教"，伦理型文化的特性将更凸显。因为"有伦理"，所以"不宗教"，在"有伦理"与"不宗教"之间存在某种"有"与"无"的二者居其一的因果关联。诚然，表1和表2的信息还不能完全证明这种因果关联，它们只是在数量和相对于法律选择的排他性的意义上证明"不宗教"和"有伦理"，但无论如何，由此解释和推演现代中国文化依然是伦理型文化是有根据的，至少，它为"伦理型文化"的假设提供了基本的事实依据。

"满意而忧患"，既可以当作中国文化的性格特质，也可以当作社会心态的悖论，其间隐藏的精神密码十分重要。对伦理道德状况基本满意但高度忧患的关键，既不在基本满意的态度，也不在忧患意识，而在于满意与忧患之间的那种精神紧张与文化关切。对伦理道德状况的满意与不满意，只是对伦理关系与道德生活的事实判断；而如果只是忧患，可能是出于对伦理关系与道德生活的批评，也可能是杞人忧天式的自我恐惧；但基本满意而又忧患，那只能表明一种强烈的文化性格与价值追求。人们永远不会关心与自己无关的事，批评即是关切，是关切的否定形式。

中国伦理型文化自诞生，便申言自己的终极忧患："人之有道也，饱食、暖衣、逸居而无教，则近于禽兽。圣人有忧之，使契为司徒，教以人伦：父子有亲，君臣有义，夫妇有别，长幼有序，朋友有信。"①"类于禽兽"的"失道"之忧，是终极忧患，它构成中国文化忧患意识的终极层面。如何走出失道之忧？便是"教以人伦"。于是，"人之有道，教以人伦"，便是中国伦理型文化的终极价值关切。前者是道德，后者是伦理，二者关系是：以"伦"救"道"或由"伦"得"道"。正因为如此，中国文化总是在将伦理道德融为一体并赋予伦理以某种优先地位的同时②，对伦理道德保持高度的警觉和紧张，"世风日下，人心不古"，既是终极批评，也是终极忧患，终极忧患以终极批评的方式表达和呈现，而无论终极忧患还是终极批评，其根源都在于终极价值。终极之谓终极，注定了它们在任何条件下都存在并呈现。值得注意的是，中国文化的终极忧患，既不只是伦理忧患，也不只是道德忧患，而是伦理—道德忧患，因为，在"人之有道，教以人伦"的价值体系中，任何沦丧都是伦理与道德的双重沦丧。对伦理道德状况基本满意而又充满忧患，甚至激烈批评，只能说明伦理道德关切之强烈，凸显现代中国文化的伦理型性格和伦理型形态。当然，现代中国社会对伦理道德的批评与忧患或关于伦理道德的忧患意识，无疑具有许多时代特征，体现"伦理型文化""后"的气质。

家庭之于伦理道德的绝对地位是现代中国文化伦理型的典型见证，但家庭文化功能的"超载"却是伦理型文化的"后"难题和"后"气质。如前所述，梁漱溟先生早已发现，中国文化不是家庭本位，而是伦理本位，家庭本位是伦理本位的表现。事实上，家庭本位与伦理本位之间内在

---

① 《孟子·滕文公上》。
② 关于伦理与道德一体、伦理优先的文化传统和精神哲学形态，参见樊浩《〈论语〉伦理道德思想的精神哲学诠释》，《中国社会科学》2013年第3期。

相互诠释、相互决定的关系。因为，无论何种文化，最终都指向无限与神圣。宗教型文化以彼岸超越性的存在者为终极关怀和神圣性根源，中国伦理型文化以家庭为世俗伦理、世俗文化的神圣性根源，"亲亲"成为一切伦理、一切德性不言自明的真理和良知，所谓"见父自然知孝"，由此出发，亲亲而仁民，仁民而爱，最后民胞物与，天人合一。于是，在伦理上，"老吾老以及人之老"；在道德上，"百善孝为首"。一些学者发现，中国人的祖先崇拜与孝敬，具有宗教意义。实际上，这种观点只是在文化互释或互诠的意义上才有合理性，其中潜在以宗教文化为合法性根据的误导与风险。

中国伦理型文化作为林立于世界文明体系中的两大文化形态之一，与宗教型文化平分秋色，是一本万象、殊途同归的另一种人文大智慧。家庭，尤其是家庭自然伦理，既是人的文化本能和精神本色，也是人的良知、良能，因而成为伦理与道德的本位和基础。也许正因为如此，家庭才成为近代以来文化反思和文化批判首当其冲的焦点。然而，一个半世纪的摧廓巍然不倒，这不能不令人重新反思对它的态度：它是否像人的生命基因一样，不可选择地决定着生命的一切可能？摧毁了这个基因，生命何处寄托与附着？一个显然并且被千百次重温的历史事实是：中西方民族由原始社会走向文明社会的过渡走过了两条完全不同的道路，中国是家国一体，西方是家国相分。在由原始社会向文明社会迈进这一迄今为止人类最为漫长、最为重大的历史转型中，中国文明最成功的方面，是创造性地转化和运用了人类经过千万年煲烫所形成的最重要的智慧，这就是以血缘关系组织社会生活并以此为根基安身立命。

无论在逻辑还是历史中，越是经过漫长大浪淘沙所沉淀的文明，越是具有基因意义。有位西方学者曾将自人类出现以来的历史化约为 24 小时，其中，原始文明占十七小时左右，现代社会只有一个多小时。血缘关系，是人类在原始文明时代最重要的成果，它在后来的文明社会中演变和切换为另一组织形态，这就是家庭。也许正因为如此，无论何种文明，无论文明"现代"到何种程度，家庭总是共时性和历史时性的最大公约数，是最基本、最重要的"地球语言"。诸文明形态迄今都毫无例外地拖着家庭这个血缘的长长的尾巴并且仍将毫无悬念地继续拖下去。在这个意义上，人类至今仍处于"后原始文明时代"，人类文明还是"后原始文明"。家庭在文明体系中的解构，将标志着人类处于告别"后原始文明"的前夜。

不过，由于走向文明的历史路径不同，文化与文明形态不同，家庭在文明体系与人的精神世界中的地位也不同。由于在文明体系中的本位地位，在中国重大社会变革中家庭本位总是每一波文化批判和伦理批判的首要对象。理由很简单，家庭批判，不仅标志着文化批判与伦理批判的开始，甚至标示着批判的勇气和批判的完成，就像西方文化中对上帝的批判所具有的终极性一样。也许，正因为家庭在中国文化和中国伦理中的基因地位，我们不可能在享受它带来的一切美好的同时，剔除其自身携带的其他基因密码，就像在人的生命体中不能希求只享受美味而封闭令人厌恶的排泄一样。中国文化需要从人的生命中学习另一种智慧，这是一种简洁的智慧：在设计厨房的同时，设计厕所，保持二者的共在与平衡。这就是文明的生态合理性或生态智慧。

在这个意义上，三次调查所发现的关于家庭绝对地位的"中国共识"，虽对一部分人来说在意料之外，却完全在情理之中，它正是中国伦理型文化的表征，也是伦理型文化的条件，它明白无误地昭告世界：中国文化依然是伦理型文化。不过，三十多年来中国所实行的独生子女政策，不仅根本改变了家庭的结构，也根本改变了家庭的伦理功能和文化功能，在这种背景下，家庭在文化体系和伦理道德中的本位地位，与其说是一种事实，不如说是一种价值希求和文化坚守。独生子女时代，以家庭为本位的伦理型文化路在何方？如何存续？将是一个新课题。因为核心型家庭在履行伦理型文化所赋予的文明使命时，显然可能并且已经因过于超载而力不从心。在家庭文化超载、伦理超载的背景下，以家庭为本位的伦理型文化，只能是也必然是一种"后"伦理型文化。

四　伦理道德发展的"问题轨迹"

（一）"问题意识"的革命

经过一个多世纪的社会转型和欧风美雨的洗礼，现代中国伦理道德到底呈现为何种精神哲学形态？是古希腊的"伦理"形态，近代西方的道德形态，现代西方的伦理与道德的"临界"形态，还是中国传统的伦理—道德一体的形态？伦理与道德还能否作为精神世界环绕生活世界公转的椭圆形轨迹的坐标系的两大文化焦点，一如既往地支撑中国人的精神宇宙，进而在世界文明体系中继续使伦理型的中国文化与西方宗教型文化比肩而立？

问题太大也太重要，难以论证又必须论证。

也许，简捷的路径是对当今中国社会进行一次精神世界的体检和巡阅，在病理诊断中发现和复原生命体质。于是，问题域便从"是什么"的理论思辨转向"缺什么"的现实诊断。"缺什么"的诊断基于对伦理道德的"问题轨迹"的实证分析，在"问题轨迹"中发现道德问题与伦理问题辩证互动的精神节点，由此复原现代中国社会精神世界的本原图像，描绘和演绎伦理道德的精神形态。

仔细反思发现，近现代中国社会忧患意识的"问题式"发生了微妙而深刻的变化。在大众话语中，轴心时代孟子所提出的"人之有道也，饱食、暖衣、逸居而无教，则近于禽兽"的具有形而上意义的哲学表达，在近代转型中被表述为"世风日下，人心不古"的日常话语。在这一问题式中，"日下"和"不古"表征同一性与合法性的解构与丧失，而"世风"与"人心"则分别指向伦理与道德，因而文化忧患同时指向伦理与道德，是伦理与道德的双重忧患。然而，近30多年来，无论大众话语还是国家意识形态，文化忧患一以贯之并愈益强烈地指向同一对象：道德。

从"滑坡—爬坡"的学术论争，到"公民道德"的国家话语，"道德"毫无例外地都是问题所指和重心所在，"伦理"只是在偶然的学术话语中出场。在现代文化忧患与问题意识中，道德，已经不是精神世界的总体性话语，而是独白性话语；道德，已经成为我们这个时代精神世界中的"孤独舞者"。然而，有待追问的是："道德"忧患到底为何成为我们这个时代具有根本意义的文化忧患？道德问题到底如何成为我们这个时代不只是精神世界而且是生活世界的重大问题？道德问题到底因何长期难以得到有效解决，以至成为这个时代的社会痼疾？"为何"体现伦理型文化背景下精神世界的"中国国情"；"如何"有待对伦理道德"问题轨迹"的实证分析；"因何"需要在"问题轨迹"的现象学复原中寻找答案。

走出现代中国社会的文化忧患，期待一种"问题意识"的革命，"问题意识革命"的要义，是面向"正在发生的事情"，从对"道德问题"的原子式探讨，进入对伦理道德问题链或"问题轨迹"的诊断和伦理道德的精神形态的追究。

稍许有点学术想象力便可发现，现代中国社会似乎表现出生活世界和精神世界的某种同步性，或"人"的两种再生产的同步性。在人的肉体生命或人种的再生产进入"独生子女"时代的同时，人的精神生命或精神世界的再生产也进入"独一代"。最大特征是伦理与道德分离，道德成为精神世界的"独生子女"，在文化情结和对诸多社会问题的解决诉求中，集万千希冀于一身，也集万千责任、万千风险于一身，在万千宠爱中陷入万千孤独与万般无奈，形成道德在精神世界中的文化孤独与文化"超载"。然而，历史反思和经验事实都表明，无论道德问题的根源还是其文明后果，都不在道德本身，经常的情况是，道德问题更像人体感冒时的高烧，既是疾病的表征，也是生命与病毒短兵相接的硝烟，伦理，才是其根源和后果。就像今天独生子女时代的诸多社会问题一样，表面上是"独一代"的道德价值问题，行为取向问题，最后的根源和后果都聚焦于独生子女生长的伦理环境及其未来的伦理风险。

长期以来，无论是在理论中还是在实践中，伦理与道德的关系都被当作一种学术和思想的奢侈品而被边缘化。在生活世界中认为伦理与道德的区分只是理论上的象牙塔，在学术研究中认为二者的区分只是将简单问题复杂化的多此一举。理论与实践"共谋"的现象学图景是，将所有与善恶相关的意识、行为、关系问题，都当作道德问题。于是，道德不仅因其文化功能的严重超载而力不从心，不仅被迫越俎代庖，而且要承受太多的批评、失望甚至诅咒。更重要的是，这种缺乏哲学教养的不幸粗疏，严重遮蔽了道德问题的深刻社会后果，进而使对伦理道德发展的精神世界规律的探讨，使对伦理道德与生活世界互动规律的探讨，丧失学术冲动和现实驱动，最后，使对现实生活中伦理道德问题的真正解决成为不可能。在这个生活世界追逐奢侈而精神世界又拒绝精致的时代，关于伦理与道德关系的哲学思辨也许过于不合时宜，但放弃对这一前沿问题的探讨不仅抛弃了学术，而且放逐了现实。两极"商谈"的中庸智慧是：在现实世界中进行伦理与道德关系的现象学复原，在伦理道德的"问题轨迹"中寻找二者关系的真理与真谛。

（二）"道德问题—社会信任—伦理分化"的"问题轨迹"

当今中国社会的精神世界的根本问题到底是什么？是道德问题，伦理问题，还是伦理—道德问题？这一诘问不仅关乎"中国问题"的诊断与解决，而且关乎对现代中国社会伦理道德的发展规律，对人的精神世界发展规律的把握，是理论与实践的双重前沿。

2007年以来三次调查的海量数据表明[1]，当今中国社会的精神世界问题，表现为由道德到伦理的明晰而深刻的"问题轨迹"：道德问题演化为社会信任的危机；社会信任危机演化为伦理上的两极分化。道德问题—社会信任危机—伦理上的两极分化，就是当今中国社会伦理道德的"问题轨迹"。

1. 何种"道德问题"？

当今中国社会最深刻的道德问题到底是什么？三次调查在做出问题诊断的同时，也揭示了问题的强度，以及社会大众的道德心理底线。

[诊断] 2007年的"调查一"以价值忧患的方式切入对"道德问题"

---

[1] 本文采用数据来自本人为首席专家的三次调查，分别以"调查一""调查二""调查三"标注。调查一是2007年的全国性调查，由六大群体的分别调查和综合调查构成，投放调查问卷近两万份；调查二于2013年在全国28个省市自治区进行，问卷样本量近6000份；调查三于2013年在江苏省进行，问卷样本近1300份。

四 伦理道德发展的"问题轨迹" 119

的调查："你对改革开放的最大担忧是什么？""导致两极分化"与"腐败不能根治"分别以 38.16% 和 33.79% 高居前两位，居第三位的是生态环境破坏（26.24%）。（图1）

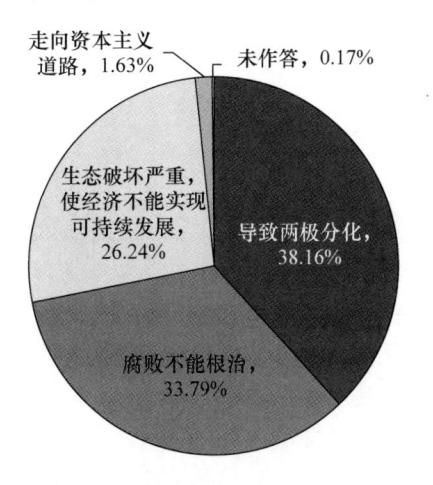

图1 调查一：对改革开放最大的担忧（2007）

三大担忧，既是事实判断，也是社会预警，在两极分化和腐败已经成为社会事实上背景下，大众的担忧是"不能根治"。问题在于，"两极分化""腐败"因何、如何成为改革开放的两个"最大之忧"？"因何"的深刻根源在于道德发展的严峻情势，而"如何"则表明它们已经由个体道德问题演化为群体道德问题和群体之间关系的伦理问题。群体不能简单等同于普遍，在一般意义上，"最大担忧"预示着它们已经是具有普遍性的社会问题，但普遍之为普遍，并不只在于它们在社会生活中已经大量存在，而且在于它们潜在的群体性。在大众话语中，"腐败"特指官员群体的道德问题，表征经过量的积累腐败已经成为官员群体具有一定普遍性的道德问题；"两极分化"最严重的并不是个体而是诸群体之间的分化，分化的结果也是形成具有群体意义的伦理两极。在这一信息中，个体与群体虽然是两个"最大担忧"的对象，但群体是更深刻的指向，个体向群体的积聚，道德问题向伦理问题的过渡，群体性伦理问题，是对于"两极分化"与"腐败""担忧"背后的最大"担忧"。

[**问题强度**] 七年后的调查对这两个"最大担忧"和社会预警进行了跟踪，只是变换了问题方式，转换为对两大问题严重程度的判断并在话语

方式上将"两极分化"表述为"分配不公",因为"分配不公"和"两极分化"具有深刻的因果关联,"分配不公"更易于为经验感知也更具有直接的表达力。"你认为当前中国社会官员腐败和分配不公的严重程度如何?"全国 28 个省市的调查中认为"非常严重和比较严重"的超过 70%,江苏省的调查超过 80%(表1),问题的严重程度或"问题强度"在 70%—80%之间。

表1　　"你认为当前中国社会官员腐败与分配不公严重程度如何?"　　(2013)

	分配不公	官员腐败
调查二	"非常严重"(71.5%)	"非常严重"(72.7%)
调查三	"非常严重和比较严重"(82.2%)	"非常严重和比较严重"(80.5%)

三次调查表明,分配不公与官员腐败已经成为当今中国最突出的社会问题。有待论证的是:它们因何、如何是一个道德问题?"官员腐败"是道德问题准确地说是政治道德问题不证自明,"分配不公"为何不只是经济问题而是道德问题?理由很简单,因为它关乎社会公正,关乎对人的权利与利益的侵占和剥夺。虽然"分配"是经济运行中的一个环节,但分配的"公"与"不公",却通过对财富的占有,表征个体与实体的关系,表征经济制度以及处于一定经济制度中的个体之间关系的道德性质,因为"占有"的实质,是对自己和他人劳动的占有,"公"是对自己劳动的占有,"不公"或是对他人劳动的占有或是自己劳动的被占有,由此所形成的两极分化,本质上是群体的两极分化,是一个群体占有另一个群体劳动而形成的两极。所以,收入、占有、财富三者之间从一开始就存在精微而深刻的殊异:"收入"是经济学概念,"占有"是法哲学概念,"财富"是经济学、政治学和伦理学共有的概念,三者之间的共通在于其道德性。也许正因为如此,经济学家、法学家和哲学家们一开始就形成并且应当不断强化一种共识:分配是一个道德问题。

以下信息对"分配不公"的道德属性作了佐证。"你认为影响当前中国社会人际关系紧张的因素是什么?""分配不公"在调查二、调查三中都由第三因素上升为首要因素(表2)。

表 2　　　　　　　　　影响人际关系紧张的因素　　　　　（2007，2013）

	第一因素	第二因素	第三因素
调查一 (多项选择)	过度个人主义 (65.7%)	竞争激烈，利益 冲突加剧 (61.7%)	社会财富分配不公， 贫富差距过大 (59.9%)
调查二	社会财富分配不公， 贫富差距过大 (42.5%)	缺乏相互理解和沟通 的能力与意识 (10.3%)	个人主义 (8.5%) 恶性竞争 (8.5%)
调查三	社会财富分配不公， 贫富差距过大 (18.0%)	缺乏相互理解和沟通 的能力与意识 (13.5%)	缺乏宽容 (13.3%)

"分配不公"的加剧，成为人际关系日趋紧张的首要因素，其道德性质和伦理后果在这一数据中得到量化的诠释。

[**伦理承受力底线**] 以下两个信息可以表征"官员腐败"与"分配不公"作为"道德问题"的文化性质，以及社会对它承受的道德心理底线。第一，"哪种因素应对当今社会的不良道德风尚负主要责任？"调查三表明，"官员腐败"以41.9%的选择率高居榜首，居第二位的是"社会不良影响"37.4%。第二，"你对目前收入差距的态度是什么？"调查二、调查三虽在"不能接受"的心理底线上出现近10个百分点的差异，但"不合理"的价值判断是绝对主流，其"不公"的道德性质获得高度一致的认可，因而这种心理底线实际上是道德心理底线或道德与心理的双重底线。由于调查三是在江苏地区的调查，而江苏的发展水平远高于全国平均水平，由此可以推测，经济越发达，收入差异越大，人们对它的"不能接受度"越大。调研三已经表明，在发达地区，收入差异已经高于"可以接受"的心理接受度，突破"不能接受"的道德心理底线（表3）。

表 3　　　　　　　　对目前收入差距的态度　　　　2007，2013　单位:%

	不合理，但可以接受	不合理，不能接受	合理，可以接受
调查二	45.0	29.5	13.9
调查三	37.9	39.3	9.6

2. 社会信任危机：道德问题向伦理问题的转化

关于"分配不公"与"官员腐败"作为当前中国最突出道德问题诊

断中所隐含的最重要的信息有三：一是高度一致的"不道德"的定性判断；二是"非常严重或比较严重"的定量判断；三是"可以接受"或"不可以接受"的道德心理底线。三大信息的意义在于，"分配不公"与"官员腐败"已经不是个别现象，也不是个别人的道德问题，而是一种普遍的道德现象和群体性的道德问题。于是，便产生一种可能：道德问题转化为伦理问题，道德问题向伦理问题转化的中介，是社会信任危机。

在现代中国，"社会信任危机"的深刻性，不只是在于社会生活中的信任危机，更紧迫的是社会关系中诸社会群体之间的信任危机。社会生活中的信任危机本质上是道德危机，是由道德危机引发的信任危机，社会关系中的信任危机是伦理危机，是群体之间的信任危机。三次调查表明，道德信任危机已经向伦理信任危机转化，伦理信任危机，以群体性不被信任的方式表达和呈现。

"你对哪类群体的伦理道德状况最不满意？"三次调查，多项选择的共同结果高度一致：政府官员、演艺界、企业家是当前中国社会最不被满意的三大群体，其中政府官员高居榜首（表4）。

表4　　　　　　　　伦理道德方面最不被满意的群体排序　　　　（2007，2013）

	第一位	第二位	第三位
调查一	政府官员（74.8%）	演艺界（48.6%）	企业家（33.7%）
调查二	政府官员（48.8%）	企业家（23.2%） 商人（30.7%）	演艺界（25.6%）
调查三	政府官员（54.6%）	演艺界（44.8%）	企业家（43.5%） 商人（46.4%）

三次调查，结果相同，不能不说明问题。这一信息的重要内涵在于：第一，这是一种群体性的不满意或不信任，表示整个社会对某一或某些群体的不满意或不信任，是群体性或群体之间的信任危机。第二，这种信任危机，是由道德危机而引发的伦理危机，即由道德问题所引发的伦理危机，调查所呈现的三大群体不被满意的主要理由或问题指向分别是：官员腐败，以权谋私；演艺界炒作绯闻丑闻，污染社会风气；企业家不讲诚信，损害社会利益。第三，更应当引起警惕的是：在政治、

文化、经济上掌握话语权力的三大群体，恰恰是伦理道德上最不被满意或信任的群体。

尤其值得注意的是，关于伦理道德方面最不被信任群体的判断，不仅是一种事实判断，而且代表一种社会态度，因而也是一种价值判断。由此，这种判断的内核和本质，是一种伦理信任，是诸社会群体之间的伦理信任。支持这一假设的事实根据是：两个不同时段的三次调查中，对政府官员不满意或不信任率下降，但对演艺界和企业界的不信任率提高，这说明，国家惩治腐败的举措收到了实质性效果，不仅是政治效果，而且是伦理效果。

3. 伦理分化

如果说伦理道德方面三大最不被满意的群体表征一种社会信任危机，以及由道德问题向伦理问题的转化，那么，关于诸社会群体在伦理道德方面的满意度与不满意度的判断，则在相当程度上表征中国社会已经出现伦理上的两极分化。

调查二、调查三对当今中国社会对诸社会群体在伦理道德方面的不满意度进行了定量调查和排序，发现：对政府官员、企业家和商人、演艺界的不满意度依次最高，对工人、农民、教师、专家学者的不满意度依次最低（图2）。

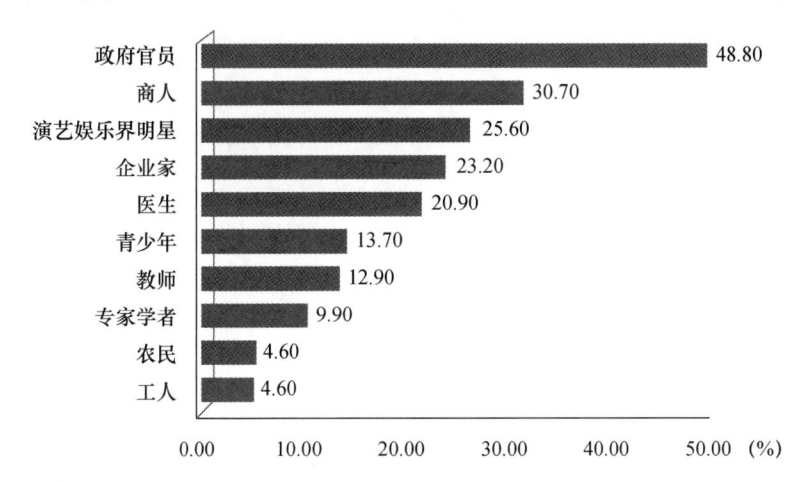

群体	不满意度(%)
政府官员	48.80
商人	30.70
演艺娱乐界明星	25.60
企业家	23.20
医生	20.90
青少年	13.70
教师	12.90
专家学者	9.90
农民	4.60
工人	4.60

图2　调查二、调查三，对社会群体伦理道德状况不满意度（2013）

"你对哪些群体的伦理道德状况最满意?"满意度排序是:工人、农民、专家学者、教师依次最高(表5)。①

表5　　　　调查二、调查三对社会群体伦理道德状况满意度　　　(2013)

	农民	工人	教师	专家学者	青少年	医生	企业家	商人	政府官员	演艺界	弱势群体	自由职业
调查二	56.1	46.4	55.2	43.8	39.3	41.5	19.1	16.4	15.2	12.4	—	—
调查三	87.7	89.9	79.6	76.6	73.3	70.5	51.6	52.9	44.5	41.5	74.8	70.9

以上信息的深刻意义,不在于对满意—不满意群体的判断,更重要的是政府官员、演艺界、商人、企业家—工人、农民、专家学者、教师之间在伦理上的两极分化。如前所述,前者是政治、文化、经济上掌握话语权力的群体,而后者则在相当程度上是草根群体。人们一般都指认并深深地忧患经济上的两极分化,然而,伦理上的两极分化至今未被发现,更未被承认。伦理上的两极分化是比经济上的两极分化更深刻、更严峻的社会现象和社会问题,因为它不仅是生活世界的两极分化,而且是精神世界、价值世界的两极分化,极易演化为文化的两极分化,并且极易过渡为政治上的两极对峙,是伦理道德问题、社会问题积累到相当程度的极为重要的信号。同时,工人、农民、教师等草根群体成为道德上最受信任和满意的群体,也传递了另一个重要的文化走向:"礼失而求诸野",当今中国社会的伦理道德在精英群体集体失落之后,是否正在进入一个"草根时代"?

另一个信息似乎可以支持这一假设。"你的思想行为受什么人影响最大?"调查发现,随着伦理道德问题的演进,社会影响力群体发生重心下移,从知识精英转移为父母和教师,而政府官员和工商界精英则位于最后(表6)。

---

① 注:此信息以第二、三次调查为依据并进行排序。全国调查分满意、不满意、一般三种,前两种之外为"一般","一般"未列在表中;江苏调查分非常不满意、比较不满意、非常满意、比较满意四种,表中进行两两合并。

表6　　　　　　　　　对思想行为影响最大的群体　（2007，2013　单位:%）

	父母	教师	知识精英	政府官员	工商精英
调查一（问卷不同）	未列入	未列入	48.0	25.2	17.4
调查二	67.7	40.9	15.8 先哲3.1	12.1	2.2
调查三	59.1	11.2	2.7 先哲6.3	11.9	1.9

这一结果，传递了一系列重要信息。其一，在当今中国，家庭依然是社会、文化和伦理道德的本位。父母成高居思想行为的影响力群体之首，不能一般性地被诠释为"父母是子女的第一位导师"，而是标示家庭的自然伦理实体在道德、在人的精神养育中的策源地地位，这是中国伦理型文化的特征，也是伦理型文化的最重要基础，佐证当今的中国文化依然是伦理型文化，同时也佐证伦理是道德的基础。其二，它与图2和表5所显示的精英群体与草根群体在伦理上的两极分化相一致，虽然父母和教师不能笼统地归结为"草根"，但政府官员和工商精英无疑是政治和经济精英。其三，政府官员和工商精英以软小的影响力偏居影响力群体之末，这不能不说是精英层的文化地位、伦理道德地位在现代中国社会的集体失落。

4. 结论：伦理道德的"问题轨迹"

综上，当前中国社会已经开始从经济上的两极分化发展为伦理上的两极分化，中国社会的精神世界，呈现为一幅从道德问题向伦理问题演进，从伦理问题向伦理上两极分化演进的"问题轨迹"。"问题轨迹"的过程与中介是：从个体道德问题到群体道德问题，从群体道德问题到社会信任危机，从社会信任危机到伦理上的两极分化。由分配不公导致的经济上的两极分化在调查中已经被指认为当前中国社会的忧患之首，或最大的"改革开放之忧"，它被70%以上的人群认为已经达到"非常严重和比较严重"的程度，并且在"不合理"的绝对主流判断下接近或达到"不能接受"的伦理承受力底线。特别重要的是，经济上的两极分化一开始就具有深刻的道德内涵，或者说在相当程度上是道德问题积累的结果——不仅是分配不公的结果，而且是不道德行为的结果，因为，不仅分配本身是一个道德问题，分配不公是制度性不道德，而且经济上的两极分化与官员腐败、演艺界污染社会风气、企业家唯利是图等强势群体的不道德行为存在因果关联，或者说，它在相当程度上不仅是分配的结果，而且是不道德行为的结果。于是，两极分化从一开始就具有经济和道德的双重性质，既是经济问题、分配制度问题，更是严重的道德问题。这是中国社会的经济上两极分化与西方社会迥然不同之处，是两极分化的"中国问题"，于是，它不仅具有分配制度上的不合理性，更具有道德上的不合法性。也正因为如此，经济上的两极分化问题的真正解决，不仅有待于分配制度的改革，更有待于一场道德觉悟乃至道德革命。

　　经济上两极分化向伦理上两极分化的转化，是通过社会信任危机的中介。三次调查中对政府官员、演艺界、企业界一以贯之的伦理道德上的不信任，已经说明当前中国社会信任危机的真实性、严重性及其文化性质。如前所述，这种信任危机，不是一般性的社会信任危机，即社会生活中个体与个体之间的信任危机，而是对一个群体、几个群体，更严重的是，是对政治、经济、文化上掌握话语权力的强势群体的信任危机，是群体之间的信任危机。所以，当前中国社会中普遍存在的仇官、仇富现象，不能一般地表述为社会心态的不正常，而是对经济上两极分化的不道德性的文化反映，当某种心理状态成为普遍现象时，应当追问的不是社会心态，而是社会存在，毋宁说不正常的不是社会心态，而是社会现实。群体性社会信任危机，使道德问题向伦理问题转化，经济上的两极分化向伦理上的两极分化转化。当今中国社会的社会信任危机，既是道德危机，也是伦理危机，是由道德危机演绎的伦理危机，其要义是部分群体由于群体性道德问题而生成的伦理上的合法性危机，其不可避免的后果，便是由经济上的两极分化演绎为伦理上的两极分化。

　　至关重要并且必须高度警惕的是，伦理上的两极分化是比经济上的两极分化更深刻、更严峻的两极分化。经济上的两极分化是生活世界的两极分化，伦理上的两极分化是精神世界、价值世界的两极分化。伦理上的两极分化，不仅造就生活状态的两极，而且造就价值的两极、文化的两极，它是诸社会群体之间相互承认并且以此为基础对社会合理与合法性认同的危机。伦理上的两极分化的产生与长期存在，标示着社会凝聚力、文化同一性、伦理合法性的瓦解甚至丧失，是社会在文化和价值上的一次分裂。伦理分化不是一般性的社会分化，社会分化是指在社会生活中形成各种由经济社会地位决定的阶层，是事实判断所产生的自我认同与社会认同，依然属于生活世界的层次；而伦理分化则是由事实判断和价值判断所形成的并且以价值判断为主导、以合法性为标准的自我认同与社会认同，是群体之间的伦理合法性的相互承认与相互认同，因而是更深刻、更彻底的分化，也是物质生活与精神生活长期积累的结果。伦理分化也不是一般的社会心态，社会心态具有很强的主观性与不稳定性，而伦理分化因为以合法性判断与伦理认同为基础，具有很强的客观性和文化上的稳定性。伦理分化也不同于经济分化，经济上的两极分化可以通过经济制度改革消除，而伦理上的两极分化则必须透过诸群体的道德努力，通过长期的文化积累实现。经济分化—社会分化—伦理分化，由经济上的两极分化发展到伦理上的两极分化，其中的变量不仅是经济，更重要的是道德。伦理上的两极分化，是由于道德问题积累而生成的社会问题，其后果比经济上的两极分化更深远、更严重。

（三）伦理上两极分化的精神现象学图景

"问题轨迹"表明，必须发出关于当今中国社会精神生活的重大预警——经济上两极分化，经过道德问题的积累，已经演化为伦理上两极分化！

当今中国社会正遭遇深刻的伦理上的两极分化，它潜伏于经济上的两极分化，由于分配不公和官员腐败等道德问题的恶化，通过社会信任所体现的伦理存在和伦理认同的危机，最后演绎为伦理上的两极分化。经济上的两极分化演化为伦理上的两极分化，是社会问题由生活世界进入精神世界的恶变过程，在这种演化轨迹中，道德问题不仅是催化剂，而且是深刻原因。经济上的两极分化可能引起伦理上的两极分化，但这只是可能性，作为人的精神世界的自我分裂，伦理上两极分化，是道德问题积累和恶化到一定程度已经侵蚀到社会的伦理存在和伦理认同的严重文化后果。在这个意义上，伦理上的两极分化是道德问题恶变，尤其是由个体道德问题向群体道德问题恶变的结果，因为伦理上的两极分化本质上是群体之间的伦理关系和伦理认同的危机，最终将演化为诸群体对社会这个伦理共同体的认同危机。2007年的调查表明，伦理上的两极分化正在发生，已经发生，然而由于这是一个新问题和新动向，在理论研究中还没有被关注，甚至没有被提及,迫切需要深入的理论研究和前沿性的学术准备。

在人的精神世界中,伦理上的两极分化如何发生?有何精神哲学根据?现象学还原表明,在伦理道德,在人的精神世界中,逻辑和历史地内在分裂为难以调和的"伦理两极"的可能,一旦条件具备,逻辑便异化为现实。在精神哲学意义上,伦理上的两极分化展现为由三个精神阶段或三个精神环节构成的不断演进的进程:"单一物"与"普遍物"的"伦"的两极;"卑贱意识"与"高贵意识"的"理"的两极;"贪民"与"贱民"的人格的两极或"伦理精神"的两极。"伦"的两极是存在的两极分化,"理"的两极是意识的两极分化,"贪民"与"贱民"的两极是人格的两极分化。"伦"的两极—"理"的两极—"贪民"与"贱民"的两极,构成由存在到意识,由意识到人格的伦理上两极分化的精神现象学图景。至关重要的是,在这三个阶段或三个环节中,伦理上的任何两极分化,任何伦理两极的生成,都是道德坠落的结果,因而都是伦理与道德的互动进程。

["伦"的两极:"单一物"与"普遍物"] 伦理逻辑地存在两极,甚至以两极的存在为前提。无论是概念还是现实,伦理都指向个别性的"人"与作为其公共本质和普遍存在方式的"伦"或所谓"共体"的同一性关系,于是便以两极的存在为前提:作为个别性存在的"单一物"即人的个体性、单一性,或所谓"个体"。作为普遍性存在的"普遍物",即人的"共体"、普遍性,或所谓的"实体"。简言之,"人"的"单一物","伦"的"普遍物"。但伦理的真谛既不是"单一物",也不是"普遍物",而是"单一物与普遍物的统一",即所谓"人伦"。"伦理本性上是普遍的东西",它以普遍性为现实性与内容,其目的不仅生成普遍性,而且要使"普遍物"作为"整个的个体而行动",在这个意义上,伦理所生成的"整体"就是"整个的个体":对个体来说,它是整体,是个体的"普遍物";对其他整体来说,它又是"个体",使"整体"作为个体而行动,民族、国家、社会,包括家庭在内的伦理实体的文化真理和精神秘密都在于此。在生活世界中,如果两极统一的客观与主观条件不具备或严重缺场,便会导致"人"与"伦"的分裂,固化、分裂为相互对立的"单一物"与"普遍物"的两极。

道德与道德主体是"单一物与普遍物统一"的最深刻的精神哲学条件。"单一物"与"普遍物"、个体与实体统一的伦理过程,是个体透过道德努力,由个体性存在提升为普遍性存在的道德过程,这一道德过程的实质,就是道德主体生成。"单一物与普遍物的统一"、个体与实体的统一的本质,是伦理两极之间的相互承认,相互承认的实现及其现实性,有待道德主体的造就,由此,"人"与"伦"、"单一物"与"普遍物"统一的过程,就是道德主体生成的过程。"个体—实体—主体",是伦理两极之间和解与相互承认的精神过程,是伦理与道德统一或由道德达到伦理的精神哲学过程。因之,"人"与"伦"的两极分化,本质上是道德的坠落或道德主体的失落。黑格尔就以法国大革命的历史背景为隐喻,指证在教化世界或生活世界中,精神最后"把自己分裂为同样抽象的极端:分裂成简单的,不可屈挠的,冷酷的普遍性,和现实自我意识所具有的那种分立的、绝对的、僵硬的严格性和顽固的单点性"①。"冷酷的普遍性"与"顽固的单点性",便是内在于伦理中的"单一物"与"普遍物"的两极,其政治历史图像便是法国大革命所呈现的那种"绝对自由"和"恐怖"的两极对峙。一极是个人或"单一物"的"绝对自由",一极是"普遍物"的"恐怖"。由此,社会便可能陷入个人主义与集权主义、自由主义与整体主义的沼泽,伦理问题便演化为政治问题,伦理便走向政治。"伦"的两极,本质上是个体与实体、个别性与普遍性、个人与共同体的两极分裂与两极对峙,现代西方社会中普遍存在的伦理认同与道德自由的矛盾,就是"伦"的两极的精神表现与义化表达。

["理"的两极:"高贵意识"与"卑贱意识"] 概念地存在于伦理中的"人"与"伦"或"单一物"与"普遍物"的两极,使伦理学在理论上存在两个可能的重心,即个人主义与普遍主义。涂尔干发现,"有两个极端观念充当了伦理学的重心,伦理学就是围绕它组建起来的:一方面是个人主义,另一方面是普遍主义"②。在涂尔干看来,前者以卢梭为代表,后者以黑格尔和叔本华为代表。前者认为,个人是世界上唯一的实在,一切事物都与个人有关;后者认为,"伦理本性上是普遍的东西"。但是,无论如何,伦理既不是"单一物",也不是"普遍物",而是二者的统一,是"人"与"伦"的同一。"整体大于部分之和,伦理学就是有关整体的

---

① [德]黑格尔:《法哲学原理》,范扬、张企泰译,商务印书馆1996年版,第119页。
② [法]爱弥尔·涂尔干:《职业伦理与公民道德》,渠东等译,上海人民出版社2001年版,第279页。

事情。"① 个人主义与普遍主义毋宁说是达到这个统一的两种方式，即两种"伦理方式"，这两种方式被黑格尔概括为"从实体出发"与"原子式地思考"的"集合并列"。

诚然政治、经济、法律等领域的根本目标也是建构这种统一，但伦理所达到的"人"与"伦"的统一，首先也必须是一种精神的统一，或透过精神达到的统一。"精神是单一物与普遍物的统一。"然而，精神的统一绝不是没有现实内容的统一，在生活世界中，它表现为与最重要的两种伦理存在即国家权力与社会财富的两种意识关系，这就是黑格尔所说的"高贵意识"与"卑贱意识"。国家权力与财富是生活世界中伦理本质的两种存在形态，即政治存在与经济存在，它们是个体单一物与伦理普遍物统一的两个基本的世俗性的实现方式，高贵意识与卑贱意识是个体对这两种伦理本质的不同自我意识的判断。"认定国家权力和财富都与自己同一的意识，乃是高贵意识。""认定国家权力和财富这两种本质性都与自己不同一的那种意识，是卑贱意识。"②

"高贵意识"与"卑贱意识"是个体"单一物"与伦理"普遍物"的关系的两种截然相反的判断，它们构成伦理在生活世界中所呈现的"精神"的两极。它们都是"意识"，亦即所谓"伦"之"理"，它们的"高贵"与"卑贱"完全在于对国家权力和财富的伦理存在关系的肯定与否定的判断，即黑格尔所谓"认定"，或现代话语中的所谓"认同"。"高贵意识"与"卑贱意识"，既是意识的两种形态，也是精神的两种形态，是"伦"之"理"的两极或两种形态。意识的"高贵"与"卑贱"，不在于世俗生活中对权力和财富的拥有，而在于对权力公共性与财富普遍性的自觉，在于权力与财富的所体现的伦理关系与道德属性。在精神发展过程中，两种意识关系会发生"倒置"，权力与财富的拥有者一旦丧失这种关系的伦理本质，"高贵意识"便沦为"卑贱意识"；相反，守望和捍卫这种关系的伦理性，"草根"便从"卑贱意识"上升为"高贵意识"。"卑贱者最聪明，高贵者最愚蠢"，针对那个权力腐败、财富不公的时代，毛泽东所揭示的就是这个精神哲学的辩证法。

---

① ［法］爱弥尔·涂尔干：《职业伦理与公民道德》，渠东等译，上海人民出版社2001年版，第283页。

② ［德］黑格尔：《精神现象学》下卷，贺麟、王玖兴译，商务印书馆1996年版，第51页。

[**人格的两极:"贪民"与"贱民"**] 揭示"高贵意识"与"卑贱意识"的两极,无疑是精神哲学的贡献,但是,如果停滞于此,乃是头足倒置。存在决定意识,生活世界中所以存在这两种意识形态或自我意识的认定,根本上是因为存在这两种现实,具体地说,在生活世界中存在个体与国家权力、财富的肯定与否定的两种政治经济关系,其客观性并不以人们的"认定"为转移。由此,自我意识关系中的"高贵"与"卑贱",就现实化为生活世界中的"同一"与"不同一"的政治经济关系,即所谓占有关系。"高贵者"总是与国家权力与财富"同一";"卑贱者"总是与国家权力与财富"不同一"。问题在于,国家权力与财富是生活世界中的伦理存在,或人的两种本质性,一旦丧失公共性与普遍性,也就丧失合法性,进而发生善与恶的倒置。"同一"与"不同一"不仅表现为对于国家权力与财富的两种不同占有关系,而且最终表现为不同个体之间的关系。于是,便可能产生两种状况:对国家权力和财富的过度占有或不当占有;对国家权力和财富的过度不占有。二者都表现为与国家权力和财富同一性关系的丧失,进而表现为伦理本质的丧失,但其伦理后果不同,前者造就"贪民",后者造就"贱民"。由此,便形成生活世界政治经济关系中的道德主体的两极:"贪民"与"贱民"。他们既是伦理的两极,也是精神的两极,是伦理精神的两极。无论是"贪民"还是"贱民",都兼具生活世界与道德世界的双重属性,他们不仅指向权力与财富,更重要的是与权力和财富的不正当伦理关系及其所体现的道德性质。"贪民"是对权力和财富的不当占有与攫取,官员腐败与企业家的唯利是图,都是"贪民"的体现。

政府官员是公共权力的执行者,也是实际占有者,他们是社会大众在权力上的"被委托人"或所谓"代表",其伦理本质与道德气质应当是黑格尔所说的"服务的英雄主义"或毛泽东所告诫的"全心全意为人民服务"。然而,一旦将公共权力当作"个人的战利品",以权谋私,"服务的英雄主义"便蜕变为"阿谀的英雄主义",即对权力和财富顶礼膜拜、阿谀奉承。企业家作为财富的创造者,应当是"财富英雄",一旦唯利是图地追逐财富,便由"财富的英雄主义"也沦为"阿谀的英雄主义"。至此,无论政府官员还是企业家,"高贵意识"便沦为"卑贱意识","英雄"便沦为"贪民"。由于政府官员与企业在权力和财富关系中处于的特殊地位,如果丧失坚定的"高贵意识",便很可能是沦为"贪民"的高危人群，这就是三次调查中所发现的他们之所以成为伦理道德上最不被满意的人群的深刻的精神哲学原因。

"贱民"是什么？所谓"贱民"，按照黑格尔的诠释，特指物质生活与精神生活双重贫困的人群。"贱民"诞生于贫困，但贫困并不就产生贱民，贱民标志着财富与道德的双重沦丧。"当广大群众的生活降到一定水平——作为社会成员所必需的自然而然得到调整的水平——之下，从而丧失了自食其力的这种正义、正直和自尊的感情时，就会产生贱民，而贱民之产生同时使不平均的财富更容易集中在少数人手中。"① 当遭遇贫困，并且丧失"正义、正直和自尊"的道德感时，便很容易滋生"贱民"，在这个意义上，贱民是一个人格的概念。重要的是，贱民的产生加速了财富的两极分化，产生马克思所说的贫困与财富的两极。黑格尔不彻底的方面在于，"贱民"本身是两极分化的产物。因此，当"分配不公导致两极分化"成为中国社会的最大忧患时，就应当特别警惕"贱民"的诞生。

黑格尔特别提醒，"贫困自身并不使人就成为贱民，贱民只是决定于跟贫困相结合的情绪，即决定于对富人、对社会、对政府等等的内心反抗。"② 由于贱民伴随对"对富人、对社会、对政府等等的内心反抗"，这种"内心反抗"在积累到一定程度，会走出"内心"的情绪，付诸行动。由于他们是社会的弱者，因而这种反抗往往采取极端暴力的形式，甚至是对更为弱者的暴力，从而沦为"暴民"，形成由"贱民"到"暴民"的恶变。③ 在中国社会"贱民"已经存在，职业乞讨群体就属于此。"这样一来，在贱民中就产生了恶习，它不以自食其力为荣，而以恳扰求乞为生并作为它的权利。"④ 更严重的是，不少贱民已经沦落为"暴民"，从马加爵在大学中对同学的残忍杀戮，到小学、幼儿园的大量伤害事件，都是"贱民"沦落为"暴民"的表现，它们在本质上是"伦理病灶的癌变"，标志着中国社会伦理上的两极分化已经达到相当严重的程度。

由此，便可以对生活世界中伦理上的两极分化做一个现象学描绘。"单一物"与"普遍物"是"伦"或"人伦"的两极，是伦理存在也是

---

① ［德］黑格尔：《法哲学原理》，范扬、张企泰译，商务印书馆1996年版，第244页。
② ［德］黑格尔：《法哲学原理》，范扬、张企泰译，商务印书馆1996年版，第244页。
③ 注：关于"贱民"以及由"贱民"向"暴民"的演进，参见樊浩《伦理病灶的癌变》，《道德与文明》2010年第6期。
④ ［德］黑格尔：《法哲学原理》，范扬、张企泰译，商务印书馆1996年版，第245页。

伦理概念中的两极;"高贵意识"与"卑贱意识"是"伦"之"理"或"精神"的两极,是伦理意识中的两极;"贪民"与"贱民"是"伦理"或伦理人格、伦理精神的两极。其中,"贪民"与"贱民"是最具有现实性,也是当今中国社会中最深刻、最严峻的伦理上的两极分化,而"贱民"向"暴民"的癌变,是必须高度警惕的精神底线与社会底线。

(四)"问题轨迹"的精神节点

当今中国社会伦理道德的"问题轨迹",是内在于精神世界中"伦理的两极"的"中国式"或历史表达。如何走出"伦理上的两极分化"或"伦理的两极"？必须找到问题演进的节点或质量互变点。根据以上分析,在"道德问题—社会信任危机—伦理上两极分化"的"问题轨迹"或由经济上两极分化向伦理上两极分化的问题轨迹中,个体道德问题向群体道德问题的积聚,群体道德问题向伦理问题的转化,伦理问题向伦理分化的演化,是三个重要的精神节点。

1. 个体道德问题向群体道德问题的积聚及其质量互变点

由个体道德问题向群体道德问题的积聚,是道德问题向伦理问题转化的第一步。任何时候社会生活中都会存在大量个体道德问题,但当某些道德问题成为一定社会群体的痼疾时,就标志着道德向伦理的转化。群体道德问题不同于职业道德,职业道德是从事一定职业活动的主体应当遵循的共同道德规范,而群体道德问题不只是在一般意义上对职业道德的毁坏,而且已经成为一定时期特定群体在文化和价值上的共同缺陷,是在社会认知和社会评价中具有负面意义的某种共同性的行为方式和文化符号。这是一个由量变到质变的过程。一方面,当某一群体中的相当一部分个体共同具有某种道德缺陷时,就标志着这一群体在道德上的陷落;另一方面,量的积累产生一种可能,社会将这一道德缺陷作为该群体的文化符号,进而作为它既定的伦理标识,放弃道德评价而对群体中的个体进行抽象的伦理预期,由此,群体道德问题就演变为群体之间的伦理态度和伦理关系问题,进而成为伦理问题。

腐败的问题轨迹便是如此。最初,以权谋私无疑只是个别人的道德问题,当这种人积聚相当数量时,"腐败"便成为官员群体的道德问题,也在文化心态上积累为其他社会群体对官员群体的道德标签和伦理态度，由此，道德问题便成为伦理问题。个体道德问题向群体道德问题积聚，有一个质变点或质量互变点，并不是简单的量的增加，譬如某种道德问题的携带者在该群体中达到半数，而只是意味着这一问题的积累已经达到侵蚀该群体的精神机体，足以影响社会对该群体进行道德评价、确定伦理态度的程度。它更像人体中的病毒或癌细胞，只要活跃到一定程度，就会导致病变，使人体出现病态，而由于癌细胞往往是人体中最具有活力甚至被医学家通过显微镜呈现的人体中最美丽的细胞之一，因而人体生命力越是旺盛，病毒的繁衍就越是迅速，因而任何放疗和化疗，同时都是对健康细胞和癌细胞的双重扼杀。这便是个体道德问题向群体道德问题演化的镜像，也是经济社会发展中解决道德问题的困难所在。

事实上，无论是官员腐败还是企业家唯利是图，至今在这两大群体中仍是少数，但"少数"病毒已经蔓延到足以侵蚀群体整个机体的程度，于是"腐败"与"唯利是图"在成为道德问题的同时，也成为其他群体的伦理态度，出现道德问题向伦理问题的转化。道德与伦理的最大区别，在于"道"的本体性与"伦"的实体性。"道"是行为主体对某种具有形上意义的价值规范的认同，"伦"是个体对实体也是实体对个体的认同。前者是个体性和主观性的，后者是社会性和客观性的。个体道德向群体道德、道德问题向伦理问题的转化，最后通过群体之间社会信任的方式表现，调查中所发现的政府官员、演艺界、企业家成为三大在伦理道德上最不被信任的群体，便标志着这三大群体的道德问题，已经演绎为诸社会群体之间的伦理态度与伦理关系问题，而不只是对三大群体中的个别主体乃至不只是对三大群体的道德评价，它在本质上表现社会对这些群体的伦理信任和伦理信心，其长期存在也可能演绎为一种伦理偏见和伦理歧视。个体—群体的量的积累，道德问题—伦理关系和伦理态度的质的演变，是道德问题转化为伦理问题进程中的两个重要节点。

2. 道德问题向伦理问题的转化及其质量互变点

腐败、分配不公等道德问题为何、如何向伦理问题演化？道德问题—伦理问题的质量互变点在于伦理存在与伦理认同。个体道德问题向群体道德问题的积聚，归根到底破坏甚至颠覆的是社会的伦理存在，具体地说，是社会伦理实体的存在。家庭、社会、国家，是生活世界中的三大伦理实体或伦理存在,其中,家庭是自然的伦理实体,国家是制度化的伦理实体,作为二者相互过渡中介的社会的伦理实体性,必须通过财富和国家权力两个现实中介才能达到。财富的普遍性与权力公共性是社会作为伦理实体存在的必要条件。财富普遍性的要义,就是黑格尔在《精神现象学》中所说的那种精神本质:为自己劳动即为一切人劳动,一个人的享受也促使一切人享受,"自私自利只不过是一种想象的东西"①。权力公共性的最大敌人,是成为少数人的战利品,进而与财富私通。因此,财富与权力的伦理合法性,社会的伦理存在的要义,都在于"公",即所谓"本性上普遍的东西"。分配不公,以及由此演发的经济上的两极分化直接瓦解了社会财富的"公",官员腐败以权力与财富的私通消解了社会权力的"公",财富与权力"公"的伦理合法性丧失的必然结果,是社会伦理存在的颠覆,即社会失去伦理合法性与伦理凝聚力,也失去伦理的基础。这是分配不公和官员腐败最严峻和最深刻的社会后果。

现代西方社会精神世界的深刻危机,是伦理认同与道德自由之间难以调和的矛盾,这一矛盾在当今中国社会有特殊的内容和"问题式"。在现代中国,伦理认同并不只是一般哲学意义上个体对于伦理实体或所谓共同体的认同,而是对于伦理存在的反思和追究。因为,伦理认同的客观基础是伦理存在,如果社会生活中伦理存在的真实性被侵蚀和颠覆,伦理认同就失去客观基础。

在这个意义上,伦理认同必须首先保卫伦理存在。在分配不公和官员腐败成为"最大担忧"的背景下,保卫伦理存在便成为伦理认同的前提条件。于是,在当今中国,伦理认同的危机便展现和演绎为诸社会群体之间在伦理上相互承认、相互认同的危机。政府官员、演艺界、企业家成为三大最不被信任的群体,就是道德问题转化为伦理问题,具体地说,由伦理存在危机转化为伦理认同危机的表现。这种以社会信任方式或社会群体之间以伦理信任方式表现的伦理认同危机,毋宁可以被当作是社会捍卫自身的伦理存在的否定性表达。由此,诸群体之间社会信任的危机,便成为道德问题向伦理问题转化的强烈信号,或者说,由群体道德问题演进为群体伦理对峙的文化信号,因为它标示着其他社会群体开始以伦理上认同或不认同的精神武器,保卫社会的伦理存在。社会信任,不是个体之间,而

---

① [德]黑格尔:《精神现象学》下卷,贺麟、王玖兴译,商务印书馆1996年版,第47页。

是诸社会群体之间的伦理信任，是道德问题向伦理问题转化的重要质变点。社会信任的内核是伦理信任，伦理信任的基础是伦理存在，即伦理这个"本性上普遍的东西"或"普遍物"的客观存在，其自在自为的表现，是社会的伦理认同，或诸群体在伦理上的相互承认，伦理存在与伦理认同，在客观和主观两个维度成为道德问题向伦理问题演进的质量互变点。

3. 伦理分化向伦理上两极分化的演进

伦理上的两极分化，既是道德问题向伦理问题转化的最为严峻的后果，也是社会以伦理认同方式保卫伦理存在的最后和最高伦理手段。与经济上的两极分化不同，伦理上的两极分化具有强烈的主观性，是以客观性为基础，以道德评价为中介的主观性。伦理分化具有两个维度。一是不同群体、不同阶层恪守不同的道德准则与伦理本务；二是诸社会群体和社会阶层之间的伦理认同与伦理态度。一般情况下，只有当群体道德问题积累和积聚到相当严重程度时，才会出现伦理分化，因而伦理分化应当是群体道德问题严重到相当程度的社会信号。而伦理上的两极分化，则是社会伦理矛盾的深刻体现，它标示着在精神世界乃至生活世界中，伦理分化可能已经演绎为伦理对峙，甚至在精神上分道扬镳。由"伦理分化"向"伦理上的两极分化"的演进，也是一个量变走向质变的过程。伦理分化既是精神世界的分化，也是群体之间的在伦理上的分化；而"伦理上的两极分化"，则意味着在精神世界中诸社会群体已经形成伦理的两极。伦理分化是道德问题演进为伦理问题的严峻信号；伦理上的两极分化是伦理分化达到严峻程度的文化信号。当今中国社会的伦理分化之所以被认为是"两极"分化，是因为它已经形成或出现伦理的"两极"。

重要根据是，伦理道德上最不被信任的群体，政府官员、演艺界、企业家，是政治、文化和经济上的强势群体，而信任度最高的群体，工人、农民、教师，则属于社会生活中的"草根"群体，两种群体既是生活世界的两极，也是伦理上的"两极"。有趣而且令人深思的是：经济上两极分化与伦理上的两极分化，正好形成一种"倒置"，在经济社会地位方面处于强势地位的群体，恰恰是伦理上的不折不扣的弱势群体；而工人、农民等"草根"群体或弱势群体，则在伦理道德上成为强势群体。尤其是政府官员群体，相当程度上已经成为伦理道德方面是敏感和容易被误读的群体：他们极易遭受道德批评和伦理怀疑，因而是最敏感的群体；由于腐败仅是一部分人的道德问题，但很容易甚至已经被渲染为整体群体的道德问题，因而是极易被误读的群体。强势群体与草根群体或弱势群体在伦理上的分化与对峙，是必须特别关注和警惕的现象，它将给当今中国的社会生活和精神生活产生深刻而久远的影响。

之所以将它们归之于"伦理上"的两极分化，一方面信任与不信任主要基于伦理道德的判断；另一方面，群体之间的两极对峙，在相当程度上是伦理地位和伦理态度上的对峙。这种伦理上的对峙，不能一般地理解和诠释为所谓的"道德高地"，具体地说，不是在政治、经济和社会地位上处于相对弱势地位的群体，自我构筑道德的高地或站在道德的高地上，对强势群体进行道德批评和伦理歧视，这种误读将大大歪曲当今中国社会道德问题的真实性和严重性，而应当视为道德问题演绎为伦理问题，道德问题与伦理问题达到相当程度所释放的最为严峻的文化信号，是对伦理存在最为敏感、伦理良知最为敏锐的底层社会群体自觉保卫社会的伦理存在的集中表现和群体表达。伦理上的两极分化昭示：一场伦理保卫战已经开始。毋宁说，它是社会的自我捍卫和自我修复，是社会的伦理觉醒和伦理信心、伦理决心的自觉显现。

由此，个体道德问题向群体道德问题的积累、群体道德问题透过伦理存在和伦理认同向伦理问题的转化、伦理分化向伦理上两极分化的演化，便成为道德问题向伦理问题演进，经济上的两极分化演绎为伦理上两极分化的"问题轨迹"的三大精神节点或文化节点。了解和掌握这些节点，才能能动地发现和解决当代中国社会的伦理道德课题，尤其是伦理上两极分化的难题。

（五）伦理道德的精神哲学形态

"问题轨迹"显示，在现代中国社会，道德问题"已经"演化为伦理问题；对伦理上两极分化的哲学思辨表明，道德问题在理论上"必定"演化为伦理问题；"问题轨迹"的精神节点以哲学叙事呈现，道德到底"如何"在精神世界和生活世界中走向伦理。于是，"问题轨迹"以个案的方式呈现了道德问题演化为伦理问题的现实图像，由此在理论上隐喻并反证一个具有普遍意义的信息：当今中国社会的"问题轨迹"，是伦理—道德问题；当今中国伦理道德的精神形态，是伦理—道德形态。这种伦理

—道德形态的特征是：伦理与道德既相互区分，又共生互动，浑然一体，构成精神世界的辩证构造。"问题轨迹"不仅表明道德问题必定演化为伦理问题，而且反证，道德问题的解决，也必定有待伦理的努力。现代中国社会的精神问题及其所显现的精神形态，既不是道德的独舞，也不是伦理的孤鸿，而是伦理与道德的协奏。

如果认为由伦理—道德的"问题轨迹"向伦理—道德的"精神形态"的演绎，在逻辑上的缝隙和哲学上的跳跃过大，那么，下列两个信息及其分析可以为这一演绎提供支持和过渡的中介。

在《精神现象学》中，黑格尔将伦理世界作为人的现实精神世界的第一个阶段。伦理世界是个体与实体直接同一的世界，在这个阶段中，精神客观化为家庭与民族两大伦理实体，由此在精神中也内在家庭成员与国家公民两种自我意识，或"神的规律"与"人的规律"两大"伦理势力"的矛盾，这一内在矛盾导致精神的自我否定，导致自我意识还原为原子式的个人。然而，黑格尔的这一精神哲学思辨似乎对中国社会缺乏彻底的解释力。因为，中国文明最重要的特征是家国一体、由家及国，形成所谓"国家"文明。在中国现代社会尤其是计划经济时代，"国家文明"的重要创造，是在家庭与国家之间有一个过渡环节，这就是所谓"单位"，这是"社会"的现实和主导形态。"单位"既是"家"，又是"国"；既有家庭自然伦理实体的功能，又有国家政治伦理实体的本质，因而既在现实性上也在精神上连接着家与国。

然而，近三十多年来市场经济推动下的社会转型解构了家与国之间的这种纽带，使中国社会进入所谓"后单位制时代"。"后单位制时代"的精神既不是黑格尔所说的原子式的个人，也不是传统的"单位"的伦理实体，而是由原子式个人构成的"集团"。"集团"既不是家也不是国，而是个人的"集合并列"，因而既不能使个体与实体相互过渡，也不能使家庭与国家相互过渡。于是在社会生活中便大量出现"伦理的实体—不道德的个体"的集团行动的伦理—道德悖论。调查一显示，50.3%的受调查对象认为，当今中国社会，集团行为不道德比个体不道德危害更大；31.1%认为二者相同，13.1%认为个人不道德危害更大，表明中国社会早已产生一种集体觉悟：集团行为的不道德危害更大。而对诸如党政机关为本单位子女入学提供方便，大学和中学为本校子女降分录取等司空见惯的现象，三次调查中，在做出"不道德"或"严重不道德"的判断的同时，也产生"符合内部伦理,但侵蚀社会道德"的洞察(表7)。

表7 对政府机关为本单位员工子女入学提供方便,
学校为员工子女降分录取现象的判断　(2007,2013　单位:%)

	不道德	严重不道德	符合内部伦理,但侵蚀社会道德	道德	无所谓
调查一(分别调查取均值)	36.3	33.1	19.3	3.9	5.5
调查二	60.3	19.5	7.0	3.7	8.2
调查三	52.8	19.6	14.4	4.9	7.3

这里,最重要的不是关于道德与不道德的判断,而是揭示当今中国社会可能造成最大道德危害的那些集团行为,是具有伦理与道德的双重属性或伦理—道德悖论的行为,这些大量存在的社会现象,是伦理与道德的矛盾体,并且,社会对这种矛盾已经产生了觉悟和警惕。"问题轨迹"显示,道德问题演化为伦理问题的关键环节,是群体道德问题和群体之间的社会信任与伦理认同危机,"群体"是伦理与道德的混合体。"问题轨迹"中群体的伦理—道德混合体的文化性质与精神中介的发现,与"集团行为"的伦理—道德悖论的发现,相互契合,相互验证,它表明,当今中国社会已经出现"个体"之外的第二个道德主体与伦理形态,这就是"集团"或"群体"。

"集团"或"群体"作为"第二伦理形态",直接地就是伦理—道德形态,它不像作为"第一伦理形态"或"第一道德主体"的个体那样,需要通过群体的中介,才能实现由道德向伦理的过渡。"第二伦理形态"是当今中国社会必须理论自觉和现实建构的伦理形态。在此之前的伦理学或道德哲学,一般都是以个体为主体的形态,它可以称之为"第一伦理形态"。特别重要因而必须重申的是,以集团或群体为主体的"第二伦理形态",直接地就是"伦理—道德形态",它的大量存在及其内在的精神问题,对当今中国社会的精神世界和精神生活的"伦理—道德形态"具有直接表达力和解释力。

正由于"问题轨迹"中道德问题向伦理问题的演化,尤其是由经济上的两极分化向伦理上两极分化的演变,现代中国人的伦理精神取向或伦理精神形态在不太长时期中，已经悄悄发生深刻位移，最典型的体现，是"德性优先"与"公正优先"两种取向的变化。在 2007 年的调查一中，"德性优先"与"公正优先"两种取向势均力敌，伦理精神似乎处于某种有趣的"50% 状态"，即精神转型的十字路口。然而，2013 年的调查三却发现，两极对峙已成既往，"公正优先"的主张已经处于绝对领先地位，伦理精神形态发生根本性转变（表8）

也许人们会认为，"德性优先"与"公正优先"只是德性论与公正论争讼的中国移植或中国问题式。然而，如果联系上文所提示的"问题轨迹"就可以发现，由"德性优先"和"公正优先"的"50% 状态"[①] 向"公正优先"的绝对地位的转变，是生活世界和精神世界中由道德问题向伦理问题，尤其是向伦理上两极分化演进的自觉反映，是精神世界的重心由道德向伦理的重大位移。它表明，由于道德问题向伦理问题的恶变，当今中国社会最严峻的课题已经不是道德，而是伦理，在伦理上两极分化已经发生的背景下，必须保卫伦理，保卫伦理存在，在群体伦理认同中重建伦理和谐。公正优先，就是捍卫伦理存在的精神表达，也是解决"问题轨迹"的"中国问题"的理论与现实前提。同时，它以精神自觉和理论主张的巨大跨越的方式表明：当今中国社会的精神形态，是伦理—道德形态。

表8　　　　　　　　　**公正优先还是德性优先**　　（2007，2013　单位:%）

	公正重要	德性重要	二者统一 公正优先	二者统一 德性优先	小计 公正优先	小计 德性优先
调查一	30.5	31.0	19.6	17.9	50.1	48.9
调查三	35.9	10.8	38.2	15.1	74.1	25.9

诚然，"问题轨迹"只是以"问题式"或否定性的形式反证当今中国社会的精神形态，其论证方式是：道德问题已经、必定演化为伦理问题，道德问题的解决有赖于伦理的努力。至此，这种论证只是完成了一半。伦理—道德的精神形态的确证，还有另一半论证必须完成，这就是肯定性的

[①] 关于中国伦理精神的"50% 状态"或"二元体质"，参见樊浩《当前我国伦理道德的精神状况及其精神哲学分析》，《中国社会科学》2009 年第 3 期。

论证。肯定性论证的要义是：伦理是道德的家园或根源。也许正是由于这两种论证方式或伦理—道德的精神形态的辩证结构的存在，导致了在黑格尔精神哲学体系的起点和终点中那种表面看来似乎相互矛盾的结构和理论。在亲自完成的第一部著作《精神现象学》中，黑格尔建构了"伦理世界—教化世界—道德世界"的客观精神体系；在亲自完成的最后一部著作《法哲学原理》中，黑格尔建构了"抽象法—道德—伦理"的法哲学体系。两部作品都是精神哲学巨著，但伦理与道德的地位在他的理论体系中，也在人的精神体系中发生戏剧般的倒置：前者，伦理是第一结构；后者，伦理是最后结构。为什么？直接的原因当然与二者的研究对象有关。

《精神现象学》的研究对象是人的意识，是"意识的经验科学"；《法哲学原理》的研究对象是人的意志，是人的意志自由如何由抽象向现实发展的辩证过程。按照黑格尔的理论，意识与意志是精神的一体两面，它们不是精神的两种结构，而只是精神的两种呈现方式或表现形态，意志只是冲动形态的思维。对自我意识的发展来说，伦理、伦理实体是道德的根源和策源地，道德的神圣性只有在自然的伦理实体中才能建构；对意志自由的发展来说，伦理、伦理实体是道德的客观性和意志自由的现象性，道德的主观性和抽象性只有在现实的伦理关系和伦理生活中才能扬弃。"问题轨迹"在相当意义上所呈现的只是伦理—道德的法哲学轨迹，而三次调查所显示并揭示的家庭在现代中国社会的伦理道德的根源地位，则在相当意义上是伦理—道德形态的精神现象学表达。[①] 它表明，现代中国社会虽然已经发生根本变化，但家庭作为伦理道德根源的文化地位没有变，中国文化依然是伦理型文化。

因此，在伦理道德的"问题轨迹"与伦理道德的"转型轨迹"下，伦理—道德的精神形态呈现两种不同的方向："问题轨迹"体现某种现代性，而"转型轨迹"表征某种传统性。但是，它们都表明：现代中国伦理道德的精神形态，是伦理—道德形态，并且依然是一以贯之的"中国形态"。伦理道德的精神形态在中西方经历了不同的历史发展。在西方经

[①] 关于家庭在现代中国社会的伦理关系和道德生活中的意义，参见樊浩《伦理道德现代转型的文化轨迹与精神图像》，它表明，家庭是人的伦理道德的第一受益场域，是伦理道德的策源地。

历了由古希腊的"伦理"形态,到古罗马的"道德"形态,再到近代的"道德哲学"形态的抽象发展,也许这就是黑格尔在进行精神哲学思辨时将它表述为"伦理世界—教化世界—道德世界"的历史哲学根据。在中国,伦理与道德几乎在同一时代诞生,而且在时间上老子的《道德经》要早于孔子的《论语》,这种历史巧合似乎隐喻中国精神哲学源头伦理与道德一体的文化基因。然而为何后来是孔子及其《论语》而不是老子及其《道德经》成为中国精神哲学最重要的缔造者?根本原因在于二者的理论构造。

《道德经》的核心概念是"道德",主题是"得道经",而《论语》则建构了一个融伦理与道德一体的精神哲学体系。在《论语》中有两个基本概念:礼与仁。礼是伦理实体的概念,仁是道德主体的概念,礼与仁、伦理与道德一体最著名的命题是:"克己复礼为仁。""克己复礼为仁"是孔子所提出的伦理与道德一体的精神哲学范式。在这个范式中,表面上追求仁的道德主体,实际上以礼说仁,以仁的道德主体重建礼的伦理实体。在礼的伦理与仁的道德之间存在某种紧张,扬弃紧张达到二者和谐的精神哲学之路是"克己"。"克己"的真谛是"胜己"即自我超越,超越什么?超越个别性,达到普遍性,即所谓"单一物与普遍物的统一"。由此,"克己复礼为仁"就显现为伦理与道德统一的精神进程。重要的是,这一范式的终极目标是"复礼",即伦理重建,精神条件是"仁"的道德主体的建构,通过"克己"达到礼的实体与仁的主体的统一。于是,这一精神哲学范式,扩而言之,《论语》乃至孔子的整个努力的要义,是在"礼崩乐坏"背景下礼的伦理秩序的重建,也许正因为如此,孔子才以"正名"释仁、释礼。礼仁一体,伦理与道德同一,伦理优先,是"克己复礼为仁"的范式,也是孔子及其《论语》的精神哲学秘密所在。[①] 这一哲学范式奠定了日后中国精神哲学传统的基调和基色,也正因为如此,孔子及其《论语》才对日后的中国社会发展的历史具有很强的解释力与解决力。

在孟子那里,这种精神传统以终极文化忧患的方式表达,这便是《孟子·滕文公上》中那段著名的论断:"人之有道也,饱食,暖衣,逸

[①] 关于"克己复礼为仁"的精神哲学范式,参见樊浩《〈论语〉伦理道德思想的精神哲学诠释》,《中国社会科学》2013 年第 3 期。

居而无教，则近于禽兽。圣人有忧之，使契为司徒，教以人伦……。"这里的关键性逻辑是"人之有道……教以人伦"。人之有道，如何走出"类于禽兽"的失道之忧？便是"教以人伦"。演绎开来，道德是人之为人的精神本质，如何建构和拯救人的精神本质？人伦即伦理是必由之路。无论如何，道德问题与伦理问题一体，伦理是走出道德困境的根本路径，"人之有道……教以人伦"的"孟子范式"，与"克己复礼为仁"的"孔子范式"一脉相承，都是伦理与道德一体，伦理优先的精神哲学传统。而且，二者还有一个共同特点，都逻辑和历史地指向生活世界和精神世界的根本问题，都以伦理与道德的精神统一为目标，都试图通过伦理的努力建构精神世界的和谐。这种精神哲学传统在日后的中国文明的发展中得到辩证展开，"三纲五常""天理人欲"在相当程度上都是这种传统的哲学演绎和历史形态。

当今中国社会的"问题轨迹"作为精神世界"中国问题"的时代表达，表现出与历史传统的深度契合。个体道德问题透过群体道德问题向伦理问题的演化，演变到伦理上的两极分化，标志着伦理问题成为精神世界也是生活世界最严峻的课题，表明道德失范所导致的伦理失序成为最大忧患，于是，无论是道德还是道德建设都必须以伦理即伦理秩序的建构为目标。当今之世，伦理问题是生活世界与精神世界中由道德所衍生的最严峻的问题，道德问题的解决最终有赖伦理的建构，伦理，在伦理与道德一体的精神体系中具有优先地位。就像孔子根据对"天下大乱"的那个时代的精神哲学诊断，以"复礼"的伦理为根本目标，以"仁"的道德为根本途径一样，"问题轨迹"所显现的生活世界和精神世界的现实，以此为根据所建构的精神形态，也应当是伦理道德一体、伦理优先的形态。这种精神形态所体现的问题意识，一方面以伦理诠释道德或以伦理建构为道德努力的根本目标，遵循孔子"克己复礼为仁"的范式；另一方面以伦理建构拯救失道之忧，遵循孟子"人之有道……教以人伦"的精神哲学范式。在这个意义上，"问题轨迹"所体现和要求的是"孔孟之道"所指向的"中国问题"及其所建构的"中国传统"。一句话，"问题轨迹"是"中国问题"，它的解释和解决应当回归孔孟所缔造的伦理道德一体、伦理优先的"中国传统"或中国精神哲学传统。

必须澄明，孔子的"复礼"和孟子的"教以人伦"所体现的伦理优先的传统，都具有伦理认同与伦理批判的二重构造。伦理认同是个体德性的造就，伦理批判是对社会公正、伦理正义的追求，这就是"孔孟之道"的伦理道德一体的精神哲学合理性与生命力所在。在孔孟体系中，处处可见的不只是对个体道德的训诫，更有对社会伦理的批判乃至激烈批判，孔子周游列国，孟子游说诸侯，实际完成的与其说是道德拯救，不如说是伦理批判，准确地说，是伦理批判中的道德拯救。在这个意义上，德性论与公正论的分离与对立，伦理与道德的分离与对立，是典型的"西方问题"，并不是真正的"中国问题"，至少不是"中国传统问题"。如果说，调查揭示的"问题轨迹"所呈现的是"中国问题"，那么，调查所发现的由德性优先向公正优先的悄悄转变，就是向"中国传统"的回归。

"中国问题""中国传统"期待"中国理论"的建构，"问题轨迹"及其哲学分析表明，当今中国社会的精神世界中最深刻、尖锐的问题已经不是道德问题，而是伦理问题，因而必须进行"问题意识的革命"和理念推进，将"道德问题意识"推进为"伦理问题意识"，由"道德建设"的理念推进为"伦理建设"的理念，进而推进为"伦理道德一体"的理念。也许，这才是解决"问题轨迹"所显现的"中国问题"的根本之路，这一根本之路的开拓，迫切需要伦理道德一体精神哲学形态的理论自觉和理论建构，这种理论自觉和理论建构，既是一次再启蒙，也是一次再回归，是一次在精神世界中"重回伊甸园"的再启蒙与再回归。

当代法国学者阿兰·图海纳直面"一切都在融合。时间和空间都被压缩了"的全球化时代，发出一个追问："我们能否共同生存？"[①] 这个怀疑不仅发生于不同国家民族之间，而且发生于同一个社会、同一种文化内部。路在何方？当代世界正发生一种深刻变化，这就是"从政治到伦理"。阿兰发现，"政治激情高昂的时代已经结束，由伦理精神指导的行动的时期已经来临"，在其背后，"奔腾着一股集体行动的洪流"。[②]人类正迎来一个"伦理精神"的时代，"伦理精神"将引导人们走向"集体行动"或"共同生存"。21世纪初的关于"伦理精神"的这种"阿兰发现"，与六十年前即20世纪50年代"为伦理思考所支配"的

---

① [法]阿兰·图海纳：《我们能否共同生存？》，狄玉明、李平沤译，商务印书馆2003年版，第3页。
② [法]阿兰·图海纳：《我们能否共同生存？》，狄玉明、李平沤译，商务印书馆2003年版，第409页。

"罗素发现"相互印证。① 然而,生活世界的事实是:"伦理精神"姗姗来迟,人们远没有像罗素期待的那样"学会为伦理思考所支配",于是,不仅"集体行动",而且"共同生存"变得越来越困难。全球化时代,人类面临的根本问题,已经不是"人应当如何生活"的道德问题,而是"我们如何在一起"的伦理问题,这个伦理问题日益尖锐,以至已经发出"我们能否共同生存"的追问,和"人类是否还有前途"的质疑。"问题轨迹"所给予的启迪,伦理道德一体、伦理优先的精神哲学形态的时代指向,就是在理论上开启一个由道德走向伦理,由政治走向伦理的"伦理精神时代"。

---

① 罗素认为,现代世界正遭遇"激情的冲突",有组织的激情及其相互冲突正毁灭世界,使人类幸福不再,走出末路,必须疏浚伦理学运用到政治学的通道,"从伦理学到政治学"。罗素预言:"在人类历史上,我们第一次达到了这样的一个时刻:人类种族的绵亘已经开始取决于人类能够学到的为伦理思考所支配的程度。"伯特兰·罗素:《伦理学和政治学中的人类社会》,肖巍译,中国社会科学出版社 1992 年版,第 157 页。

五　社会大众信任危机的伦理型文化轨迹

（一）问题：一个老太绊倒中国？

相当一段时期以来，中国的社会神经为"老太难题"所牵扯，老人摔倒到底扶与不扶，几乎成为全社会的纠结。根据东南大学人文学院青年学者张晶晶博士的检索，如果以南京彭宇扶徐老太案从而老人摔倒问题进入公众视线为始点，2006—2015 年近九年中共报道老人摔倒事件 93 起，其中四大门户网站报道 49 例，官方媒体报道 44 例。年均报道超过 9 起，两类媒体关注率大体相当。有待追问的是，"扶老人"因何成为社会问题？它如何从社会问题演化为社会难题？也许，以下三组数据有助于揭示这一频发事件背后的秘密。①

第一组数据，发生率或关注率曲线，九年中呈急剧攀升趋势。2006 年第一次报道，2013 年进入拐点达到平均值 10 起，2014 年上升到 18 起，2015 年达到峰值，飙升到 35 起。

第二组数据，善恶因果曲线或扶老人后果曲线。93 起扶老人事件中，"扶了被讹"占 36.39%，居第一位；"扶了被感谢或表扬"居第二位，占 32.34%；"无人扶"居第三位，占 25.27%。

第三组数据，扶老人后果的演化曲线。"扶了被讹"同样在 2013 年进入拐点，2014 年创新高，2015 年达峰值；"不敢扶"2014 年前大体平缓发展，但 2015 年剧升到与"扶了被讹"相同峰值；"扶了被感谢或表

---

① 本部分关于扶老人事件数据均来自张晶晶博士分析报告《"老人摔倒扶不扶"实证案例分析》。该研究以百度为平台对两类媒体，即新浪、搜狐、网易、腾讯四大门户网站和人民网、光明网、新华网三大主流官方媒体进行检索分析，得出相关数据和图表。

扬"2014年前波浪式交替,2014年大幅提升达到拐点,但仍大大低于"扶了被讹",2015年达到峰值,首次高于前两种状况。

从以上三组数据可以发现以下规律。1)问题律:"扶老人事件"在十年中已经从偶发社会事件成为频发社会事件,自2013年进入拐点后直线上升,无论是事件报道总量,还是事件的不同后果都在2015年飚升到峰值,进而演化为重大社会问题;2)因果律:三类结果中,"扶了被讹"居第一位,在前九年的报道中都高于"扶了被感谢或表扬",只是在2015年发生置换,说明问题不仅在继续而且在恶化,表征社会的因果错乱;3)纠结律或盲区律:与"扶了被讹"和"扶了被感谢和表扬"两种曲线的交织状态相对应,"无人扶"似乎穿插于这两条曲线之间,在九年演进中大体平稳,只是同样在2015年达到峰值。之所以将"无人扶"称为"纠结律",是试图表明,"扶老人"已经从"社会问题"演绎为"社会难题"乃至"社会危机"。"扶老人"本是社会良知的本能反应,在一个正常社会根本不会成为难题,更无须聚集这么多的社会关注,然而由于"扶老人"的两种不同后果,社会已经陷入"扶与不扶"的良知纠结甚至良知盲区。

可以用简短话语表述"扶老人"的"问题轨迹"及其体现的当今中国社会的精神状况:"扶老人",是一个社会问题;"扶了被讹",是一场社会悲剧;"扶与不扶",是一种社会纠结;"摔了无人扶",是一次社会危机。

"扶老人"的社会良知为何会演绎为严峻的社会问题?它是如何从社会问题最后演绎为社会危机?基于定量描述进行定性分析便会发现,"扶老人问题"的三大焦点分别表征这一事件由问题向危机演进的三次递进性转换:

撞—没撞?道德信用问题;

信—不信?伦理信任问题;

扶—不扶?社会信心、文化信念问题。

不难发现,"扶老人事件"由问题走向危机,经历了道德信用问题转化为伦理信用问题,伦理信用问题演化为社会信心和文化信念问题的三个节点和两次转换。老人到底有没有被撞,这是当事人的个体道德准确地说是道德信用问题;大众对事情真相到底信与不信,已经是一个伦理信任问题,即社会伦理实体对个人的信任和个人对社会伦理实体的信任问题;由此演发的老人摔倒"扶"还是"不扶",则是"在一起"的人们对社会的信心和对善恶因果律的文化信念问题。在这个由问题向危机演化的轨迹中,伦理信任既是拐点,也是中枢或病灶。它既有道德信用的前因,更有社会信心和文化信念的更为深刻也更为严重的后果。如果进行病理分析,那么可以做如下诊断:在这类事件中,道德信用问题是病毒,伦理信任问题是病灶,社会信心和文化信念危机则是由病毒和病灶形成的病变。其最严重的后果,并不是道德病毒向伦理病灶的病变,而是由伦理病灶继续侵入和蔓延于社会和文化,形成更严重的恶变,如果任其发展,必将形成伦理病灶的癌变。

如果认为这种学理推理过于思辨或牵强,那么事件的后果已经对此作了诠释。

彭宇扶徐老太案,引发人们关于"到底老人变坏,还是坏人变老"的追问,后续调查显示,此案之后多数南京人表示不愿"再多事";2011年广东肇庆扶老人案后,当事人阿华表示,"除非有证据,今后不会再扶跌倒的老人";2012年,上海87岁老人摔倒无人敢扶引外国人大骂;2015年,在河南、武汉、浙江多地发生老人摔倒无人扶而死亡事件。随着事件的不断恶化,扶老人之前先拍照似乎已经成为一个良知与理智兼具的无奈的"中国现象",或许,一对路人的对话最能体现当今中国社会的纠结:"真心是不敢扶,扶不起啊……"事件链显示,扶人事件,不仅已经由道德问题演化为伦理问题,而且已经由伦理问题演化为人们对社会的信心和文化信念问题,并进一步发展为社会风尚和社会的伦理安全问题!

一个老太绊倒中国社会?

"扶不起"的不是一个老太,而是中国社会,是中国社会的伦理信任。必须走出危机!

"老太难题"并不是一个孤立的现象,其意义也不只在于简单的"扶与不扶",它们都是当今中国社会问题和社会病理的折射:城市骗乞、职业丐帮形成;医患冲突频发;贪腐"老虎"、演艺圈丑闻、企业大爆炸;以弱势群体为主体的恶性社会事件……凡此种种,都呈现出相似的问题轨迹,昭示同一种文明危机。危机的转换点和病灶,都在伦理信任危机。当今中国社会,正陷入伦理信任的危机之中,走出伦理信任危机,是摆脱危机的关键。由此,必须向中国社会发出两大预警——

道德信用危机,正向伦理信任危机蔓延;

伦理信用危机，正向社会信心和文化信念危机蔓延！

伦理信任危机，到底是何种危机？归根到底，一方面是"不能信任"的伦理存在危机；另一方面是"不敢信任、不愿信任"伦理精神。不能信任、不敢信任，但又迫切期待信任、呼唤信任，当今中国社会正陷入伦理信任的"囚徒困境"之中。学术研究的首要任务，是描绘和复原当今中国信任危机的伦理图谱或伦理病理，揭示由道德信用危机，到伦理信任危机，再到社会信心和文化信念危机的问题轨迹，由此寻找和揭示摆脱危机的伦理战略。

（二）"道德信用—伦理信任—文化信念"的危机病理

信任因何成为"问题"？到底是何种"问题"？西方社会学家以极词一语道破：信任是一种"赌博"。需要补充的是，在伦理型文化背景下，它是检验一个社会的道德素质和文化信念的伦理赌博。

自 20 世纪后期以来，信任一直是学界关注的重大前沿之一，诸理论虽分歧重重，但对信任的存在及其必要性已形成一些基本共识，"没有一些信任和共同的意义将不可能构建持续的社会关系"；"没有信任我们认为理所当然的日常生活是完全不可能"。[①] 行动指向未来，任何目标和后果只能在人的行动之后才出现，然而人总有两个相互矛盾的诉求，一是独立自由，二是交往行动。无论心理学家还是行为科学家都发现，任何他者对人的行为都不可能具有完全的控制性，对人的行为的完全控制理论上只有在监狱中才可能，但也只是可能并且只是外在的。于是，人的日常生活与社会关系的延续便需要信任。信任本质上是对未来或未发生行为的预期，其特征是：某种行为或后果还未发生，但我们希望也相信它发生。因为这种预期可能发生也可能不发生，也因为信任假设及其行为必须在先，因而任何信任行为理论上都存在风险，区别只是依行为的重要性及其风险度不同而已。在这个意义上，西方社会学家将信任当作"相信他人未来可能行动的赌博"[②]。

[①] ［波兰］彼德·什托姆普卡：《信任：一种社会学理论》，程胜利译，中华书局 2005 年版，"前言"第 1 页。

[②] ［波兰］彼德·什托姆普卡：《信任：一种社会学理论》，程胜利译，中华书局 2005 年版，"前言"第 33 页。

一般说来，信任必须同时具备两个条件，一是被信任者默认的承诺；二是信任者的信心。缺乏任何一个条件都不可能生成信任。承诺与对承诺的履行是个体道德，信心的来源是对生活于其中的文化的信念。承诺与信心相遇，便构成一种指向他人和社会的信任的伦理场或信任的伦理关系。于是，信任的消解便可能在两种背景下发生，或者因个体道德缺场而丧失承诺，或者对他人缺乏信心而不相信预期。然而，无论何种原因，信任的真谛是伦理，伦理信任的缺失不仅表征深刻的道德与文化问题，也可能导致更深刻的道德与文化后果。信任作为一种对未来或未发生行为的预期，已经内在某种风险，虽然不能将它夸大为赌博，但风险确实存在，关键不仅在于它在多大程度上成为现实，更在于人们对待这种风险的态度。信任的双重赌注是被信任者的道德品质和信任者的文化信念。风险可能因具体道德成为现实，也可能因缺乏信心而发生，但必须指出的是，信任一旦成为风险，便不只是道德风险和伦理风险，而且是社会风险和文化风险，它不仅使社会的日常生活与社会关系难以为继，更使人们对社会缺乏必要的信心，对文化的善恶因果链丧失信念。因为，信任不仅是对他人行为的预期，更是对社会的伦理安全的信心，对生活于其中的伦理实体的信心，对已经形成传统并内化于人的精神世界的文化的信念。

信任是社会生活的必要条件，信任风险在任何社会中都可能存在，但信任的伦理状况却因文明境遇而截然不同。在高速流动、交往便捷而又隐蔽的全球化背景下，偶然性和不确定性使信任成为一个世界性难题，只是由于社会的精神状况和文化传统的差异，其表现方式和表现的强度有所不同。面对业已形成的当今中国社会的信任危机，关键在于建立和绘制信任成为"问题"进而演绎为"危机"的伦理图谱，为摆脱信任危机提供病理诊断。

西方社会学家什托姆普卡从社会学的维度建立了一个关于信任种类的系统，将信任的主要对象或客体分为行动者、社会角色、社会群体、机构组织、技术系统、产品器具，最后是社会系统和社会制度。[1] 这一理论具有启发意义，但未揭示诸客体之间的联系，因而未能发现信任发展的精神规律，对中国社会也不具备充分的解释力。不过，借助这一系统，可以建

---

[1] [波兰]彼德·什托姆普卡：《信任：一种社会学理论》，程胜利译，中华书局2005年版，"前言"第55—62页。

构起关于信任危机的病理图谱。这个病理图谱呈现"道德信用—伦理信任—社会信心与文化信念"的危机轨迹,它以道德信用为原因,以伦理信任为核心,以社会信心与文化信念为后果,体现伦理型文化背景下信任危机发展的特殊规律。

伦理图谱显示,信任危机经历四次病理演化,分别展示为由道德危机到文化危机的四个危机节点。

节点一:道德病毒——人际不信任或关系不信任。人际不信任的根据是对他人或行动者缺乏道德信用的判断或假设。这个判断可能是基于生活经验的事实判断,也可能是基于部分社会事实的盖然论的偏见。但可以肯定的是,人际不信任总是道德信用缺失的结果,虽不能说人际不信任一定有道德信用危机的根据,但道德信用危机一定会演化为人际不信任。在这个意义上,道德信用缺失是信任危机的道德病毒。个体道德的病毒之所以会演化为人际不信任,是因为道德虽然是个体的内心生活,但总是在交往行为中体现,因而道德病毒一定会感染人际交往,形成人际不信任。

节点二:伦理病灶——由人际不信任经过角色不信任、群体不信任,最后演绎为群体之间的互不信任,生成伦理信任危机。正如黑格尔所说,人的思维天生指向普遍即具有将个别事物普遍化的倾向和能力。人际不信任的个别性经验积累到一定程度,会普遍化或"社会化"为对不道德的个体所承载的社会角色或社会地位的不信任,如从某些商人的不守信,演化为对经商职业的不信任,进而得出"无商不奸""为富不仁"的对整个商人群体的盖然论的伦理不信任;从某些官员的腐败得出"无官不贪"的对整个政府官员群体的伦理不信任。在西方,则是从某些政治家的无道德信用,得出对整个政治家群体的不信任,意大利前总统贝卢斯科尼的名言"政治家的话你怎么可以相信"已经成为包括政治家在内所有西方人的伦理信条。由于这种不信任是由个别道德信用行为积累和积聚"社会化"而形成的盖然论推断,因而最终又可能生成诸群体之间的互不信任,从而步入伦理信任的危机。

节点三:伦理病灶扩散——由对社会群体的不信任演绎为对社会组织、社会程序、技术系统和社会产品的不信任,伦理危机向文化危机转化。社会组织由各种社会群体组成,是社会的管理机构,对社会群体的不信任将直接转化为对社会组织的不信任,由此进一步泛化为对这些社会组织所制定的社会程序及其操作的技术系统的不信任,现代社会中对证交所及其金融技术系统的不信任就是如此。由此最终又演化为对这些社会群体生产的社会产品的不信任，如由地沟油、毒奶粉事件引发对所有中国制造的食用油和奶粉的不信任，甚至对"中国制造"的不信任，当今中国的国外抢购潮，相当程度上就是这种伦理不信任泛化的结果。

节点四：伦理病灶的恶变或癌变——不信任文化。不信任文化是一种"病态的不信任"，它从对一个人、一种职业、一个群体的不信任，发展为对整个社会的不信任，以不信任的态度对待处于其中的社会乃至与之相关的所有社会环境，当这种心态和倾向积累到一定程度，社会的伦理安全将动摇和颠覆，出现诸如老人摔倒无人扶或无人敢扶的现象。于是，生成社会信心危机和文化信念危机，动摇"在一起"的社会信心，社会的凝聚力和聚合力涣散，继而对作为任何社会的基本文化信念的善恶因果律产生怀疑。然而，危机到此并没结束。交往行为的特征，决定了人具有信任和被信任的诉求，于是，信任的对象必然由内部社会转向外部社会，虚拟、想象外部社会在全球化背景下即国外的所谓高信任度，将信任的目光天真地投向国外，由此，文化危机就演绎为国家意识形态安全危机。

"道德信用危机—伦理信任危机—社会信心和文化信念危机"，这就是伦理型文化背景下信任危机的伦理图谱或伦理病理。"道德病毒—伦理病灶—伦理病灶的扩散—伦理恶变"，是危机图谱的四个节点。伦理信任危机，不仅最后演绎为文化危机，最严重的后果也是文化危机。

伦理型文化背景下的信任危机具有独特的精神规律或危机病理。它有三个基本特点。第一，道德危机是病毒，或者说是前因。第二，伦理危机是核心，是病灶，道德病毒积累到相当程度，一定会生成伦理危机。第三，文化危机是后果，也是最严重最深刻的后果。"伦理型文化"不仅意味着是以伦理为核心的文化，也是伦理所缔造的文化，以伦理为顶层设计的文化，于是伦理将发展为文化，文化必将承受伦理病灶的恶变后果。这是任何其他文化类型所没有的特点和规律。在伦理型文化中，一旦伦理危机生成，也就预示着社会危机和文化危机即将到来，最关键也是紧迫的工作就是如何防止伦理病灶的文化恶变，而在其他文化如宗教型文化中，伦理问题一般被严格局限于伦理关系和伦理世界中，不会演绎为全社会的文化危机。这就是为何中国民族自文明开端就以"人心不古，世风日下"为终极忧患和终极批评的原因。"人心不古"是道德危机，"世风日下"是伦理危机，"人心不古"的道德坠落将导致"世风日下"的伦理后果。

了解信任危机的伦理图谱，对把握伦理型文化背景下伦理信任的特殊意义，把握信任危机的特殊规律，通过"危机自觉"达到"伦理自觉"，进而达到"文化自觉"，具有特别重要的意义。迄今为止，人们对广泛存在于中国社会的信任危机缺乏足够的学术认知和文化自觉，只将它当作精神生活和社会风尚问题，也未找到危机的关节点，因而不仅缺乏化解危机的能力，而且缺乏走出危机的足够的动力，远未达到"危机自觉"。顾炎武曾将"亡国"和"亡天下"相区分，"亡国"是"易姓改号"，改朝换代；"亡天下"的要义是亡伦理，亡文化。一旦伦理危机积累到相当程度，严重的后果将是"亡天下"，人类将走到万劫不复的文明尽头。于是，伦理危机便因关乎"天下兴亡"而"匹夫有责"。这就是关于信任危机的"问题自觉"。

伦理型文化背景下信任危机的"危机自觉"或特点规律，还是另一个结构，即"病理自觉"。"病理自觉"的要义有二：道德病毒如何演化为伦理病灶？伦理病灶如何演化为文化病变？首先，道德问题如何演化为人际不信任？这种人际不信任，不只是对有道德问题的主体的不信任，而且被抽象为对所有人际关系甚至对人际关系本身的不信任。在伦理型文化中，道德评价往往是对人的"第一评价"，而在西方，许多著名人物，学问家如罗梭、培根，科学家如爱因斯坦、牛顿，政治家如林肯、丘吉尔，无不有严重道德缺陷，培根和罗梭可以说就是道德上的恶棍，爱因斯坦对发妻的忘恩负义、对智障女儿的无情，令人不齿，但因为它们的学问，因为他们对学术和科学的巨大贡献，人们宁愿忘记这一切，甚至将这一切刻意隐去。但在伦理型的中国文化中，这些不仅将永远留在文化的集体记忆中，李清照《夏日绝句》诗"至今念项羽，不肯过江东"，传递和强化的就是这种道德的集体记忆，更重要的是，它直接将对人们道德状况的判断延伸为对人际关系的判断，进而生成对人际关系的态度和准则，于是道德信用便演化为人际信任。这一转化的学理边界是：道德是对己的，伦理是对人的。然而更深刻的后果在于，伦理所对之"人"，不是抽象孤立的人，也不抽象"人际"，而是人的实体或实体性的人，即所谓"人伦"。于是，人际不信任必将恶化为人伦不信任或伦理不信任。

伦理不信任恶化的病理机制存在于伦理型文化独特的伦理思维方式之中。中国伦理实体生成的特殊智慧是所谓"推己及人"的道德推理和"老吾老以及人之老"的伦理移情，"推"与"及"，不仅由"己"的道德向"人"的伦理扩散,而且由"人际"伦理向"人伦"实体扩散。这种推理与移情机制,无疑是高度发达的伦理型文化的卓越智慧,然而任何智慧都是一体两面,对伦理道德的发展和对伦理道德危机,都具有同样的意义。于是,透过"推"与"及",不仅道德危机通过人际不信任向伦理危机转化,而且伦理不危机将不断恶化,由人际不信任,恶化为人群不信任即对人际关系所表征的那个社会群体的不信任;由人群不信任,恶化为人伦不信任,即诸社会群体之间的不信任,进而是对整个人伦实体的不信任;不过,危机还没结束,"推"与"及"的最高境界是"民胞物与""天人合一",于是,人际、人群、人伦的不信任,会继续扩展为对作为人际、人群作品的社会系统、技术系统、社会秩序和社会产品的不信任,由此,"不信任"便由伦理成为文化,形成"病态的不信任文化",信任危机发展到顶点。也许,以"推"与"及"诠释信任危机,有对伦理型文化大智慧的亵渎之嫌,然而,我们不可以假设只享受这种大智慧酿造的正果,而拒绝吞下它可能诞生的苦果,我们所能做的唯一工作,就是洞察它在何种条件下可能酿成苦果,如何使苦果成为正果。

要之,"道德信用—伦理信任—社会信心、文化信念",是伦理型文化背景下信任危机的特殊危机图谱和危机病理;"道德危机—伦理危机—文化危机"是伦理型文化背景下信任危机的特殊规律,其中,道德信用是前因,伦理信任是核心,文化信念是后果;道德危机向伦理危机转化,伦理危机向文化危机转化的"问题自觉",透过"推"与"及"的"道德推理"和"伦理移情",道德危机向伦理危机扩散,伦理危机向文化危机扩散的"病理自觉",是体现伦理型文化规律的信任危机的"危机自觉"。

(三) 当今中国信任危机的演进轨迹

当今中国社会的信任危机到底是何种危机?演化的病理轨迹是什么?也许对它进行社会史的复原比较困难,然而精神史的分析却可能并且必要。在现代中国话语中,信任危机一般被涵盖于"诚信危机"中,然而仔细反思便发现,将"信任"涵盖于"诚信"之中,不仅比较含糊和抽象,而且大大虚掩了问题的严重程度,也很难发现危机演化的规律。在学理上,"诚信"危机包括两个结构,"诚"是道德信用危机,"信"既包括交往行为的主体因"诚"的道德问题而导致的"可不可信"的问题，也包括交往的对象"愿不愿信"和"敢不敢信"的问题。"诚信"一体的合理性在于以"诚"立"信"，由道德而伦理。当"不可信"演绎为"不愿信"和"不敢信"时，便标志着危机的不断加深，"不可信"是道德信用危机，"不愿信"是伦理信任危机，而"不敢信"则是社会与文化危机。当今中国社会的"诚信"危机发展到何种程度？到底是道德信任危机，还是伦理信任危机？不回答这个问题就缺少必要的"危机清醒"。

也许，"彭宇扶徐老太案"的演进可以为此提供答案。此案留给世人的最大警策是两个"揪心一问"。第一是案发后网民提出的"到底是老人变坏，还是坏人变老"的追问；第二是此案的审判官对彭宇提出的"既然没撞，你为什么救她"的诘问。两问之所以"揪心"，不仅因为它们直击当今社会的痛点，更因为它们动摇甚至瓦解了我们这个社会的信心。第一问是"道德之问"，其语义重心显然不是现象层面的"老人变坏"，因为根据"中国经验"，老人在饱经世事沧桑之后会变得善良湿润，最有冲击力的解释是"坏人变老"。它表面说被"文化大革命"毁坏的一代正在变老，其"坏"的本性显现，表明历史创伤虽过去近半个世纪，仍在集体记忆中耿耿于怀，仍在代际遗传，继续伤害着社会成员之间的彼此信任，实际上无异说人本身就"坏"，只是在"老"了之后失去自制显露其本性而已，因为如果真是"坏人变老"，那根本无需"老"了才变"坏"，而是一路"坏"来。此问的关键词在"变"，但无论何种"变"，本质都是一个"坏"，其要义是说道德信用正在变坏，甚至已经变坏。

第二问是"伦理之问"，世风中最痛心之事不是有善有恶，甚至不是善恶不分，而是善恶颠倒，以良知为尤物，视不正常为正常。"既然没撞，你为什么救她"之所以更为"揪心"，是因为它不仅是对一个人的伦理不信任，而且是对整个世界、对世道人心的伦理不信任，甚至是对伦理本身的不信任，它从"撞才救"的世俗前提，演绎出"救必撞"的让全世界失语的荒谬结论。这一"伦理之问"，与其说是一个法官的荒谬，不如说折射了社会生活的荒谬现实。它传递的不仅是一种伦理判断，而且是一种文化信念，最后的结果是让人们对这个社会失去伦理信心，因而更为"揪心"。两个"揪心一问"表明，当今中国社会信任危机，已经由道德信用危机，演化为伦理信任危机，并正在生成文化信念危机。因此，已经不是"诚"的道德问题，而是"信"的伦理问题，并且正在进一步演绎为社会问题和文化问题。在此背景下，如果将诚信危机只当作道德信用危机，已经不是不深刻，而是不清醒，因为它大大削弱和消解了危机的严重度和紧迫性。

问题在于，信任危机在中国社会的生成和演进具有何种特殊境遇，体现伦理型文化的何种特殊规律？当今之世，信任已经成为世界学术前沿，在高速流动和交往前所未有地便捷的文明背景下，信任已经成为人的伦理安全的基本条件，因为交往的本质是"社会"的不断延伸，没有信任，不仅社会不可能，而且交往本身就不可能。但是，信任成为中国问题乃至中国难题，却有特殊境遇，最突出的便是社会转型中伦理实体的缺场。自古以来，中国文明的基本构造是家国一体，由家及国，所谓"国家"，家和国是两个最基本和最重要的伦理实体，如何由家的伦理实体向国家的伦理实体过渡，也是中国文明基本课题。计划经济体制的重要贡献，是在家与国之间建构所谓"单位"，"单位"是由"家"向"国"过渡的中介，是中国式的"社会"。"单位"既具有"家"的伦理功能，又具有"国"的政治功能，因而既是伦理的也是政治的实体，是伦理政治的实体。由此，人的道德信用和伦理信任不仅处于"家—单位—国"的完整系统中，而且处于"单位"的严格和严厉的监督中。

市场经济使中国进入"后单位制"准确地说是"无单位制"时代，于是家与国之间出现巨大的伦理断裂。个体被从家庭中"揪出"（黑格尔语）之后，不仅缺乏"第二家庭"的伦理关怀，也缺乏伦理督察，自由但失依和脱轨，是精神世界的普遍镜像，个体成为从家庭自然伦理实体中分离出来的单子甚至游子。取代"单位"的伦理政治逻辑的不是"市场经济"而是"市场"，准确说是"市场"之"市"。"市"者交换也，市场经济向一切领域的渗透，很容易使"市"泛化为主导社会生活的价值逻辑。于是，计划经济时代介于家和国之间的"单位"便在西方学术的影响下被诗意地想象为"市民社会"。然而，这种所谓的"市民社会"，实际上是对"民"的市场化组织，准确说是对"民"的市场放任或放逐，是"市场社会"，是"民"在"市"的社会。由此，社会就只剩下一个，这就是"市场"，即便学术也成了"思想的自由市场"。在这种情况下，道德信用危机就不可避免，由道德信用危机走向伦理信任危机更不可避免。中国文化是一种伦理型文化,伦理型文化不仅是对伦理的高度依赖的文化,不仅以伦理为核心,而且是表明伦理将成为文化,因此,伦理危机会必然直接发展为文化危机。

伦理实体的断裂,"市场经济""市民社会"的"市"的价值逻辑在现代文明中的渗透,只是为信任危机的产生提供了西方学者所说的"偶然性"和"不确定性"的一般条件,当今中国社会的信任危机还有特殊的病理轨迹。总体说来,它体现伦理型文化的特殊规律,呈现以伦理病灶为中枢的病理特征,经过三次危机转换:由个体道德信用问题转换为群体伦理信任问题;由群体伦理信任问题转换为诸群体之间的伦理信任问题;由诸群体之间的伦理信任危机演绎为文化信念危机。

病理轨迹一,从个体道德信用问题到群体伦理信任问题,道德危机向伦理危机转化,伦理分裂。现代中国社会的信任危机体现从道德问题到人际信任,从人际信任到角色信任,从角色信任到群体信任的问题轨迹,三次转换的实质,是个体道德信用问题向伦理信任问题的演进。有待追究的是,个体道德问题为何、如何向社会伦理问题积累和积聚?其危机衍发点是什么?根据我们所进行的三次全国性大调查的信息,分配不公与官员腐败,是相当长的一段时期以来全社会普遍担忧的两大问题,其中官员腐败相当程度上是道德信用危机转化为伦理信任危机的根源。官员腐败本是个体道德问题,在发生学上,起初只是少数官员的道德问题,当腐败的量的积累达到一定程度,便达到部分质变成为官员群体的道德问题,由于官员是国家权力的支配者,因而腐败一开始就不只是对支配权力的官员而是对国家权力的道德信用问题。权力的本质是委托或赋予,所谓主权在民,公民权力委托的首要条件是对受委托者即官员的道德信用。腐败对官员是道德信用问题,对委托人即公民来说便是伦理信任问题,这种信任将不仅是对官员,而且被普遍化为对权力本身的伦理信任问题。腐败在其开端表现为对个别官员的人际不信任,随着量的积累,发展为对"官员"这一社会角色的不信任,最后人格化为对整个官员群体的不信任。内圣外王的伦理型文化的传统和政府官员在社会生活中的政治主导地位,使其不仅被赋予道德示范的使命,道德信用问题也具有很高的显示度和渗透力。

腐败问题由个体道德信用向伦理信任的演进,是一次可怕的危机恶化,因为它不仅导致对政府官员群体的伦理不信任,而且导致对政治权力的伦理不信任,因而不仅是官员群体的伦理信任危机,也是政治权力的伦理信任危机。什托姆普卡曾提出"信任功能的替代品"的概念，认为腐败是信任缺失的"替代品"。他发现，在腐败广泛传播的社会，社会联系的网络被行贿者和受贿者之间的互惠、"关系"、交易、病态的"伪礼俗社会"的网络所代替。[1] 他没有指出的是，伦理信任缺失必然导致腐败，腐败必然导致伦理信任危机，腐败既是信任危机的表征，又是信任危机的替代品，只有在不信任广泛存在的社会，才需要通过腐败建立社会关系网络，腐败才会被广泛感染。信任危机导致腐败，腐败作为信任的替代品表征和强化不信任，信任危机和腐败恶性循环，这就是当今中国社会腐败难以根治，信任危机难以摆脱的重要原因。

病理轨迹二，从群体伦理不信任到诸群体间的伦理不信任，伦理分化。如果说官员腐败的道德信用问题积累到一定程度，因对官员群体的伦理信任危机导致对权力的伦理不信任，从而导致社会的伦理分裂，那么腐败与分配不公的相遇便导致由经济上的两极分化发展为伦理上的两极分化。作为当今中国社会最令人担忧的问题之一，分配不公一开始就具有伦理与道德的性质。财富的本质及其合法性是普遍性，一旦丧失普遍性便导致财富积累和贫困积累的两极，两极分化标示着财富分配的不道德，也标示财富的伦理合法性的丧失。平均主义在经济上只是柏拉图式的乌托邦，但分配不公不仅导致伦理信任的危机，而且是伦理信任危机的结果。分配不公必然导致经济上的两极分化，经济上的两极分化必然造就财富的两极，最后必然演化为伦理上的两极。

当今中国社会，官员腐败与分配不公相当程度上互为因果，官员腐败催生分配不公，二者的结合从政治和经济两个维度恶化伦理信任危机，由对一个群体即官员群体的不信任，演化为一个群体对另一个群体的不信任，最后演化为诸社会群体之间的不信任。根据三次全国性大调查的结果，政府官员、演艺娱乐圈、企业家与商人，依次是在伦理道德上最不被满意的群体，他们是当今中国社会分别在政治、文化、经济上的三大强势群体；而农民、工人、教师，依次是伦理道德方面三大最被满意的群体，他们是中国社会的草根群体。这一信息暗示，当今中国社会已经形成强势群体与草根群体在伦理上的两极分化甚至两极对峙，其表征是强势群体与

---

[1] ［波兰］彼德·什托姆普卡：《信任：一种社会学理论》，程胜利译，中华书局2005年年版，"前言"第155页。

草根群体两大群体集之间在伦理上的互不信任。由此,经济上的两极分化便演化为伦理上的两极分化,伦理信任危机演化为伦理分化的危机,伦理危机向社会危机转化。

病理轨迹三,从伦理分化到不信任文化,"病态的不信任文化"生成。由于道德信用危机的积累和积聚,也由于由人际不信任向角色不信任、群体不信任,最后群体集之间不信任的恶变,必须承认,当今中国社会已经开始形成一种不信任文化,其明显征表是出现一些以偏概全的盖然论的"可怕的信念",如从传统的"无商不奸"到现在的"无官不贪"。最可怕的不是这些盖然论的判断可能部分是事实,因为在任何社会它们都可能部分地存在,更可怕的是它们内化为一种信念,这些信念之所以"可怕",被称为"可怕的信念",是因为它们可能作为文化在社会上传播并且在代际传递。与对强势群体的"可怕的信念"相对应,对弱势群体来说,是"可怕的自暴自弃",当骗乞成为一种职业,就标志着弱势群体不仅陷入经济上的贫困,而且陷入精神上的极度贫困,从而使弱势群体从伦理上被同情和帮助的对象沦为伦理上不信任的对象。

问题的严重性还没到此为止。当丧失自食其力的基本伦理信用时,经济上的"贫民"就沦为伦理上的"贱民","贱民"之"贱"不在于贫困,而在于精神上的自暴自弃,在于伦理上的出局,即社会对其伦理信任和伦理信心的丧失。"贫"—"贱"交加,恶性循环,"贱民"中的一部分可能沦为"暴民",只是由于"贫"的经济地位和"贱"的伦理本性,他们施暴的是比其更弱小的对象,校园凶杀案、汽车爆炸案就具有这样的特征。可以说,伦理信任危机正由伦理分化的危机演绎为伦理文化的危机。不得不承认,当今中国社会已经出现因经济上的两极分化向伦理上两极分化的演变,出现"贪民"和"贱民"的极端的两极现象,它们既是伦理分化的极端表现,也是伦理信任危机演绎为伦理文化危机的表征。也许,还没有足够的根据说已经形成"病态的不信任文化",但至少这种社会心态、这种文化已经开始出现,必须高度警惕,防止不信任成为一种文化,尤其"不信任的伦理文化"。

要之,当今中国社会信任危机的伦理病理特征以"两极"和"分化"为关键词。由经济上的两极开始生成伦理上的两极,道德信用危机由人际关系不信任和群体不信任的伦理分裂,演化为诸群体之间的伦理分化。伦理一极的景象,是政治、文化、经济三大精英群体在伦理上的集体失信和集体失落,"老虎""吸金""土豪",已经成为社会对官员、演艺圈、企业家与商人的大众话语;伦理另一极的景象,是弱势群体的自暴自弃及其制造的恶性事件,是"贫民—贱民—暴民"的演化轨迹。由此,必须发出三大"危机预警"——

预警一:道德信用危机演化为伦理信任危机的预警;
预警二:伦理信任危机导致伦理上两极分化的预警;
预警三:伦理分化危机导致伦理文化危机或"病态不信任文化"的预警。

三大预警的核心,是伦理信任危机的预警,准确地说,是伦理型文化的预警。由于中国文化是一种伦理型文化,因而伦理信任危机及其所导致的伦理文化的危机,不仅是伦理预警,而且直接和深刻地就是文化预警。这是伦理预警对于中国文化和中国文明的特殊意义,也是中国文化的特殊伦理规律。

(四) 走向信任的"破冰之旅"

综上,当今中国的信任危机呈现伦理型文化的特点和规律,以伦理为重心,以道德信用危机为前因,以文化信念危机为严重后果。"老太事件"是信任由伦理危机走向文化危机的表征和信号。信任危机已经发展到如此程度,信任对伦理型的中国文化如此重要,乃至可以说,当今中国社会,不是在信任中凝聚,便是在不信任中沉沦。"老人变坏""老虎""土豪""贱民",这些现象和新语言的诞生,相当程度上警示当今中国社会的信任危机已经不只是由道德信用向伦理信任转化。在信任危机已经开始向文化蔓延,正逐步接近形态转换冰点的背景下,到底如何开始重建中国社会的伦理信任的破冰之旅?最重要和最紧迫的是进行理论上的正本清源,走出关于伦理信任的误区。

1. 走出"市民社会陷阱"

"市民社会"是相当一段时期以来学术研究中潜藏的重大理论与实践隐患的问题之一,它导致两种结果,一是理论上"市民社会"的乌托邦,二是现实中"市民社会"的"歹托邦"。"市民社会"本是黑格尔在《法哲学原理》中作为家庭与国家两大伦理实体之间过渡环节的思辨性结构,某种意义上也可以说是近现代西方社会中与市场经济相匹配的一种社会结构，然而中国学术在移植和接受中，将"市民社会"当作现代社会理想和必然的结构，相当多的学者认为，中国社会现代转型的出路，就是市民社会的形成，全然不顾黑格尔已经指出的"市民社会"中内在的重大危机。市民社会的本质是什么？"市民社会是个人利益的战场，是一切人反对一切人的战场，同样，市民社会也是私人利益跟特殊公共事物冲突的舞台，并且是它们二者共同跟国家的最高观点和制度冲突的舞台。"①"个人利益的战场""冲突的舞台"，已经将市民社会的本质揭示得淋漓尽致。市民社会的前途是什么？两极分化。首先是个体性与普遍性的两极分化，因而是伦理的消失，在市民社会中，"伦理性的东西已经消失在它的两极中"；继而是经济上和伦理上的两极分化。"市民社会在这些对立中以及它们错综复杂的关系中，既提供了荒淫和贫困的景象，也提供了为两者所共同的生理和伦理上蜕化的景象。"② 荒淫与贫困的两极分化，生理上与伦理上的两极蜕化，是市民社会的必然景象。市民社会是"无尺度"的社会：一方面是情欲的无尺度，另一方面是贫困的无尺度；一方面是个体特殊性的无尺度，另一方面是约束个体无尺度的各种制度形式的无尺度。③

因此，市民社会绝不是理想社会，更不能成为现代社会的范型，正因为如此，黑格尔才指出市民社会一定要过渡到国家，在国家中实现个体性与普遍性的结合。当下的中国社会虽然还没有也不可能进入被憧憬的所谓"市民社会"，但如前所述，由于市场经济的挺进，"市"的价值逻辑已经部分地渗透到"民"的气质和素质中从而造就所谓"市民"，社会也开始"市民化"，于是，在这个"个人利益的战场中"，不仅信任可能成为危机，而且经济上与伦理上的两极分化、生理上与伦理上的两极蜕化，也成为可能；随着信任危机的演化，可能便成为现实。摆脱信任危机，必须在理论上和实践上走出"市民社会陷阱"，只有理论上走出"市民社会"的乌托邦，才能在实践上走出"市民社会"的"歹托邦"。

---

① ［德］黑格尔：《法哲学原理》，范扬、张企泰译，商务印书馆1996年版，第309页。
② ［德］黑格尔：《法哲学原理》，范扬、张企泰译，商务印书馆1996年版，第199页。
③ ［德］黑格尔：《法哲学原理》，范扬、张企泰译，商务印书馆1996年版，第200页。

2. 走出"伦理半径"

弗朗西斯·福山提出"信任半径"的概念，以此作为解释信任与繁荣关系的重要框架。他认为，家族本位的中国文化的最大缺点之一是不信任外人，虽然在家庭内部有很高的信任度和依赖性，但信任的伦理半径却很小，最多拓展到成为"朋友"的所谓"熟人"。信任半径的狭小严重影响繁荣的可持续性，使"富不过三代"成为华人企业的诅咒，因为不信任外人的直接后果是家庭式经营和亲子遗产继承，它很难形成现代意义上的企业制度，而遗产平均分配又使资本规模在代际传递中呈几何级数缩小。"华人社会一切以家庭为大，对于家庭以外的任何组织认同感都很低；由于各个家庭间的竞争性很强，因此整个社会内部反映出来的是缺乏一般的信任，而家族或血亲关系之外的群体活动，也绝少见到合作无间的情况。"① 福山的批评虽然中肯甚至是深刻，但却具有西方学者特有的对中国文化的短视。中国文化以家庭为本位不仅无可争议，甚至也无可非议，因为中国文化具有一种特有的从家族走向社会的伦理机制，这就是前文所说的"推"与"及"的"忠恕之道"。

什托姆普卡提醒人们，应当不断扩展"信任的半径"。最狭小的信任半径是家庭，其次是自己认识的人即所谓"熟人"，更大的半径是社区的其他成员，最大的半径是"人"这个类，所谓"不在场的他者"，在想象中建立起一个真实的集体或共同体。② 也许，将两位学者的理论结合，运用中国伦理传统的资源，对走出当下中国的信任危机具有一定的解决力。福山的合理性在于提醒人们，将信任局限于家庭中不仅会堵塞社会信任的伦理通道，而且不可能造就持续的繁荣；什托姆普卡提醒要渐进地扩展信任的同心圆，由家族信任、人际信任走向社会信任，但未提供实现这种扩展的路径。前者指出拓展的必要性，后者提出拓展的可能性，"忠恕之道"的传统资源提供由必要、可能走向现实的伦理之路。

在中国，忠恕之道一般被理解为建立个体道德的"金律"，其实，无论是"己立立人"的"推"还是"老吾老以及人之老"的"及"，都是

---

① [美] 弗朗西斯·福山：《信任——社会道德与繁荣的创造》，李宛蓉译，远方出版社1998年版，第116页。
② [波兰] 彼德·什托姆普卡：《信任：一种社会学理论》，程胜利译，中华书局2005年年版，"前言"第56—57页。

建立和扩大伦理关系的规律,是由个体走向他人,由天伦走向人伦的"神的规律"与"人的规律"统一的伦理规律,也是伦理信任由家庭走向社会,从而不断拓展信任的伦理半径的规律。关键在于,必须实现忠恕之道由道德向伦理的转换,达到创造性转化和创新性发展,由此,家庭信任的伦理半径,便不再是建立社会信任的鸿沟,而是社会信任的伦理策源地和伦理家园。

3. 走出"农夫与蛇"与"宠物心态"的两极

走出信任危机的最大难题之一是如何对待信任风险或应当如何确立关于信任的何种风险意识与风险态度。我们正处于一个希求信任而又稀缺信任的社会,也正处于信任的"囚徒困境"中。信任的最大障碍是在心理上将信任当作"赌博",在现实上是信任行为可能遭遇的高风险,由此,社会可能陷于信任的恶性循环中。我们迫切需要的,是开启信任的破冰之旅,期待一种彻底的或坚定的人文精神。人文精神的真谛是理想主义,理想主义意味着与现实的距离和对现实的超越,这种超越用儒家的话语表述,就是所谓"明知不可为之而为之","明知不可为而为"正是人文精神的可贵所在。人人可信而信任他人,这只是现实主义;信任缺失而信任他人,这便是人文精神和理想主义。信任是文明社会的资格,也是文明社会的能力,同样也是个体成为文明社会的成员的资格与能力。苏格拉底曾经说过,教育子女的最好的方法,就是让他做一个具有良好法律的城邦的公民。但苏格拉底没有回答也不能回答这样的问题,如果城邦没有良好法律,是否要做它的公民,如何做它的公民?

社会学家发现,信任的发展经过三个阶段,即信任反思,信任冲动,信任文化。信任反思可能是关于信任必要性的理性认知,也可能是对信任风险与信任利益的理性权衡,这种理性的最大缺陷是它可能使信任成为"优美的灵魂",只向往而不行动,甚至构筑只要求他人信任的"伦理高地"。于是,在任何高信任度的社会尤其在一些风尚质朴的社会中,信任都是一种不加反思的冲动,而在文明社会,这种冲动的基础应当是信念,当信任由冲动上升为信念时,信任便成为文化。

在这个理性主义尤其是经济理性横行的时代,人们处于信任的理性牢笼之中,信任教育处于两极:要么是那个"农夫与蛇"的古老故事的理性絮叨,要么是"宠物心态"。"农夫与蛇"通过农夫以温暖的胸怀救了蛇却反被苏醒后的毒蛇咬死故事，试图诉说信任的底线，然而却难免使善良的人们不寒而栗。现代人演绎着另一个关于信任的反故事，屡屡在公园中发生的猛兽伤人事件的真相在于，孩童以"宠物心态"对待困兽，于是善意的童心最后反遭伤害。其实，"宠物心态"不只是缺乏信任的底线或信任的风险意识，更重要的是以"宠物心态"对待动物本身就是对动物的误读乃至对动物的伤害，说到底，"宠物"只是人类自我中心和自私心的一种表达，"宠物心态"只是信任缺失和孤独症的一种替代品和自疗手段。走出"农夫和蛇"与"宠物心态"的两极，以一种彻底的人文精神和伦理精神对待他人和社会，才能实现当今中国信任危机的伦理破冰。在信任缺失的社会，破冰之旅从哪里开始？从彻底的人文精神开始，从彻底的伦理精神开始。

第三编
社会大众伦理道德共识的精神哲学期待

2007年的全国调查，以及与之相配套的对六大社会群体的分别调查，发现经过30年的改革开放，我国诸社会群体已经生成特殊的伦理境遇和道德气质。诸社会群体之间，价值共识是基本方面，但由于干部腐败和分配不公两大社会问题的存在，不同群体之间存在潜隐而深刻的伦理分歧甚至伦理冲突。建构中国社会的伦理和谐应当实施四大文化战略：攻克干部腐败和分配不公两大社会大众最担忧的发展难题，保卫国家权力和社会财富中的伦理存在；提升国家伦理信念和国家伦理精神；确立"伦理安全"理念，提升社会成员的伦理安全感；由"价值共识"向"共同行动"提升，回归力行哲学，建构力行伦理。

2013年的第二轮全国调查显示，社会大众的伦理道德发展已经越过2007年调查所发现的由多元向二元聚集的十字路口，走向新的分化和聚集。在这一情势下，价值共识的生成必须回答三大哲学问题："共"于何？如何"识"？"价值"何以合法？基于2007年至2013年两轮全国大调查、三轮江苏大调查的信息，结论是："共"于"伦理"；"精神"地"识"；在民族文化家园中"合法"。由此发出2013年第二轮全国调查的第二个文化预警（注：2013年调查的第一个文化预警是第2章所揭示的伦理型文化规律，即现代中国伦理道德发展的三大精神哲学规律的预警），即关于社会大众伦理道德的文化共识的三大伦理精神期待的预警：期待一次以"我"成为"我们"为主题的"伦理"觉悟；期待一场以"单一物与普遍物统一"为价值的"精神"洗礼；期待一种回归优秀中国传统的"还家"的努力。具体内容是：保卫伦理存在，进行关于国家、家庭、集团的伦理意识的再启蒙；扬弃"原子式地进行探讨"的"集合并列"的理性主义伦理观和伦理方式，进行社会、国家、家庭三大伦理实体的"精神"回归；回归中华优秀传统"，建构价值合法性。三大期待凝结为三个口号：保卫伦理；蓬勃"精神"；回归"家园"！"三大期待"及其文化预警为2017年的全国调查所证实，对未来文化共识的推进也有前瞻意义，因而逻辑地将其置于本编最后，作为具有一定普遍意义并在今后调查中检验的开放性立论。

2017年的调查发出第三次文化预警，具体地说两大预警。第一，改革开放40年中国社会大众已经形成关于伦理道德发展的"认同—转型—发展"的三大文化共识，伦理道德发展进入"不惑之境"的预警；第二，干部群体、企业家群体，与工人群体、农民群体以及其他社会群体推进伦理对话和伦理理解的预警。

　　随着改革开放的推进,社会大众的伦理道德共识不断积累积聚。2007—2017年持续十年的三轮全国调查、四轮江苏调查所提供的数据流和信息链及其哲学分析表明,改革开放40年,中国社会大众的伦理道德发展已经进入"不惑"之境,其显著标志之一就是伦理道德发展的重大文化共识已经形成。文化共识的精髓一言概之:伦理型文化的共识。文化共识从三个维度展现。第一,伦理道德的文化自觉与文化自信:对于伦理道德传统的文化认同与回归期待;对于伦理道德优先地位的文化守望;对于伦理道德发展的文化信心。它们从传统—现实—未来三个维度呈现关于伦理型文化的共识。第二,"新五伦"—"新五常"的伦理道德现代转型的文化共识,呈现"伦理上守望传统,道德上走向现代"转型轨迹,体现"伦理—道德一体"的现代中国精神哲学形态。第三,伦理实体的集体理性与伦理精神共识,它以道德忧患为问题意识,以伦理觉悟为集体理性,形成家庭—社会—国家三大伦理实体的文化共识。三大共识形成中国伦理型文化"认同—转型—发展"的精神谱系。共识中群体差异的规律是城乡差异很小,教育程度差异其次,职业群体差异最明显,突出表现于干部群体、企业家群体与农民、工人和其他低收入群体之间,诸群体尤其是干部群体、企业家群体与普通大众群体之间的伦理对话与伦理理解不仅必须,而且紧迫。

六 诸社会群体伦理道德的价值共识与文化冲突

这是基于2007年的全国如江苏调查的信息,对那个特殊历史时期我国社会的伦理和谐状况,尤其是诸社会群体伦理道德的同一性、多样性、差异与对立状况所进行的分析。调查发现,改革开放30年,我国社会诸社会群体在伦理道德方面存在诸多共同话语,达成许多基本价值共识,同一性是基本方面;但由于诸群体的伦理境遇不同,道德诉求多元,伦理表达多样,差异十分明显;特别是由于官员腐败与分配不公两大社会问题,诸社会群体之间的伦理对立现实而深刻。比较而言,伦理道德的地域性差异较小,乃至很小,说明当前我国社会伦理道德的文化同一性很强,信息化和社会交流的扩大已经在不同地域之间形成相当的道德共识。观念、理念方面趋同,与现实、行为中对立的悖论,是当前我国社会诸群体伦理和谐的重要特点和规律,有待创造性地研究和解决。[1]

(一) 诸社会群体的伦理境遇与道德气质

对当今中国诸社会群体的伦理道德状况进行解释或解读,两个因素特别重要。基本因素当然是诸群体在社会关系、经济生活、文化体系中的不同地位,但另一因素,即30年改革开放进程中诸群体社会、经济、文化地位的变迁,可能具有更直接的解释力。调查发现,诸社会群体总是带着他们的"集体记忆"建构或重构他们的伦理关系与道德生活,这些"集

---

[1] 注:本部分所采用的数据,均为本人2007年任首席专家的国家重大招标和江苏省重大委托项目诸子课题或本人直接进行的总课题调研的数据,因而无论价值共识还是文化冲突,都是以2007年为时间节点所做的分析。

体记忆"不仅在代际之间以最紧密的文化遗传方式获得,而且现有诸社会群体的成员直接就是三十年变迁的经验者,关于这些变迁的"集体记忆"既是他们原初的因而也是深刻的历史烙印,同时也是群体认同的文化胎记。在这个意义上,诸社会群体是黄昏起飞的猫头鹰,总是带着他们的历史经验尤其是三十年变迁的历史记忆参与到整个社会的伦理关系与道德生活中。现实社会生活条件与三十年变迁的历史记忆,分别构成诸社会群体伦理境遇的纵横两坐标,在此基础上形成诸社会群体特殊的道德气质或道德气象。

在六大群体中,政府公务员的伦理境遇与道德气质方面有三大特点最值得关注。第一,他们是当今所有群体中对生活满意度最高的群体,对生活的满意度(包括较满意度),两次调查中分别以82%、87%遥遥领先于其他诸群体。第二,政府公务员群体在这次调查中被认为是伦理道德方面最不被满意的群体,它以74.8%高居伦理道德方面最不被满意的群体之首,在这个意义上,他们又是不折不扣的道德上的"弱势群体"。政治与社会生活中的强势群体——伦理道德方面的"弱势群体";国家权力的支配者——伦理道德方面信任度最低的群体,构成政府公务员群体伦理境遇的两个悖论。道德上深深的失落感,以及伦理地位与道德地位的巨大反差,成为公务员群体道德气质的重要特征。第三,伦理道德方面自我评价与社会评价的巨大反差。对于当今领导干部当官的目的,54%的公务员认为是"为民做好事、实事",但89.6%的困难群体,86.7%的知识分子群体,66%的农民群体认为是"升官发财"。作为国家权力的执行者,政府公务员理论上应当也必须是伦理道德的示范群体,传统上也曾作为伦理道德的示范群体而拥有很高信任度,却于现实中沦为最不被信任的群体;政府公务员对自己做官目的"为人民谋利益"的自我评价,与"升官发财"的大众评价之间存在巨大反差;政府公务员的高犯罪率与国家对职务犯罪的严惩,使公务员群体在伦理道德上处于被诱惑、紧张、忏悔,甚至因误解而冤屈的道德境地。

企业家与企业员工群体从根本上说并不属于一个群体,因为经济体制的多样性和二者在经济生活中的不同地位决定了他们之间存在深刻的差异,但是作为最直接和最重要的经济主体,在伦理道德方面也存在某些文化同一性。第一,他们是市场神话的信奉者、创造者,也是市场压力最直接的感受者。影响现代人幸福感和道德生活的两大因子,即"市场经济导致的过度激烈的竞争"和"市场经济导致的个人主义",发祥地都在企业,在这个意义上,理解了这个群体,才能理解当今中国的市场伦理与市场道德。第二,内部伦理关系的失落。计划经济时代,"工人阶级"不仅是主人,而且是领导阶级。在多种所有制形式中,企业员工与企业家的关系发生了根本性改变,经济和政治地位出现了不平衡,不仅员工而且企业家本身,也感受到伦理安全感的缺失。第三,外部伦理关系的遮蔽。"后单位制时代",企业成为"经济实体",由此与国家和社会的深刻关联被市场所遮蔽,企业作为"社会公器"或"企业市民"的意识式微,很容易滋生企业家的"能力崇拜"和员工的"利益崇拜"心态,"伦理的实体—不道德的个体"的伦理—道德悖论尤为突出和深刻,财富创造与问题创造的双重性在这个群体中表现得特别明显,企业家以33.7%处于伦理道德方面最不被满意的群体的第三位就是证明。第四,多种所有制形式的存在,使这一群体总体上呈现交叉、边缘、混合和不断分化的结构,比如,独资、合资、民营企业的企业家和员工同时也可以属于新兴群体。伦理感的飘零和道德感的祛魅,是这一群体伦理境遇和道德气质的重要特征。

改革开放30年的发展对青少年群体伦理境遇和道德气质变化影响最大的是以下四因子。第一,社会高度开放,市场体制使作为青少年生活最重要场域的学校失去了原有的作为"文化实验室"的条件,学校作为文化尤其是伦理道德的"理想国"环境逐渐消逝,几乎与社会、市场"零距离"。第二,由于文化传统在相当程度上被解构甚至颠覆,伦理道德及其教育的同一性瓦解,多元社会与多元文化中统一的价值观很难透过教育建构,从而遭遇哈贝马斯所说的"合法化危机"。第三,独生子女政策使家庭作为伦理策源地与道德发祥地的功能被严重弱化。调查发现,家庭、学校、社会,是伦理道德的三大受益场域,认同度分别达63.2%、59.7%、32.2%。其中家庭居首要的地位。然而另一个事实却是:独生子女结构使家庭很难像以往那样完成其伦理训练的任务,家庭作为自然伦理实体或直接的伦理精神的文化意义严重蜕化;而学校由于其作为"文化实验室"理想环境的消解,也使其难以履行文化功能;由此社会的不良影响便难以避免地渗透到这一群体的伦理道德建构的进程中。第四,更为突出的是,信息技术的发展,使青少年获得了前所未有的话语权和话语能力,西方有些学者甚至认为,由于信息技术的发展,社会正由前示型社会、互示型社会向"后示型社会"转化，由成年人引导社会向年轻人引导社会转化。也许，成年人根据自己的人生经验有足够的理由对青少年主宰自己特别是引导社会能力忧心忡忡，但可以肯定的是，信息技术的发展，特别是青少年和年轻人成为新的信息技术的最有能力的掌握和运用者，已经使成年人特别是老年人的伦理领导权和道德话语权遭遇根本性挑战，甚至发生根本性危机。由于社会包括家长对独生一代未来可能面临的一切毫无所知，由于信息能力方面的差异甚至悬殊，青少年正日益将社会视为自己的伦理试验场，而"一切都被允许"成为这个"伦理试验场"主人的特有"道德气质"。

2007年调查的青年知识分子群体既包括在校大学生和研究生，也包括青年教师和青年科技工作者，因而其范围显然比国外所使用的"知识分子"广泛得多。西方社会学家将知识分子理解为以概念或思想创造为职业的人，故所谓"知识分子群体"就是对现存秩序持批评态度而充当社会良知的群体。在中国传统文化中，它被称为"士"及其群体。本次调研以一般意义上的"知识"或大学以上的受教育程度作为"知识分子"的基本规定，青年知识分子的主体部分是80后、90后的年轻人。他们在伦理气质上往往处于新旧转型的过渡带，体现出明显的混合与断裂的特征。比如，对待婚姻的态度，43.7%愿意"娶妻生子，白头偕老"，47.1%将婚姻当作缓解生活压力的一种形式，可以自由地解除。他们在伦理道德方面具有某种先锋派的特征，比青少年群体多了一份成熟和理性，又比其他群体多了一份前卫。他们的伦理主张和道德诉求趋向于务实，传统青年知识分子的理想主义色彩明显稀薄了许多，对许多问题的回答，他们往往表现出可爱甚至有点可怕的坦诚，在这个意义上可以说，他们的精神世界是"半裸露"的。但值得注意的是，他们中已有不少知识精英，而知识精英在诸群体中居思想行为的影响力之首，当今中国最有影响力的群体分别是：知识精英，占48%；党政干部，占25%；工商精英，占17%。

调研的新兴群体主要指改革开放中出现的新的职业群体，如独立经纪人，传媒制作人员，外资、合资、独资企业的企业家和员工，自由职业者等。调查发现，这个群体的伦理气质和道德气质不仅"新"，而且"特"。比较调查发现，他们的"新"与大学生群体的"新"不同，很大程度上是因其特殊的职业及其伦理境遇而表现的"特"。比如，他们更亲近私有制，69.3%认为私有制效率更高，高居六大群体榜首；他们更相信个人能力的意义，对自我评价也较高，96%认为自己具有社会责任感，93.3%认为自己有道德修养，92.4%认为自己有奉献精神。这是一个自我感很强，在相当程度上给社会带来新的伦理元素和道德气象、但仍缺乏充分认识和理解的群体。

调查的弱势群体主要是失地农民、城市农民工、下岗工人、低收入群体等。他们是社会变动中的失利人群，也是社会生活中的困难群体。这一群体的普遍特征当然是对自己的生活的不满意率高，达81.1%，与公务员群体82%的满意率形成强烈比照。调查的新发现是，这一群体的伦理感和道德感都很强，有着强烈的伦理认同倾向，特别是家庭伦理归宿感和家庭道德责任感明显强于其他群体；他们也富有社会同情心，并且有较高的公德意识，76%愿意积极参与公益活动。他们对现行分配制度持否定态度，55.6%认为弱势群体形成原因是制度安排不合理，47.8%认为是社会不公，两个指标均占六大群体之首。54.6%对职业或工作单位很不满意，现实的伦理境遇使他们很难产生良好而持久的职业伦理态度。对伦理归宿感的渴求和朴实的道德精神，构成这一群体伦理认同和道德气质的重要特征。

（二）价值共识及其多元表达

调研的基本目标之一，是试图发现多元文化背景下诸群体在伦理关系、道德生活，以及伦理道德发展的影响因子等方面是否达成一定价值共识，由此寻找社会和谐与伦理道德的合法性的基础。调查发现，经过近三十年的激荡，诸群体伦理道德演进虽然呈现为"多"，但在"多"中已经或正逐渐形成某些基本共识，共识形成或表现的规律是：它们在相当程度上基于或显现为某种文化认同，由于伦理境遇和道德气质的不同，在文化认同的基础上诸群体又展现为多样性。共识及其多样化表现的特点，用中国传统道德哲学的话语表述，即"理一分殊"

1. 伦理关系

伦理关系调查的基本内容是诸群体的伦理实体意识与当今中国社会的伦理范型。

伦理实体意识调查的核心问题是关于家庭、国家、社会与个人的关系。总课题组综合调查的结果是：当今中国社会关于个人—家庭—国家关系的主流观念，是认为家庭、国家高于个人，这类选择占总数的65.2%，分歧在于，其中27.5%认为国家高于家庭，17.5%认为家庭高于国家，但也有14.6%和5.6%分别认为家庭与国家都是一种契约关系或个人的手段，可以因个人需要淡化或解除，两项总和超过20%。

伦理关系调查的核心任务，不是呈现当今中国社会的诸多伦理关系，而且试图发现诸多伦理关系背后的伦理范型。传统伦理以君臣、父子、兄弟、朋友、夫妇的"五伦"为范型，以"人伦本于天伦"的原理为伦理规律，其客观基础是家国一体、由家及国的文明路径和社会结构。当今中国社会在多元伦理取向的背后是否潜在某种伦理范型？调查以"五伦"为传统背景，力图揭示当今中国社会中最重要的五种伦理关系及其规律。调查发现，当今中国社会对于最基本的伦理关系的认同趋向于共识，但诸群体对五种伦理元素的伦理地位即重要性的排序各不相同。

当今中国社会最具根本意义的伦理关系的结构是什么？总课题组的发现是：血缘关系占40.1%，个人与社会的关系占28.1%，个人与国家的关系占15.5%。诸群体的选择及排序基本相同。

最重视的五种伦理关系或"新五伦"是什么？在多项选择中，总课题综合调查和诸群体分别调查的结果如下：

表1　　　　　　　　　　　　"新五伦"　　　　　　　　　　　　（2007）

调查对象	五种最重要的伦理关系（"新五伦"）
总课题组综合调查	父子（93.8%），夫妇（78.4%），兄弟姐妹（63.5%），同事或同学（47.1%），朋友（43.5%）
公务员群体	夫妻（89.9%），父子（80.7%），上下级和同事（72.7%）（上下级关系优先于同事关系），兄弟姐妹（42%），组织（38.6%）
新兴群体	夫妻（80%），同事（43.6%），父子（32%），朋友（30.7%），兄弟姐妹（28%）
青年知识分子群体	父子（92%），上级或老师（60.9%），朋友（53.2%），兄弟姐妹（47.3%），夫妻（42.6%）

不难发现，诸群体在伦理关系虽未形成完全一致的"新五伦"，但其

元素和结构却大致相似,表现的共同特点是:1)社会、国家高于个人的伦理价值取向,它表明,"从实体出发"的"伦"的传统依然存在,个体主义并未成为主流;2)家庭关系仍是伦理关系的基础和重心,与传统五伦一样,夫妻、父子、兄弟姐妹五者有其三;3)社会关系包括上下级、同事、朋友关系具有重要地位。说明当今我国伦理关系既强烈地保持了家庭本位的传统,又具有现代市民社会的元素和特质。可以推测,如果采用完全相同的问卷,可能会达成某种一致性。

与传统"五伦"相比,正在形成的"新五伦"中最应当注意的是两个问题。第一,夫妻关系的地位上升。在以上诸群体中,除青年知识分子群体对夫妻关系的排序较后外,在其他群体中夫妻关系都居诸伦理关系之首,而青年知识分子群体和总课题组的结果,与调查对象中很多是大学生这一未婚群体有关。在传统"五伦"中,夫妻只是家庭血缘关系的"天伦"与国家、社会关系的"人伦"的中介。夫妻关系成为第一伦理关系是前示型社会向互示型社会转型、伦理关系的重心发生重大位移的征兆,是父权乃至传统权威失落的表现,当然也是由于社会压力增大,需要夫妻共同分担的结果。第二,与国家的伦理关系被冷落和遮蔽。传统"五伦"中,君臣关系实际是个人与国家伦理关系的人格化,而无论在总课题组还是各子课题的调查中,与国家的伦理关系都未处于最重要地位,甚至未受到应有的重视,认为个人与国家的关系是契约关系的观点已有不小的影响。面对市场经济的"个人本位"和市民社会的"社会本位",如何发现和重建个人与国家伦理关系的意义,乃是一个重要课题。同时,诸群体对伦理关系的排序,明显具有其伦理境遇的印记:弱势群体因其在社会关系中的弱势地位,对家庭关系重视的程度最高;公务员群体比较重视上下级关系;新兴群体因其独立性比较重视同事关系;朋友关系对新兴群体和弱势群体来说,比其他群体更重要。

2. 道德生活

道德生活调查的基本任务是发现当今中国社会最重要也是得到最大认同的那些德目。传统中国社会的基德或母德是仁、义、礼、智、信的"五常",在多元多样多变的现代社会,得到最广泛认同因而具有某种基德或母德意义的五种德性或"新五常"是什么?诸群体在这方面形成哪些共识?

表2　　　　　　　　　　　　　"新五常"　　　　　　　　　　　　（2007）

调查对象	五种最重要的德性（"新五常"）
总课题组综合调查	爱（78.2%），诚信（72%），责任（69.4%），正义（52%），宽容（47.8%）
公务员群体	诚信（89.3%），仁爱（70.1%），正直（69.1%），孝顺（63.9%），公义（45.7%）
青年知识分子群体	求真公正（34%），追求真善美，充当社会良心（26.7%），刚直（14.4%），理性与批判精神（13%），智慧（10.4%）
城市弱势群体	诚信（54%），宽容（38%），仁爱（35%），智慧（34%），节俭（33%）
新兴群体	诚信（84.4%），仁爱（65.8%），正直（60.4%），孝顺（60%），公义（37%）

由于诸调查问卷的设计特别是供选择的德目不同，所以结果十分多样；而且诸群体无疑是从自己的境遇出发进行选择，其中青年知识分子群体的问卷设计及其选择最明显地具有该群体的个性和偏好，城市弱势群体重视"俭"德，而青少年群体对"俭"德的认同度最差。不过，从多样性的选择中还是可以发现在当今中国社会得到比较高度认同的那些德目，即：爱（仁爱），诚信（诚、信），正义（正直、公正、公义），宽容，孝（孝顺）。其中仁爱、诚信、孝顺等属传统美德，而正义、宽容是现代美德。"新五常"表现出由传统向现代过渡的明显特征。

3. 伦理道德的影响因子

这一调查的目的，是试图发现当今中国社会的伦理道德到底受哪些因素影响，一些新的元素，如网络、市场经济等，对诸群体的影响有何差异。

总课题组的综合调查发现了当今中国社会伦理道德的三大策源地和四大影响因子。三大策源地依次是：家庭（63.2%），学校（59.7%），社会（32.2%）；四大影响因子是：网络媒体（74.2%），市场（57.8%），政府（56.7%），大学及其文化（56.5%）。由于社会地位和伦理境遇不同，诸群体对它们的认同和选择也不同。

公务员群体的多样选择表明，五种实体发挥着重要的伦理功能：政府（60.2%），政党（44.3%），家庭（33%），学校（22.7%），社区

(17%)。在回答"政府在制定政策和决策,以及处理具体事情时,会不会考虑伦理方面因素"的问题时,64.34%认为"应该有",其余则"不能明确判断"或"不知道"。关于市场经济对公务员伦理道德的影响,58.9%认为有负面影响,只有23.4%认为有正面影响,"更注重自律"。关于网络技术对公务员群体伦理道德的影响,主流的观点是认为"没有影响"(33.5%),16.9%认为"更注重道德自律",但也有超过20%认为会产生一些不道德现象。关于全球化对公务员道德的影响,47%认为"有影响,但影响不大",38.3%认为"有很大影响"。

青年知识分子群体对市场经济的道德影响同样持否定性评价。35.9%认为使人与人之间越来越冷漠,34.3%认为使人越来越功利化;55%认为网络交流"与平时一样,道德上谈不上提高或降低,18.3%认为"更加注重道德自律",但26.7%认为会降低道德。对青年知识分子的道德发展有三大不利因素:市场经济的功利主义79.8%,新技术尤其是网络技术产生的道德问题27.6%,全球化带来的异域文化17.1%。该群体认为,在当今中国社会中,三大组织最能体现伦理道德诉求:家庭(48.8%),学校(45.3%),政府(37.5%)。

虽然回答不尽相同,但共识是明显的,伦理道德的影响因子有:家庭,学校,政府,社会,市场,网络。六者之中,市场和网络的影响最为复杂,可以说是一把双刃剑,就目前而言,似乎负面影响或产生的问题是矛盾的主要方面,但对不同群体,影响的状况则很不相同,尤其是网络媒体。

(三) 伦理冲突与道德分歧

一般说来,伦理冲突与道德分歧来源于伦理道德的多样性,但多样性、分歧、差异只有达到一定程度时,才会构成伦理冲突。调查试图揭示的冲突和分歧,主要是诸群体之间不同的伦理态度,以及对待同一道德事实在道德认知方面的分歧。

2007年调查所发现的中国社会诸群体伦理关系与伦理态度的总体图像是:对政府官员缺乏道德信任,对治理腐败缺乏信心,并且由此影响到全社会对国家伦理实体的信念;对弱势群体寄予伦理同情,认为弱势群体的造就是由于制度缺失和分配不公;知识精英影响力跃居群体之首,人们不仅期望他们成为思想先锋甚至思想领袖，更希望他们成为社会良知；对青少年群体满怀道德忧虑和伦理期待，但又信心不足并明显缺乏指导能力；对新兴群体怀有伦理好奇和道德宽容；对企业家群体的伦理态度矛盾而复杂。

如果要将伦理与道德做区分，那么主流社会心态是：对道德生活基本满意，达75%；但对伦理关系尤其是人际关系基本不满意，达73%。可以将这种状况表述为伦理—道德悖论。在诸伦理冲突中，人与人的冲突居首。总课题组的调查发现，当今中国社会最基本的伦理冲突依次是：人与人的冲突，人与自然的冲突，人与自身的冲突。

总体上，诸群体对目前的人际关系和伦理感受的认同度与评价并不高，在73%的否定性评价中，38%认为"受功利原则支配，相互利用"，27%认为"关系变简单了，但温情大大减少"，还有8%认为"变得越来越恶化"。对目前的生活感受，37.3%选择"生活水平提高了，但幸福感和快乐感下降了"，也有35.4%选择"既不富裕，也不小康，但幸福并快乐着"。与20世纪60年代前相比，伦理认同度和伦理满足感降低的主要原因是：现代人过于个人主义（55.2%）；生活压力太大（47.6%）；经济体制变化，缺乏归宿感和安全感（44.1%）；欲望太多（37.1%）。人与人的冲突，很容易内化和演化为人与自身的冲突，而低下的伦理满足度和认同感本身就是伦理冲突的表现。

2007年调查发现的中国诸社会群体伦理冲突与道德分歧的焦点有二：一是干部腐败，二是分配不公。可以说，中国社会尤其是六大群体之间已经形成了比较一致的"问题共识"。到底什么因素阻碍社会主义理想信念？根据省课题思想组的调查，六大群体完全一致的结论是：第一，腐败严重；第二，分配不公，两极分化。对这两大问题的诊断，六大群体之间，不仅结论相同，排序也完全相同。对于改革开放的主要忧虑是什么？居于前两位并且六大群体在结论和排序方面意见完全一致的同样是这两个问题。干部腐败与分配不公，两大问题分别构成伦理冲突的纵横坐标。干部腐败是伦理冲突的纵坐标，分配不公是伦理冲突的横坐标，二者形成伦理冲突的坐标系。其中，干部腐败是一个群体与所有其他群体之间的伦理冲突；分配不公是诸群体之间的伦理冲突。

干部腐败之所以是一个群体与其他所有群体之间的伦理冲突，是因为这一问题已经从少数人的腐败泛化为全社会对这一群体的伦理态度与道德判断；其更为深刻的哲学根据是，由于政府官员是国家权力的掌握和支配者，因而干部腐败本质上不是对一个人或少数人的侵害，而是对国家权力的所有者即一切社会成员的侵害。干部腐败之所以成为诸社会群体伦理冲突与道德分歧的焦点，是因为它既是伦理冲突的表现，又是伦理冲突的重要根源。干部腐败会无疑会演发和激化社会矛盾，导致伦理冲突；而由部分人的腐败所导致的全社会对整个干部乃至公务员群体失去伦理信任和道德信心，又是诸群体间伦理冲突的表现。

一个显然的事实是，对干部道德的怀疑、批评和缺乏信心已经是包括公务员群体在内的"道德共识"。严重的是，公务员群体不仅在道德行为，而且在职业动机方面陷入深刻的信任、信心和信念危机之中。诸群体中超过60%的比例认为干部当官的目的是个人升官发财的判断，就是动机和信任危机的表现。在这个意义上，公务员群体在伦理道德方面处于不被理解、不被认同的地位，并由此处于与其他诸群体的伦理冲突之中。而且，根据省课题思想组的调查，52%的公务员群体，68.6%的新兴群体，51.2%的知识分子群体，48.6%的弱势群体，47.7%的企业家与企业员工群体，34.3%青少年群体，对根治腐败没有信心或信心不足。近些年来，党和政府虽然在惩治腐败方面采取了果决而严厉的措施，但毋庸讳言，由于信任和信心危机的存在，公务员群体仍处于伦理合法性与道德合法性的危机之中，政府官员高居伦理道德方面最不被信任的群体之首，就是危机和冲突的表现。由此而演发的伦理冲突虽不是很激烈，但由于国家权力所具有的政治广泛性，以及伦理合法性、道德合法性所具有的深刻政治意义，这一伦理冲突的后果十分令人担忧。

分配不公所导致的两极分化，是诸群体之间伦理冲突的根源。中国社会的弱势群体形成的原因是什么？六大群体之间同样不仅结论而且排序完全一致的答案是：1）制度安排不合理；2）社会不公。近年来我国实行的医疗、教育、住房三大改革的伦理性质如何？三项调查发现，六大群体在多项选择中位居第一位的选择都是："没有代表中下层民众的利益"或"加剧了贫富分化"。对目前不同人群之间的收入差距，68%的公务员、64%的农民、48%的企业家和企业员工选择"不合理，但可以接受"，而59%的弱势群体、49%的知识分子群体表示"不合理，不能接受"。诸群体对此"不合理"的判断是一致的，只是抗拒的程度有所不同。可以说，分配不公及其所导致的两极分化，正演化为深刻的伦理冲突，它也是人们感到"虽然物质生活水平提高,但幸福感快乐感降低"的深层原因之一。

干部腐败与分配不公两大伦理问题导致两类伦理冲突:前者导致国家权力中的伦理冲突,后者导致社会财富中的伦理冲突。冲突的结果,是生活世界中伦理普遍性的消解。正是这两大伦理问题和两大伦理冲突的存在,导致了全社会普遍的文化怀旧情结。74%的公务员、76%的农民,认为毛泽东时代"虽然物质生活条件差,但有信念"。这一结论折射出现代中国社会在文化心态、伦理心态和政治心态方面巨大而深刻的不平衡。

(四) 群体差异与地域差异

总课题组在江苏、广西、新疆三省(自治区)进行的综合调查表明,我国伦理道德的地域性差异较小,远小于群体性差异。导致这一结果的原因有三:信息化尤其是电子信息技术产生的社会联系的广泛和迅捷;市场化以及交通发展产生的交流的直接性和人口的高流动性;共同文化的作用。当然,这一结果可能与调研的对象的主体部分是大学生和中青年知识分子也有关,如果深入到交通比较闭塞、信息相对封闭的少数民族地区,可能结果会很不相同。由于三地调查采用完全相同的问卷,可比较性很强。其中,江苏代表发达地区,广西和新疆代表发展中地区和宗教文化地区。

三地调查未发现完全不同或截然相反的结果,52个问题中绝大部分信息不仅结果相同,而且排序相同。特别是在以下四方面,三地区表现出高度一致性。所谓"高度一致",是指不仅观点或判断一致,而且在多项选择中要素和排序也一致(表3)。

表3　　　　　　　三省(自治区)的伦理道德共识　　　　　　　(2007)

内容	三省(自治区)的价值共识
伦理关系与道德生活的现状	对道德风尚基本满意、对人际关系基本不满意;实际奉行的价值观是义利合一、以理导欲;市场经济道德是社会道德的主流;总体上道德与幸福能够一致
伦理关系	家庭比个人更重要,婚姻应当从家庭整体考虑;职业劳动不仅是谋生手段而且是天职和目的,职业活动中最担忧的问题是责任感与奉献精神的缺失

续表

内容	三省（自治区）的价值共识
道德生活	目前我国社会的伦理道德的调节能力"一般"；个体道德素质中的主要问题是"有道德知识但不见诸行动"；道德判断的基本依据是大多数人认同的道德规范和自己的良心
当前我国社会的伦理道德素质及其影响因子	信守善恶报应；伦理感受境遇和信念影响最大，道德感受道德规范和社会评价影响最大；以伦理调节为化解人际冲突的首选；现代人虽有荣辱感但已严重蜕化；对伦理关系和道德生活造成最大负面影响的因素是市场经济导致的个人主义；信息技术和市场经济内在着"效率—伦理"的悖论——效率提高但情感的真实性或人际亲密度、伦理感降低，经济发展但人的幸福感降低；《公民道德建设纲要》的实施效果很小或没有实质性效果

表4　　多项选择中，三省（自治区）不仅要素相同，而且排序相同的伦理道德共识　　（2007）

内容	三省（自治区）的共识及排序
伦理关系	当前我国社会面临的三大伦理冲突：人与人、人与自然、人与自身；"新五伦"：父子、夫妇、兄弟姐妹、同事或同学、朋友；伦理关系的结构：血缘关系、个人与社会的关系、个人与国家
道德生活	"新五常"：爱、诚信、责任、正义、宽容
伦理道德方面最不满意的群体	政府官员，演艺娱乐界，企业家群体
不良道德风尚的主要责任因素	官员腐败，社会不良影响，学校道德教育弱化
成长中最大的伦理受益和道德训练场所	家庭，学校，社会

但是，这并不意味着地域差异不存在。三省（自治区）或两类不同地区对同一问题选择的差异比较明显地表现在那些多项选择的问题中，其特点是：选择的要素相同或基本相同，但排序有所差异（表4）。

表5　　　　　　　　三省（自治区）差异图表　　　　　　　（2007）

内容	江苏地区的首选	新疆、广西地区的首选
目前的生活状况	超过40%首选"生活水平提高，但幸福快乐感降低"	超过40%首选"生活既不富裕也不小康但幸福并快乐着"
伦理道德的向往	"传统社会的伦理道德"（23.5%）	"无所谓向往，自己认可就行"（35.5%）

续表

内容	江苏地区的首选	新疆、广西地区的首选
社会公德中的最突出问题	"人际关系冷漠见危不救"（61.6%）	"诚信缺乏社会信用度低"（67.2%）
人与人、人与自然、人与自身对立的原因	分配不公差距过大（61.4%），政府政策失当（34.8%），欲望过多过大（47.7%）	过度个人主义（70.2%），企业唯利是图（36.8%），竞争压力过大（56.9%）

除以上问题之外，52道题中，其余选择基本相同甚至高度一致。即使以上差异，大多也只是排序第一和第二位的区别，而且分值并不悬殊。与一致性相比，地域之间的差异性不仅居次要地位，甚至毋须作为重要的影响因子（表5）。

（五）伦理和谐的规律及其道德哲学意义

从以上信息可以发现我国诸社会伦理和谐的四个基本特点和规律。第一，观念、理念方面趋同与实践、现实方面冲突的悖论或矛盾；第二，问题诊断的一致性高于价值认同、价值判断的一致性；第三，地域间一致性高于群体间一致性；第四，伦理道德领域的一致性高于思想文化领域的一致性。四大规律中，"趋同—对立"的悖论，是最重要、最具关键意义的特点和规律。

调查发现，我国诸社会群体在伦理关系、道德生活、伦理道德素质及其影响因子等方面的一致性大大高于差异性，甚至可以说，相当程度上不是差异性基础上的一致性，而是一致性基础上的多样性。但是，这并不意味着诸群体之间就不存在差异乃至冲突，相反，冲突是深刻而明显地存在的，只是说，它不是存在于人们的观念和理念中，而是存在于现实中，存在于现实的伦理关系和道德生活中。冲突的最明显体现，就是以政治道德中的官员腐败和财富伦理中的分配不公为公认的两大社会难题；以政府官员、演艺娱乐界为道德上最不被信任的两大群体。理论上的高度一致和实践上的深刻冲突同时存在，构成我国伦理道德同一与差异、和谐与冲突的二律背反。在这个意义上可以说，诸社会群体之间的一致性，是文化一致性，理念和观念的一致性，但是，实践和现实中的一致性，才是更深刻的一致性，没有这个一致性，观念和理念的一致性将很脆弱。深刻而严重的问题是，当前我国诸社会群体伦理道德的现实冲突很容易被观念和理念上的一致性所遮蔽，从而没有引起必要的重视，至少可能延迟化解这些冲突的必要性与紧迫性。当然，这并不意味着观念和理念上的一致性没有意义，毕竟，它是达到现实一致性的价值基础，而且，诸社会群体包括不同地区的诸社会群体之所以在官员腐败和分配不公两大伦理道德问题及其引发的伦理道德冲突的诊断方面达成高度共识，很大程度上就是基于观念和理念上的这些一致性。

观念与理念的一致性无疑是一个有意义的结构，它是达成真正的价值共识的主观基础，但真正共识的形成，还需要客观基础。官员腐败与分配不公两大问题导致的伦理道德冲突，最突出表现和后果，不是认知和认识，而是态度、情感和行为。由于这两大问题的现实存在及其引发的伦理道德冲突，诸社会成员之间的伦理态度、伦理情感及其所形成的伦理关系和道德行为产生了分歧甚至对立，诸社会群体中高达60%甚至80%以上认为干部当官的目的是升官发财的判断，就是态度和情感对立的表现，它与公务员群体的自我判断形成强烈反差，其中可能存在某些误解和委屈，但这一误解和委屈（如果它存在）一旦具有社会性，本身就是态度与情感对立的强烈表现。它表明，由此引发的伦理道德冲突已经到了必须正视并采取切实措施化解的严峻时刻。

伦理道德调查与思想文化调查表明，诸社会群体思想文化中的"多"或多元、多样、多变，要大大高于伦理道德，反过来说，当今我国诸社会群体在伦理道德领域达成的共识要大大高于思想和文化领域。这种状况与我国的伦理型文化传统深刻关联，也与人们对于伦理道德在社会生活中的基础地位的认定有关。当遭遇人际冲突时，首要的行为反映是什么？54.5%找对方沟通，得理让人；26%找第三方调解。伦理途径乃是化解冲突的首选，它说明当今的中国仍属伦理型文化。"在多元多样、多变的文化中哪些因素持久不变或变化相对较少？"十个多项选择中在省（自治区）居第一位的选择都是"伦理道德的基本原则"。伦理道德共识高于思想文化共识，这既是当今我国诸社会群体价值共识和多元诉求的重要特点和重要规律，也是中国多元社会的重要特点和规律。它说明，伦理道德构成中国社会同一性的基础，就像宗教构成西方社会同一性的基础一样。

我国社会伦理和谐的四大特点规律的重要道德哲学意义，最明显地表现在两方面：其一，伦理和谐与社会和谐；其二，伦理道德的核心价值观。

道德共识在社会发展中具有十分重要的意义。早在19世纪，哲学家和社会学家奥古斯特·孔德就针对当时法国社会的不平等和社会团结问题，提出一种对后来产生重要影响的观点：长期解决的方案，是建立一种道德共识去规范和控制社会并以此对付新的社会不平等。① 20世纪的社会学有功能主义、冲突理论、社会行动理论三大派别。"功能主义强调道德共识对于维护社会的稳定和秩序的重要性。当社会的大多数成员分享一种共同的价值观时，这种道德共识就存在。功能主义认为秩序和平衡是社会的常态。这种社会平衡建立在社会成员所分享的道德共识的基础上。"② "冲突理论家考察社会强势与弱势群体之间的紧张状态，并试图理解统治关系是如何得以建立和维持的。"③ 三大理论各有侧重，互补互动。功能主义者只考虑了社会生活中和谐、共识的一个侧面，忽视了权力、不平等、斗争问题。"如果说功能主义和冲突理论提出了社会总体运转的模式，社会行动理论则集中分析了个体是如何行动或调整自我以适应彼此和社会的。"④ 当前我国诸社会群体在伦理道德领域趋同与对立、同一与多样的特点和规律，必须运用功能主义、冲突理论和社会行动理论三大理论进行综合分析。

共识是当前我国诸群体伦理道德的基本方面，它说明社会稳定和社会秩序具有比较可靠的基础或至少具有共享价值观方面的主观基础，这种共享价值观和道德共识的存在使社会平衡成为可能，也使社会和谐成为可能；高度的道德共识说明当前我国社会处于社会学家所说的秩序和稳定的常态。但是，官员腐败和分配不公所导致的强势群体与弱势群体之间的紧张状态，以及公务员群体政治经济上的强势群体—伦理道德上的弱势群体的倒置，展示了我国社会诸群体之间的权力、不平衡和斗争冲突的实态。这两种相互矛盾的状况说明，当前我国诸社会群体之间既是和谐的，又是

---

① 参见［英］安东尼·吉登斯《社会学》，赵旭东等译，北京大学出版社2006年版，第7页。
② 参见［英］安东尼·吉登斯《社会学》，赵旭东等译，北京大学出版社2006年版，第16页。
③ 参见［英］安东尼·吉登斯《社会学》，赵旭东等译，北京大学出版社2006年版，第17页。
④ 参见［英］安东尼·吉登斯《社会学》，赵旭东等译，北京大学出版社2006年版，第17页。

冲突的；社会秩序和社会稳定的总格局下，强势群体与弱势群体在权力、不平等、斗争中所形成的冲突，构成和谐与冲突的辩证生态和既统一又对立的矛盾状况。矛盾的症结，以及矛盾的超越，不是观念或"价值共识"，而是"社会行动"。因而不应只局限于社会的道德共识，而应当对社会成员的道德行动及其伦理互动给予更多的关注，像社会行动理论家所主张的那样，充分领会社会行动和诸社会群体之间互动的意义。功能主义—冲突理论—社会行动理论，三大社会学理论的整合，才能真正解释和解决当今中国诸社会群体之间趋同与冲突的伦理道德难题，在道德共识的基础上建构诸群体的伦理和谐。

道德共识为伦理道德领域核心价值观的建构提供了可能。核心价值观本质上不是一种自上而下的宣断，而是自下而上的认同。诸社会群体以及不同地区所形成的那些道德共识，尤其是那些具有很高认同度的共识，事实上就是并且已经是当今中国社会伦理道德领域的核心价值观。当然，核心价值观也是一种自觉的建构，实然的认同只有当经过应然的反思之后才具有理性的合理性，但是，无论如何，核心价值观的任何应然都必须建立在这种实然的基础上，否则只是难以落实的乌托邦。比如，在诸多调研信息中，"新五伦""新五常"，事实上就是当今中国诸社会群体于伦理道德领域重要的核心价值观。显然，这些核心价值观具有很强的文化特性，他们在相当程度上建立在某些基本的文化认同和文化共识的基础上，传统尤其是中国伦理道德传统在它们的形成过程中具有特别重要的意义。正因为如此，核心价值观的现实性或真正落实，还有待于将"观"转化为"行"。道德共识只是为核心价值观的形成提供了可能，可能性向现实性的转化，还有待于社会行动和社会互动。

（六）伦理和谐战略

诸群体伦理道德比较研究的目的有二。一是伦理和谐或和谐伦理的建构。和谐伦理或现代伦理和谐，包括三个方面：个人与民族、国家、家庭、社会诸伦理实体的和谐；人与自身即个体与自己的普遍本质或伦理本质的和谐；诸社会群体之间的伦理和谐。三大和谐之中，诸社会群体的伦理和谐是核心。二是伦理道德的核心价值观的建构。伦理道德是社会稳定和社会秩序的基础，核心价值观不仅是诸群体伦理道德的共同话语和价值共识，而且是诸群体的价值凝聚点，从诸群体伦理道德同一性中可以寻找价值共识，从价值共识中可以提炼和发现核心价值观。中国诸社会群体伦理和谐的建构，伦理道德的核心价值观的形成及其现实性，关键问题和关键战略是超越"（观念中）趋同—（现实中）冲突"的悖论。为此，必须解决四大课题：以干部道德与分配正义建构权力和财富的伦理普遍性与伦理现实性；国家伦理意识的养育；社会的伦理安全和伦理安全感的建构；回归力行道德哲学。

对策一：从信念和制度的双重维度攻克官员腐败与分配不公两大难题，重建国家权力的伦理和社会财富的伦理，进而保卫世俗伦理。这一对策的核心是解决两大问题。一是对于官员腐败与分配不公两大问题的"伦理冲突"本质的认识与承认，对于干部道德与分配正义的道德哲学意义的澄明；二是制度保障。如上所述，官员腐败与分配不公之所以是当今中国社会诸群体伦理冲突的现实根源，就是因为它们从国家权力与社会财富两方面消解了伦理。权力与财富的伦理合法性，完全在于它们的普遍性或作为伦理"普遍物"的本性。按照黑格尔的理论，国家权力与财富是伦理或伦理"普遍物"的现实形态或世俗形态，因其内在的个体单一性与社会普遍性的统一（即所谓"单一物与普遍物的统一"）而具有精神的本性。国家权力的精神本性和伦理合法性的表现是："个体发现在国家权力中他自己的根源和本质得到了表达、组织和证明。"[①]"财富虽然是被动的或虚无的东西，但它也同样是普遍的精神本质，它既因一切人的行动和劳动而不断地形成，又因一切人的享受或消费而重新消失。"所以，在财富中"自私自利不过是一种想像的东西"。[②] 国家权力与财富一旦失去公共性与普遍性，便不仅失去伦理合法性，而且势必导致伦理冲突。因为，社会大众或那些被侵害的人和社会群体必定会抵制进而反抗少数人对权力的攫取和对财富的掠夺，至少在态度上会表现出对他们的不齿和对立，从而引发伦理冲突和社会冲突。

从伦理维度解决这两大难题，化解由此引发的伦理冲突，首先必须对这一问题的伦理实质进行道德哲学澄明，从保卫伦理、捍卫国家权力与财

[①] ［德］黑格尔：《精神现象学》下卷，贺麟、王玖兴译，商务印书馆1996年版，第49页。
[②] ［德］黑格尔：《精神现象学》下卷，贺麟、王玖兴译，商务印书馆1996年版，第46—47页。

富的伦理本质的高度认识和把握解决官员腐败和分配不公问题的意义。可以说，没有良好的干部道德和分配正义，就不可能有真正的伦理。这就是以孔子建构"内圣外王"之道，提出"不患寡而患不均"理念的真谛所在。在相当意义上，我们至今未理解孔子"不患寡而患不均"命题的哲学真谛，实际上，它既是对当时社会上业已存在的财富的社会普遍性或伦理性丧失的忧患，也是对这一忧患可能引发的社会冲突和社会问题的预警；而"内圣外王"之道则是预防国家权力公共性丧失的伦理道德上的能动战略，是对政治伦理精神的能动建构。遗憾甚至可悲的是，我们将孔子的"均"一厢情愿和粗暴地理解为"平均主义"，事实上，这里的"均"是在财富中内蕴的"一个人享受时，他也是促使一切人都得到享受，一个人劳动时，他既是为他自己劳动也是为一切人劳动，而且一切人也都为他而劳动"① 的个人与社会统一的精神本性或伦理本性的体现。而一旦"内圣外王"的信念丧失，剩下的只是"免而无耻"、挂一漏万的囚徒博弈的赌徒心态和法律处罚偶然性。因此，官员腐败和分配不公两大难题的伦理解决，首先有赖于透过道德哲学澄明而达到的国家权力与财富的伦理本性的理论回归。当然，干部道德和分配正义的制度建构或政治伦理与财富伦理制度的建构，是更具现实性的另一个方面。

需要说明的是，干部道德应当是"干部道德—政府伦理—政治伦理"三位一体的立体性工程，就是说应当从政府伦理和政治伦理的高度认识和建构干部道德，理由很简单，政府官员既是政府和政治的主体，也是它们的体现和结果。而分配公正必须从伦理的角度，而不只是从经济的角度建构制度，否则因其难以真正摆脱功利主义和实用主义而不可能实现真正的分配正义。总之，官员腐败和分配不公两大难题的解决，有赖于两大期待：期待道德哲学方面对国家权力与财富的伦理普遍性的理论觉悟；期待干部道德和分配正义的伦理制度的真正建构；而作为这两大期待的观念和理念前提，是对这两大问题引发、导致或本身就是"伦理冲突"的社会本质的认识和承认。时至今日，如果仍羞羞答答，只将它当作局部和偶然的问题，那根本无利于问题的紧迫解决，势必由伦理冲突演化为社会冲突。

对策二：提升国家伦理信念和国家伦理精神，建构个人与国家之间紧

---

① ［德］黑格尔：《精神现象学》下卷，贺麟、王玖兴译，商务印书馆1996年版，第47页。

密而合理的伦理关联。调查发现，国家伦理意识的薄弱甚至淡出普遍问题，这一结果令人不安。具体表现为：对于国家的工具性和契约性的片面理解；在关于最重要的伦理关系的选择中，与国家的关系要么选择率较低（在三大基本关系中，只占15.5%，远远低于血缘关系和个人与社会的关系），要么没选择。即便公务员群体，情势也十分严峻：在伦理范型中，对与国家的关系选择率不到5%；这一群体反对将具体的行为如出国不归与爱国相联系，在解决个人与国家利益之间的冲突时，50%选择"适应照顾个人利益"，只有35%左右选择"重视国家利益"；作为公务员，什么事情最可耻？42%选择"人际关系处理不好"，18%选择"公仆意义淡化"，只有17%选择"不爱国"。可以说，国家伦理意识已经接近成为一个盲点。

所谓国家伦理意识和国家伦理精神，包括两个层面的内容。一是个体关于和国家密不可分的实体意识和归宿意识，以及在此基础上形成的爱国主义伦理精神；二是国家对自身的伦理本性的觉悟和现实体现。在传统伦理中，个人与国家伦理关系的理念和信念在伦理范型中透过君臣关系体现，君臣关系之所以居所有关系之首，相当程度上是因为它是个人与国家关系的体现，至少在伦理合法性方面如此，孟子关于武王伐纣到底是"诛君"还是"诛一夫"的著名辩证就是说明；在道德上，忠孝矛盾实际上也是家—国矛盾的体现。

在现代社会，人们的国家伦理意识从多种维度遭遇解构甚至摧毁廓清。首先是"市场神话"，经济上相信市场能解决一切，"大市场，小国家"的理念严重解构了个人与国家的精神关联；其次是"市民社会神话"，将市民社会无条件地当作现代社会的特征，而市民社会的核心是个体之间的契约关系，以及利益博弈所造就的"个人利益的战场"，国家必须在其中退出或淡出，至少部分如此；三是"全球化飓风"所形成的"地球村神话"，这个神话试图让人们相信，在"地球村"时代，国家伦理已经让位于"普世伦理"，至少不具有原先的合理性和合理法。如果说这三大神话从意识和理性的维度或从外部解构了国家伦理意识，那么，严重存在的官员腐败和分配不公则从内部、信念和情感的角度解构了人们的国家伦理意识。由于这四个方面的原因，国家伦理意识和伦理精神几乎不可避免地祛魅了、颠覆了。而对国家的自我意识来说，似乎更注重其经济和政治功能，对其伦理功能则缺乏必要和充分的自觉，至少缺乏充分的建构。虽然像汶川大地震、抗洪、应对非典、禽（猪）流感等突发事件中，政府建立了很好的伦理形象，也获得了重建政府伦理形象和国家伦理精神的宝贵机会，但总体上关于国家伦理形象和国家伦理意识、伦理精神的建构不够自觉和凸显。国家伦理意识和伦理精神祛魅和颠覆的后果是：国家的伦理聚合力和伦理认同感的缺乏，国家认同中工具意识压过伦理意识；诸社会群体的伦理同一性和伦理矛盾的化解缺乏具有某种终极意义和神圣性的精神基础；爱国主义精神的培育缺乏必要而充分的伦理供给。因此，国家伦理意识、伦理信念和伦理精神的培育，已经成为超越诸社会群体之间的伦理冲突、建构社会的伦理同一性的家园和关键性工程。

对策三：确立"伦理安全"的理念，提升社会成员的伦理安全感。市场机制、高社会流动性、伦理冲突的必然结果，是社会的伦理安全下降，社会成员的伦理安全感缺失。伦理安全和伦理安全感已经成为现代社会的突出而深层的伦理问题之一，尤其是对中国这样的伦理型文化传统并且当今仍然持有伦理型文化特质的社会。中国社会伦理安全感缺失主要表现为：1）竞争激烈，社会压力大，人际冷漠，甚至人际关系紧张，社会难以为个体提供必要而充分的伦理安全，个体在对社会的关系和人际关系方面缺乏伦理安全感；2）社会流动加大，人际之间伦理预期或伦理互动缺乏可靠性，或预期不可保障，伦理律中断；3）人与人之间的利益冲突加剧，诸群体之间因官员腐败和分配不公而导致的心理对抗和伦理冲突加剧，不仅弱势群体，而且像政府公务员、企业家这样的强势群体也缺乏伦理安全感，其他群体对政府公务员群体伦理上所持的不信任态度，部分人存在的"仇富"心态，以及时常出现的与此相关的恶性事件，就是由利益冲突、心理冲突、伦理冲突所导致的伦理安全感缺乏的极端表现。

伦理安全与伦理安全感是影响社会质量与社会成员的生活质量，尤其是幸福感和快乐感的深层而重要的因素。当今的学术与社会，对经济安全和社会安全（如养老保险与社会保障制度）已有自觉的意识和制度，但对伦理安全只将它作为"精神"需求而未予以足够的重视。应当从制度、机制、文化氛围、精神信念诸层面建立伦理安全的理念和制度，尤其建立起人际之间，个人与家庭、社会、国家之间的伦理安全和伦理安全感。一个具有高度伦理安全的社会，才是一个真正有信念和信心的社会。需要说明的是，伦理安全不只是诚信或社会信用，它们最多只是基础，传统伦理中的父慈子孝、兄友弟恭等在相当意义上就是伦理安全或家庭的伦理安全。孔子的"亲亲相隐"之道,也是一种伦理安全之道。一个缺乏伦理安全的社会,是一个人人自危的真正的高风险社会——不仅在经济、社会、政治上高风险,而且在文化、精神方面高风险。

  对策四:由"价值共识"向"共同行动"提升,回归力行道德哲学,建立力行的伦理。当今我国社会伦理道德在观念或理念方面趋同,现实或实践中冲突的悖论,根本上源于知与行、理念与行动、理论与现实的脱节,矛盾的主要方面,是行为品质或实践品质的缺乏。这与调查所发现的关于当前公民道德素质中"只有道德知识但不见诸行动"的问题诊断正相一致。关键在于,化解诸社会群体之间的伦理冲突,不仅有待个人行动,而且有待社会行动、国家行动。在理性主义泛滥的时代,个体与社会的品质构造中缺乏"精神","没精神的伦理"是普遍而根本的缺陷。现代伦理道德如何才有"精神"?关键问题有二:一是伦理普遍性的回归;二是力行哲学的奉行。为此必须实行伦理道德建构方式的转型,重心由理论教育、知识建构,向行为训练、品质养成方面转换。"趋同—冲突"的悖论已经表明,当今中国社会诸群体之间的根本分歧,不在认识和理念,而在行动与现实;化解冲突,建构伦理和谐最需要的不是"价值共识",而是"共同行动"。因此,不仅个体要致力于行动,"从我做起",而且社会、国家更要致力于行动。只有当个体、社会、国家之间在价值共识的基础上真正建立起具有同一性意义的共同行动时,伦理和谐才有可能,社会和谐才有可能,诸社会群体的和谐或伦理共和才有可能。

七 社会大众价值共识的伦理精神期待

(一) 从多元到二元聚集：大众意识形态的十字路口

长期以来，我国大众意识形态领域似乎处于某种"多"与"一"、"实然"与"应然"的两极紧张之中。一方面，是关于大众意识或思想、道德、文化"多"的"实然"判断——多元、多样、多变；另一方面，是"多"中求"一"的"应然"努力——凝聚价值共识、建立核心价值观。"应然"努力的必要性与紧迫性不证自明：主观性、个体性、多样性的大众意识如果不能生成价值共识，一个民族、一个社会的核心价值如果长期休眠甚至缺场，民族精神必将涣散，社会必将因失去文化凝聚力而分崩离析，从而陷入哈贝马斯所说的"合法化危机"之中；遭遇西方"全球化"意识形态"一"的强势攻略，大众意识形态"被化"的危险已经不仅理论而且现实地存在，这种情势无疑确证并推进"一"的紧迫性。

两极紧张必须解除，否则价值共识难以建构。解除的学理根据在于："多"与"一"的矛盾与统一，不仅是意识形态现实和意识形态追求，而且是人们对于意识形态发展规律的战略反应。如果认为"多"中求"一"是应然，就必须肯定"多"中之"一"的存在是实然并将这种实然作为必然把握，由此才能达到所谓"乐观的紧张"。"乐观的紧张"的要义在于："多"中求"一"的价值共识，不仅体现而且本身就是意识形态发展的规律。

"多"中求"一"的价值共识的生成，不仅是国家意识形态的使命，而且是大众意识形态的天命。意识形态之谓意识形态，语义重心不在"意识"而在"形态"，其真谛是在对"意识"的个别性与多样性承认的前提下，进行"形态化"的努力。"形态"有两个维度。一是自发意识的自觉文化类型，如政治、法律、伦理、道德、艺术等；二是个体意识的社会同一性或社会凝聚。"形态"的真义，一言以蔽之，是大众意识的同一性。"多"中求"一"，"变"中求"不变"，本身就是意识形态发展的规律。由此，必须将意识形态思维的重心由对"多"的承认转向对正在发生甚至已经发生的"一"，即价值共识的追寻。

关键在于，大众意识形态中"多"中之"一"、"变"中之"不变"的生成，是一个由量变到质变的过程，积累和积聚到一定阶段，便由量变转换为质变。由量变到质变的转换点，是价值共识生成的高度敏感期，这个高度敏感期是国家主流意识形态对大众意识形态实施干预的最佳战略机遇期。如果不能敏锐地洞察和把握这个转换点，无疑将错失价值共识建构的意识形态机遇。有证据表明，经过三十年改革开放的激荡，这个重大机遇期正在悄悄来到。

当前我国大众意识形态发展的态势到底如何？在"多"与"一"的思想文化行程中到底达到何种状态或阶段？2007年的全国调查发现，既不是简单的"多"，也没有生成"一"，而是处于"多"与"一"转换的关节点，其最深刻也是最重要的动向是：多元正在向二元聚集。所谓二元聚集，就是在许多具有意识形态意义的重大问题上，多样性的大众意识日益向两极聚集和积聚，它们已经达到这样的程度，以至两种相反的认知或判断势均力敌，截然对峙，大众意识形态的"二元体质"正在形成。

  伦理—道德对峙：73.1% vs. 69.7%——"你对当前中国的伦理与道德状况是否满意？"69.7%对道德状况"基本满意"，① 但73.1%对伦理关系或人际关系"不满意"，呈现为"伦理—道德悖论"；

  义—利对峙：49.2% vs. 42.8%——"当今中国社会实际奉行的义利价值观是什么？"49.2%认为"义利合一，以理导欲"，42.8%选择"见利忘义"和"个人主义"；

---

① 注：对道德状况"基本满意"的理由是"虽不尽如人意，但正变得越来越好"或个体道德自由。

本部分所用调查数据，除特别说明外，都系本人2007年在江苏、广西、新疆三省（自治区）所进行的两大个重大课题问卷调查及六大群体座谈会的结果；因而它是基于2007年调查信息所进行的关于价值共识的前瞻性研究。文中的部分图表由龙书芹博士帮助修改，特此致谢。

德—福对峙：49.9% vs. 49.4%——"当前中国社会道德与幸福的关系如何？"49.9%认为"一致或基本一致"，49.4%选择"德福不能一致或没有关系"；

发展指数—幸福指数对峙：37.3% vs. 35.4%——"目前中国社会经济发展与幸福感之间的关系如何？""生活水平提高但幸福感快乐感下降"占37.3%，"生活不富裕但幸福并快乐着"占35.4%；

公正论—德性论对峙：50.04% vs. 48.91%——"公正与德性到底何者更为优先？"50.1%选择"公正优先"，48.9%选择"德性优先"。

二元对峙既是一种截然对峙，也是一种高度的共识，确切地说，是基于高度共识的截然对峙。它标示着多元正在甚至已经向二元聚集，共识已经开始生成，但正处于多元向二元的过渡之中，呈现为一种二元体质。也许，二元对峙不只体现为以上五个方面；也许，大众社会意识的更多方面，还没有出现二元聚集，甚至在许多问题上不可能出现二元聚集，但可以假设甚至肯定的是：中国大众意识形态已经走到一个十字路口！

十字路口是大众意识形态发展的敏感期和质量互变点，是国家意识形态战略的最佳干预期！无视甚至错过这个最佳干预期，我们将犯战略性甚至历史性错误！理由很简单，"多"而"二"—"二"而"一"，是大众意识"形态化"的基本轨迹，多元向二元聚集或"多"而"二"之后，是"二"而"一"的价值共识的生成！面对二元对峙的情势，影响甚至决定大众意识形态未来命运的课题，以最严峻的方式摆到人们面前：到底何种"一"？谁之"一"？

面对二元聚集的严峻现实和历史时机，理论研究肩负两大学术使命。其一，发出"二元聚集"的大众意识形态预警。二元或二元对峙的大众意识形态，既是一种时机意识，也是一种危机意识；既是对大众意识形态发展的新特点和新规律的洞察和把握，也是对改革开放三十年大众意识形态发展的战略反应。其二，进行由"二"而"一"的理论准备。经过二元聚集，大众意识形态将在"多"中积累和积淀"一"，但到底何种"一"、谁之"一"、如何"一"？我国大众意识形态不仅已经到达非此即彼的临界点，而且这种"一"的最后选择无疑将具有极为重要的未来意义。两大使命凝结为一个任务：能动地推进由"二"而"一"的"形态化"进程,生成大众意识形态的合理价值共识。

显然,完成这一任务的条件还未完全成熟。必须做也是能够做的,是为这一任务的完成进行学术准备。最重要的学术准备之一是:当代中国社会,在由"多元"而"二元"的自发进程之后,"二"而"一"的大众价值共识的生成,到底有哪些意识形态期待?

"价值共识"在语法结构上有三个关键元素:"共""识""价值"。与之对应,价值共识的生成,必须回答并解决三个问题:"共"于何?如何"识"?"价值"何以合法?

基于全国性大调查的信息,理论假设是:在由多元走向二元聚集的背景下,当代中国社会价值共识的生成,逻辑和历史地有三大意识形态期待:

——期待一次"伦理"觉悟!
——期待一场"精神"洗礼!
——期待一种"还家"的努力!

(二)"共"于何?期待一次"我"成为"我们"的伦理觉悟

20世纪初,陈独秀痛切反思:"伦理的觉悟,为吾人之最后觉悟之最后觉悟。"[1]

20世纪40年代,英国哲学家罗素向全世界警示:"在人类历史上,我们第一次到达这样一个时刻:人类种族的绵亘已经开始取决于人类能够学到的为伦理思考所支配的程度。"[2]

不同的民族,文明发展的不同历史阶段,同一个发现:"伦理"的文化大发现!

更引发哲思的是,"最后觉悟之最后觉悟""人类种族的绵亘",这些

---

[1] 陈独秀:《吾人之最后觉悟》,载任建树、张统模、吴信忠编《陈独秀文集》第1卷,上海人民出版社1993年版,第179页。

[2] [英]罗素:《伦理学和政治学中的人类社会》,肖巍译,中国社会科学出版社1992年版,第159页。

强烈语辞赋予伦理觉悟以某种"终极觉悟"、伦理发现以某种"终极发现"的意义!

为什么?

如果进行话语背景还原,两种发现显然具有截然不同的历史语境。"最后觉悟之最后觉悟"意在将国人从伦理沉睡中唤醒,冲决伦理罗网,达到伦理解放,由此实现真正的和最后的文化解放和思想解放。"罗素发现"将伦理提高到比"陈独秀发现"更高的文明地位:它已经不是一个民族的觉悟,而是关乎"人类种族的绵亘"的"人类觉悟",觉悟的要义是"学会""为伦理思考所支配"。两种觉悟具有完全不同的历史内涵:前者是伦理解放的觉悟,后者是伦理学习或"学会伦理地思考"的觉悟。前者指向中国文化的传统性,后者指向西方文化的现代性。但是,我们不必沿袭传统的研究思路,将思维的触须夹挟于二者的差异,而是游刃于两大发现的跨文明、跨时代相通:无论"陈独秀发现"还是"罗素发现",无论指向传统痼疾的伦理解放,还是指向现代性病灶的"学会伦理地思考",都令人难以置信却言之凿凿地将终极觉悟、终极发现聚焦于一个文化质点:伦理!

难以置信决不意味着真的不可思议,跨文明、跨时代的同一个发现只能说明一点:伦理,无论对解决"中国问题",还是解决"西方问题",都具有某种终极意义。而且,罗素基于西方现代性文明病灶诊断的伦理发现,也为我们提供了某种思想指引:伦理,对解决当今中国的文明问题,可能具有同等重要的意义。在中国现代文明的辩证发展的历史之流中,如果说陈独秀的"最后觉悟之最后觉悟"是"第一次觉悟"或"现代伦理觉悟";那么,指向当今"中国问题"的伦理觉悟,则是"第二次觉悟"或"当代伦理觉悟"。无疑,"第二次觉悟"与"第一次觉悟"有着完全不同的历史背景和问题指向,其核心任务已经不是伦理解放,而是经过市场经济、全球化,以及欧风美雨冲击或重创之后,重新"学会伦理地思考"。

1. 伦理能为"价值共识"贡献什么?

伦理觉悟的终极期待隐喻伦理的某种具有终极意义的文明使命和文明地位。有待理论论证的是:伦理到底有何种文明担当?回到本文的主题,伦理,伦理觉悟,对解决价值共识的"中国问题"到底因何、如何具有某种终极意义？

在古希腊，伦理的最初意义是灵长类生物长期生存的可靠居留地。"可靠居留地"之所以需要伦理，是因为在人身上存在两种相反的本性，一是意志自由，二是交往行为。意志自由是人的自我肯定，但意志自由只有在交往行为中才能确证。① 在交往行为中，人们产生了对行为可靠性的期待，那些使可靠性得以发生的东西被称之为"德"并得到鼓励。所以，"德"一开始便意味着多样性、个别性的存在者及其行为中的某种共通性，所谓"同心同德"，由于它们对共同生活的可靠性的生成意义，又被称为"伦常"，即"伦"之"常"或"伦"的常则、通则，意味着"德"被伦理所规定，是个体"在伦理上的造诣"。因之，"伦理"从一开始就表现为对共同生活的可靠性的某种期待和缔造，借此人类才能获得长久生活的可靠"居留地"。在《尼各马科伦理学》中亚里士多德认为，在古希腊，伦理主要表现为风俗习惯。② 如果对风俗习惯进行哲学分析，"风俗"是在共同体生活中自然生成的普遍性与客观性，"习惯"则是风俗的个体内化自发形成的那些具有普遍意义的行为方式。以"风俗习惯"诠释和表达"伦理"，意味着在原初文明和文化的"无知之幕"中，伦理是个体性与普遍性的结合方式，在这种结合中，普遍性和客观性的"风俗"具有第一位的意义，而"习惯"则是获得普遍性的那种教养，这也隐含着日后古希腊在"风俗习惯"中概念地生长出"伦理"与"道德"的可能性。"居留地"、"可靠性"、客观普遍性与个体意志自由的结合，是古希腊"伦理"理念的基本元素，而个体性与普遍性的统一，确切地说，个体性达到或获得普遍性，则是这种结合的要义和精髓。

在中国文明的源头，"伦理"不仅在生活中，而且在语义上得到充分展现和表达。诚然，"伦"与"理"的结合有一个漫长的演进过程，"伦理"所表达和传递的是客观性与主观性、实体性与个体性统一的文化信念，以及达到这种统一的哲学理念。与古希腊文明不同，在中国文明的开端，"伦"不仅表达和表现人的普遍性与客观性，而且具有根源实体的意义。所谓"天伦"，不仅昭示着人的血缘存在的客观普遍性的某种先验真

---

① 正因为如此，在《法哲学原理》中，黑格尔将"伦理"作为意志自由实现的最高阶段，是"客观意志的法"。

② 参见［古希腊］亚里士多德《尼各马科伦理学》，苗力田译，中国社会科学出版社1992年版。

理，而且更将人的个体存在回归于某个终极性及其在时间之流中延绵的根源生命。姓氏，在中国文明中不仅是共时性与历时性的时空中诸个体生命之流的共同符号，而且是他们共同的根源，这便是所谓"慎终追远"的哲学意义。因之，"伦"不仅是一种客观存在，不仅是客观化了的普遍性或普遍物，而且因其根源意义而获得和赋予永恒的和不可动摇、不容置疑更不容亵渎的神圣性，在这个意义上，"伦"的理念与祖先崇拜的原始文明有着一脉相承的联系，甚至可以看作是祖先崇拜的哲学表达。"天伦"不仅是本性，而且就是本真，于是"教以人伦"就是文明和文化的第一也是终极的任务。而所谓"理"则是"伦"的主观化的能动表现和表达。

在中国"伦理"传统中，"理"一开始就不是也从来不是在原子式或没有实体性的个人身上发生的所谓理性，而是由"伦"的本原和本真状态中产生的具有价值意义的真理，即所谓"天理"，它的个体化表现就是所谓"良知"。伦理之"理"必须也只能被理解为"伦"之"理"——包括天伦之理与人伦之理。由于家国一体、家族本位的文明结构和文化传统，天伦之于人伦具有范型的意义，"人伦本于天伦而立"，"伦"之"理"的规律，所谓伦理律。但是，"理"之于"伦"具有极为重要的文化功能。"理"使客观性的"伦"内化并成为主观性，也使普遍性的"伦"理一分殊地透过个别性而获得现实性，是"伦"由客观性向主观性、由普遍性向个体性过渡的中介。"伦—理"之中，"伦"是存在，是具有终极性、普遍性和客观性的生命实体，而"理"既是"伦"的表现和存在能动方式，也是个人获得终极性和普遍性的教养和证明，是个体成为或走向普遍性、终极性的"人"的主体进程。"伦"是实体，"理"意味着个体必须也只能精神地达到这个实体。由此，"伦理"在中国文化中便更为强烈地表达着一种哲学理念，也更为现实地履行着一种文化功能：个体与实体、个别性与普遍性的统一。

诚然，在社会生活中，个体实体、个别性与普遍性的统一有诸多文化形式，政治、法律等都是达到这种统一的意识形态，经济、社会等也可以理解为建构这种统一的世俗形式。然而，人对普遍性追求的精神本质，中国伦理型文化的基因，决定了伦理不仅是实现这种统一的精神形态，而且是最为重要的文化形态和最具终极性的文明路径。中国文化祖先崇拜的传统，不仅表达和强化了"伦"的根源意义，而且赋予其以入世的形式建构诸个体的生命同一性的文化气质，使伦理在中国文明中更为强烈地履行着个体与实体、个别性与普遍性统一的具有终极意义的世俗文化功能。与古希腊及其所开辟的文明传统相比,这种统一不仅精神地而且现实地达到和实现,中国传统社会中"礼"的伦理制度就是它的现实形态。"伦"的传统与由"伦"而"理"的伦理律规定了这种统一具有更为强烈的文化倾向:从"伦"的实体出发,个体的人与实体性的"伦"的统一必须透过精神才能真正实现。

跨文化考察可以发现"伦理"所内在的深刻意识形态意义,尤其对建构价值共识的意识形态意义,这种意义在中国文化的伦理理念及其传统中得到更为清晰和强烈的表达。质言之,中国文化的"伦理"传统由三元素构成:"伦"传统;"理"传统;由"伦"而"理"的"伦—理"传统。第一,三元素中,"伦"传统是最重要,也是最具民族标识性的文化传统。"伦"既是出于自然的价值共识,是个体与他的普遍实体统一的自然形态,也是建构社会同一性的文化形态。"伦"的同一性展开为由"天伦"到"人伦"的文化过程。首先通过回归生命根源,指证并使历时性与共时性的个体获得普遍性,达到个体与诞生他的生命实体的自然同一,在"天伦"中由个别性自然存在成为普遍性伦理存在。然后,在此基础上,以天伦为范型,"老吾老以及人之老,幼吾幼以及人之幼",生成社会性的"伦"普遍性。最后,由"天伦"及"人伦",达到国家、天下的"伦"的贯通同一,所谓"天下平"。"天伦"不证自明的本性,以及"人伦本于天伦"的伦理律,赋予"伦"普遍性以及个体的"伦"共识以巨大的统摄力和表达力,以及不可究诘的神圣性。第二,"理"在中国文化的"伦理"理念中并不是一个独立的结构,它源于"伦",由"伦"获得合法性与现实性,是"伦"之"理"。既是"伦"的规律,也是"伦"的主观形态,是对"伦"的内化和认同,是个体达到"伦"的普遍性的良知、良能。如果说,"伦"是普遍存在和普遍价值,那么,"理"则是由对普遍存在的认同而达成的普遍共识。第三,由此,由"伦"而"理"而生成的"伦—理",便是人的个别性与普遍性、客观同一性与主观同一性的统一。

在中国,乃至整个人类文明中,"伦理"及其所表达的人的个别性与普遍性统一的价值共识的自然形态,就是人的姓名。"姓名",是最自然也是最具表达力的"伦理"。"姓"是个体生命的共同血缘符号或血缘普遍性,所谓"天伦";而"名"则表征着个别性;"姓"与"名"的统一，就是个别性与普遍性的统一。"姓"是将过去、现在、未来历史长河中无数个体，也是将在同一空间中共时存在的不同利益、不同取向的诸多个体联系起来的自然标识，是对生命实体的普遍性的最自然、最具神圣感的认同，也是最自然、最坚固的价值共识。在人生命过程和生活世界中，最基本的价值共识，就是对"姓"这个自然存在的普遍物的尊崇，而这一共识的自然性和神圣性，使其对其他价值共识的生成，具有作为范型和根源的人类学意义，成为价值共识可能和必需的人性基础和文明基础。

由此，"伦""理""伦—理"三元素及其所形成的哲学理念，便是人的个别性与普遍性统一，也是价值共识生成的最具基础意义的文明因子和意识形态。但是，在不同的文明传统以及人类精神的发展的不同的历史阶段，伦理同一性及其价值共识的建构，逻辑与历史地有两个基本路径：从人的实体性出发；或者，从人的个体性出发。两种取向的自然表达及其殊异便是姓名的不同语义位序。在中西方文明中，"姓名"虽然都表征个体性与普遍性的统一，但在语词结构、由此也在文化精神结构中的位序却完全不同：在中国，姓在前，名在后；在西方，名在前，姓在后。这种殊异决不只是一种语词构造的不同，根本上是一种伦理语法，体现的是一种个别性与普遍性统一或价值共识生成的伦理位序。在个体与实体的同一性建构中，中国传统是从实体认同到个体建构；西方传统则是从个体自由到实体认同。二者的同与异呈现个体生命过程与人类文明过程的逻辑与历史的一致性。对这种一致性更有解释力的是：两种传统演进到一定历史阶段，将遭遇不同的课题。于是，陈独秀"最后觉悟"便指向"伦"的绝对实体性下的个体解放；罗素"学会伦理地思考"的觉悟指向个体向"伦"的实体性回归。这一历史哲学澄明的问题意识是：百年之后的中国，今天的伦理觉悟是继续完成"最后觉悟"，还是在"最后觉悟"基本完成之后，推进"第二次伦理觉悟"？显然，只要承认近百年中国文明变化的巨大和深刻，只要承认"价值共识"是一个真命题，那么，今天的觉悟就是与一个世纪前的"最后觉悟"在伦理方向上截然不同、作为对"最后觉悟"辩证否定的"第二次伦理觉悟"！

2. 保卫伦理存在

调查表明，经过百年巨变，尤其是改革开放以来市场经济与全球化的激荡，今天的伦理觉悟有两大主题：一是在生活世界与精神世界中保卫伦理存在的觉悟；一是关于伦理的实体意识，关于人的普遍性追求的伦理再启蒙的觉悟。两种觉悟的要义，就是罗素所说的"学会伦理地思考"。

第一，共识中的"问题共识"。

2007年的调查发现，当前我国社会已经形成一些重要共识。在社会思想领域，基本上形成、趋于形成的共识，突出表现于对改革开放的评价、"改革开放问题"等方面。

1. "改革开放"共识——对改革开放高度肯定。如何评价中国的改革开放？66.72%认为市场经济改革"增强了社会主义的内在活力"；而开放是"中国自主地按照自己的道路前进（41.41%）"或"引导中国向它们主导的方向变化"（37.65%），受访者对改革开放的认同度非常高。

2. "改革开放问题"共识——聚焦于两极分化与干部腐败两大问题。对改革开放的主要忧虑，依次排列是："导致两极分化"（38.16%）；"腐败不能根治"（33.79%）；"生态破坏"（26.24%）。与之相关，认为弱势群体形成的原因，"制度安排不合理"占39.11%，"社会不公"占36.62%，另有20.24%认为是"个人原因"。

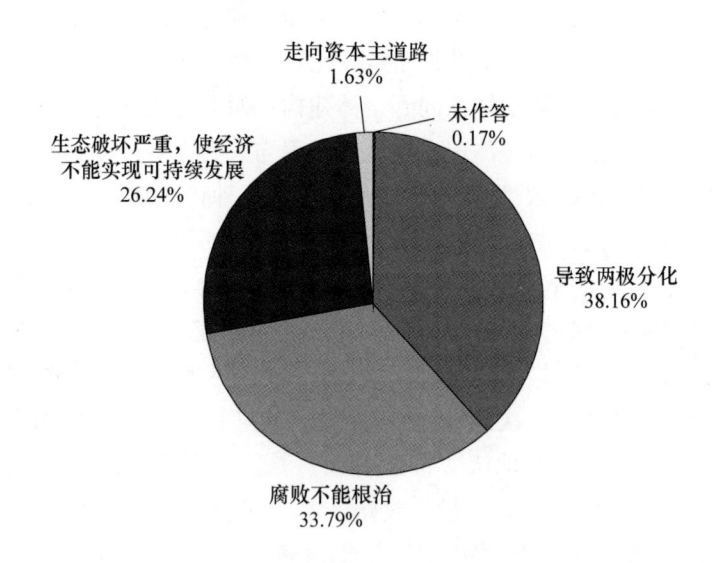

图1 "您对当前改革开放的主要忧虑是什么"（2007）

"阻碍树立社会主义信念的因素有哪些？"所有群体都依次指向两个

共同问题:第一,腐败严重;第二,两极分化。①

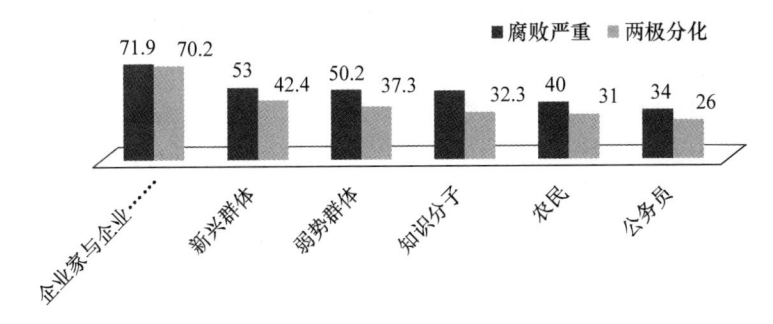

■腐败严重 ■两极分化

71.9 70.2 | 53 42.4 | 50.2 37.3 | 32.3 | 40 31 | 34 26

企业家与企业…… 新兴群体 弱势群体 知识分子 农民 公务员

图2 阻碍树立社会主义信念的因素有哪些?(2007,%)

在一般大众认知和学术研究中,都倾向于将这两大问题诠释为政治和经济问题,也总是试图在政治学和经济学中寻求解决之道。理论思维中这种因人文缺场而导致的哲学深度的不到位,大大削弱了人们对这两大问题严重文明后果的洞察。事实上,干部腐败和两极分化,不仅是政治问题、分配制度问题,更深刻的是伦理问题,其最为严重的后果是解构甚至颠覆了世俗生活或社会生活中伦理存在,从而使共同价值因失去伦理条件和客观基础而成为不可能。

必须保卫伦理!理由很简单,权力公共性、财富普遍性,是世俗生活或社会生活中伦理存在的形态和表达方式。一旦权力失去公共性,财富失去普遍性,社会及其生活就失去伦理性,社会就难以甚至不可能成为伦理性的存在。

只有保卫伦理存在,才能建立价值共识!理由同样很简单。根据以上信息,当前我国社会已经在理念和政治两方面形成基本共识,但是,干部腐败和分配不公对于伦理存在的解构和颠覆,严重妨碍了社会大众价值共识的生成,甚至使价值共识成为不可能。

第二,必须保卫伦理。

也许,这是一个在学理上需要论证和展开的立论。

伦理的本性是什么?"伦理本性上是普遍的东西"②,是人的个别性与普遍性、单一物与普遍物的统一而形成的兼具客观性与精神性的同一体。"伦

---

① 该数据为2007年本人作为首席专家的江苏省重大项目团队中其他同人调查的结果。
② [德]黑格尔:《精神现象学》下卷,贺麟、王玖兴译,商务印书馆1996年版,第8页。

理"以普遍性、客观性的"伦"的存在为现实基础，以个别性的人对"伦"的信念和追求即所谓"理"为主观条件。在中国文化中，天伦和人伦无不表征这种"本性上普遍的东西"的客观性。但是，"伦"的客观性与合法性在于个体能够在这种普遍性中发现它与自己的统一并实现自己，从而产生所谓天"伦"之乐和人"伦"之乐。于是，一方面，"伦"是个体的实体性；另一方面，个体与实体的关系、个体行为价值合法性，便是以实体存在及其要求为内容和现实性，这两个方面构成"伦"之"理"的两个基本构造。"伦—理"之中，"伦"的普遍物的客观存在，个体在"伦"的普遍物中发现和找到与自己的同一性关系，是伦理履行其价值同一性文化功能的最重要的元素。"伦"的普遍物不存在，"理"的共同价值或对"伦"的认同便沦为虚幻和说教。

按照黑格尔精神哲学理论，个别性的"人"与普遍性的"伦"同一而形成的伦理性的实体，在生活世界中有三种存在形态：家庭、社会、国家。家庭是自然的伦理实体，是个体按照血缘规律建构的个体与其普遍性生命实体的同一性伦理形态，因而被称之为"天伦"或"直接的和自然的伦理实体"。家庭的异化是社会，准确地说是市民社会。市民社会的哲学本质，是家庭的自然同一性解构之后原子式的个人由"需要的体系"所建构的形式普遍性和形式同一性。市民社会与家庭的共性在于追求个体性与普遍性的同一性关系，其本质区别在于达到这种同一的方式，以及所建构的统一体的性质不同：是从实体，还是从个体出发建构个体与实体的伦理同一性？是形式的同一体还是直接的同一体？国家消除了存在于家庭和市民社会这两大伦理实体之间的紧张，使个体性与普遍性、个体与实体之间的同一由可能成为现实，因而是伦理实体的现实形态或完成形态。

当然，家庭—市民社会—国家，只是黑格尔所建构的伦理实体辩证发展的思辨形态和思辨体系。这种思辨理论的抽象性及其由于思维深潜于文明深层而产生的巨大历史影响力，使现代学术也使现代文明陷入某些争讼和困惑之中。其一，"市民社会"到底是一种思辨形态还是现实形态？是"一种文明"的形态还是"一切文明"的形态？是一种合理的形态还是一种过渡的形态？其二，"市民社会"与国家到底是何种关系？是先于国家还是后于国家？是优于国家还是期待国家？可以肯定的是，在作为"市民社会"概念与理念理论源头的黑格尔《法哲学原理》中，"市民社会"只是一个思辨性、过渡性的结构，与其说是现实，不如说是体系的需要，至少体系需要的冲动压过现实性；同时，黑格尔似乎也陷入了"市民社会"与"国家"的某种循环论证中：一方面申言市民社会是在国家中产生的，另一方面又将它作为处于家庭与国家之间，因而至少在逻辑体系上先于国家的结构。现代学术的正本清源，不能流连于这位体系大师为我们提供的那座耸立于云际的星光灿烂的体系迷宫，而应当摆脱体系的毛细血管中那些诱人的金丝银缕，循着透迤盘亘于这座宫殿上方的那道直插宇宙深处的智慧之光，以及那道轻如薄烟、势可破云的超度凡俗的思想闪电，于刹那间鸟瞰和了然人类文明和人类生命的真谛。

综合《精神现象学》这部黑格尔亲自完成的第一本书和《法哲学原理》这部黑格尔亲自完成的最后一部著作，关于伦理，关于伦理的社会同一性功能，黑格尔为我们提供的最大智慧是：权力的公共性和财富的普遍性，是世俗生活或现实社会（包括思辨中的"市民社会"和现实中的被普遍表达的"社会"）中伦理存在的确证。不是权力，也不是财富，而是它们分别具有的公共性与普遍性的本性，才是生活世界中的伦理存在。一旦权力成为"少数人的战利品"而失去公共性，一旦财富因不均或不公而失去普遍性，社会便失去伦理存在，也因伦理存在消解而失去合法性——不是失去伦理存在的基础，而是失去伦理存在本身。伦理存在丧失的文明后果是：社会因失去伦理同一性和价值凝聚力而涣散，"社会"能力瓦解，社会将不再"社会"；"家庭—社会—国家"的文明体系与人的精神构造因失去"社会"这种中介而撕裂和断裂。其直接的意识形态后果是：社会因失去伦理同一性和伦理统摄力而使价值共识成为不可能，由此，社会尤其是社会的精神便不仅在现实世界，而且在精神世界中分崩离析。

由此得出的结论是：消除腐败与分配不公，根本上是一场伦理保卫战；打造价值共识或核心价值观，首先必须打赢这场伦理保卫战！建构价值共识，必须保卫伦理。否则，我们将耗散三十多年艰苦努力在意识形态和改革开放两方面达成的来之不易的理念共识和政治共识，在大众意识形态中使真正的价值共识难以从可能变为现实。

3. 伦理意识的再启蒙

如果说干部腐败与分配不公动摇甚至颠覆了"伦"的存在的客观性，那么，市场经济与全球化的冲击，则在主观的方面动摇甚至消解了人们的"伦"意识或"伦"之"理"。前者是"伦"危机，后者是"理"危机；前者是伦理存在的危机，后者是伦理认同的危机。"伦"危机与"理"危机，从存在到认同、从客观实在性到主观认知能力两方面耗散了伦理的同一性功能。如果说，前一问题的解决有待一场全社会的伦理保卫战，那么，后一问题的解决，则期待一场伦理的再启蒙。再启蒙的核心任务，是唤醒和强化个体的"伦"意识，培植伦理认同、回归伦理实体的文化能力，进而培育社会的伦理同一性能力和伦理凝聚力。

基于价值共识的研究主题，伦理意识的再启蒙重点展现为三个侧面：国家伦理意识的再启蒙；家庭伦理意识的再启蒙；集团伦理意识的再启蒙。

第一，国家伦理意识的再启蒙。

近三十年来，我国社会的国家意识在理论和现实中遭遇来自三方面的严峻挑战。一是全球化飓风和现代高技术背景下虚拟的"地球村"意识；二是市场经济导致的过度个人主义；三是所谓"市民社会"的观念和理论。在现代中国，全球化不仅被当作由经济全球化而导致的客观性，而且被当作必然性加以接受，国人对全球化的接受方式大多遵循"凡是现实的都是合理的"那种务实而实用的逻辑。然而，全球化不仅是一股浪潮，而且是一股思潮，其中深藏着发达国家在文化战略上的意识形态故意，亨廷顿《文明的冲突与世界秩序的重建》一书不经意间已经揭示透露了这个秘密。[①] 而网络技术等现代信息方式让人们在虚拟世界中感受到一个高度抽象的由技术制作完成的地球村的存在。作为经济与技术的双重冲击的现实后果，是人们国家意识、民族意识的淡化甚至退隐，千年历史积淀中所形成的国家民族意识和本土价值观被夸大了的甚至虚幻的全球意识所挤压和排挤。同时，市场经济自发性不断滋生和催生的个人主义则从价值的层面动摇甚至消解人们的国家实体感和实体意识，把国家当作契约性甚至工具化的存在，而不是个人安身立命的基地。作为第三个维度，从西方移植并被误读的"市民社会"理论则在学术上让人们在理性世界中对国家的现代合理性提出质疑，进而试图以"市民社会"与国家分庭抗礼甚至

[①] 关于这一观点，参见樊浩《伦理精神的生态对话与生态发展》，《中国社会科学院研究生院学报》2001年第6期。

对峙。社会学中这种"小国家，大社会"理论似乎得到经济学上所谓"小国家，大市场"理论的呼应与支持。于是，事实世界中"全球村"与国家抗礼，价值世界中个人与国家抗礼，理性世界中"市民社会"与国家抗礼，中国社会的国家意识、国家观念遭遇了前所未有的挑战甚至危机。危机的表征之一，是国家伦理实体感和国家伦理意识的退化和弱化。

2007年调查提供了以下特别值得注意的信息。在现实生活中，到底何种伦理关系最重要？多项选择中，家庭关系第一，占40.12%；个人与社会的关系第二，占28.11%；个人与国家的关系第三，占15.49%。这一信息折射出中国文化强大的家族传统，但是，国家的重要性与家庭、社会相比，只分别约占三分之一和二分之一，凸显国家意识的淡薄。

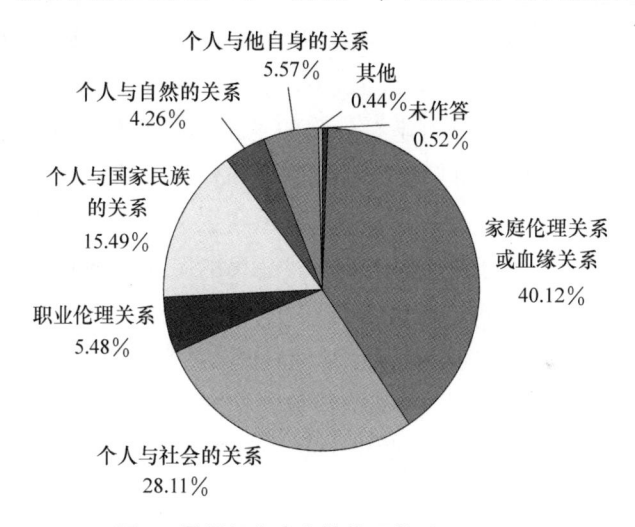

图3 最具根本意义的伦理关系（2007）

家庭和国家对个人存在的意义到底是什么？主流观念为国家、家庭高于个人，达65.18%。分歧在于，27.5%认为国家高于家庭；17.49%认为家庭高于个人，但国家不一定，它很抽象；还有21.2%认为国家和家庭都是一种契约关系，是个人的手段，因个人需要可以建立也可以淡化或解除。这组数据说明，现代中国社会的主流伦理取向依然是实体优先，但家庭与国家在伦理世界中的地位已经发生嬗变，表现出多元倾向；21.2%对家庭与国家的契约化与工具化的认同，表明伦理实体尤其是国家伦理实体已经开始祛魅。

"您的上司或导师是外国人，如果他侮辱了中国，但抗争会产生不利于自己的后果,您会选择"——2007年的调查信息是:71.5%选择"抗议",其他则选择"沉默""以屈求伸"或"其他"。

以上信息表明,国家伦理意识、国家伦理实体感的再启蒙,已经不只是重要任务,而且是紧迫任务。国家的文化使命,就是使全民族作为一个"整个的个体"而行动,国家伦理实体意识不唤醒并被现实地落实,价值共识和核心价值观就无法真正落实。国家伦理实体意识的再启蒙,包括两个辩证的结构。其一,国家伦理自我意识的再启蒙,彰显和强化国家作为伦理存在或现实伦理实体的本性。它展开为两大努力。否定性的努力是消除干部腐败与分配不公两大痼疾,使社会成员体会自己与国家的现实同一,从而强化伦理认同;肯定性的努力是加强政府决策的伦理含量以体现其伦理性。"你认为国家在制定政策和决策时充分考虑到伦理道德方面的要求吗?"32.3%作出否定性选择(2007)。它表明,国家必须以自己的行动建立公民的伦理信任和伦理认同感。其二,公民的国家伦理意识的再启蒙,在经过全球化导致的抽象地球村意识和市场经济导致的过度个人主义,对传统民族主义和伦理整体主义的辩证否定后,进行否定的再否定,培育现代公民的民族精神和国家意识,进行国家伦理意识的回归。在这个过程中,黑格尔关于对国家认识中的"国家应当如何"与"应当对国家如何认识"的思与辨具有特别重要的方法论意义。[①]

第二,家庭伦理实体意识的再启蒙。

调查提供了关于家庭伦理的两个相反的信息:家庭是个体伦理道德发展的第一影响因子;当前我国社会的家庭伦理能力存在深刻危机。

"您认为在自己的成长中得到最大伦理教益和道德训练的场所分别是"——2007年的调查信息是:第一,家庭63.2%;第二,学校59.7%;第三,社会需求22.0%;第四,国家或政府,只占6.8%。家庭是个体伦理道德发展的第一影响因子,其意义远高于其他社会因子。国家的影响力最弱,这也反证了上文关于国家伦理实体祛魅的立论。但另一方面,在家庭伦理责任与婚姻关系方面,家庭的伦理功能又明显弱化。

[①] 黑格尔在《法哲学原理》中强调:"本书所能教授的,不可能把国从其应该怎样的角度来教,而是在于说明对国家这一伦理世界应该怎样来认识。"[德]黑格尔:《法哲学原理》,范扬、张企泰译,商务印书馆1996年版,"导言"第12页。

"您对现代家庭伦理中最忧虑的问题是"？

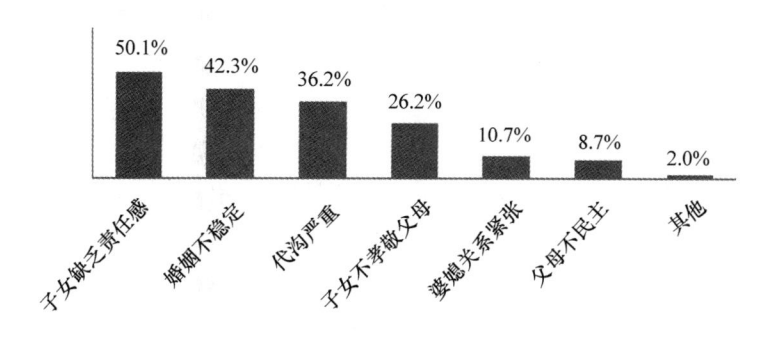

子女缺乏责任感	婚姻不稳定	代沟严重	子女不孝敬父母	婆媳关系紧张	父母不民主	其他
50.1%	42.3%	36.2%	26.2%	10.7%	8.7%	2.0%

图4　家庭伦理中最担忧的问题（2007）

家庭是伦理道德的第一策源地。在中国文化中，家庭的文明意义，不仅是个体伦理道德的初始教化，而且作为自然的和直接的伦理实体和伦理精神，是个体伦理实体感和伦理认同最直接也是最具神圣性的渊源，是社会的伦理认同和价值共识生成的自然基础。家庭伦理实体的素质，家庭成员的伦理素质，家庭的伦理同一性能力，不仅对家庭伦理，而且对社会的伦理凝聚力和价值共识度产生基础性乃至源头的影响。子女缺乏责任感、婚姻关系不稳定增长、代沟严重等问题的严重存在，标示着家庭无论在纵向还是横向关系中，伦理同一性素质和同一性能力正在遭遇严重危机。由此，当代中国虽然无须像20世纪后期西方社会那种"回到家庭去"的伦理觉悟，但在独生子女这个全新的家庭结构和社会结构条件下，在婚姻关系遭遇重大冲击和社会高速变迁的背景下，着实需要一场以重建婚姻能力、重建独生子女的伦理感和伦理能力、重建家庭的伦理同一性为主题的关于家庭的伦理的再启蒙。这场启蒙的意义，不仅是培育家庭的伦理共识和伦理素质，更深刻的是透过家庭伦理能力的培育为社会共识和社会的伦理同一性提供自然基础。在中国，家庭伦理同一性能力的弱化和解构，必将最终导致社会凝聚力的涣散，也使社会共识成为无源之水、无本之木。理由很简单，家庭在中国社会具有与西方截然不同的文明功能和文明意义，被认为是中国文化真正的"万里长城"。[①]

---

① 参见［美］弗朗西斯·福山《信任——社会道德与繁荣的创造》，李宛蓉译，远方出版社1998年版。

第三，集团伦理的再启蒙。

近三十年市场经济转轨与社会结构变迁的最重要表现之一，就是"后单位制时代"的出现。在计划经济时代，"单位"是联结家庭与国家的纽带，兼具家庭与国家的伦理政治的双重功能，既是"家"又是"国"。处于单位集体中的人，从个体发展、收入分配到生活福利，以及生老病死的一切都"找单位解决"。"单位"既是国家的具体呈现，又具有家庭的伦理功能，从而成为家国一体的社会结构中"家"—"国"之间的联结带。市场经济解构了"单位"，将除公共行政部门之外的"单位"组织都分解为无限众多的具有独立利益关系的经济实体，从而进入"后单位时代"。"后单位"或"无单位"的经济实体，将个体还原为具有独立经济利益的原子式个人，不仅使个人从家庭到国家的实体意识和价值共识失去中介和过渡，而且"经济实体"作为"个人利益战场"的本性，催生一种特殊的社会与文化现象——"伦理的实体—不道德的个体"的伦理道德悖论。在内部，由于高度的利益相关，可能成为一个"伦理的实体"，准确地说是具有某种伦理形式但实为利益关联的实体，但当它作为"整个的个体"而行动时，在对社会的关系方面，却是"不道德的个体"。

对此，社会大众已经达成某些共识。集团行为造成的道德后果比个体更为严重，生态危机、假冒伪劣乃至战争等，很大程度上都是集团行为的恶。根据2007年的调查50.3%的受调查对象认为，与个人相比，集团行为不道德造成的危害更大，31.1%认为二者相同。但对那些符合内部伦理但不符合社会道德的现象，譬如广泛存在的政府机关为子女入学提供便利、大学招生中本校教工子女降分录取等，在作出"不道德"的主流判断的同时，也指证它们的伦理—道德矛盾，表现出一种伦理上的无奈甚至部分同情。

"一些政府机关，通过各种途径让本单位的干部子女在很好的幼儿园、小学、中学读书，您认为这种行为是什么？"69.3%认为是以权谋私，属政府行为不道德或严重不道德；19.3%认为符合内部伦理，但严重侵蚀社会道德；8.9%认为是为单位人员谋福利，符合道德。后两项相加，28.2%给予"符合伦理"的"同情的理解"。

"在高校招生中，许多大学对本校教工子女降分录取，您认为这种行为是什么？"40.3%认为"严重侵害了公民利益，是不道德行为"；29.2%认为"符合高校内部伦理，但不符合社会道德"；还有22.2%认为

"司空见惯，无可奈何"。伦理上的"同情地理解"率与信息1.9相当。这种现象的大量存在以及大众认识上的多元性，尤其是内在的伦理—道德悖论，使人们面对那些具有"伦理的实体—不道德的个体"性质的集团行为时，将近一半的受调查对象不作为或态度暧昧。

"如果您所在的单位有一项举措可以提高集体福利并使您个人得到利益，但会造成环境污染或社会公害，您会劝阻或举报吗"？56.6%选择"会举报"，33.9%选择"不会举报"，8.0%选择"其他"。

2007年调查所提供的以上信息表明，"后单位时代"集团伦理的启蒙，不仅是新课题，而且是比其他伦理启蒙更为突出也更具紧迫性的启蒙。人的社会性和职业生活使集团伦理对社会伦理产生极为重要的影响，它是最为现实的"社会环境"。集团行为中的"伦理—道德悖论"以虚幻的集团伦理的形式表达、实现和维护集团的私利并造成相对于社会整体性关系中的道德上的恶。它的意识形态后果，不仅使处于不同集团中的个体难以达成价值共识，而且使集团与集团之间难以达成价值共识，更为严重的是，它所营造的现实社会环境，可能使不道德的现存成为现实，现实成为合理，从而不断催生并不断扩大处于不同集团或实体中的个体在价值选择上的多元，使价值共识成为不可能。因此，集团伦理的启蒙，已经成为当今中国社会最为重要但至今未被充分认识甚至难以达成共识的伦理启蒙。这个启蒙的任务不完成，中国社会的价值共识就难以真正实现。

综上，市场经济、全球化、独生子女和"后单位制"等对家庭、社会、国家三大伦理实体及其体系的巨大冲击，以及"伦"的传统被颠覆和解构的双重境遇，使现代中国社会面临一个挑战乃至危机："我"，如何成为"我们"？"我"，能否成为"我们"？这个挑战和危机如此深刻和严峻，乃至真的像罗素所说的那样关乎我们种族的绵亘。为此，现代中国社会期待一场新的伦理启蒙和伦理觉悟。作为对百年伦理觉悟的否定之否定，这次伦理觉悟的核心任务，不是以唤醒个体自我意识为主题的伦理解放，而是捍卫社会的伦理整体性和个体的伦理能力，提升民族凝聚力和社会聚合力，使"我"成为"我们"，进而为多元社会的价值共识提供最为不可或缺的伦理基础和伦理条件。

（三） 如何"识"? 期待一场"单一物与普遍物统一"的"精神"洗礼

伦理同一性的建构，伦理同一性对社会价值共识的缔造，展开为两种形态或两个环节、两种规律："伦"的同一性，"理"的同一性。"伦"的同一性是伦理存在的同一性，"理"的同一性是伦理认同的同一性。伦理存在的核心问题，是社会的"伦"普遍物是否存在？能否存在？伦理认同或伦理能力的核心问题，是个体在主观上如何达到伦理，能否达到伦理。前者是伦理的客观同一性；后者是伦理的主观同一性。无论伦理还是伦理同一性，绝不只是客观性，而是"客观性中充满了主观性"。在这个意义上，保卫伦理，不仅是保卫伦理存在或"伦"的存在，而且必须保卫"理"的伦理认同能力或伦理能力。作为由实体向主体内化的环节，"理"的伦理认同和伦理能力的集中表现，是伦理观和伦理方式。

现代中国遭遇的社会同一性难题，不只是上文所指证的家庭、社会、国家诸伦理实体中伦理存在的危机，而且表现为个体的伦理能力的危机。伦理存在的危机是"伦"危机；伦理能力的危机，是"伦"之"理"或达到"伦"之"理"的伦理观与伦理方式的危机。"伦"的存在危机，"理"的"伦"认同能力危机，共同造就西方道德哲学家所批评的那种生理上和伦理上退化的景象。退化的后果之一，是价值共识难以达成。

1. "永远只有两种观点可能"

"理"的伦理观与伦理方式的危机是什么？一言以蔽之："理性"僭越"精神"！

如何达到伦理？达到伦理的必要条件是什么？黑格尔断语："在考察伦理时永远只有两种观点可能：或者从实体性出发，或者原子式地进行探讨，即以单个的人为基础而逐渐提高。后一种观点是没有精神的，因为它只能做到集合并列，但是精神不是单一性的东西，而是单一物和普遍物的统一。"① "原子式地进行探讨"的"集合并列"，"从实体出发"的"单一物和普遍物的统一"，是两种"永远只有"的观点。因其"永远只有"，

---

① ［德］黑格尔：《法哲学原理》，范扬、张企泰译，商务印书馆1996年版，第173页。

于是成为关于伦理的"黑格尔之咒"。其中,"单一物与普遍物的统一"是"精神","集合并列"的伦理观和伦理方式是什么?黑格尔没说,但有理由相信,它所隐喻和预警的是深植于西方哲学传统并在现代性中得到极端发展的"理性"。

基于本部分的主题,没有必要也不可能对"理性"与"精神"的关系展开充分的思与辨,重要的是必须指证,"理性"的伦理观和伦理方式的特质是"原子式地进行探讨",最终达到的只是原子式个人的"集合并列",而不可能是"强烈地现实的"伦理;与之对应,"精神"的本质是"从实体出发",它既承认个体"单一物",又扬弃抽象的个体性存在,希求"普遍物",实现人的"单一物"与"普遍物"的统一,进而达到"强烈地现实的""伦理性的东西"。"原子式地进行探讨"与"从实体出发","集合并列"与"单一物与普遍物的统一",是"理性"与"精神"两种伦理观和伦理方式的根本区别。

应该说,"精神"与"理性"的两种伦理观与伦理方式,不仅代表不同的文化传统,而且内在于个体生命发育史与人类文明发展史,构成伦理的两种逻辑与历史可能。个体生命发育史和人类文明发展史,因其同质性而遭遇一些共同难题:生命从母体诞生并发展自我意识之后,个体"被从家庭中揪出"、脱离家庭的原初也是直接的自然同一性诞生"社会"或市民社会之后,如何铭记自己的出发点,找到一条"回家"的路?在经过个体的否定性扩张之后,如何最终回归实体的家园?这一问题的巨大现实性和深刻历史感,是不仅在生活世界而且在人的意识中,使"我"凝聚为"我们"。现代性伦理流连和执迷于个体及其意志自由,将理性极端化为理性主义,既忘记了原初根源的实体性,又消解了回到实体的终极信念,然而普遍性与同一性无论如何是人及其生活的不可须臾或缺的本性,于是,"原子式地进行探讨"的"集合并列"的形式普遍性,便从黑格尔哲学思辨成为现代性的不幸现实。市场经济不仅为这种伦理观和伦理方式提供强力推动,而且让它从"现存"误读为"合理"。作为具有中国气质的伦理观和伦理方式,这种原子主义被表达为"利益博弈""制度安排"等中国话语。在这里,"利益博弈""制度安排"既是"集合并列"的伦理逻辑,也是它的伦理期待。其结果,没有也不可能达到"单一物与普遍物统一"的伦理同一和价值共识,而是"集合并列"的原子式的"利益共谋"和"制度共存"。于是,"没精神",便成为"中国问题"的另一表征。

2. "原子式地进行探讨"

调查显示，现代中国社会"伦"之"理"的最深刻变化之一，就是"原子式地进行探讨"的"集合并列"，逐渐取代"从实体出发"的"单一物与普遍物统一"，"理性"僭越"精神"所导致的"没精神"退变已经发生并仍在继续，其集中表现，便是日益发展的个人主义。以下信息表明，个人主义不仅对已经发生的伦理变化有解释力，对正在发生的伦理问题有诊断力，而且由于它依然是一种被坚持的价值方式，因而对未来有预警力。其影响如此深刻，以至当代中国社会的伦理观与伦理方式已经发生某种哲学改变："从实体出发"的"精神"，被"原子式地进行探讨"的"理性"所僭越。"伦"之"理"的这种哲学形态的改变或僭越，消解了社会的价值共识的伦理能力。为此，当代中国社会，不仅期待一场"伦理"保卫战，更期待一次"精神"洗礼。

信息 2.1 "现在人们常常对记忆中或电影作品中 20 世纪 60 年代前人们简洁的人际关系、清朗的精神风貌和友好的社会风气心存怀念和向往，您认为导致现在这种变化的主要伦理原因是什么？" 55.2% 选择"现代人过于个人主义"，高居多项选择之首。

"对我国的伦理关系和道德生活，您最向往或怀念的是什么？"

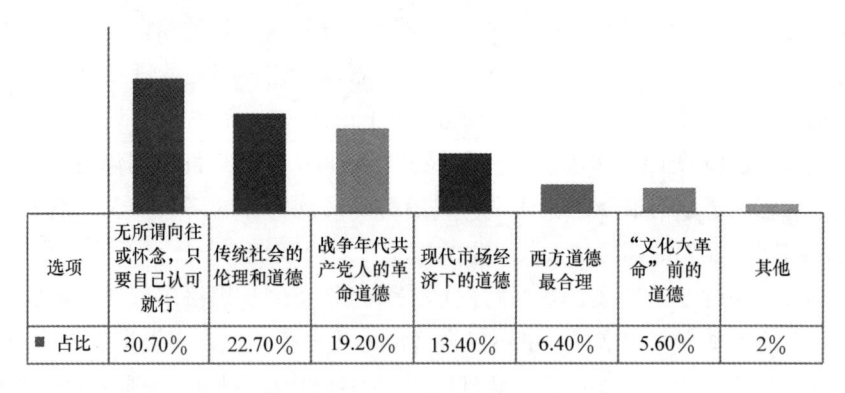

选项	无所谓向往或怀念,只要自己认可就行	传统社会的伦理和道德	战争年代共产党人的革命道德	现代市场经济下的道德	西方道德最合理	"文化大革命"前的道德	其他
占比	30.70%	22.70%	19.20%	13.40%	6.40%	5.60%	2%

图 5 最向往的伦理关系和道德生活（2007）

这两个信息表面无直接关联，但仔细分析发现，在对变化的伦理解释和未来的伦理愿景中表现出共同的历史情愫与伦理情结：个人主义。前一信息将"过于个人主义"作为历史蜕变的第一原因，隐含价值批评；后一信息在对未来的价值愿景中所表达的对自我中心的个人主义的坚持,以30.7%高居所有选择之首。两个相互矛盾的信息表明,个人主义,不仅可以解释过去,而且可以预测和预警未来。

"您认为对现代中国社会伦理关系和道德风尚造成最大影响的因素是什么?"55.4%选择"市场经济导致的个人主义",高居众多选项之首;"您认为造成目前人际关系紧张的主要原因是什么?"65.7%选择"过于个人主义",高居所有选择之首。关于伦理关系与道德生活的事实判断和问题诊断,同样指向个人主义。

以上两组信息,贯穿历史、现在与未来,指向同一个主题:个人主义。将历史变化和现实问题归责于个人主义,但在关于未来的愿景中又选择和坚持个人主义,两种似乎矛盾却高度统一的选择,演绎出一个具有很强解释力和表达力的判断:经过三十年涤荡的中国,个人主义,不仅已经是、现在是,而且将来可以仍然是最具影响力的伦理观和伦理方式。

如果说,个人主义只能解释"原子式地进行探讨",那么,以下信息则可以反证这种探讨的"没精神"。"当前中国社会中个体道德素质存在的主要问题是什么?"超过80%的受调查对象所选择的"有道德知识,但不见诸行动"的高度问题共识,披露出当前我国公民道德素质中的重大缺陷:知行脱节,思维和意志分离。这一问题的哲学根源和哲学表达就是:"没精神"。因为,精神之谓"精神"的必要条件,就是思维与意志、知与行的统一。"精神首先是理智;理智在从感情经过表象达于思维这一发展中所经历的种种规定,就是它作为意志而产生自己的途径,而这种意志作为一般的实践精神是最靠近于理智的真理。"精神表现为理智,但意志却是它的真理。"思维和意志的区别,无非就是理论态度和实践态度的区别。它们不是两种官能,意志不过是特殊的思维方式,即把自己转为定在的那种思维,作为达到定在的冲动的那种思维。"① 意志是冲动形态的思维,精神是思维和意志的统一或理智与意志的统一。"其实,我们如果没有理智就不可能具有意志。反之,意志在自身中包含着理论的东西。"但是,二者之中,意志更具"精神"的本质,"理论的东西本质上包含于实践的东西之中。"② 精神所内在的思维和意志统一的本质,在王阳明哲

---

① [德] 黑格尔:《法哲学原理》,范扬、张企泰译,商务印书馆1996年版,第11、12页。
② [德] 黑格尔:《法哲学原理》,范扬、张企泰译,商务印书馆1996年版,第13页。

学中被表达为"知行合一"。"一"是什么？就是良知。王阳明以"精神"诠释良知："夫良知也，以其妙用而言，谓之神；以其流行而言，谓之气；以其凝聚而言，谓之精。"①良知即精、气、神的统一体。"有道德知识而不见诸行动"是典型的现代性理性主义的病症，这种脱离意志行为的抽象理性主义，在《精神现象学》中被黑格尔称之为"伦理意境"或"优美灵魂"，最终命运是化为一缕轻烟，"消失得无影无踪"。

要之，"理性"的玉兔东升，"精神"的金乌西坠，当前我国伦理之"理"正在走向"没精神"！

3. "精神"洗礼

如何摆脱千夫所指却又千夫青睐的个人主义？必须经受一场"精神"洗礼！

"精神"的本性是什么？"精神"有两大特质。1）以"单一物与普遍物的统一"为终极目标；2）如何实现统一？"从实体出发"！具体地说，基于对"普遍物"的伦理认同和伦理信念，将人从个体性的自然存在提升为普遍性的伦理存在，达到"单一物与普遍物的统一"。由于精神既是理智，又是意志，"精神"的日出，必定是价值共识的喷薄。

无疑，"精神"洗礼同样是在终极价值指引下知行合一的过程。但是，饱受"原子式地进行探讨"的"理性"遮蔽，"精神"洗礼的基础性也是关键性的工程，是进行关于家庭、国家、社会的"精神"本性的理论澄明。"精神"洗礼"洗"什么？洗净理性的个人主义铅华，焕明和回归家庭精神、社会精神、国家精神或民族精神的伦理本真。

A. 权力与财富的"精神"本性

上文已经指证，国家权力与财富是社会生活中伦理存在的现实形态，干部腐败与两极分化颠覆了生活世界中"伦"的"普遍物"的客观性，瓦解了价值共识的现实基础。于是，关于国家权力与财富的社会"精神"的洗礼，便是第一场洗礼。

社会"精神"的洗礼有待理论澄明是：国家权力和财富因何具有公共性与普遍性，从而成为"伦"的存在？"伦"存在因何具有精神性，并

---

① 王阳明《传习录》（中）。

继而使权力与财富从客观存在主体化为精神存在？回答很简单也很简洁：国家权力和财富的价值合法性是"精神"的合法性；个体之于国家权力和财富之间关系的意识形态是精神形态；国家权力和财富的合法性危机本质上是人的精神危机。

在《精神现象学》中，黑格尔揭示了国家权力和财富的精神本质及其辩证发展。他认为，善与恶是精神的两种本质。"善是一切意识自身等同的、直接的连续不变的本质"，而恶则牺牲普遍性，"让个体在它那里意识到它们自己的个别性"。① 普遍性与个别性是善与恶两种精神本质的精髓。这两种精神本质在生活世界中分别异化或外化为国家权力和财富。"国家权力是简单的实体，也同样是普遍的〔或共同的〕作品"，是简单的普遍性，因而是善。而财富的普遍性的精神本质则容易被遮蔽，因为"它既因一切人的行动和劳动而不断地形成，又因一切人的享受或消费而重新消失"。由于在财富中人们会意识到自己的个别性，因而可能是恶，不过，财富的个别性只是一种表象。"然而即使只从外表上看，也就一望而知，一个人自己享受时，他也促使一切人都得到享受，一个人劳动时，他既是为他自己也是为一切人劳动，而且一切人也都为他而劳动。因此，一个人的自为存在本来即是普遍的，自私自利只不过是一种想象的东西"。② 国家权力是人的普遍性的直接表达，其目的是使个人过普遍生活；而财富则以否定的方式辩证自己的普遍性，于是，国家权力和财富在本性上都自在是一种精神性的伦理存在。

公共性与普遍性是国家权力与财富的客观实在性，自我意识对它产生两种精神性的判断，导致善与恶两种意识形态。"判定或认出同一性来的那种意识关系就是善，认不出同一性来的那种意识关系就是恶；而且这两种方式的意识关系从此以后就可以被视为两种不同的意识形态"。③ 两种意识形态具体化为以个体"单一物"与伦理"普遍物"之间同一性关系为根据的两种自我意识，即"高贵意识"与"卑贱意识"。"认定国家权力与财富都与自己同一的意识，乃是高贵意识……认定国家权力与财富这两种本质性都与自己不同的那种意识，是卑贱意识"。"高贵意识"和"卑贱意识"

---

① ［德］黑格尔：《精神现象学》下卷，贺麟、王玖兴译，商务印书馆1996年版，第45—46页。
② ［德］黑格尔：《精神现象学》下卷，贺麟、王玖兴译，商务印书馆1996年版，第46页。
③ ［德］黑格尔：《精神现象学》下卷，贺麟、王玖兴译，商务印书馆1996年版，第50页。

是个体与伦理存在之间同一性关系的不同自我意识和精神形态。

认知形态的伦理必定向冲动形态发展,达到思维和意志统一的"精神"。从高贵意识中发展出一种德行:"服务的英雄主义。""高贵意识是服务的英雄主义,——它是这样一种人格,它放弃对它自己的占有和享受,它的行为和它的现实性都是为了现存权力的利益"①。但是,这种同一中包含着内在否定性。因为,在精神的意义上,国家权力有这样的缺点,"它不仅要意识把它当作所谓公共福利来遵从,而且要意识把它当意志来遵从"②。于是便有可能从"服务的英雄主义"蜕变为"阿谀的英雄主义",即从对公共性与普遍性的"服务",蜕变为对权力和财富的膜拜,从而使高贵意识沦为卑贱意识或被鄙弃的意识。而且,无论在精神世界还是在现实世界中,国家权力与财富之间都存在某种内在关联。"国家权力按其概念来说永远要变为财富",公共权力只有外化为普遍财富时才具有现实性。当国家权力丧失公共性而成为"少数人的战利品"时,就不可避免地出现权力与财富的私通,形成权力腐败和因分配不公而导致的贫富两极分化,从而出现高贵意识与卑贱意识的倒置,爆发国家权力和财富合法性的精神危机,并进而不可避免地导致现实危机。

黑格尔关于国家权力和财富的精神哲学论证,在今天"去精神化"的生活世界中具有十分稀缺的资源意义。国家权力和财富本是社会生活中个体与实体、人的个别性与普遍性统一的现实形态和精神形态,其合法性不仅一般地具有精神内涵,而且只有透过精神才能实现。权力腐败和财富不公不仅在现实世界,而且在精神世界中摧毁个体与实体之间的这种同一性关系,从而不仅使现实世界中的社会和谐,而且使精神世界中诸群体成员之间的价值共识成为不可能。在干部腐败与财富不公成为最尖锐的社会问题的背景下,社会成员之间价值共识生成,当然期待一场以回归公共性与普遍性为内容的伦理保卫战,然而,可以肯定的是,这场保卫战的最后胜利,更期待一次在主观世界中达到"单一物与普遍物统一"的酣畅淋漓的"精神"洗礼。

B. 家庭"精神"

家庭作为"一个天然的伦理的共体或社会",也以"精神"为基础和

---

① [德]黑格尔:《精神现象学》下卷,贺麟、王玖兴译,商务印书馆1996年版,第52页。
② [德]黑格尔:《精神现象学》下卷,贺麟、王玖兴译,商务印书馆1996年版,第57页。

条件。"伦理是本性上普遍的东西,这种出之于自然的关联(注:指家庭。引者注)本质上也同样是一种精神,而且它只有作为精神本质才是伦理的。"家庭之为伦理实体和伦理存在,源于它的精神本质。

家庭成员之间的伦理关系就是也必须是"精神"关系。"因为伦理是一种本性上普遍的东西,所以家庭成员之间的伦理关系不是情感关系或爱的关系。在这里,我们似乎必须把伦理设定为个别性的家庭成员对其作为实体的家庭整体之间的关系,这样,个别家庭成员的行动和现实才能以家庭为其目的和内容。"① 家庭成员之间伦理关系的真谛,是个别性的成员与家庭整体之间的关系,其伦理合法性在于从家庭伦理实体出发。在家庭中,个人不是孤立的个体,而是"成员","家庭成员"是家庭中个体的伦理自我意识。由此,便可以理解《论语》中孔子"父为子隐,子为父隐,直在其中"之"直"之所指。"直"于何?"直"于家庭的伦理实体性,"父子相隐"的合法性是"以家庭为其目的和内容"的"从实体出发"的"精神"合法性,体现家庭的伦理真理。

家庭之为伦理实体的最重要的精神元素是"爱",家庭以"爱"为自然规定。"爱"的本质是什么?"爱"的本质就是不独立、不孤立。"作为精神的直接实体性的家庭,以爱为其规定,而爱是精神对自身统一的感觉。""所谓爱,一般说来,就是意识到我和另一个人的统一,使我不专为自己而孤立起来。"② 爱有两个环节:不欲成为独立的、孤单的人;在别人身上找到自己。借此,人才从个体性存在成为"家庭成员"的实体性存在。于是,"爱"便成为家庭伦理的最重要的"精神"环节。

婚姻是家庭存在和延续的重要条件。婚姻关系的本质是什么?婚姻本质上是伦理关系,也必须透过精神才具有合理性与合法性。黑格尔对婚姻关系曾作过排除性论证:既不是以原子式个人为基础的契约关系,也不能基于"激情的狂暴",而是"具有法的意义的伦理性爱"。婚姻关系表现出强烈的"精神"气质,也需要"精神"条件的支持:"当事人双方自愿同意组成为一个人,同意为那个统一体而抛弃自己自然的和单个的人格。"③ 现代社会"原子式地进行探讨"的典型表现,是将婚姻关系理解

---

① [德] 黑格尔:《精神现象学》下卷,贺麟、王玖兴译,商务印书馆1996年版,第8、8—9页。
② [德] 黑格尔:《法哲学原理》,范扬、张企泰译,商务印书馆1996年版,第175页。
③ [德] 黑格尔:《法哲学原理》,范扬、张企泰译,商务印书馆1996年版,第177页。

为以个人任性为基础的契约关系，于是，婚姻的神圣性"被降格为按照契约相互利用的形式"。这种"祛魅"的理性化理解从康德就已开始。对婚姻的原子主义的理解和对待，在当代中国已经发展到十分严峻的地步，婚姻关系的不稳定，已经让人们有理由发出质疑：当代人还有婚姻能力吗？婚姻能力式微的背后，是伦理能力的消解，其根源是婚姻的"没精神"。当代中国的婚姻家庭已经走到必须作出严峻选择的时刻：要么走向没落，要么振奋"精神"！

C. 国家"精神"

在全球化和市场化的双重冲击下，国家尤其国家意识必须经受"精神"的深刻洗礼，才能回归伦理实体的本性。从何洗礼？"公民""群众""爱国心"等表达个体之于国家的自我意识的"精神"洗礼，是国家"精神"洗礼之首礼。

国家的本质是什么？国家的根本任务不仅是产生和照顾个人的特殊利益，而且是"过普遍生活"，否则便将国家与市民社会相混同。正因为如此，国家不可以契约，因为诚如黑格尔所说，国家契约论会产生这样的结果——成为国家成员是任意的事。在国家中，个人精神成长为"公民"。"公民"的要义是"公"，即分享、获得并体现国家伦理普遍性之"公"的"民"，是达到个人的"单一物"与国家的"普遍物"统一的体现民族精神的伦理性存在。因此，"公民"意识就是民族精神的自觉显现。"作为现实的实体，这种精神是一个民族，作为现实的意识，它是民族的公民。"[1] 将人从个体性自然存在，提升为"精神"性的"公民"，正是国家的力量之所在。"国家的力量在于它的普遍的最终目的和个人的特殊利益的统一，即个人对国家尽多少义务，同时也享有多少权利。"[2] 由此达到和建构真正的合理性。[3]

个人相对于国家的另一自我意识是所谓"群众"。"群众"既是国家之于个体的伦理认同，也是个体的"精神"权利。"构成群众的个人本身

---

[1] ［德］黑格尔：《精神现象学》下卷，贺麟、王玖兴译，商务印书馆1996年版，第7页。
[2] ［德］黑格尔：《法哲学原理》，范扬、张企泰译，商务印书馆1996年版，第261页。
[3] 黑格尔这样诠释"合理性"："抽象地说，合理性一般是普遍性和单一性相互渗透的统一。具体地说，这里合理性按其内容是客观自由（即普遍的实体性意志）与主观自由（即个人知识和他追求特殊目的的意志）两者的统一。因此，合理性按其形式就是根据被思考的即普遍的规律和原则而规定自己的行动。这个理念乃是精神绝对永和必然的存在。"［德］黑格尔：《法哲学原理》，范扬、张企泰译，商务印书馆1996年版，第254页。

是精神的存在物。"①"群众"成为"精神存在物",或群众之为"群众",必须具备两个条件:既认识个体并希求个体的单一性,又认识实体并希求实体的普遍性。由此,个人就获得两种权利:"无论作为个别的人还是作为实体的人都是现实的。"② 这两种权利都是"精神"的权利,"群众"的现实性是精神的现实性。如果偏执于第一个条件或第一种权利,"群众"将因丧失精神聚合力而沦为"乌合之众"。

在国家生活中,个体与国家的精神关联是所谓"爱国心"。黑格尔将"爱国心"诠释为"政治情绪",它既是从真理中获得信念,也是成为习惯的意向。"爱国心"既是一种信任,也是这样一种意识:"我的实体性的和特殊的利益包含和保存在把我当做单个的人来对待的他物(这里就是国家)的利益和目的中,因此这个他物对我来说就根本不是他物。我有了这种意识就自由了。"③ 爱国心是国家生活中基于个人利益和国家利益统一的信任和信念的自由意识,其本质不只是作出非常行动和非常牺牲的志愿,更是一种"从实体出发"的"单一物与普遍物统一"的"精神"。"本质上它是一种情绪,这种情绪在通常情况和日常生活关系中,惯于把共同体看作实体性的基础和目的。"④

"公民""群众""爱国心",这些理念诠释和表征的是国家作为现实的伦理实体的"精神"本性。基于"原子式地进行探讨"的"集合并列",由于"没精神",往往从个人利益和基于特殊意志(而不是普遍意志)的契约理解国家,或者依据偶然事件和国家一时的贫富强弱认识和对待国家,这些理性主义的把握方式,黑格尔称之为"无教养"。无什么"教养"?无"精神"教养!也许,正因为缺少关于国家的这种"精神教养",当代中国社会才一度出现那种经济精英和知识精英"集体大逃亡"的怪现象。由此,也反证当代中国社会国家伦理和国家生活中"精神"洗礼的必要性。

综上,精神、伦理、价值共识之间到底是何种关系?"精神"洗礼到底如何裨益伦理并推进价值共识?也许,黑格尔富有慧见的哲学思辨同样有助于对这些问题的形而上洞察:"活的伦理世界就是在其真理性中的精

---

① [德] 黑格尔:《法哲学原理》,范扬、张企泰译,商务印书馆 1996 年版,第 265 页。
② [德] 黑格尔:《法哲学原理》,范扬、张企泰译,商务印书馆 1996 年版,第 265 页。
③ [德] 黑格尔:《法哲学原理》,范扬、张企泰译,商务印书馆 1996 年版,第 267 页。
④ [德] 黑格尔:《法哲学原理》,范扬、张企泰译,商务印书馆 1996 年版,第 267 页。

神。""当它处于直接的真理性状态时,精神乃是一个民族——这个个体是一个世界——的伦理生活。""作为实体,精神是坚定的正当的自身同一性。"① 精神与伦理、民族内在地统一,它所追求和建构的是不但"坚定"而且"正当"的自身同一性。这便是"精神"洗礼之于伦理、之于价值共识、之于民族国家发展的价值秘密。

(四)"价值"何以合法?期待一种"还家"的努力

以上探讨逻辑地得出的结论是:如何"共"?"共"于"伦理";如何"识"?"精神"地"识";"伦理精神"生成和奠基"价值""共识"。必须继续探讨的问题是:"共识"何以合法?回答是:在"还家"中合法。

显然,"伦理"与"精神",及其生成的"伦理精神",本身并不只是甚至不是价值共识,而是对价值共识的生成具有方法论和基础性意义的构造。"伦理"为价值共识提供"我"成为"我们"的"伦"的"普遍物";"精神"为价值共识提供达到"单一物与普遍物统一"的"伦"之"理"的认同方式;"伦理"是"本性上普遍的东西","精神"是"单一物与普遍物的统一"的"伦"之"理","伦理"与"精神"的哲学同一性及其生成的"伦理精神",赋予"共识"坚定而可靠的"价值"基础和方法论意义。

"伦理精神"之于价值共识的意义,并不只是理论上的形上思辨,而是具有深厚的历史哲学根据,并且本身就是当前我国社会已经趋于达成的"价值共识"。具体地说,1)"伦理"与"精神"是中国民族和中国文化最深厚也是最具标识性的传统,不仅具有传统的合法性,而且是多元、多变时代建构合法性的最重要基础;2)优秀传统文化、伦理道德的基本原则,已经是社会大众认同的达成价值共识的"共识";3)正因为如此,"伦理精神"的回归,本质是上多元多变时代建立价值合法性的一种努力。

于是,在多元多变的时代,价值共识之"价值"如何具有合法性?

---

① [德]黑格尔:《精神现象学》下卷,贺麟、王玖兴译,商务印书馆1996年版,第4、2页。

期待一种返还"家乡"的努力：

"还"何种"家"？还传统之"家"！

"还"何种"乡"？还伦理之"乡"！

1. 作为中国传统的"伦理"与"精神"

学术界业已达成的共识是：中国文化是一种伦理型文化。有待推进的是：作为与西方宗教型文化相对应并且在五千年文明进展中绵延不断的文化形态，"伦理型文化"的深刻文明意义，绝不只是中国民族对伦理的选择及其所培育的入世意向，也许以"文明生态"和"文化自足"的理念更易发现伦理型文化中"伦理"的意义。任何一个发育相对成熟的文明都是一个生态，诸文化要素及其形态对这个民族的生命和生活，以及个体在其中的安身立命相对自给自足，否则这个民族便难以生存和发展。据此，如果我们发现一个成熟的文明生态中并不具备其他文明生态中的某个重要因子尤其是那些具有基础性和标识性的因子，那么只能假设，在这个文明生态中一定存在某种文化替代。伦理与宗教之于中西方文明便是如此。中国文明具有强大的伦理，便不需要西方那样强大的宗教；同样，西方文明有强大的宗教，便不需要中国这样强大的伦理。根本原因在于：伦理与宗教在中西方具有相通的文化功能，履行相似的文化使命。

这一解释的意义在于：在中国文明生态中，伦理绝不只是指向一种价值、一种关怀，而是如西方文化的宗教那样，指向终极价值、终极关怀。同样，对于价值同一性来说，伦理也决不只是一种同一性，而是像宗教在西方文明中那样，具有终极同一性的意义功能。正因为如此，西方文化的终极忧患是："如果没有上帝，世界将会怎样？"中国文化的终极忧患是："世风日下，人心不古！"世风、人心是同一性的客观与主观形态，分别对应着客观伦理与主观道德，而"风"与"古"则表征社会同一性与传统合法性。中国民族对伦理的忧患与西方民族对宗教的忧患，具有同等的文化意义。

问题在于：这种伦理型的文化传统在今天的中国是否仍然存在？传统之谓"传统"，必须具备三个要素：历史上发生的、一以贯之的、今天仍然存活并发挥作用的。如果只是历史上发生而当下并不具有现实性，那只是文化遗存或文化遗产，而不是文化传统。传统之为传统，不仅是历史的，而且是鲜活的。调查表明，今天的中国，虽然在伦理道德方面发生巨大而深刻的变化，但伦理型文化没有根本改变。根据2007年的调查，当遭遇利益冲突，如名誉、利益受侵害的矛盾时，80%的受调查对象的首选行为是"直接找对方沟通"或"通过第三方沟通"，伦理手段仍是处理人际关系的首选。它说明，当今的中国文化，依然是伦理型文化！

"精神"同样是代表中国文化传统的标志性概念。虽然在今天，中国文化的"精神"传统受到西方理性主义的强烈冲击，但不可否认，在中国文化中，"理性"完全是一个舶来品，它在中国的移植只是"五四"以后，流行只是近三十年，当今"民族精神"等理念一定程度上标示着对这一传统的自觉和承续。在王阳明以"精神"对"良知"的诠释中，可以发现它的真谛。"精神"之中，"以其凝聚而言谓之精"，何种凝聚？"普遍物"凝聚谓之"精"，是"伦"的普遍物之"精"；"以其妙用而言谓之神"，因何"神"？人的个别性的"单一物"对"伦"的"普遍物"的知觉灵明，是"理"对"伦"的灵明之"神"；为何"气"？使"伦"的普遍物、也使个体对"伦"的普遍物的"理"之灵明外化为现实，成为行为与风尚，"气化流行"是也。在王阳明哲学中，"良知"即"精神"，即"知行合一"。附会而言，"精"是"一"，"神"是"知"，而"气"即"行"——既是行动，也是流行。以此言之，"精神"传统与"理性"传统的根本区别之一，是对普遍物的终极预设及其神圣性的承认，以及个体与普遍物的灵通合一。

2. 价值共识生成的"元文化"或"元共识"到底是什么？

多元多变的时代，到底何种元素堪当中国社会价值共识的文化承载？发现对价值共识具有基因意义的那些文化载体，也就发现当今中国社会价值共识生成的基本规律。

显然，这绝不是一个抽象的理论问题，它本身就已经是也表达着多元多变的大众意识形态中的价值共识，是价值共识的现实。由于这些文化元素可能生成和承载其他共识，因而是在大众价值取向和意识形态中已经存在或达成的"元文化"或"元共识"。以下两个信息表明，在大众意识形态中，"元文化"或"元共识"已经存在。

"您认为多元、多样、多变的文化中有哪些因素持久不变或变化相对较少？"（图6）

"您认为当前加强文化建设应当优先重视哪些方面因素？"（图7）

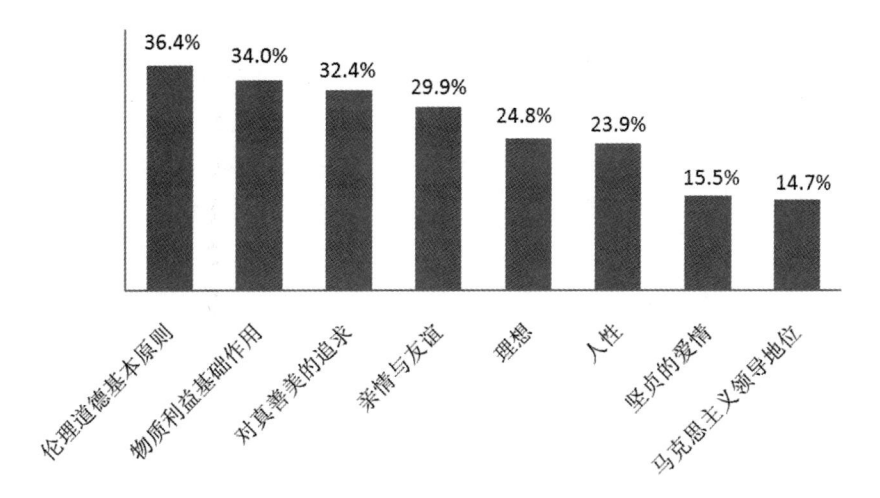

七 社会大众价值共识的伦理精神期待 223

36.4% 34.0% 32.4% 29.9% 24.8% 23.9% 15.5% 14.7%

伦理道德基本原则 物质利益基础作用 对真善美的追求 亲情与友谊 理想 人性 坚贞的爱情 马克思主义领导地位

图6 文化中的多"中之'一'",或变"中之""不变"(2007)

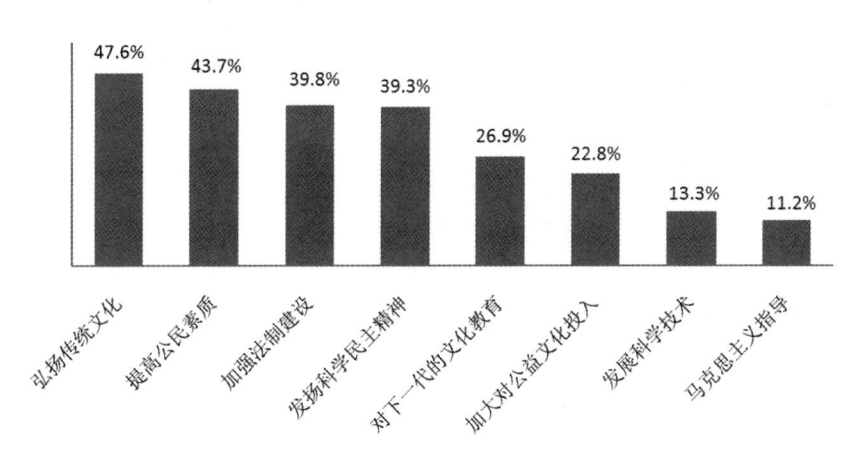

47.6% 43.7% 39.8% 39.3% 26.9% 22.8% 13.3% 11.2%

弘扬传统文化 提高公民素质 加强法制建设 发扬科学民主精神 对下一代的文化教育 加大对公益文化投入 发展科学技术 马克思主义指导

图7 文化建设的优先因素(2007)

以上两项调查显示,伦理道德被认为是多元多变的文化中的"多"中之"一"、"变"中之"不变",其选择率高于"物质利益的基础作用""对真善美的追求""亲情和友谊"。这一信息既有力佐证中国文化依然是伦理型文化,更直接指证伦理道德是多元多变的时代建立价值共识的最重的文化元素。由此,伦理道德承载或具有一种特殊的文化使命和文化本性:是多元多变的文化中的"元共识"。

然而,伦理道德毕竟只是文化生态中的一个因子,在多元多变的时代，重建价值共识到底何种努力最重要？"弘扬传统文化"高居所有可能选择之首，高于"提高公民素质""发扬科学与民主精神""加强法制建设"等熟知的那些被认为特别有效的重要因子。由此，传统文化被认为是多元多变文化中的"元文化"。这一结果正好反证了哈贝马斯所谓"合法化危机"理论。哈贝马斯认为，现代性文化的重大病症在于，传统被过度解构，难以透过教育建构人的思想行为的合法性，因而陷入合法化危机之中。[1] 由此引申的结论是：当代中国社会价值共识的生成，必须透过传统建构合法性。

可以假设，伦理道德的元共识、传统的元文化，构成当前我国社会价值共识坐标系中纵横坐标轴。然而，在社会大众的价值取向和意识形态选择中，伦理道德和传统到底如何结合？它们如何生成和表达价值共识？2007年调查的以下信息呈现了当前我国大众意识形态演进的另一特点和规律。

"新五伦"："您认为最重要的五种伦理关系是哪些？"父子（93.8%），夫妇（78.4%），兄弟姐妹（63.5%），同事或同学（47.1%），朋友（43.5%）。"新五常"："您认为最重要的五种德性是哪些？"爱（78.2%），诚信（72.0%），责任（69.4%），正义（52.0%），宽容（47.8%）。这些信息的问题指向是：当代中国社会，伦理与道德到底有何不同的发展规律？对价值共识的生成，二者有何不同的意义？无论在理论还是现实中，伦理与道德都是既紧密关联又深刻殊异的两个价值元素，严谨的学术和真实的生活已经显示这种殊异。

父子、君臣、夫妇、兄弟、朋友的"五伦"，是中国最重要的伦理传统。调查显示，与传统"五伦"相比，当代中国社会被认为最重要的五种伦理关系，即"新五伦"只有一伦发生变化，即以君臣为表征的个人与国家的关系，置换为社会性的同事同学关系；"五伦"的基础即家族本位的取向没变，五伦的结构乃至排序没变，即"人伦本于天伦"。与之比照，仁、义、礼、智、信的"五常"，是中国最重要的道德传统。与传统"五常"相比，"新五常"中，只有"爱"和"诚信"勉强归之于传统，其他三德，责任、正义、宽容，都是现代元素。由此，便可以描绘当代中

---

[1] 参见 [德] 哈贝马斯《合法化危机》，刘北成译，台湾桂冠图书股份有限公司2001年版。

国社会伦理与道德的不同演进轨迹：

> 伦理上仍守望传统，蜕变率只有20%；
> 但道德上已经基本解构了传统而走向现代，蜕变率超过60%；
> 伦理与道德的变化趋势呈现反向运动。

伦理与道德的不同演进曲线，不仅对前文相关立论有解释力，而且对价值共识的展望有表达力。1）它可以解释导言部分指证的当今我国社会大众"伦理上满意，道德上不满意"的"伦理—道德悖论"——对于传统的守望；2）它可以佐证第一部分关于"'共'于'伦理'"的立论——在中国大众意识形态的认知与期待中，伦理最能承载传统，也最能凝聚个体的多元价值，不仅是"变"中之"不变"，而且托载和化育"多"中之"一"；3）它可以支持第二部分关于"'精神'地'识'"的假设——在伦理与道德之间，道德由于对抽象的普遍规则和个体自由的偏好，因而具有主观性并且更为易变，而伦理因与"精神"的直接同一，更具客观普遍性，并对个体"单一物"具有更强大的同一性文化功能。

要之，伦理与传统，因其在文明本性、在当代中国人的价值取向与意识形态期待中的深度契合，构成多元多变时代中国社会大众价值共识生成的两个具有基因意义的文化元素。伦理是多元价值中的"元价值"，传统是多元文化中的"元文化"。在多元多变的时空维度中，它们分别成为具有多元凝聚力和历史绵延力的两大文化元素，是价值共识的纵横两轴，托载和化育价值共识。

3. 谁引领"共识"？

伦理凝聚共识，传统承载共识。然而，无论如何，"共识"有待发现和凝练。于是引出合法性的另一问题：在当代中国社会，到底谁引领"共识"？用意识形态的话语表述，到底谁掌握话语权力？

调查发现，由于在第一部分中已经揭示的伦理存在危机，当代中国社会正陷入话语主体失落的危机之中。

"您对哪类群体的伦理道德状况最不满意？"2007年的调查中三大最不被满意的群体依次是：政府官员（74.8%）；演艺娱乐圈（48.6%）；企业家（33.7%）。政治、文化、经济三大领域分别掌握话语权力的三大主体，然而恰恰是伦理道德上最不被满意的群体。中国社会正陷入伦理道德的信任危机之中，不可避免的后果，是话语权力的失落。

在话语权力失落的背景下，到底谁对人们的思想行为发挥影响？根据2007年江苏、新疆、广西三省（自治区）的两次调查，2400份问卷，结论高度一致：知识精英。然而，另一个信息又对这个结论提出质疑：知识精英不仅"不了解现实"，而且缺乏充当思想领袖的自我意识和意识形态抱负。在这种情况下，知识精英成为思想行为的第一影响力主体，与其说是现实，不如说是期待，当然，也是一种趋势。于是，难以避免的结果是：思想领袖缺场。

信任危机，思想领袖缺场，使中国大众意识形态面临巨大文化危险。"当中央宣传与国外思潮发生矛盾时，你相信谁正确？"2007年的调查信息是64%的企业群体、61%的公务员、44%的农民，选择"相信国外正确"。[①] 情势之严峻已经可能影响国家的意识形态安全！

怎么办？可能的选择是：回到"家园"！

一方面，政府官员、演艺娱乐圈、企业家，尤其是政府官员，要通过自己的伦理道德努力，重建社会信任，也给社会以文化信心；另一方面，知识精英对自己的文明使命要有一种集体自觉，有抱负通过走近时代、走近社会，让自己有能力担当思想领袖的使命，以此回馈和响应社会厚望。知识精英作为文化承荷者和承继者，注定要被历史地寄托引领共识的大众意识形态的文化期待。无论如何，传统的"家"与伦理的"乡"，同样是解决价值共识生成中话语主体合法性问题的两个可能的关键元素。

综上所述，得出关于当前我国社会大众意识形态领域"价值共识"的三个结论：

"共"于何？"共"于"伦理"！
如何"识"？"精神"地"识"！
"价值"何以合法？在民族文化的生命"传统"中合法！

由此，凝结为三个口号：

---

① 该数据为笔者作为首席专家的江苏省重大项目团队中其他同仁调查的结果。

保卫伦理!
蓬勃"精神"!
回归家园!

　　经过全球化的欧风美雨和市场经济的涤荡,意识形态不应该也不可能终结,是业已达成的基本价值共识,这一共识已经为当代中国大众意识形态建构提供了最重要的基础。但是,必须清醒地看到,中国和世界已经深刻地变化,而且必将继续变化,一个"后意识形态时代"已经到来。面对这种变化,在业已生成的意识形态观的价值共识的基础上,必须确立"意识形态方式"的自觉理念,能动地推进"意识形态方式"的"调整"和变革。[①] 也许,本部分所发现和揭示的"伦理""精神""传统",将是新的"意识形态方式"的可能元素,某种意义上可以裨益当前我国社会建构大众意识形态的"共"与"识"及其"价值"合法性。当然,这一切只是可能。可能意味着未发生,正如一位哲人所说,没有发生的事情是不可预料的,因为没有发生本身就意味着无限可能。

[①] 关于"意识形态观""意识形态方式"的理念,参见樊浩《"后意识形态时代"精神世界的"中国问题"》,载于《中国社会科学学术前沿(2008—2009)》,社会科学文献出版社2009年版。

八 改革开放40年社会大众伦理道德发展的文化共识

经过40年改革开放的洗礼,中国社会大众伦理道德发展的"不惑"之境是什么?一言蔽之,就是关于伦理道德发展的文化共识。

为了揭示我国改革开放历史进程中社会大众伦理道德发展的"多"与"一"、"变"与"不变"的规律,自2007年笔者率江苏省"道德发展"高端智库的同仁进行了持续十年的中国伦理道德发展大调查,分别进行了三轮全国调查(2007年、2013年、2017年)、四轮江苏调查(2007年、2013年、2016年、2017年),建立了庞大的"中国伦理道德发展数据库"。该调查发现,中国社会大众的伦理道德在十年中经过了三期发展,呈现"二元聚集——二元分化——走向共识"的精神轨迹。2007年,是改革开放30年,中国伦理道德发展逐渐由多元向二元聚集,进入重大转折的"十字路口";2013年的调查显示,伦理道德的精神状况已经越过十字路口,呈现"多"向"一"、"变"向"不变"积累积聚的征兆;2016年和2017年的调查表明,改革开放40年,中国社会大众伦理道德发展的一些重大共识已经开始生成或已经生成。①鸟瞰40年伦理道德发展的精神历程,如果说2007年前后的"二元聚集"是"三十而立",那么2017年左右的"走向共识"便是"四十而不惑","走向共识"成为"不惑"时代的精神气质和生命体征。

---

① 关于2007年和2013的调查方法及其"二元聚集—二元分化"的轨迹,分别参见樊浩:《当前中国伦理道德状况及其精神哲学分析》,《中国社会科学》2009年第4期;樊浩:《中国社会价值共识的意识形态期待》,《中国社会科学》2014年第7期。2017年的全国与江苏调查由江苏道德发展高端智库与北京大学国情调查中心合作,样本量分别为近一万五千份和近七千份。文中所有数据除特别说明外,均为2017年全国调查数据。本部分是以2007—2017年持续十多年调查所进行的关于中国社会大众化的道德发展的文化共识的哲学分析。

改革开放40年来，中国社会大众的伦理道德发展已经形成哪些文化共识？借助三次全国调查、四次江苏调查提供的数据流，在此基础上建立相关主题的信息链，运用精神哲学的分析方法，我们发现，现代中国社会大众已经形成关于伦理道德发展的三大文化共识：关于伦理型文化的自觉自信的共识；"伦理上守望传统—道德上走向现代"的伦理道德转型的共识；以"伦理优先"实现伦理道德的文化自立的伦理精神共识。

（一）伦理道德的文化自觉与文化自信

在世界文明体系中，中国文化是与宗教型文化比肩而立的伦理型文化，改革开放40年来，中国社会大众在激荡和震荡中所形成的最基本也是最重要的共识，就是关于伦理道德的文化自觉和文化自信。这主要体现在三个方面：对中国伦理道德传统的文化认同与文化回归；对现实生活中伦理道德优先地位的价值守望；对现代中国伦理道德状况的肯定及其未来发展的信心。这一自觉自信的要义，不仅是关于伦理道德状况的文化共识，而且也是对伦理型文化的现代认同，是关于伦理型中国文化如何继续在世界文明体系中自立自强的共识。

1. 伦理道德传统的文化认同与回归期待

在任何文明体系中，传统都是建立社会同一性与文化同一性的最重要基础，对于文化传统的自我认同，是最基本的社会共识，也是其他一切共识的基础。回首近代以来的中国社会转型，几乎每次都经历甚至肇始于以伦理道德为核心的传统文化的自我反思与激烈批判。改革开放40年来，伦理道德是受激荡最巨大和最深刻的领域之一，近10年来中国社会大众的集体意识最深刻的变化之一，就是对中国传统伦理道德的态度由改革开放初期的激烈批判悄悄走向认同回归，并逐渐凝聚为社会大众最重要的文化共识。

对中国伦理道德传统文化的认同与回归所释放的第一信号，是关于当前中国社会的道德生活主导结构的认知和判断。当问及"你认为当前中国社会道德生活的主流是什么？"时，三次全国调查呈现的轨迹十分清晰。

表 1　　　　　　　　　中国社会道德生活的主流　　　　　　　单位:%

	意识形态中所提倡的社会主义道德	中国传统道德	西方文化影响而形成的道德	社会主义市场经济中形成的道德
2007 年全国调查	25.2	20.8	11.7	40.3
2013 年全国调查	18.1	65.1	4.1	11.1
2017 年全国调查	23.7	50.4	8.3	17.5

在上述关于当今中国社会道德生活的中西古今的四维坐标系中,认知和判断呈两极分化:一极是"中国传统道德",这 10 年中的认同度提升了 3 倍左右,表明传统回归的强烈趋向;另一极是市场经济道德,这 10 年中认同度下降了 20% 以上。变化较小或相对比较稳定的因素,一是意识形态中提倡的社会主义道德,三次调查的数据变化很小,2017 年与 2007 年的数据差异几乎可以忽略不计;二是"西方文化影响而形成的道德",2017 年与 2013 年虽然数据翻番,但总体上选择率很小。无疑,这些数据既是事实判断,也是价值判断;不仅是客观现实,而且也是价值认同,准确地说,社会大众对道德生活的认知判断中渗透了价值期盼,其中"市场经济中形成的道德"显然包括积极与消极两个方面。

这三次调查及其呈现的变化轨迹似乎产生一种信息暗示中国社会的道德生活弥漫着一种传统气氛,然而它却与人们的生活经验、与主流意识形态和社会大众对传统道德的呼唤似乎又相矛盾。其实这一信息需要立体性诠释。其一,在理念和理论上,我们不能将社会主义市场经济直接等于道德合理性。社会主义市场经济及其道德是当代中国社会生活中的现实,但现实的不一定都是合理的。毫无疑问,社会主义市场经济在经济发展层面是一种高效率的体制,它所产生的伦理道德如平等自由原则、契约精神等也具有一定合理性,但市场经济本身却内在诸如资本崇拜、个人主义、利己主义等深刻道德缺陷,这些缺陷早已被有洞见的伦理学家和经济学家所揭露,市场经济并不具有先验的道德合法性。正因为如此,中国所建立的是社会主义市场经济,"社会主义"不仅在经济体制上坚持公有制主导,而且包括以社会主义价值观和优秀中国道德传统矫正、扬弃市场经济固有的道德缺陷。其二,在近 10 年来的持续调查中,第一次调查"社会主义市场经济中形成的道德"高居首位,重要原因是这次调查对象中很大部分是大学生，后两次调查严格按照社会学的抽样方法进行，因而在认知判断方面有所差异。同时，这10年中不仅人们对社会主义市场经济尤其是对其所派生的道德问题的认识，而且国家意识形态导向也发生重大变化，如主流意识形态和大众认知中对传统的呼唤，社会主义核心价值观的建构，正因为如此，"中国传统道德"与"意识形态中提倡的社会主义道德"在后两次调查中都居第一、二位，"中国革命道德"、"社会主义先进道德"也已经包含其中。① 其三，这些信息不仅是事实判断，而且是价值判断，甚至更多是社会大众对道德生活的认知和向往，表征社会心态，因而并不能由此得出中国传统道德已经是当今中国社会主流的判断。

于是，准确把握社会大众对于传统伦理道德的文化态度，还需要其他信息提供佐证。"您认为对现代中国社会伦理关系和道德风尚造成最大负面影响的因素是什么？"在中国传统文化、外来文化、市场经济三大影响因子中，这10年的变化轨迹表明，"传统文化崩坏"的归因不断上升，2007影响最小（占12.0%），2013年从第三跃居第一（占35.6%），2017年成绝对第一归因（达41.2%）。相反，"社会主义市场经济导致的个人主义"的归因不断下降，2007年是绝对第一因素（占55.4%），2013年成第二因素（占30.3%），2017年下降为最小影响因子（占11.3%）。两大因子上升和下降的幅度都是几何级数，超过三翻。"外来文化冲击"是其中相对比较稳定的因素。这一信息与表1完全一致，彼此形成一个相互补偿、相互支持的信息链，证成关于伦理道德传统的文化回归的事实判断与价值期盼，它表明，对中国伦理道德传统认同和回归的呼唤，已经成为当今中国社会大众的最为强烈和深刻的文化共识。

2. 伦理道德优先地位的文化守望

伦理道德在现代中国社会大众的生活世界和精神世界中到底具有何种文化地位？这是关于伦理道德文化自觉的现实确证。与西方文化相比，中国文化最大特点是伦理道德对于个人安身立命和社会生活的特殊意义，呈现伦理型文化的特征。这种"伦理型文化"有两个参照，一是与西方宗

---

① 根据调查手册，调查员在调查提示时，将"市场经济道德"解释为如"通过契约获利"、将"社会主义道德"解释为如集体主义，将"传统道德"解释为如"推己及人"，"西方道德"解释为"个人权利"等。

教型文化相对应，伦理道德而不是宗教成为精神世界的顶层设计和终极关怀；二是与西方法制主义传统相对应，伦理道德而不是法律成为共同生活和社会秩序的价值基础。伦理型文化当然不排斥宗教与法律，但伦理道德确实在相当程度上具有某种文化替代的价值，在价值序位中具有某种优先地位。经过改革开放以来40年西方文化的冲击和市场经济的洗礼，在伦理道德与宗教、法律的关系方面，社会大众是否形成新的文化共识？我们的调查发现，中国社会大众依然坚守对伦理道德优先地位的伦理型文化守望，关于宗教信仰状况和处理人际冲突的调节手段的调查结果，为我们提供了两个参照性很强并体现文化共识的重要信息。

面对全球化和市场经济的冲击，宗教是现代中国社会的敏感问题。当今中国社会大众的宗教信仰状况到底如何？我们调查发现，有宗教信仰的人群不仅是绝对少数，而且呈下降趋势。2007年、2013年、2017年三次全国调查中有宗教信仰者的比例分别为：18.6%，11.5%，8.5%。其中2007年与后两次调查数据差异较大，因为这次调查主要在江苏和广西、新疆采样，并且江苏与广西新疆的样本量相同，后两个地区系少数民族和宗教地区，因而有宗教信仰人群的比例相对较高。这一数据及其变化曲线可能与当今中国社会潜在的那种令人担忧的"宗教热"感受相悖，然而，需要注意的是，（1）也许中国社会大众的宗教感和宗教情愫正在悄悄升温，但如果他们在调查中不能坦然宣示和承认，那也只是一种情愫，并没有真正成为安身立命的信仰；也许一些对当今中国社会具有显示度和影响力的人群如大学生和出国留学人员的信教比重在增加，但以上数据是严谨调查得出的抽样结果，佛教在中国的传播史已经证明，如果宗教只是在少数精英中传播而不能成为普罗大众的信仰和生活方式，那就不可能占据主导地位。（2）中华文明的根本特点不是"无宗教"，而是"不宗教"。在中华文明史上宗教从来没有缺场，既有本土的道教，后来又主动引进并广泛传播的佛教，然而中华民族最终却没有走向宗教的道路，其根本原因在于其有强大的伦理道德传统。事实证明，"有宗教"而"不宗教"才是传统文化的"中国气派"。

伦理型文化之"伦理型"，不只是相对于精神生活中的宗教，也相对于现实生活中的法制。我们的调查发现，中国社会大众有自己的文化坚守，而且在改革开放40年的进程中形成越来越大的文化共识。从2007年始，我们都持续追问同一个问题："如果发生重大利益冲突，你会首先选择哪种途径解决?"结果发现,伦理道德一如既往是首选。2007年的全国调查从总体上设计问卷,得到的信息是:"直接找对方沟通"的占49.3%,"通过第三方调解"的占29.6%,"诉诸法律打官司"的占18.1%,"沟通"和"调解"的伦理路径是绝对首选。2013年与2017年的全国调查中,我们对问卷做了某种改进,将利益冲突的对象区分为四种关系,并且增加了"能忍则忍"的道德路径的选项。调查结果发现,在家庭成员、朋友、同事之间,"沟通"和"调解"的伦理路径是绝对选项,其次是选择"能忍则忍"的道德路径,"诉诸法律"的选项都不到3%。即使在商业伙伴之间,伦理路径依然是首选,只是法律手段的权重大幅增加,成为第二选项。可见,伦理、道德、法律情—理—法三位一体的价值序位,依然是高度文化共识和文化守望。

表2 "如果发生利益冲突,你会选择哪种途径解决?"

(2013—2017 比较数据)

	家庭成员之间		朋友之间		同事之间		商业伙伴之间	
	2013年	2017年	2013年	2017年	2013年	2017年	2013年	2017年
诉诸法律,打官司	0.6%	1.1%	1.2%	1.8%	2.7%	2.9%	34.8%	31.0%
直接找对方沟通或通过第三方调解	64.6%	62.7%	75.7%	75.5%	77.2%	73.7%	55.4%	58.9%
能忍则忍	34.8%	31.9%	23.1%	19.9%	20.1%	11.7%	9.8%	10.1%

3. 对于伦理道德发展的文化信心

我们的调查发现,当今中国社会大众对伦理道德现状满意度较高并且持续上升,对伦理道德的未来发展持乐观态度,但对伦理道德本身却保持紧张和警惕的文化心态,呈现伦理型文化的典型气质。

在2007年的调查中,受访对象对道德风尚和伦理关系状况,满意或基本满意的占75.0%,不满意的占19.4%。2013年、2017年的调查对道德状况和人与人之间关系即伦理与道德,以及它们满意与不满意的强度做了区分。

表3　　　　　　　对当前我国社会道德状况的总体满意程度

	非常满意	比较满意	一般	比较不满意	非常不满意
2013年全国调查	2.1%	33.7%	41.5%	19.0%	3.8%
2017年全国调查	6.9%	66.7%		23.7%	2.6%

表4　　　　　对当前我国社会人与人之间关系状况的总体满意程度

	非常满意	比较满意	一般	比较不满意	非常不满意
2013年全国调查	2.3%	35.1%	45.0%	15.5%	2.1%
2017年全国调查	6.0%	67.8%		24.3%	2.6%

如果进行质的考察，可以发现，在三次调查中对道德风尚和伦理关系状况满意度都在75%左右，不满意度都在25%左右，但"非常满意"和"比较不满意"都有明显提高。而且后两次调查中道德状况与人际关系状况的满意度与不满意度都基本持平，说明伦理与道德的发展比较平衡。由于2013年调查设计了"一般"的模糊选项，所以与2017年比较，可能存在某种变量。

道德与幸福的关系即所谓善恶因果律，既是社会合理与社会公正的显示器，也是伦理道德的信念基础。善恶因果律的实现程度和信念坚定指数，既表征社会公正，也表征伦理道德对现实生活的终极关怀及其文化力量，因而是伦理道德和伦理型文化最重要的客观基础和信念前提。"你认为当今中国社会道德与幸福是否一致？"持续调查得到以下数据：

表5　　　　　　　　　道德与幸福关系状况

	能够一致	不一致	没有关系
2007年全国调查	49.9%	32.8%	16.6%
2017年全国调查	67.9%	23.8%	8.3%

数据显示，这10年之间，道德与幸福关系的一致度提高了18个百分点，不一致程度下降了9个百分点，认为二者没有关系的信念和信心缺场选择频数下降了50%。结论是：当代中国社会在善恶因果律的道德规律实现程度，以及社会大众的善恶因果的道德信念方面，不仅得到很大提

升,而且形成高度共识。正因为如此,社会大众对伦理道德未来发展的信心指数很高。在 2017 年关于"你觉得今后中国社会的道德状况会变成怎样"的调查中,71.2% 的受访者认为"将越来越好",10.7% 的受访者认为"不变",只有 5.6% 的受访者觉得会"越来越差",信心指数或乐观指数超过 70%。

4. 伦理型文化认同与回归的共识

综上所述,传统认同—文化守望—信念信心,构成链接历史、现实、未来的数据流和信息链,展现出中国社会大众关于伦理道德的自觉自信的文化共识,复原出一种伦理型文化的精神取向,由此可以哲学地回应当今中国伦理道德发展的诸多重大理论前沿和现实难题。

第一,伦理道德与社会主义市场经济的关系。2007—2017 年的 10 年轨迹已经表明,传统道德与社会主义市场经济之间的关系,不是机械"决定论"而是"生态相适应",传统道德必须在经济发展中实现创造性转化和创新性发展,社会主义市场经济也必须在与伦理道德传统的辩证互动中建立自己的现实合理性与文化合法性。对中国伦理道德传统的认同,本质上是体现伦理型文化的精神气质的共识,因为只有伦理型文化才会对伦理道德及其传统倾注如此强烈而持久的文化关切并最终回归文化认同的共识。

第二,关于宗教和伦理的关系以及应对宗教挑战的文化战略和文化信心问题。我们的调查表明,虽然现代中国社会在全球化进程中遭遇日益严峻宗教挑战,但社会大众的文化共识和文化气派依然是"不宗教"。"不宗教"的秘密在哪里?底气从何而来?就是因为中国文明有着自身固有的传统——"有伦理"。梁漱溟在 20 世纪 20 年代便揭示了中国文化的密码:"伦理有宗教之用";"以道德代宗教"。[1] 据此,当今中国应对宗教挑战的能动战略,便不是拒宗教于国门之外的消极防御,而是伦理道德的能动建构,以伦理道德为个体安身立命也为社会生活提供精神家园和终极关怀。只要创造和提供充沛而强大的伦理道德的精神供给,中国文化的现代和未来也一定是"不宗教"。这就是伦理型文化的"中国气派"。

第三,关于善恶因果律。善恶因果律即道德与幸福的关系是人类文明

---

[1] 梁漱溟:《中国文化要义》,学林出版社 2000 年版,第 85、95 页。

的终极追求和顶层设计，它不仅是信念基础，而且是文化基石。我们的调查发现，社会大众与其说对善恶因果的社会现实具有很高的认同度，毋宁说在文化信念和文化信心方面具有高度的文化共识，因为善恶因果律与其说是一种现实，不如说是一种信念。在现实生活中，善恶因果律没有也不可能完全实现，但社会大众依然坚守这一文化信念并努力使之成为现实，由此伦理道德便不仅成为批判世界而且也是创造世界的精神力量。在这个意义上，现代中国社会大众关于道德与幸福关系的高度共识，不仅是对生活世界的肯定，而且也是文化信念和文化信心的表达，是伦理型文化的典型气质。

（二）"新五伦"与"新五常"：伦理—道德转型的文化共识

伦理范型和基德母德是伦理道德的核心。自 2007 年始，三次全国调查、四次江苏调查都对当今中国社会最重要的伦理关系和道德规范进行跟踪。传统伦理道德以"五伦"为伦理范型、"五常"为基德母德，"五伦"与"五常"不仅是中国话语而且是中国理论，由此我们的调查便致力揭示"新五伦"和"新五常"。调查发现，改革开放 40 年，中国社会大众在伦理道德领域形成的具普遍性的文化共识，便是"新五伦"和"新五常"。多次调查中虽然很多信息因时间和对象的不同而有较大变化，但社会大众所认同的五种最重要的伦理关系和道德规范，即所谓"新五伦"和"新五常"却相对稳定，由此可以推断，现代中国社会关于伦理道德的核心价值已经生成。"新五伦"与"新五常"既是现代中国伦理道德发展的核心共识，也是关于伦理道德现代转型的文化共识，是伦理型文化的现代表达，内蕴深刻的精神哲学意义。

1. "新五伦"及其哲学要义

现代中国社会最重要的伦理关系是哪些？"新五伦"是什么？三次全国调查，两次江苏独立调查，[①] 五次调查提供的信息惊人相似。排列前三位的都是家庭血缘关系，并且排序完全相同：父母子女、夫妻、兄弟姐

[①] 2013 年、2017 年的江苏调查与全国调查同步，故不做特别说明，但结果与当年全国调查相同

妹；第四位、第五位在共识之中存在差异，朋友、个人与国家、个人与社会的关系是共同因子，但位序有所不同。

表6　　　　　　　　　　　　　"新五伦"

	第一伦	第二伦	第三伦	第四伦	第五伦
2007年全国调查	父母子女	夫妻	兄弟姐妹	同事同学	朋友
2013年全国调查	父母子女	夫妻	兄弟姐妹	个人与社会	个人与国家（第六伦：朋友）
2017年全国调查	父母子女	夫妻	兄弟姐妹	朋友	个人与社会（第六伦：个人与国家）
2013年江苏调查	父母子女	夫妻	兄弟姐妹	个人与国家	朋友（第六伦：个人与社会）
2016年江苏调查	父母子女	夫妻	兄弟姐妹	朋友	个人与社会（第六伦：个人与国家）

"新五伦"共识中虽然存在某些不确定因素，但可以肯定并得出结论的是：家庭血缘关系在现代中国的伦理关系中依然处于绝对优先的地位，社会大众对它们的共识在质的认同和量的排序方面都完全一致，可以说这是当今中国伦理道德发展的"绝对共识"。后两伦或后三伦虽然在排序方面有所差异，但要素基本相同，其情形也部分回应了中国台湾地区学者所提出的关于"新六伦"的设想。在中国传统社会中，"五伦"不仅是最基本最重要的伦理关系，而且是其他伦理关系乃至社会关系的范型。在现代社会转型中，传统的"君臣"关系已经转换为"个人与国家"关系，"五伦"之外的新的伦理关系，便是个人与社会的关系，亦即海外有学者提出的所谓"人群"关系，它在广义上也包括朋友关系和同事同学关系等。"新五伦"所释放的最重要的信息是两大共识：一是家庭伦理关系的最大和最普遍共识，二是关于"新五伦"或"新六伦"要素的共识。它表明，现代中国关于伦理范型的文化共识已经形成，区别只在于：前三伦是绝对共识，后两伦或后三伦在位序变化表现出某种多样性。第一个共识表明现代中国文化依然是伦理型文化，因为家庭血缘关系依然是伦理关系的自然基础、神圣根源和策源地；第二个共识表明传统伦理型文化正处于现代转型中，转型的两个新元素是个人与国家、个人与社会的关系。

2. "新五常"及其文化变迁

"五常"是中国传统社会中关于道德的核心价值。自轴心时代始,中国传统道德所倡导的德目虽然很多,然而自孟子提出"四德",董仲舒建立"五常"之后,"仁义礼智信"便成为中国文化最重要的道德共识,即便在由传统向近代的社会转型中,"五常"之德也在相当程度上被承认,人们所集中批判的往往是它们的异化而形成的伪善,而不是五常之德本身。改革开放40年,中国的社会生活和文化观念发生根本性变化,社会大众认同的五种德性即"新五常"是什么?我们的调查进行了持续跟踪。①

表7 "新五常"及其要义

	第一德性	第二德性	第三德性	第四德性	第五德性
2007年全国调查	爱	诚信	责任	正义（公正）	宽容
2013年全国调查	爱	诚信	公正（正义）	孝敬	责任
2017年全国调查	爱	诚信	责任	公正（正义）	孝敬
2013年江苏调查	爱	责任	诚信	正义（公正）	宽容
2016年江苏调查	爱	责任	公正（正义）	诚信	宽容

五次调查的信息表明,虽然"五常"之德排序上有所差异,但传递一个强烈信息:现代中国社会大众关于最重要的德性即所谓"新五常"的价值共识正在生成或已经形成。综合以上信息,"爱"(包括仁爱、友爱、博爱)是第一德性;"诚信"是第二德性,"责任"是第三德性,"公正"或正义是第四德性,"宽容、孝敬"可以并列为第五德性,但考虑到问卷设计的差异,除2007年的问卷中没有"孝敬"一德的选项外,其余几次调查都有该选项,结合诸德性之间的重叠交叉,第五德性可能以"宽容"更为合宜。由此,"新五常"便可以表述为:爱、诚信、责任、公正、宽容。

---

① 三次全国调查中,2013年对"新五常"的调查采用开放的方法,由受调查对象说出五个最重要的德性,表中2013年的信息是根据开放题归类整理的结果。

3. 伦理—道德现代转型的文化共识

"新五伦"—"新五常"既演绎伦理—道德转型的文化轨迹，也演绎伦理—道德一体的哲学共识，是伦理道德现代转型的基本文化共识。

"新五伦"与"新五常"呈现改革开放进程中伦理道德现代转型的特殊文化轨迹。"新五伦"中所变化的实际上只是在传统五伦中被人格化的两种关系，即君臣关系和朋友关系，它们被普遍化为个人与国家、个人与社会的关系。在2007年的调查中朋友关系是第四伦，然而在之后的调查中，当出现个人与社会、个人与国家等整体性表述的选项时，"朋友"、"同事同学"等才被个人与社会关系所涵盖和替代。"新五伦"中作为"关键大多数"的前三伦都与传统相通，后两伦处于传统与现代的交切之中，传统要素的含量占五分之三即60%；与之对应，"新五常"中，只有"爱"、"诚信"勉强可以说属于传统德目，其他三德即公正、责任、宽容，都具有明显的现代性特征，蜕变率达到60%，这说明"新五常"由传统向现代的转换不仅在具体内容而且在结构元素方面已经越过拐点。由此便可以对以往研究中的一个理论假设再次确认并做出结论：以"新五伦"与"新五常"为核心的伦理道德现代转型的文化轨迹，是"伦理上守望传统，道德上走向现代"，这种转型轨迹借用朱熹哲学的话语即所谓"同行异情"。伦理转型与道德转型"同行"，但行进的文化方向却"异情"。[①] 在伦理与道德的现代发展中，"伦理上守望传统"，其主流趋向是"变"中求"不变"，是对家庭的伦理守望；"道德上走向现代"，其主流趋向是"变"，是在问题意识驱动下走向现代，两种趋向展现伦理与道德现代转型的不同轨迹。"同行异情"的转型轨迹，使改革开放进程中伦理道德发展内在传统与现代的结构性文化纠结。

"新五伦"—"新五常"及其转型轨迹，可以诠释和回应三个具有哲学意义的前沿问题。

其一，家庭伦理的文化地位与伦理型文化的关系。"新五伦"显示两个重要信息：家庭在现代伦理关系中依然具有绝对地位；个人与社会关系的伦理地位在"新五伦"中不稳定。这两个信息都与伦理型文化的基色

---

① 参见樊浩《伦理道德现代转型的文化轨迹及其精神图像》，《哲学研究》2015年第1期。

深切相关。梁漱溟断言,"中国是伦理本位的社会",① 伦理本位并不是"家族本位",而是说"伦理首重家庭","中国人就家庭关系推广发挥,以伦理组织社会"②。在他看来,家庭的特殊伦理地位源于社团生活的缺乏,"家庭诚非中国人所独有,而以缺乏集团生活,团体与个人的关系轻松若无物,家庭关系就自然特别显著出来了"③。根据梁漱溟的理论,家庭的根源地位和社团生活的缺乏互为因果,导致中国社会的伦理本位与伦理型文化。不难发现,这两大因子在"新五伦"中依然存在。虽然当今中国究竟在多大程度上以家庭为伦理为范型而组织社会有待进一步考察,但可以肯定的是,家庭的绝对地位为伦理型文化提供了最重要的条件,而个人与社会的伦理关系在"新五伦"中的不稳定性又使之成为必需。二者相互诠释,从可能与现实两个维度支持关于现代中国文化依然是伦理型文化的假设。

其二,"不宗教"的伦理基础。"新五伦"中家庭伦理的绝对地位为现代中国社会的"不宗教"提供了重要的文化条件。上文已经指出,中国文化的"不宗教"是因为"有伦理",其自然和直接基础就是家庭,"不宗教"——"有伦理"——家庭的绝对伦理地位,形成某种具有因果关联的互释系统。"中国之家庭伦理,所以成一宗教替代品者,亦即为它融合人我泯忘躯壳,虽不离现实而拓远一步,使人从较深较大处寻取人生意义。"④ 现代中国"不宗教"的文化竞争力在于伦理,尤其在于家庭伦理,"新五伦"再现了这一中国文化密码,也为现代和未来中国的"不宗教"提供了一种文化信心。

其三,问题意识与道德发展。显而易见,"新五常"更多是指向当下中国社会存在的道德问题,很大程度上是治疗"道德病人"所需要的德性。以下调研信息可以部分佐证。"你认为下列现象的严重程度如何?"2017 年的全国调查中选择"严重"或"比较严重"两项总和的排序依次是:缺乏信任,社会安全度低(53.3%);自私自利,损人利己(49.0%);诚信缺乏,不讲信用(48.6%);人际关系冷漠,见危不救(48.0%);社会缺乏公正心和正义感(47.1%);坑蒙拐骗(41.1%)。

---

① 梁漱溟:《中国文化要义》,第 77 页。
② 梁漱溟:《中国文化要义》,第 80—81 页。
③ 梁漱溟:《中国文化要义》,第 77 页。
④ 梁漱溟:《中国文化要义》,第 87 页。

这些判断可能具有较强的主观性，在切身体验之外也可能受网络媒体"坏新闻效应"影响，但从中不难发现"新五常"的"问题意识"指向，如："爱"针对"缺乏信任"、"人际冷漠"；"诚信"针对"诚信缺失"、"坑蒙拐骗"；"正义"针对"缺乏公正心与正义感"；"责任"针对"自私自利"，等等。虽然没有足够的理由断定"新五常"只是出于问题意识，但可以肯定它们相当程度上指向改革开放进程中存在的诸多伦理道德问题，也说明道德作为社会意识是社会存在的反映并随着社会存在的变化而变化。

但是，如果关于基德母德的认同只是出于问题意识，那么伦理道德的文明功能便只是一种"精神医生"，遵循老子所批评的那种"大道废，有仁义；智慧出，有大伪；六亲不和，有孝慈；国家混乱，有忠臣"[①] 的"缺德补德"的逻辑。道德的本性是超越，是个体通过"德"的主体建构与"道"同一，从而超越有限达到无限的过程，这就是雅斯贝尔斯所说的轴心时代人类觉悟的文明真谛。道德和道德规范不是"药物"，而是人的行为的价值指引，是个体安身立命的精神家园，基德母德应当是一个有机的价值体系，以满足个体安身立命和社会生活的需要。依此，"新五常"的价值共识还期待一场新的文化觉悟，也期待一次自觉的理论建构。

（三）伦理实体发展的集体理性与伦理精神共识

伦理型中国文化之所以特立于世界文明数千年，与宗教型文化平分秋色，重要文明密码在于它建构并不断发展了伦理—道德一体、伦理优先的独特气派，形成一种以伦理实体的集体理性为重心的伦理精神传统。调查发现，改革开放40年，一种新的伦理精神共识正在生成，其要义有三。一是伦理认同，尤其是对伦理实体的认同；二是伦理忧患，以道德批判和道德发展保卫伦理存在，捍卫伦理实体；三是伦理建构，在文化宽容中建构新的伦理实体。具体地说，社会大众的伦理实体意识觉醒，形成伦理守望和伦理回归的文化自觉；对改革开放进程中所出现的诸如代际关系与两性关系、分配不公、干部腐败等严峻道德问题的批判与扬弃取得重大进展，在保卫伦理存在中达到伦理实体和伦理精神的文化自信。可以说，改

---

① 《道德经》。

革开放进程中的道德发展是伦理精神共识生成的过程,它在家庭、社会、国家三大伦理实体中得到集中体现,是改革开放 40 年中国社会大众伦理道德发展的第三个重要文化共识。

1. "伦理谱系"与问题意识的转换

家庭、社会、国家是生活世界中的三大伦理实体,它们辩证互动构成人的伦理生活、伦理精神和伦理世界的体系。家庭是自然的或直接的伦理实体,社会与国家是现实的或通过教化所建构的伦理实体。家庭伦理实体的核心问题是婚姻关系和代际关系,社会伦理实体的核心问题是财富普遍性,国家伦理实体的核心问题是权力公共性。财富的普遍性和国家权力的公共性,是生活世界中伦理存在的两种基本形态,是社会与国家成为伦理性存在或伦理实体的两大基本条件。如何应对家庭、社会、国家三大伦理实体并处理它们之间的关系问题,历来都是中华文明尤其是中国伦理道德的难题。中国伦理道德的最大文明贡献,就是在精神世界和价值世界中建立了三者一体贯通的哲学体系和人文精神,但也遭遇不同于西方文化的特殊挑战,最根本的挑战就是家庭在文明体系中的特殊地位及其对财富伦理和权力伦理的深刻影响。在一定意义上,中国伦理道德就是关于个体与三大伦理实体、关于三大伦理实体之间辩证互动关系的集体理性、忧患意识,以及作为其理论自觉的精神哲学体系。

无论在生活世界还是精神世界的意义上,改革开放一开始就表现出对家庭的某种伦理亲和与伦理回归,但随着集体理性和文化忧患意识中对家庭伦理紧张的缓解甚至消解,日益凸显比西方世界更为严峻的新挑战,聚焦点就是社会生活中的财富伦理、国家生活中的权力伦理与家庭伦理的关系问题,财富普遍性与权力公共性日益成为深刻的伦理难题。于是,不仅家庭、社会、国家的三大伦理实体的关系出现新课题,而且财富伦理与权力伦理也出现新难题。因为在中国,即便是个人主义也表现出与西方不同的形式,家庭本位的传统使其在相当程度上具有家庭个人主义的倾向;财富的分配不公,相当程度上是家庭财富而不只是个人财富的分配不公;权力腐败很多情况下不是孳生于对个人财富而是对家庭财富的追逐放纵。于是,无论改革开放中伦理道德的"中国问题",还是社会大众的"中国问题意识",一开始便都聚焦于三大领域:家庭伦理、财富伦理和权力伦理。但是,随着改革开放的深入,不仅问题式和忧患的强度发生重大变化，而且它们在集体理性的地位也发生重大位移，新的问题意识正在生成。

在2007年和2013年的调查中，分配不公与干部腐败都是位于前两位的文化忧患或伦理道德问题。

表8　　　　　　　　　　对中国社会最担忧的问题

	第一位	第二位
2007年全国调查	分配不公，两极分化（38.2%）	腐败不能根治（33.8%）
2013年全国调查	干部贪污受贿，以权谋私（3.93%）	分配不公，贫富悬殊过大（3.89%）

然而，2017年的全国调查发现，社会大众的问题意识发生结构性改变。"对中国社会，你最担忧的问题是什么？"排列前五的依次是：腐败不能根治（占39.5%）；生态环境恶化（占38.6%）；老无所养，未来没有把握（占27.2%）；生活水平下降（占22.4%）；分配不公，两极分化（占18.3%）。

综合三次调查数据，"腐败问题"两次居首位，一次居第二位；"分配不公"前两次都位于第一或第二位，但在第三次调查中处于第五位。在社会大众的问题意识或忧患意识中，"分配不公"问题的地位已"变"，而"腐败问题"则是"变"中之"不变"，"中国问题"和"中国问题意识"发生了重大变化，生态问题和家庭问题成为位于分配问题之前的伦理忧患。导致变化的原因可能有几方面。一是伦理道德本身的变化，或者分配不公的问题得到部分解决或缓解，或者社会大众对于分配差距的伦理承受力发生变化；二是社会主要矛盾和大众期待的变化，生态问题日益凸显，老龄化进程中老有所养和未来生活安全成为日益紧迫的"中国问题"，国家发展理念中关于当今中国社会主要矛盾的判断以及"五位一体"国家发展战略的重大调整已经体现了这种变化。问题意识的位移体现"伦理谱系"的变化，即在问题意识中，伦理忧患的谱系由原有的"国家—社会—家庭"转换为"国家—生态—家庭—社会"，这是伦理精神共识的重要推进。

可见，改革开放40年来社会大众的忧患意识已经发生重大变化，与此相对应，伦理精神共识演进的基本趋向是两大转化：集体理性中道德意识向伦理意识转化；忧患意识中道德品质忧患向伦理能力忧患转化。"变"中之"不变"是：社会大众依然秉持伦理型文化的基因，一如既往地保持关于伦理道德的高度忧患意识，尤其对伦理实体中的伦理存在保持高度的文化关切和文化紧张，伦理实体的新形态在文化宽容中得到发展。

2. 家庭伦理的文化守望

按照黑格尔的理论，家庭是直接的自然的伦理实体，然而对中国伦理型文化来说，家庭还是整个文明的基础和神圣性根源。由此，关于家庭的伦理共识便聚焦于两方面：家庭是否依然"直接"和"自然"？家庭是否依然可能成为伦理策源地和神圣性根源？

家庭在现代中国伦理中的本位地位及其文化共识已经在"新五伦"中被确证，这是当今中国社会所达成的最大共识，它为现代中国的伦理型文化提供了最重要的事实和价值基础。改革开放邂逅独生子女，独生子女邂逅老龄化，当今中国社会关于家庭伦理是否以及形成何种文化共识？调查显示：以伦理忧患为表达方式的文化共识正在生成，聚焦点是家庭伦理形态、家庭伦理能力和家庭伦理风险，共识的主题词是"文化宽容"。具体地说，对家庭伦理形态的变迁采取宽容态度，对正在和可能遭遇的家庭伦理风险已有集体自觉，忧患意识由道德品质向伦理能力转化。

"现代家庭关系中最令人担忧的问题是什么？" 2007 年、2017 年的调查都在众多选项中限选两项，虽对象和方法有所不同，但所获得信息的伦理结构基本相同，代际关系第一，婚姻关系第二。2007 年的排序是："子女尤其独生子女缺乏责任感"（占 50.1%）；"婚姻关系不稳定，两性过度开放"（占 42.3%）；"代沟严重，价值观对立"（占 36.2%）；"子女不孝敬父母"（占 26.2%）。2017 年的调查将问题细化，尤其将主观品质与客观能力相区分，依次是："独生子女难以承担养老责任，老无所养"（占 28.8%）；"代沟严重，父母与子女之间难以沟通"（占 28.1%）；"婚姻不稳定，年轻人缺乏守护婚姻的能力"（占 24.3%）；"子女尤其独生子女缺乏责任感，孝道意识薄弱"（占 18.5%）。[①]

这 10 年中关于家庭伦理的集体意识的问题轨迹的最大变化，是由主

[①] 2017 年调查中，"只有一个孩子，对家庭未来没有把握"（占 22.1%）排位第四，但因与"独生子女难以承担养老责任，老无所养"（占 28.8%）的选项存在交叉重叠之处，故舍去。

观伦理意识向客观伦理能力、由道德批评向伦理忧患的演进。第一忧患由 2007 年的"子女缺乏责任感"的道德品质,转换为 2017 年"独生子女难以承担养老责任"的伦理能力;"婚姻不稳定"也不只是价值观上的"过度开放",而且是"守护婚姻"的能力。"问题式"转换的原因可能有三。一是独生子女与老龄化的邂逅,使中国社会不仅在文化价值上"超载"即孝道的文化供给不足,而且在伦理能力即行孝的能力方面"超载";二是社会急剧变化,代际文化断裂加大,文化对峙加剧;三是市场经济和西方文化消解伦理的实体性,社会伦理能力式微。2017 年的调查显示,关于家庭伦理的文化忧患,各年龄群体和城乡群体之间共识度较高,差异的规律性较明显:受访对象的年龄越大,对养老能力、孝道意识两大问题的忧患度越大,最大差异度分别为 9 个百分点和 5 个百分点;受访对象年龄越轻,对代沟严重、婚姻能力两大问题的忧患度越大,最大差异度分别为 6 个百分点和 3 个百分点。与之对应,城乡群体之间的共识度最高,以上四个数据的差异度大都在 1 个百分点左右,说明它们已经是一种社会性共识。

当今中国社会正在形成关于婚姻伦理的一些集体意识和文化共识,主题是对多样性婚姻形态在伦理坚守中的文化宽容、实体性婚姻向原子式婚姻变迁的趋向以及与之相关联的伦理能力的变化。2017 年的调查表明,社会大众对婚外恋、同性恋、代孕、丁克家庭依次保持严峻的伦理立场;对"不婚"、"试婚"、"同居"等虽然相对比较宽容,但"反对"和"强烈反对"依然是第一主题;不过,除婚恋外对其他选项的中立态度都占很大比重,表明民众对婚姻形态多样性的伦理宽容。然而婚姻伦理能力已经发生变化。"在恋爱或婚姻中,你有为对方而改变自己的意识吗?""有,经常这么做"(占 33.9%);"有,但做起来有些困难"(占 36.6%);"没想过这个问题"(占 23.9%);"无须改变"(占 5.4%),真正能够为对方而改变自己的只有三分之一。"为对方而改变"是实体性婚姻的必要伦理能力,婚姻的伦理形态和伦理能力的变化,无疑将导致家庭和家庭伦理的重大变迁,相当程度上预示原子式家庭的到来。

总体上,当今中国家庭幸福感较强,根据 2017 年的全国调查,认为"幸福"和"比较幸福"的占比达到 88.3%。但是家庭伦理的问题意识由"独生子女缺乏责任感"、"孝道意识薄弱"道德品质忧患,向"老无所养,独生子女难以承担养老责任"的转化,释放出家庭伦理承载力

"超载"、家庭伦理安全和伦理风险的危机信号,将导致家庭的伦理魅力度和伦理功能的弱化。"问题式"的这种转换某种意义上可以被诠释为代际伦理理解和伦理和解,因为伦理能力的归因是对道德品质缺陷的某种辩护。其中"独生子女难以承担养老责任"毋宁应当被看作是独生子女时代父母一代的某种悲壮的伦理退出,由于家庭伦理能力的局限,他们部分甚至彻底地放弃对"独一代"孝道的道德诉求与道德追究。

在伦理型中国文化中,家庭承担终极关怀的伦理使命,这种终极关怀包括生活世界的"老有所养"和精神世界对生命不朽的超越性诉求,一方面家庭提供老有所养的自然伦理安全,另一方面在血缘延绵中个体生命获得永恒的超越性意义,由此入世的伦理才可以与出世的宗教相抗衡。独生子女邂逅老龄化将家庭抛入空前的伦理风险之中,也许"子女缺乏责任感"等可以通过道德教化缓解,但"独生子女难以承担养老责任"却是家庭伦理功能的重大蜕变,它将大大削弱家庭的伦理魅力度,并因其难以承担作为终极关怀的伦理使命,最终动摇家庭作为伦理型文化基础的意义,内在巨大的文化风险。因为,如果家庭难以提供终极关怀,社会大众就可能到宗教那里寻找,一定范围内存在的老龄信教群体的激增,与这一文化风险深度相关。"第一问题"的位移,昭示老龄化社会所面临的严峻伦理问题,也许社会可能逐渐承担养老的责任,但对家庭终极关怀的失落而导致的文化后果与伦理风险必须有充分的集体自觉。

3. 分配公正与社会伦理实体的文化认同

财富在何种意义上是伦理问题,是何种伦理问题?一言蔽之,财富是社会领域和社会生活中的伦理存在,分配公正是社会作为伦理实体的客观基础。财富和财富分配既是一个经济学问题,也是一个伦理学和法哲学问题,遵循经济学和伦理学的双重逻辑。经济学的逻辑是效率,伦理学的逻辑是公平或公正。改革开放通过变革"一大二公"的传统经济体制,以利益驱动机制极大地提高了生产率,但也伴生分配公正的难题。分配公正的伦理根据和伦理意义展现为两方面。一是财富的普遍性,分配公正本质上是财富分配和财富占有的伦理合法性,正是在这个意义上,无论经济学家还是伦理学家、法学家都承认,财富分配是一个伦理问题;二是财富与人格的关系问题,根据黑格尔的理论,所有权是人格确立的外部形态,占有财物是人格及其自由的基本条件,这也是马克思号召"无产者"革命的伦理根据。改革开放的深入，相当程度上是财富的经济学逻辑与伦理学逻辑之间的辩证互动，即效率与公平之间的价值平衡。分配公正的伦理原则如此重要，乃至孔子在轴心时代就发出预警："不患寡而患不均"。① 这一命题饱受误读，根源就在于只以经济学的效率逻辑解读，其实作为一个法哲学和伦理学命题，它道出了中华文明和中国文化的"初心"。正因为如此，关于分配公正的伦理精神共识应当是改革开放40年最重要的文化共识之一。

1）社会公平状况的伦理认同

社会公平、分配公正、善恶因果律，是三个相互关联但又有所区别的与公正相关问题域。社会公平比较综合，客观中渗透着主观，认知依赖于整体感受；分配公正集中于经济领域和伦理领域，感受比较直接；而善恶因果律或道德与幸福的一致度则既是社会现实，也是文化信念。三者从社会、经济、文化的不同领域体现一种文明的公正状况。我们的调查发现，社会大众对当今中国的社会公正和分配公正的伦理认同在基本一致中又有明显差异。

当今中国社会的公平状况到底如何？2017年的全国调查呈现出社会大众的认知与判断。调查发现，社会大众的主流认知是"说不上公平但也不能说不公平"的模糊判断，占38.0%。主流的模糊判断可能有两个原因。其一，公平问题并未成为当今中国社会最为凸显的问题，否则在大众认知中不会"说不上"；其二，大众对公平问题缺乏足够的伦理敏感性。但另外两个信息可以帮助对这两个原因进行辨析。选择"比较不公平"和"完全不公平"的总和为35.2%，"比较公平"和"非常公平"的总和为26.8%，"不公平"比"公平"的判断高出近9个百分点，因而"不公"依然是"中国问题"。

社会公平只是对社会作为伦理实体或伦理性存在的总体判断，其核心问题或典型表现是分配公正。另一个数据可以表达社会大众的文化感受："你认为当前中国社会下列情况的严重程度如何？"在包括个体与社会在内的所有伦理道德问题的诸多选项中，"社会财富分配不公，贫富悬殊过大"以2.81的均值居第一位，排列其后的是："娱乐界以丑闻绯闻炒作，污染社会风气"（均值2.74），"媒体缺乏社会责任，炒作新闻"（均值

---

① 《论语·季氏》。

2.68），"企业损害社会利益，如污染环境等"（均值2.62）。

问题在于，既然总体判断是"不公平"，为何它在问题意识中的地位会发生变化？2017年调查的另一个数据可以提供部分解释。"和前几年相比，你认为目前我国社会的分配不公、两极分化的现象发生何种变化？"53.0%的受访者认为"没有什么变化"，这是主流，它与"说不上公平也不能说不公平"的模糊判断相同。模糊不仅意味着难判断，也意味着中立，但在中立判断之外，占主导地位是"有较大改善"的认知，占33.5%。只有13.5%受访者认为"更加恶化"。由此可以推断，导致"分配不公"在社会大众的问题意识中序位变化的重要原因之一，是因为它得到"较大改善"。如果结合关于道德和幸福"能够一致"的（占67.9%）的文化认同指数和文化信心指数，那么问题意识的这种位移就更可能解释。

2）分配不公的伦理承受力

2017年的调查也表明，分配不公可能产生甚至已经产生严重社会后果。影响人际关系紧张的最重要因素是什么？在诸多选项中，"社会财富分配不公，贫富差距过大"（占33.0%）居首位，其后两位分别是："社会资源缺乏，引发恶性竞争"（占29.6%），人与人、人与社会之间缺乏信任（占28.4%）。但是，第一共识中已经显示，社会大众对人际关系具有较高的满意度，因而分配不公并没有成为最大伦理忧患，另一个调查数据可以为分配不公在当今中国社会大众的问题意识中的地位变化提供诠释。你认为目前我国社会成员之间的收入差距是否可以接受？2013年和2017年的调查数据有明显差异。

表9　　　　　　　　　　收入差距的大众接受度

	合理，可以接受	不合理，但可以接受	不合理，不能接受	说不清
2013年全国调查	13.9%	45.0%	29.5%	11.6%
2017年全国调查	17.3%	60.3%	22.3%	

可见，"不合理"的判断是主流，但同样"可以接受"的判断也是主流。但从2013年到2017年，认为"合理，可以接受"的判断上升了3.4个百分点，而"不合理，不能接受"的判断下降了7.2个百分点。这也反证了上文关于贫富不均现象"有较大改善"的判断，同时也可以假设，

当今社会大众对收入差距的伦理承受力有所提高。

以上诸多信息构成互补互释的信息链，呈现关于当今中国社会公平状况的两个基本共识："不公平，但可以接受"；"分配不公，两极分化"现象得到"较大改善"。正因为如此，"分配不公，两极分化"并没有像2007年、2013年的全国调查那样，成为大众集体理性中最担忧的两大问题之一。当然，导致这一变化的更大原因，是中国社会在发展中遭遇了新课题和新难题，这就是环境伦理和老龄化社会的家庭伦理问题。

4. 干部道德与国家伦理认同

1）干部道德是何种伦理问题？

腐败现象是改革开放遭遇的基本难题之一，但对这一问题的认知至今仍存在一个哲学盲区，即只将其视为道德问题。其实，腐败之所以成为全社会关注的问题，就在于它不只是个体或某个群体的道德问题，而是一个深刻的伦理问题，准确地说，是伦理—道德问题。腐败不仅因为部分干部将公共权力当作个人利益的战利品而消解国家的伦理实体性，而且因为权力与财富的私通而消解社会的伦理实体性，由于中国式腐败往往不仅一般意义上是家族式腐败，而且是出于家庭利益的腐败，因而也消解家庭的伦理合法性。因此，在伦理型文化背景下，腐败所伤害的不是一种伦理而是包括国家、社会、国家在内的一切伦理，伤害的是伦理本身。正因为如此，关于干部道德发展的大众共识，才成为改革开放40年最重要的文化共识之一。

干部道德因为权力公共性而具有特殊要求，并成为与国家伦理深刻关联的重大问题。"国家是伦理理念的现实"。① "个体发现在国家权力中他自己的根源和本质得到了表达、组织和证明。"② 所以国家权力在精神哲学意义上是一种"高贵意识"，其伦理本性是"服务的英雄主义"。"高贵意识是一种服务的英雄主义（Heroismus des Dienstes）——它是这样一种德行，它为普遍而牺牲个别存在，从而使普遍得到特定存在，——它是这样一种人格，它放弃对它自己的占有和享受，它的行为和它的现实性都是

---

① 黑格尔：《法哲学原理》，范扬、张企泰译，商务印书馆1961年版，第253页。
② 黑格尔：《精神现象学》（下卷），第49页。

为了现存权力（Vorhandene Macht）的利益"①。国家权力"服务"的伦理本性对坚持社会主义道路的中国尤为重要。社会主义以公有制为基础，公有制的核心是物质生活资料为全体人民所有，但在现实生活中所有权和支配权往往分离，支配权或国家权力被作为人民代表的干部掌握，于是公有制的彻底贯彻需要满足一个伦理条件，即掌握国家权力的干部必须为人民服务，由此毛泽东才提出"全心全意为人民服务"的道德要求和伦理理想。"全心全意为人民服务"就是"服务的英雄主义"，它是国家权力的伦理本质的中国表达。

干部道德不仅是公务员群体的道德，由于他们是国家权力的支配者，因而也是政治伦理、政府伦理和国家伦理。改革开放进程中，由于"公有制为主体多种所有制经济共同发展"和多样性文化的冲击，干部作为一个群体面临前所未有的道德考验和伦理挑战，以权力与财富私通为特征的腐败成为最具前沿意义的难题，它不仅影响社会大众对干部而且由此影响对政府的伦理信任，最终影响国家作为伦理实体的公信力与合法性。调查显示，改革开放40年来，治理腐败就是一场伦理保卫战，是一次保卫国家伦理的文化自觉，在此过程中社会大众对干部道德发展和政府伦理信任已经形成许多重要共识，达到关于国家伦理实体的新的文化自信。

2）关于干部道德和政府伦理的三个文化共识

三次调查已经揭示，腐败或"腐败不能根治"一直是社会大众最担忧的问题，应该说这已经不只是关于干部道德，而且是大众集体理性中最基本的共识。有待进一步推进的是，经过党的十八大以来的强力反腐，这一难题的破解取得何种进展？社会大众的"第一忧患"是否得到缓解并形成一些新共识？2017年的全国调查显示，关于干部道德和政府伦理的三个共识正在形成。

第一，腐败现象有较大改善，对干部的伦理信任度提高。"与前几年相比，你认为目前我国官员腐败现象有什么变化？"65.1%的受访者认为"有较大改善"，12.8%的受访者认为，"有很大改善"，二者总和77.9%，是绝对多数。19.5%的受访者认为"没有什么变化"，2.3%的受访者认为"更加恶化"。事实证明，惩治腐败有效提高了社会大众对干部的伦理信任度。"与前几年相比，你对政府官员的伦理信任度有什么变

---

① 黑格尔：《精神现象学》（下卷），第52页。

化？"虽然近47.7%的受访者认为"没有什么变化"，但"信任度提高了"的选择占38.8%，"更加不信任"的占13.6%，信任度有很大提高。

第二，对干部群体的伦理理解和伦理认同度提高。"你认为干部当官的目的是什么？"第一选项就是"为人民服务，为百姓就好事做实事"，选择率达45.4%，加上"为国家与社会做贡献"的27.0%，肯定性、认同性判断是主流，占72.4%。虽然认为"为自己升官发财"也占34.3%，但在2007年的调查中，第一选项就是"为自己升官发财"。它表明社会大众对整个官员群体在理解与和解中走向认同。

第三，伦理形象复杂多样，干部道德出现新问题。虽然在干部道德方面取得重大进展，但真正解决问题还任重道远。"在生活中或媒体上看到政府官员时，您首先想到的是什么？"2017年调查表明，社会大众对于干部形象的"伦理联想"或"伦理直觉"非常复杂，排序依次是：官僚、有权有势的人、公仆、有本事的人、决定命运的人、贪官、惹不起躲得起的人、遇到大事可以信任的人。虽有19.3%的受访者认同为"公仆，为老百姓谋福利"，2.9%受访者认为干部是"遇到大事可以信任的人"，但其他都比较复杂，甚至负面。

值得注意的是，经过党的十八大以来的强力反腐，当今干部道德出现了一些新情况。"你认为当今干部道德中最突出的问题是什么？"2013和2017年两次调查，共识度较高，八大问题中一般变化都只是相邻两大问题调换次序："贪污受贿"与"以权谋私"在第一、二位中互换位置；"生活作风腐败"和"政绩工程，折腾百姓"在第三、四位中互换位置；"铺张浪费"和"拉帮结派"在第七、八位中互换位置。变化最大的只有一个，即"平庸，不作为"，从第五位上升到第三位；位序唯一没变的，是"官僚主义"在两次调查中都处于第六位，说明"平庸，不作为"已经成为官员道德的新问题。

5. 伦理精神形态的共识

以上关于家庭、社会、国家三大伦理实体的文化共识，根本上是一种伦理精神共识，这些共识依次聚焦于三大伦理问题：家庭伦理能力，分配公正，干部道德。共识生成的文化轨迹是由道德走向伦理，精髓是秉承"伦理优先"的中国精神哲学传统，在改革开放进程中以道德发展捍卫伦理实体。但是，"伦理优先"已经在改革开放的激荡中具有现代形态，其集中表现是大众认知乃至理论体系上由伦理认同的德性优先向伦理反思的公正优先的哲学转换。调查表明，中国社会大众已经形成新的伦理精神共识。

表 10　　　　　　　　　　个体德性优先与社会公正优先

	个体德性最重要	二者统一，矛盾时先追求个体德性	社会公正最重要	二者统一，矛盾时先追求社会公正
2007 年全国调查	30.0%	17.9%	30.5%	19.6%
2017 年全国调查	18.0%	28.0%	31.0%	23.0%

个体德性与社会公正相互关系的精神哲学实质是道德优先还是伦理优先，就伦理实体而言，是伦理认同优先还是伦理反思优先。"你认为个体德性与社会公正哪个更重要？"以上相隔十年的两次调查信息基本相同，认为"个体德性最重要或矛盾时德性优先"的选择率分别为：47.9%、46.0%，认为"公正最重要或矛盾时公正优先"的选择率分别为：50.4%、54.0%，这 10 年差异率为 2%—4%，总的趋向是主张伦理与道德应当统一，伦理道德一体，但社会公正的诉求高于个体德性而处于优先地位。但进一步比较便会发现，对社会公正的诉求不断增强，伦理之于道德的优先地位日益凸显。2007 年个体德性优先与社会公正优先之间的差异率只有 1.5%，但 2017 年的差异率已达到 8%。这说明，当今中国社会大众在守望伦理道德一体、伦理优先的精神哲学传统的过程中，已经不只是孔孟式的伦理认同优先，也不只是近现代启蒙中的伦理批判优先，而是道德与伦理、德性与公正辩证互动中的伦理优先。伦理学界持续多年的关于德性论与公正论之争，也在一定程度上是伦理精神形态转换的理论体现。中国伦理道德的精神哲学传统和精神哲学形态没有变，但面对新的时代课题，问题式和哲学范式发生了部分质变，已经具有新的形态。

结语：伦理型文化的共识

综上，经过改革开放 40 年的洗礼，中国社会大众的伦理道德发展已经形成三大文化共识，其精髓一言概之：伦理型文化的共识。中国传统文化的伦理型特质已经被黑格尔、梁漱溟，以及当代文化人类学家本尼迪克特等所揭示和论证,伦理型文化的共识并宣示某种文化保守主义,而是表明中国社会大众依然守望着自己的文化传统和精神家园,伦理道德在精神世界和生活世界中依然具有特别重要的文化地位,这是改革开放40来伦理道德发展的"变"中之"不变"。伦理道德的文化自觉与文化自信是伦理型文化认同与回归的共识;"新五伦"—"新五常"是伦理道德现代转型的共识;伦理道德的集体理性与伦理精神共识是伦理道德发展的共识。文化认同与文化回归—伦理上守望传统,道德上走向现代—伦理道德一体、伦理优先,形成中国社会大众关于伦理道德"认同—转型—发展"的文化共识的精神谱系。其中,"伦理型文化"的传统是共识的文化基因和文化内核,伦理型文化的认同与回归是最大也是最重要的共识。

　　由此,可以得出三个具有哲学意义的结论。第一,现代中国文化依然是一种伦理型文化,中国社会大众以对伦理道德的文化自觉和文化自信一如既往地守望着伦理型文化的独特气派;第二,伦理型文化的现代中国形态已经生成,现代中国伦理道德的精神哲学形态依然是伦理—道德一体、伦理优先,"伦理上守望传统—道德上走向现代"的转型轨迹、德性与公正辩证互动中公正优先的新的伦理精神共识,表明无论"伦理—道德一体"还是"伦理优先",都已经具有体现新的时代精神的哲学形态。第三,中国伦理道德发展必须遵循伦理型文化的精神哲学规律,坚持伦理道德一体、伦理优先。当然,这些共识还有待进一步推进,从自发走向自觉,从心态走向行动,在全球化背景下由文化共识走向文化自觉和文化自立。

九　改革开放 40 年社会大众伦理道德共识的群体差异

在伦理道德发展的文化共识的生成过程中，中国社会大众到底体现何种群体差异？借助关于文化共识的研究与阐释框架，根据 2017 年全国调查的数据，以及后来开展的 2018 年、2019 年的江苏调查的相关信息，可能揭示改革开放 40 年中国社会大众伦理道德共识生成过程中的群体差异。

（一）文化自觉自信中对伦理道德发展的不同感受

调查发现，40 年改革开放的激荡，中国社会大众最基本的文化共识，就是对于伦理道德发展的文化自觉和文化自信。文化自觉表现为对于中国优秀伦理道德传统认同与回归的自觉；文化自信表现为对于伦理道德发展的文化信心。具体表现为三方面。

第一，对伦理道德传统的认知和态度由改革开放初期的激烈批判悄悄走向认同回归。关于当今中国伦理道德的主流因子的判断和对于不良伦理道德现象的文化归因，从正反两个方面构成相互支持的信息链，这些信息既是客观判断，也是主观认同，在客观性中充满主观性。

"你认为当前中国社会道德生活的主流是什么？"三轮全国调查、四轮江苏调查的轨迹十分清晰。可供选择的四大结构要素中，认知与判断呈两极变化：一极是"中国传统道德"，10 年中提升了 3 倍左右，表明传统回归的强烈趋向；另一极是市场经济道德，10 年中认同度有很大下降；其他两个要素，即"意识形态中提倡的社会主义道德"和"西方文化影响而形成的道德"则相对稳定，变化较小。另一信息可以为此提供反证。"您认为对现代中国社会伦理关系和道德风尚造成最大负面影响的因素是什么？"10 年的变化轨迹，同样呈反向运动。"传统文化的崩坏"、"市经济导致的个人主义"、"外来文化冲击"三大因素中,"传统道德崩坏"的归因不断上升,而市场经负面影响的归因不断下降,二者变化的幅度都是几何级数,超过三倍。以上两个方面相反相成,形成一个相互补偿、相互支持的信息链,它表明,对传统伦理道德的认同和回归呼唤,已经成为当今中国社会大众的最为强烈和深刻的文化共识。

但是,不同群体对它们的认同在共识中也体现出明显的文化差异。就第一选择率而言,八大群体对这一问题的排序完全一致,"中国传统道德"都是首选,但最大值和最小值相差20个百分点,政府官员和农民第一选择最高并且相关不大(分别为57.5%和57.7%),企业人员(包括企业家、企业员工、做小生意者)第一选择率最低;"意识形态中提倡的社会主义道德"其次,最大值和最小值相差近11.7个百分点,其中企业家第一选择率最高,企业员工第一选择率最低;"市场经济中形成的道德"和"西方文化影响而形成的道德"位居第三、第四,最大、最小值分别相差12.6个和5.9个百分点。差异度非常明显。

表1　"您认为当前我国社会道德生活中最重要的内容是什么?"
第一选择率　　　(2017,全国,单位:%)

	政府官员	企业家	专业人员	工人	农民	企业员工	做小生意者	无业、失业、下岗	总计
意识形态中所提倡的社会主义道德	25.1	32.4	26.0	20.7	23.3	28.0	22.4	26.8	23.7
中国传统道德	57.5	44.1	49.1	49.0	57.7	38.6	43.8	52.2	50.4
西方文化影响而形成的道德	6.6	5.9	8.1	9.3	4.9	12.9	10.4	8.1	8.2
市场经济中形成的道德	10.8	17.6	16.7	20.9	14.0	20.3	23.4	12.8	17.6
其他				0.1	0.1	0.1	0.1	0.1	0.1

第二,伦理道德依然是中国社会大众个人安身立命和调节人际关系的首选。调查发现,社会大众有宗教信仰的人数很少,总体在10%以下。在遭遇重大人际冲突时,"直接找对方沟通但得理让人,适可而止"、"通过第三方从中调节,尽量不伤和气"的伦理路径是首选,"得理让人,能

忍则忍"的道德路径其次,只有在商业活动中,"诉诸法律,打官司"才成为重要选项,但比例依然很小。这说明,精神世界中的宗教和生活世界中的法律,并不是中国人安身立命和调节人际关系的首选,中国文化依然是一种伦理型文化。

但同样的信息也呈现群体之间的差异。调查将利益冲突的主体区分为家庭成员、朋友、同事、商业伙伴等,其中与同事之间冲突能够比较典型地体现社会大众的文化取向。

表2　"如果您与同事之间发生重大利益冲突,您会选择____"

(2017,全国,单位:%)

	政府官员	企业家	专业人员	工人	农民	企业员工	做小生意者	无业、失业、下岗者	总计
诉诸法律,打官司	6.7		3.6	2.9	3.8	3.3	2.6	4.3	3.4
直接找对方沟通但得理让人,适可而止	51.5	51.6	45.7	43.1	39.3	46.3	45.7	45.4	43.5
通过第三方从中调节,尽量不伤和气	33.1	35.5	38.4	38.6	42.9	38.1	39.1	37.5	39.4
能忍则忍	8.6	12.9	12.3	15.3	14.0	12.3	12.5	12.8	13.6

表2数据显示,当同事之间发生重大利益冲突,政府官员(包括公务员)选择"诉诸法律,打官司"的比例最高,达6.7%,而企业家则无选择,与这一信息相补充的是,做小生意者选择法律手段也很少,为2.6%,居倒数第二,工人和企业员工分别居倒数第三、第四。这是一个非常有意思的信息,企业员工在与同事之间发生冲突时一般选择伦理或道德手段,而政府官员选择法律手段则远远高出其他群体。

第三,对于伦理道德发展的文化信心。集中表现为两个方面:对伦理道德发展的满意度不断提升,对道德与幸福之间的一致性的现实认同和文化信念持续提高。调查发现,当今中国社会大众对伦理道德现状满意度较高并且持续上升,两次全国调查满意度都在75%左右,不满意度都在25%左右;2019年的江苏调查满意度在90%左右,不满意度在10%左右。而且"非常满意"度都有显著提高。但是,诸群体之间的差异同样比较明显，总的说来，以上两个数据中，政府官员的满意度都是最高，对道德状况非常满意度是农民群体的近三倍，而企业家则没有选择"非常满意"；与之相应，政府官员的不满意度最低，企业家"非常不满意"的选择率是政府官员的十倍。其他诸群体之间差异度相对较小。

表3 "您对当前我国社会道德状况的总体满意度是____"

（2017，全国，单位:%）

	政府官员	企业家	专业人员	工人	农民	企业员工	做小生意者	无业、失业、下岗者	总计
非常满意	15.2		7.1	7.7	5.7	6.7	5.8	7.9	6.9
比较满意	65.2	66.7	61.5	69.0	68.3	66.1	66.9	62.5	66.8
不太满意	18.9	27.3	27.2	21.3	23.6	23.6	25.7	25.8	23.7
非常不满意	0.6	6.1	4.3	2.1	2.3	3.6	1.6	3.8	2.6

表4 "您对当前我国社会人与人之间的关系的总体满意度是____"

（2017，全国，单位:%）

	政府官员	企业家	专业人员	工人	农民	企业员工	做小生意者	无业、失业、下岗者	总计
非常满意	12.1	6.1	8.2	5.9	5.0	5.6	5.4	7.1	6.0
比较满意	67.3	66.7	66.0	69.4	70.9	64.2	66.3	64.2	67.9
不太满意	20.6	21.2	23.0	23.2	22.9	27.6	26.3	26.0	24.3
非常不满意		6.1	2.8	1.6	1.1	2.7	1.9	2.6	1.8

道德与幸福的一致度即所谓善恶因果律，既是社会公正的显示器，也是伦理道德的信念基础。调查发现，10年中一致度提高了18个百分点，认同度从原先的49.9%提升到2017年的67.9%，不一致程度下降了近10个百分点，认为二者没有关系的选择频数下降了50%，从16.6%下降到8.3%。2019年的江苏调查支持了这一数据，认同度为65.8%，认为没有关系的选择下降到3.6%。这说明中国社会在伦理公正度，以及社会大众的善恶因果的道德信念方面，都得到很大提升。但诸群体差异同样明显，政府官员和企业家的肯定性选择最高，但差异度相对较小。

表 5   "您认为目前我国社会中道德和幸福的现实关系是____"

（2017，全国，单位:%）

	政府官员	企业家	专业人员	工人	农民	企业员工	做小生意者	无业、失业、下岗者	总计
总体上道德和幸福能够一致，能惩恶扬善	75.2	74.2	69.9	67.0	68.5	65.4	68.0	68.6	67.9
有道德讲伦理的人大都吃亏，不守道德的人更能讨便宜	19.7	19.4	23.0	24.8	22.3	27.9	22.3	23.8	23.8
道德与幸福没有关系，能挣钱有发展无论怎样行动都行	5.1	6.5	7.1	8.2	9.2	6.7	9.8	7.7	8.3

在经济社会发展的过程中，社会大众的幸福感快乐感总体上得到提升，发展指数与幸福指数之间总体一致，其中企业家、政府官员、专业人员群体的生活水平和幸福感提升幅度最大，但企业家群体在生活水平提高的同时，幸福感和快乐感的落差也最大，选择率达20.6%；政府官员和专业人员群体的幸福感指数总体最高，选择率80%左右。

表 6   "最近这些年，您的生活水平对幸福感的影响是怎样的?"

（2017，全国，单位:%）

	政府官员	企业家	专业人员	工人	农民	企业员工	做小生意者	无业、失业、下岗	总计
生活水平提高了，但幸福感和快乐感降低了	13.2	20.6	13.9	12.3	10.4	12.4	10.2	11.9	11.6
生活水平提高了，幸福感和快乐感提高了	62.3	67.6	60.0	47.6	50.4	54.2	50.9	49.7	50.7
生活水平没变，幸福感和快乐感提高了	18.0	5.9	19.4	31.3	26.2	26.7	29.9	27.8	27.7
生活水平没变，幸福感和快乐感降低了	4.2	5.9	3.9	5.4	7.0	4.3	5.5	6.4	5.8

续表

	政府官员	企业家	专业人员	工人	农民	企业员工	做小生意者	无业、失业、下岗	总计
生活水平下降，但幸福感和快乐感提高了	0.6		0.9	1.6	2.9	1.4	1.5	2.0	1.9
生活水平下降，幸福感和快乐感也降低了	1.8		1.9	1.9	3.1	1.1	2.0	2.2	2.2

以上三大信息表明，中国社会大众已经在"滑坡—爬坡"的纠结中建立起伦理道德发展的文化自觉与文化自信。对伦理道德传统的认同与回归—对伦理道德现状的满意态度—对伦理道德发展的信心，三者从历史、现实和未来三个维度演绎和确证一种文化意向：伦理道德发展的文化自觉与文化自信。这已经成为当今中国社会大众伦理道德发展的最大也是最重要的文化共识。正因为如此，社会大众对未来伦理道德发展信心指数很高。在2017年关于"你觉得今后中国社会的道德状况会变成怎样"的调查中，71.2%认为"将越来越好"，10.7%认为"不变"，只有5.6%觉得会"越来越差"，信心指数或乐观指数超过70%。

综合以上信息，在伦理道德的自觉自信尤其是满意度方面存在明显的群体差异，其特点有三。

第一，与受教育程度和收入水平呈负相关。受教育程度越高，不满意率越高；收入越高，不满意率越高，其中与受教育程度的差异最为明显。对道德状况和人际关系的不满意度，大学以上人群最高，"不太满意"和"非常不满意"分别以34.3%和32.4%都居于第一位，中专、高中和职高人群的不满意率最低，分别为24.6%和24.7%，差异在10—8个百分点。在收入水平方面，对道德状况和人际关系的不满意率月收入四千及以上人群最高，分别达到28.2%和27.9%，无收入人群最低，分别是23.9%和23.7%，差异率在5个百分点左右。

第二，与职业群体关系比较复杂。企业家和专业人员对道德状况的不满意率最高，分别为33.4%和31.5%；企业员工和无业下岗无业人员对人际关系的不满意率最高，分别为30.3%和28.6%。但是，政府官员对社会道德状况和人际关系状况的不满意率在所有群体中都是最低，分别为

19.7%和20.6%，反过来说，满意度最高。

第三，与幸福感关系复杂。月收入4000元及以上人群、专业人员、大专以上学历人员幸福感最强，月收入1—2000元、无业下岗人员和初中以下学历人员幸福感最低，最高和最低的幸福感的差异在10个百分点左右。

以上群体差异中，与受教育程度和收入水平的负相关特别值得注意，一方面说明这些人群对伦理道德有更高的要求，另一方面他们对伦理道德也有更大的文化敏感性，他们的感受对社会的影响可能也更大。同时，政府官员对伦理道德状况的最高满意率及其与其他群体的差异也值得注意。这些差异不应只看作一般意义上思维方式和判断标准方面的差异，在深层上也体现了社会群体与社会阶层之间的差异，当然也包括对信息掌握的深度广度以及认识方法上的差异。其中，精英群体与草根群体之间总体上内在明显的差异。

（二）"新五伦"—"新五常"文化共识的群体差异

自2007年至2017年，三次全国调查、四次江苏调查都对当今中国社会最重要的伦理关系和道德规范进行跟踪，根据传统伦理道德体系"五伦"和"五常"的结构，试图揭示"新五伦"和"新五常"。调查发现，改革开放40年，中国社会大众关于伦理道德发展的最稳定的文化共识之一，就是"新五伦"和"新五常"。在多次调查的结果中，虽然很多信息因时间和对象的不同而有较大变化，然而社会大众所认同的五种最重要的伦理关系和道德规范，即所谓"新五伦"和"新五常"却相对稳定。2018年、2019年的江苏调查支持了这一信息。

1. "新五伦"及其群体差异

传统伦理以君臣、父子、夫妇、兄弟、朋友为五种最重要的伦理关系，形成所谓"五伦"范型，其中父子、兄弟是天伦，君臣、朋友是人伦，夫妇则介于天伦与人伦之间。"五伦"的文化规律是：人伦本于天伦而立，社会伦理关系以家庭伦理关系为基础和范型。"五伦"体现家国一体、由家及国的文明路径下"国—家"伦理规律。

现代中国社会最重要的伦理关系是哪些，或者说，"新五伦"是什么？中国伦理的文化规律有没有发生根本变化？多次调查的信息惊人相同，排列前三位的都是家庭血缘关系，并且排序完全相同：父母子女、夫妻、兄弟姐妹；第四位、第五位在共识之中存在差异，分别为个人与社会、朋友关系和个人与国家的关系。2019年的江苏调查的结果与之基本吻合。

"新五伦"价值共识中虽然存在某些不确定因素，但家庭血缘关系在现代中国的伦理关系中依然处于绝对优先对位，后两伦或后三伦虽然在排序方面有所差异，但要素则基本相同，并且差异度非常小，其情形也应了学术界讨论的所谓"新六伦"的设想。

"新五伦"调查所列选项的基本文化构造是个人与家庭、社会、国家诸伦理实体，以及个人与自身、人与自然的关系。在关于对个人生活最具根本意义的关系方面，诸社会群体文化共识的特点在于：职业群体、收入群体、教育群体对诸关系重要性的排序高度统一，分别是：家庭血缘关系、个人与社会的关系、职业关系、个人与自身的关系、个人与国家民族的关系、人与自然的关系，其中家庭关系的重要性是居于第二位的个人与社会关系的2.5至3倍，个人与社会的关系是居第三位的职业关系的1.5倍左右。差异在于：企业家、无收入人群、低教育程度人群，依次对家庭的重视程度最高，政府官员相对最低；政府官员、低收入人群、大专以上教育程度人群，依次对人与社会的关系认同度最高；大学以上人群、企业员工、无收入人群，对人与自身的关系认同度依次最高；政府官员、大学以上人群、低收入人群对个人与国家民族的关系认同度依次最高；企业家、初中以下人群、低收入人群对个人与国家民族关系认同度依次最低，其中企业家的认同度只有2.9%。

表7　　　　　对个人和社会秩序最具根本意义的伦理关系　　　（单位:%）

	血缘关系	个人与社会	个人与国家民族
2007年全国调查	40.1	28.1	15.5
2013年全国调查	62.7	18.8	7.7
2017年全国调查	47.5	24.6	16.8

总体上，在家庭、社会、国家三大关系中，家庭第一，国家第二。2017年的调查对三大关系的第一选择率做了交互比较，发现政府官员最

重视与国家的关系,高出做小生意和无业失业下岗人员24个百分点左右;相反,做小生意和无业下岗人员最重视家庭关系,也高出政府官员群体24个百分点左右。这是一个非常有意思的两极置换。说明如何让低层大众尤其是弱势群体体验到国家的伦理关怀和伦理意义,具有非常重要的文化战略意义。

表8　对于个人而言,您认为家庭、社会和国家三者的重要性程度如何?第一选择率　　　(2017,全国,单位:%)

	政府官员	企业家	专业人员	工人	农民	企业员工	做小生意者	无业、失业、下岗	总计
国家	66.5	55.9	48.0	47.6	45.7	45.3	42.4	42.8	45.9
社会	5.4	5.9	6.2	4.3	7.0	5.2	5.5	6.6	5.8
家庭	28.1	38.2	45.7	48.1	47.3	49.5	52.0	50.6	48.3

这些差异中,最值得注意的信息是两个。一是政府官员与其他群体之间的差异最多也最大,六大伦理关系中,除职业关系外,政府官员都与其他某一群体处于最大与最小两极中的一极,说明政府官员有待与其他群体之间展开伦理对话;二是企业家群体对个人与国家民族关系的认同度最低,这与市场化进程中所谓"大市场,小国家"的误导有关,也内在深刻的社会文化风险。群体内部的差异度超过两倍的主要集中于人与自身、个人与国家民族、人与自然三大关系之中,其中本科以上人群对人与自身关系的认同度为11.1%,而初中以下人群只有5.1%;对个人与国家民族的关系,政府官员为6.0%,企业家群体为2.9%;对人与自然的关系,无收入人群认同度为2.6%,4000元以上人群为1.2%(表9)。

表9　诸群体内部、诸群体之间对最重要伦理关系认同度的两极差异　　　(2017全国,单位:%)

最重要关系排序	受教育程度差异	收入水平差异	职业差异	最大群体差异
家庭关系或血缘关系53.9	初中以下56.2 vs. 本科以上52.2	无收入58.5 vs. 1—200元51.5	企业家61.8 vs. 官员50.9	企业家61.8 vs. 官员50.9

续表

最重要关系排序	受教育程度差异	收入水平差异	职业差异	最大群体差异
个人与社会的关系 19.7	大专 21.8 vs. 初中以下 19.5	2000 以下 21.6 vs. 无收入 17.4	官员 26.3 vs. 企业家 17.6	官员 26.3 vs. 无收入人群 17.4
职业关系 12.5	高中职高 13.3 vs. 本科以上 9.2	2000—4000 元之间 14.3 vs. 无收入 9.1	工人 14.5 vs. 无业下岗人员 9.2	工人 14.5 vs. 无收入 9.1
个人与自身的关系 6.4	本科以上 11.1 vs. 初中以下 5.1	无收入 7.8 vs. 1—2000 元 5.4	企业员工 8.7 vs. 官员 4.8	本科以上 11.1 vs. 官员 4.8
个人与国家民族关系 4.9	本科以上 5.5 vs. 初中以下 4.6	2000 元以下 5.2 vs. 无收入 4.7	官员 6.0% vs. 企业家 2.9	官员 6.0 vs. 企业家 2.9
人与自然的关系 1.9	高中职高 2.1 vs. 本科以上 1.2	无收入 2.6 vs. 4000 元以上 1.2	农民 2.5 vs. 官员、企业家 0.0	无收入 2.6 vs. 官员、企业家 0.0

2017 年的调查进一步将伦理关系的意义区分为对社会秩序和个人生活两个方面,同样发现诸群体在共识中明显的文化差异。"个人与社会的关系"对社会秩序最具根本意义,认同度在 40%—60% 之间;其中企业家选择率最高,达 58.8%,无业失业下岗人员最低,为 41.0%。血缘关系第二,农民为 37.7%,高出企业家的 (23.5%) 14.2 个百分点。个人与国家的关系首选率排列第三。

表 10　　"您认为哪一种关系对社会秩序最具根本性意义?"
第一选择率　　　　　(2017,全国,单位:%)

	政府官员	企业家	专业人员	工人	农民	企业员工	做小生意者	无业、失业、下岗	总计
家庭关系或血缘关系	30.1	23.5	28.9	29.7	37.7	26.6	29.3	36.2	32.5
个人与社会的关系	46.4	58.8	46.4	49.7	44.8	50.9	48.4	41.0	46.8

续表

	政府官员	企业家	专业人员	工人	农民	企业员工	做小生意者	无业、失业、下岗	总计
职业关系	4.8	2.9	6.5	4.4	3.7	6.1	4.1	5.1	4.5
个人与国家民族的关系	12.7	11.8	12.2	9.8	9.1	10.2	12.6	11.5	10.4
人与自然的关系	1.8		1.4	2.1	2.3	1.6	2.1	1.8	2.0
个人与自身的关系	4.2	2.9	4.6	4.2	2.4	4.5	3.5	4.4	3.7

对个人生活而言，血缘关系高居第一位，企业家选择率最高，达61.8%，政府官员最低，为50.9%；个人与社会的关系其次，政府官员与企业家之间的差异度近个%点。个人与国家的关系首选率排列第五。

表11 "您认为哪一种关系对个人生活最具根本性意义？"第一选择率

（2017，全国，单位:%）

	政府官员	企业家	专业人员	工人	农民	企业员工	做小生意者	无业、失业、下岗	总计
家庭关系或血缘关系	50.9	61.8	50.8	52.0	55.2	52.7	55.5	57.8	54.3
个人与社会的关系	26.3	17.6	24.5	19.9	20.1	19.7	18.7	18.0	19.8
职业关系	12.0	11.8	11.7	14.5	12.9	11.9	12.8	9.2	12.6
个人与国家的关系	6.0	2.9	6.1	4.3	4.7	5.4	4.8	5.4	4.9
人与自然的关系			1.2	2.0	2.5	1.5	1.5	1.8	1.9
个人与自身的关系	4.8	5.9	5.8	7.2	4.5	8.7	6.7	7.9	6.5

2. "新五常"及其群体差异

"五常"是传统社会的基德或母德，也是传统社会认同度最大的五种德性。自轴心时代开始，中国传统道德所倡导的德目虽然很多，然而自孟子提出"四德"、董仲舒建立"五常"之后，仁义礼智信，不仅成为传统道德的核心价值，也是最重要的道德共识，即便在传统向近代转型中，

"五常"之德也在相当程度上被承认，启蒙思想家所集中批判的往往是它们被异化而形成的虚伪或伪善，而不是"五常"本身。40 年改革开放，社会生活和文化观念发生根本变化，社会大众最认同的五种德性或"新五常"是什么？调查同样进行了持续跟踪。

三轮全国调查、四轮江苏调查，虽然排序上有所差异，但传递一个强烈信息：现代中国社会大众最为认同的德性或德目即所谓"新五常"的文化共识正在生成或已经形成。"爱"（包括仁爱、友爱、博爱）是第一德性；"诚信"是第二德性，"责任"是第三德性，"公正"或正义是第四德性，"宽容、孝敬"可以并列为第五德性，但考虑到问卷设计的差异，以及这三种德目之间的重叠交叉，第五德性可能以"宽容"更为合宜。由此，"新五常"便可以表述为：爱、诚信、责任、公正、宽容。2019 年的江苏调查再次验证了这个结论。

"新五常"与"新五伦"的文化认同具有基本相似的特点，诸群体对最重要的德性认同的排序基本相同，共识度很高，但诸群体之间的差异明显。以排序第一的最重要德性的选择为例，调查中被选择的第一德性依次是：爱、孝敬、公正、诚信、责任、善良、宽容，其他还有义、忠恕、节制、谦让等。其中"爱"被第一选择率最高，诸群体都超过 20%；孝敬、公正、诚信在 10%—20% 之间，责任、善良、宽容在 5%—10% 之间。

数据分析显示，群体内部和群体之间对第一德性认同度的最大差异发生在孝敬、诚信、责任等，差异度在两倍左右。经济社会地位越低，对孝敬等德性的认同度越高，无收入人群对孝敬的第一选择率达 20.6%，收入四千元以人群最低对它的选择率最低，为 12.8%；无业下岗人员对孝敬的第一认同度为 19.1%，而企业员工只有 7.7%，差异度近 2.5 倍。原因很简单，以孝敬为核心的家庭道德是个体的自然伦理安全系统，具有世俗形态的终极关怀意义。企业家对诚信的第一认同度为 20.6%，而企业员工为 9.4%，差异度近两倍。

最多和最大差异依然存在于官员与其他群体之间，选择率最前的七个德目中，有四个德目政府官员处于与其他群体的两极，对公正的第一选择率位于其他群体之首，但对责任、善良、宽容的第一认同度处于其他群体之末。它表明，政府官员与其他群体在伦理上的差异度与道德上的差异度基本相同，政府官员与其他诸社会群体的文化共识，是建立当今中国社会大众伦理道德共识的关键和难题。

表 12　　　　　最重要德性的诸群体选择率和认同度，
　　　　　　　第一选择率　　　　　（2017，全国，单位:%）

最重要德性第一选择率排序	受教育程度群体两极差异	收入水平群体两极差异	职业群体两极差异	群体之间最大差异
爱(仁爱、博爱、友爱) 28.7	大专以上 33.7 vs. 初中以下 27.7	4000 元以上 32.2 vs. 1—2000 元 27.5	企业员工 36.0 vs. 企业家 23.5	企业员工 36.0 vs. 大专以上 22.7
孝敬 16.1	高中以下 16.8 vs. 本科以上 11.5	无收入 20.6 vs. 4000 元以上 12.8	无业下岗人员 19.1 vs. 企业员工 7.7	无收入 20.6 vs. 企业员工 7.7
公正 12.5	本科以上 12.8 vs. 大专 11.4	2000 元及以上 12.8 vs. 无收入 11.4	官员 14.4 vs. 无业下岗人员 9.5	官员 14.4 vs. 无业下岗人员 9.5
诚信 10.8	本科以上 12.0 vs. 高中职高 9.6	1—4000 元 11.2 vs. 无收入、4000 元以上 10.6	企业家 20.6 vs. 企业员工 9.4	企业家 20.6 vs. 企业员工 9.4
责任 8.7	大专以上 9.6 vs. 初中以下 7.8	4000 元以上 9.6 vs. 1—2000 元 7.9	企业家 11.8 vs. 官员 6.0	企业家 11.8 vs. 官员 6.0
善良 5.7	初中以下 6.4 vs. 本科以上 4.2	初中以下 6.8 vs. 大学以上 5.1	农民 6.8 vs. 官员 4.2	农民 6.8 vs. 官员 4.2
宽容 4.3	高中职高 4.5 vs. 大专 3.4	4000 元以上 5.1 vs. 1—2000 元 3.5	企业员工 5.4 vs. 官员 3.0	企业员工 5.4 vs. 官员 3.0

3. "同行异情"的转型轨迹

以上信息表明，"新五伦"中，至少60%而且是作为"关键大多数"的60%即三大血缘关系属于传统，后两伦处于传统与现代的交切之中。而"新五常"中，只有"爱""诚信"可以说属于传统，其他三德（公正、责任、宽容），都具有明显的现代性特征，这说明"新五常"由传统向现代的转换不仅在具体内容而且在结构元素方面已经越过拐点。由此便可以得出一个结论：以"新五伦"与"新五常"为核心的伦理道德现代转型的文化轨迹，是"伦理上守望传统，道德上走向现代"。这种转型轨迹借用朱熹的理学话语即所谓"同行异情"。伦理转型与道德转型"同行"，但二者却"异情"。在伦理与道德的辩证互动及其现代发展中，"伦理守望传统"，伦理发展的主流趋向是"变"中求"不变"，是对传统的守望；"道德上走向现代"，道德发展的主流趋向是"变"，是在问题意识驱动下走向现代；两种趋向表现为伦理与道德发展的不平衡。虽然"新五伦"的具体内容也无疑都具有现代性，但其要素更重要的是其文化结构依然体现和守望着传统，家庭伦理的本位地位及其与社会、国家的关系，依然体现传统中国文明的"'国—家'伦理"即家国一体、由家及国的特殊文化气质和文化规律。伦理范型的要素及其根本结构没有变，一句话，"人伦"没有根本改变，"变"的只是作为"人道"体现的"新五常"。

值得注意的是，"新五常"与传统"五常"具有不同性质，它们是社会大众认同的最需要的德性，这些德性相当程度上具有强烈的"问题意识"，即可能指向当下中国社会中存在的诸多道德问题，遵循"大道废，有仁义"的"治病模式"，它们要像传统"五常"那样成为基德和母德，还需要经过理论上的反思和建构，由"治病模式"转换为"养育模式"。

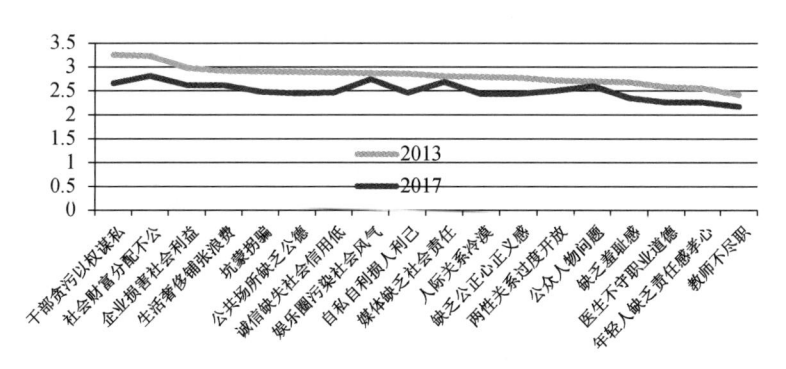

图1 社会大众对突出道德问题及其强度判断的时序差异（全国，2013 vs. 2017）

调查发现，"新五常"共识的生成不仅与当今中国社会存在的道德问题相关甚至指向道德问题，而且党的十八大以来，中国社会突出道德问题的治理，已经取得很大成效。

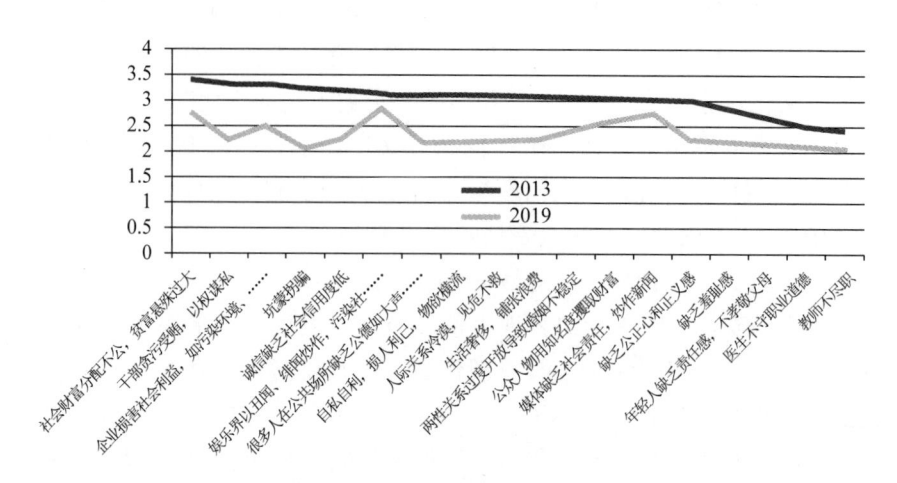

图 2　社会大众对突出道德问题及其强度判断的时序差异（江苏，2013 vs. 2017）

（注：图 1、图 2 中显示的是各道德问题严重性的均值，数值越高，表示越严重）

上图显示，2013 年至 2017 年的 10 年中诸突出道德问题的严重程度全面下降，江苏调查的 2013 年和 2019 年的数据佐证了这一发现，这说明道德问题的治理取得很大成就，但问题式也发生变化或发展不平衡，其中娱乐界、媒体、公众人物三大领域的道德问题依然十分严峻。

（三）伦理实体文化认同的群体特征

家庭、社会、国家是生活世界中的三大伦理实体，它们的辩证互动构成人的伦理生活、伦理精神和伦理世界的体系。家庭是自然的或直接的伦理实体，财富的普遍性和国家权力的公共性，是生活世界中伦理的两种存在形态，也是社会与国家成为伦理性存在或伦理实体的两大基本伦理条件。无论家庭、社会、国家三大伦理实体还是它们间的关系，历来都是中国文明尤其是中国伦理道德的难题。因为，一方面，在家国一体、由家及国的文明体系即"国—家"传统中，家庭与国家以及与作为二者之间中介的社会之间的一体贯通，是中国文明的特殊规律；另一方面，三者关系的合理性，也是内在于中国文明的深刻难题。中国伦理道德对人类文明的最大贡献，就是在生活世界和精神世界中建立了三者贯通的哲学体系和人文精神，即修身齐家治国平天下的"大学之道"，但也遭遇不同于西方伦理道德的特殊挑战,最根本的挑战就是家庭在文明体系中的特殊地位,及其对财富伦理和权力伦理的深刻影响。

"当今中国社会您最担忧的问题是什么?"2007年和2013年的全国调查,"腐败不能根治"和"分配不公、两极分化"分别处于第一、第二位,但2017年的调查中,"生态环境恶化"取代分配不公成为居第二位的大众最担忧的问题。企业家群体对"腐败不能根治"的首选率达64.7%,忧患指数是政府官员(34.1%)和专业人员(32.6%)的两倍;政府官员群体最担忧"生态环境恶化"(32.9%),首选率是企业家群体的近三倍(14.7%);对处于第三位的"分配不公"的首选率诸群体共识度较高差异度较小。首选的其他忧患依次是"老无所养"、"生活水平下降"和"道德滑坡"等。

表13　　"对中国社会,您最担忧的问题是＿＿?"
　　　　　　　　　第一选择率　　　　(2017,全国,单位:%)

	政府官员	企业家	专业人员	工人	农民	企业员工	做小生意者	无业、失业、下岗者	总计
腐败不能根治	34.1	64.7	32.6	39.7	40.6	39.5	40.1	34.8	38.9
生态环境恶化	32.9	14.7	36.6	26.4	25.8	31.9	28.4	28.7	27.9
分配不公,两极分化	11.6	11.8	13.8	10.9	8.6	11.0	9.0	9.8	10.0
老无所养,未来没有把握	6.7	2.9	7.9	11.1	16.2	6.4	10.2	10.6	11.6
生活水平下降	3.0	2.9	3.5	6.6	4.7	6.4	5.9	6.8	5.7
道德滑坡,社会风气恶化	6.7	2.9	4.7	2.9	2.0	3.2	2.8	4.5	3.1
人际关系紧张	3.7		0.5	1.2	0.3	1.4	1.9	2.2	1.2
其他	1.2		0.5	1.2	1.9	0.4	1.7	2.7	1.6

但是,当问及"您认为当今中国社会最基本的伦理冲突是什么"时,"分配不公,两极分化""生态环境恶化""腐败不能根治"依次处于首选的前三位,正好与前一个问题换了次序,并且诸群体体现出明显差异。其中企业家群体首选"分配不公,两极分化",达58.8%,其他群体的首选率都在30%—40%之间;"生态环境恶化"的共识度较大;其中企业员

工和工人的首选率最高;企业家对"腐败不能根治"的首选率最低,只有8.8%,是其他群体的1/2—1/3。企业家群体最担忧"腐败不能根治",但又对其伦理后果的严重性评估度最低,这一信息值得深思,体现出这一群体的矛盾态度甚至模糊的群体意识。也许,在政商关系中,这一群体对腐败问题最有切身体验,甚至最痛恨,但诸多大案要案显示,重大腐败案很多与企业有关,企业群体也许没有真正意识到腐败行为对社会造成的巨大伤害。

表14   "您认为当今中国社会最基本的伦理冲突是____?"
           第一选择率   (2017,全国,单位:%)

	政府官员	企业家	专业人员	工人	农民	企业员工	做小生意者	无业、失业、下岗者	总计
腐败不能根治	22.3	8.8	27.6	22.6	21.2	23.1	19.6	24.3	22.4
生态环境恶化	24.7	23.5	21.3	30.2	27.3	30.6	28.3	23.0	27.5
分配不公,两极分化	33.7	58.8	39.6	31.7	33.0	32.5	32.1	36.7	33.5
老无所养,未来没有把握	16.9	5.9	10.5	13.4	15.3	12.9	16.5	12.2	14.0
生活水平下降	2.4	2.9	0.9	2.0	2.8	0.8	3.2	3.3	2.4
其他				0.2	0.3	0.1	0.3	0.5	0.3

1. 家庭伦理承载力的文化差异

家庭与国家是"国家"文明路径下中国社会最重要的两大伦理实体,其中家庭具有伦理范型和伦理策源地的意义。调查显示,改革开放邂逅独生子女,独生子女邂逅老龄化,当今中国社会关于家庭伦理的文化共识正在逐渐生成,聚焦点是家庭伦理形态、伦理能力和伦理风险,主题词是"文化宽容"。

"现代家庭关系中最令人担忧的问题是什么?"2007年、2017年的调查获得的信息相同,代际关系第一,婚姻关系第二。10年中关于家庭伦理的集体意识的最大变化,是由主观道德品质向客观伦理能力的演进。代际关系是关于家庭伦理的问题意识的首要自觉,10年中第一忧患已经从2007年的"独生子女缺乏责任感"和"孝道意识薄弱"的主观品质,转换为2017年的"独生子女难以承担养老责任,老无所养"的客观能力;婚姻不稳定也不只是因为价值观上的"两性关系过度开放",而且是"守护婚姻"的意识和能力。"问题式"转换的主要原因,一是独生子女与老龄化的相遇,使中国社会不仅在价值上"超载"(即孝道的文化供给不足),而且在伦理能力(即行孝)的能力方面"超载";二是伦理形态尤其是婚姻伦理形态、家庭伦理形态的变化,社会大众除对婚外恋等保持严峻的伦理态度,对丁克、未婚同居乃至同性恋等都表现出很大的文化宽容。

关于家庭伦理的集体自觉和文化忧患,各年龄群体和城乡群体之间共识度较高,差异的规律性较明显。在年龄群体上,呈现两种差异趋向:年龄越大,对养老、孝道的忧患度越大,差异度分别为9个百分点和5个百分点;年龄越轻,对代沟、婚姻的忧患度越大,差异度分别为6个百分点和3个百分点。五个年龄段中,40—49岁、50—59岁两个年龄段的共识度最高,两个数据只差0.1个百分点,基本没有差异,另两个数据分别相关1个和2个百分点。

表15　　　　家庭伦理的忧患意识的年龄差异　　　(2017,全国,单位:%)

	18—29岁	30—39岁	40—49岁	50—59岁	60—65岁
独生子女难以承担养老责任,老无所养	24.4	25.6	30.5	30.6	33.4
子女缺乏责任感,孝道意识薄弱	15.3	18.2	19.0	20.3	20.3
代沟严重,父母子女之间难以沟通	31.5	29.1	27.1	27.2	25.1
婚姻不稳定,年轻人缺乏守护婚姻的能力	26.8	23.8	22.4	24.8	23.9

对家庭伦理的忧患,城乡群体之间的共识度最高,以上四个数据的差异度大都在1个百分点左右,充分说明它们已经是一种社会性的共识。

表 16　　　　　　家庭伦理的忧患意识的城乡差异　　　（2017，全国，单位:%）

	农业户口	非农业户口
独生子女难以承担养老责任，老无所养	28.4	29.4
子女尤其独生子女缺乏责任感，孝道意识薄弱	18.9	17.6
代沟严重，父母子女之间难以沟通	28.4	27.5
婚姻不稳定，年轻人缺乏守护婚姻的能力	24.7	23.8

对于现代家庭，诸社会群体最担忧的问题是家庭伦理安全。家庭是自然的伦理实体，承担代际承续的伦理使命，但独生子女将中国社会抛进了空前的伦理风险中，老龄化社会的到来加速了这一社会焦虑和社会风险。对家庭关系首选率最高的依次是"独生子女难以承担养老责任，老无所养""只有一个孩子，对家庭的未来没有把握""婚姻关系不稳定，年轻人缺乏守护婚姻的意识和能力"。其中，企业家群体对前两个问题的忧患度最高，分别高于最低首选的 10 个百分点和 28 个百分点；对"婚姻关系不稳定"的群体共识度较高，其中政府官员和企业员工的首选率最高。

表 17　　　"您认为现代家庭关系中最令人担忧的问题是＿＿？"
　　　　　　　　　　第一选择率　　　　　　　（2017，全国，单位:%）

	政府官员	企业家	专业人员	工人	农民	企业员工	做小生意者	无业、失业、下岗者	总计
只有一个孩子，对家庭的未来没把握	24.4	28.1	23.9	24.4	18.5	23.8	23.5	18.1	21.6
独生子女难以承担养老责任，老无所养	16.5	34.4	24.4	21.1	24.3	21.2	23.8	22.8	22.7
年轻人不愿结婚，或不愿生孩子，家族传承危机	11.6	15.6	11.0	11.7	11.5	9.3	11.1	10.5	11.1
婚姻关系不稳定，年轻人缺乏守护婚姻的意识和能力	17.1	12.5	15.5	14.5	15.6	17.0	13.2	13.6	14.9
子女尤其是独生子女缺乏责任感，孝道意识薄弱	8.5	3.1	8.5	7.6	10.0	8.9	7.1	8.3	8.5

续表

	政府官员	企业家	专业人员	工人	农民	企业员工	做小生意者	无业、失业、下岗	总计
代沟严重，父母与子女之间难以沟通	12.2	6.3	8.0	12.1	12.0	12.0	11.7	14.3	12.1
婆媳关系紧张	1.8		2.6	3.4	2.8	3.0	4.0	3.7	3.2
父母不民主，不能容忍差异	1.8		0.7	1.3	0.8	1.5	1.5	2.6	1.4
"啃老"现象严重	0.6		1.9	1.2	0.5	1.0	1.0	1.6	1.1
父母只培养孩子的知识和技能，忽视良好品德的养成	2.4		2.3	1.2	1.2	1.3	1.2	1.4	1.3
两性关系过度开放	0.6			0.0	0.3	0.2	0.5	0.5	0.3
其他	2.4		1.2	1.4	2.4	0.4	1.4	2.6	1.8

短短十年中"第一问题"的位移，标志着随着老龄化社会到来所面临的严峻伦理问题，也许社会可能逐渐承担养老的责任，但由终极关怀的变化而导致的文化后果与伦理风险必须有充分的集体自觉。两个信息可以佐证这一风险。"你认为理想的养老方式是哪种？"53.3%选择"与子女同住"；"当父母一方长期生活不能自理时，主要承担照顾工作的人应该是谁？"47.2%选择子女照顾，35.2%选择"父母中还有能力的另一方"。它说明，社会大众对家庭的终极关怀依然具有很高的伦理预期。另一个信息可以为此提供佐证。

表18　　　　"您是否认为把老人送到养老院是不孝行为？"

(2017，全国，单位:%)

	政府官员	企业家	专业人员	工人	农民	企业员工	做小生意者	无业、失业、下岗	总计
是	12.0	21.2	10.9	17.2	24.4	13.2	17.7	20.5	19.0
部分是	52.1	39.4	53.8	54.6	48.7	55.7	53.1	47.6	51.7
不是	35.3	39.4	34.9	27.9	26.4	31.0	28.9	31.6	29.0
其他	0.6		0.5	0.3	0.4	0.1	0.2	0.3	0.3

虽然家庭的伦理忧患由十年前的"独生子女缺乏责任感，孝道意识薄弱"的主观品质，向"独生子女难以承担养老责任，老无所养"的客观能力转化，达成代际伦理和解，但社会并没有放弃对子女孝道的要求，中国文化依然是伦理型文化，中国社会大众依然守望着家庭的自然伦理实体和自然伦理安全。大部分人对父母送养老院视为"部分不孝"甚至"不孝"，其中，社会经济地位越低，对孝道的期待越高，因而对这类行为的批评也越严厉。当然，也不能否认，这部分人更接近中国传统和社会良知，因为他们对家庭的自然伦理安全的依赖度最大。

2. 分配正义的伦理感知及其群体差异

社会公正不仅关乎社会的伦理存在，是社会作为伦理性实体的显示器，而且关乎大众对社会的伦理认同，最后关乎社会的伦理凝聚力。在2007年、2013年的全国调查中，分配不公分别居于社会大众最担忧的问题的第一和第二位。

中国社会的公正状况到底如何？2017年的全国调查显示，社会大众的主流认知是"说不上公平但也不能说不公平"的模糊判断，占38.1%，但选择"比较不公平"的占29.3%，"比较—公平"占24.7%，"不公平"比"公平"的判断高出8.4个百分点，因而"不公"依然是"中国问题"。在诸群体之间，企业家选择"比较不公平"达38.2%，是政府官员（18.1%）的2倍多；政府官员和专业人员对"比较公平"的认同度相当并且最高，高出其他群体三分之一左右；但政府官员对"非常公平"的选择（5.4%）是最低选择的工人群体（1.2%）4倍多。

表19　　　　　　　　　"总的来说，您认为当今的社会公不公平？"

（2017，全国，单位:%）

	政府官员	企业家	专业人员	工人	农民	企业员工	做小生意者	无业、失业、下岗	总计
完全不公平	6.0	5.9	6.6	5.7	6.1	4.9	5.4	6.8	5.9
比较不公平	18.1	38.2	25.3	28.2	32.1	26.8	30.2	29.4	29.3
说不上公平但也不能说不公平	34.9	29.4	31.6	41.8	36.4	38.6	40.3	35.1	38.1

续表

	政府官员	企业家	专业人员	工人	农民	企业员工	做小生意者	无业、失业、下岗	总计
比较公平	35.5	26.5	35.0	23.1	23.3	26.4	22.4	25.8	24.7
非常公平	5.4		1.5	1.2	2.1	3.3	1.7	3.0	2.1

但另一数据可以诠释社会公平的发展态势。"和前几年相比，你认为目前我国社会的分配不公、两极分化的现象发生何种变化？"53.0%认为"没什么变化"，是主流，它与"说不上公平也不能说不公平"的模糊判断相对称，但在中立判断之外，占绝对主导地位是"有较大改善"的认知，占33.5%，只有13.5%认为"更加恶化"。诸群体之间，50.0%的政府官员选择"有较大改善"，高出最低选择的工人、做小生意者的2/5；相反，50%以上的做小生意者、工人、农民选择"没什么变化"。群体差异十分显著。

表20　　　"和前几年相比，您认为目前我国社会的分配不公、两极分化现象＿＿？"

（2017，全国，单位：%）

	政府官员	企业家	专业人员	工人	农民	企业员工	做小生意者	无业、失业、下岗	总计
有较大改善	50.0	45.2	43.5	30.8	32.0	35.5	30.0	36.9	33.5
没什么变化	37.0	32.3	39.6	55.2	57.1	51.9	55.7	46.9	53.0
更加恶化	13.0	22.6	16.8	13.9	10.9	12.5	14.3	16.2	13.5

当今中国社会对于分配不公的伦理承受力如何？"你认为目前我国社会成员之间的收入差距是否可以接受？"2013年和2017年的全国调查有明显差异。"不合理"的判断是主流，但同样"可以接受"的判断也是主流。但在四年中，认为"合理，可以接受"的判断上升了近4个百分点，而"不合理，不能接受"的判断下降了7个百分点。这也反证了上文关于贫富不均现象"有较大改善"的信息和判断，同时也可以假设，当今社会大众对收入差距的心理承受力和伦理接受度有了提高。在诸群体之

间，无业失业下岗人员、工人、农民选择"不合理，不能接受"的比较最高，是政府官员和企业家群体的两倍多。

表21　　"您认为目前我国社会成员之间的收入差距＿＿"

(2017，全国，单位:%)

	政府官员	企业家	专业人员	工人	农民	企业员工	做小生意者	无业、失业、下岗	总计
合理，可以接受	34.2	27.3	18.5	15.3	15.9	23.0	16.7	17.2	17.3
不合理，但可以接受	54.2	60.6	61.3	61.2	61.0	59.3	62.8	56.7	60.3
不合理，不能接受	11.6	12.1	20.3	23.4	23.1	17.7	20.5	26.2	22.3

以上数据链和信息流表明，当今中国社会大众关于社会公平状况已形成基本共识，但这些认知和判断也存在群体差异。最大共识发生于城乡群体之间。城乡差异历来是中国社会差异的重要问题之一，但调查显示，无论关于当前中国社会公平状况的判断，还是对于收入分配差异的接受度，农村人口与城镇人口的认知和态度都比较接近，没有因户口表现出较大差异。最大差异发生于不同职业群体和教育群体之间。群体差异主要体现在政府官员与其他群体之间；教育差异主要发生于高学历群体与低学历群体之间。

表22　　关于社会公平状况认知判断的群体差异

(2017，全国，单位:%)

主题	内容	最大值群体	最小值群体
当今中国社会公平不公平	完全不公平	无业人员 (6.8)	企业员工 (4.9)
	比较不公平	企业家 (38.2)	官员 (18.1)
	说不清	工人 (41.8)	企业家 (29.4)
	比较公平	官员 (35.5)	小业主 (22.4)
	非常公平	官员 (5.4)	工人 (1.2)

续表

主题	内容	最大值群体	最小值群体
分配不公的发展趋势	有较大改善	官员（50.0）	小业主（30.0）
	没什么变化	农民（57.7）	企业家（32.3）
	更加恶化	企业家（22.6）	农民（10.9）
收入差距的接受度	合理，可以接受	官员（34.2）	工人（15.3）
	不合理，但可以接受	小业主（62.8）	官员（54.2）
	不合理，不能接受	无业人员（26.2）	官员（11.6）

可见，在关于社会公平状况的群体差异中，政府官员的选择处于最大或最小极值即极值的第一位，在 11 个选项中出现 7 次，处于差异极值的比例为 63.6%，其中最大值 4 次，都是肯定性的，最小值 3 次，都是否定性的。其他群体的极值频次，企业家 4 次，小业主 3 次，无业下岗人员 2 次，工人 2 次，农民、企业员工各 1 次。由此可以假设，在关于社会公平的认知判断方面，政府官员与其他群体尤其是企业家小业主群体之间存在很大差异，有待进行伦理沟通和文化对话。当然，2017 年全国调查的政府官员主要是一些基层干部，中高层政府官员的选择可能会有所不同，但正因为他们在基层，与社会大众的关系最直接，因而也最值得关切。

不过，对于社会公平的认知和判断还取决于另一因素，即对公平的文化敏感性，因而与受教育程度或文化水平相关。在初中以下、高中中专职高、大专、大学及以上四个文化区隔中，大学及以上教育程度的群体在极值中的出现率最高，同样是 7 次，其次是高中中专职高，出现 6 次，初中以下出现 5 次，大专 4 次，基本上呈等差级数。总体上，大学及以上教育群体更多倾向于肯定性判断，这与他们在社会中的文化地位和获得感显然成正相关。

3. 关于干部道德共识的群体差异

"腐败不能根治"一直是社会大众最担忧的问题，在 2007 年全国调查中居第二位，在 2013 年调查中居第一位。经过党的十八大以来的强力反腐，这一难题的破解取得何种进展？社会大众的"第一担忧"是否得到缓解并形成一些新的共识？2017 年的全国调查显示，关于干部道德的三个共识正在形成。

1) 干部道德发展及其新课题

近几年来,官员腐败现象有什么变化?认为"有较大改善"占65.1%,"有很大改善"占12.8%,两项相加近80%,是绝对多数。但农民、企业员工、做小生意者、企业家对"有较大改善"的认同度最低,政府官员的认同度最高。

表23 "和前几年相比,您认为目前我国官员腐败现象有什么变化?"

(2017,全国,单位:%)

	政府官员	企业家	专业人员	工人	农民	企业员工	做小生意者	无业、失业、下岗	总计
有很大改善	23.5	12.9	18.8	12.5	10.8	12.3	12.6	14.4	12.8
有较大改善	66.0	61.3	63.7	64.8	66.1	67.5	64.5	63.0	65.1
没什么变化	8.0	25.8	15.6	20.1	20.3	18.1	19.5	20.5	19.5
更加恶化	2.5		1.5	2.3	2.5	1.6	3.0	2.0	2.3
其他			0.5	0.3	0.3	0.6	0.5	0.2	0.4

与之相对应,社会大众对政府官员群体的伦理道德状况的满意度总体上较高,满意与非常满意的选择率在60%以上,其中政府官员群体对"比较满意和非常满意"的选择率最高,超过75%;相对,无业下岗人员、农民、工人等群体选择率较低。

表24 "您对下列群体的伦理道德整体状况的满意度?(政府官员)"

(2017,全国,单位:%)

	政府官员	企业家	专业人员	工人	农民	企业员工	做小生意者	无业、失业、下岗	总计
非常不满意	3.1	6.1	6.8	5.0	6.6	5.0	6.9	8.6	6.3
比较不满意	21.4	36.4	26.6	29.9	32.4	27.9	32.6	34.3	31.1
比较满意	67.3	57.6	63.1	63.7	59.4	64.9	59.4	54.3	60.7
非常满意	8.2		3.5	1.4	1.6	2.2	1.0	2.8	1.9

但是，调查也发现，干部道德问题出现了许多新形态和新课题。"你认为当今干部道德中最突出的问题是什么？"

表25　　　　　　　　　　干部道德的突出问题

	第一	第二	第三	第四	第五	第六	第七	第八
2013年全国调查	贪污受贿	以权谋私	生活作风腐败	政绩工程，折腾百姓	平庸，不作为	官僚主义	铺张浪费	拉帮结派
2017年全国调查	以权谋私	贪污受贿	平庸，不作为	生活作风腐败	乱作为，折腾百姓	官僚主义	拉帮结派	铺张浪费

两次调查，共识度较高，一般变化只是相邻两大问题调换次序。"贪污受贿"与"以权谋私"依然是最严重问题。变化最大的只有一个，即"平庸，不作为"，从第五位上升到第三位。位序唯一没变的，是官僚主义都处于第六位。在第一选择中，企业家、农民、无业下岗人员对"贪污受贿"的首选率最高，相反政府官员首选率最低；政府官员群体对"以权谋私""生活作风腐败"的首选率最高，企业家对这两大问题的首选率最低。

表26　　"您觉得当前我国政府官员道德问题最严重的是____？"
　　　　　　　　第一选择率　　　　　（2017，全国，单位：%）

	政府官员	企业家	专业人员	工人	农民	企业员工	做小生意者	无业、失业、下岗者	总计
贪污受贿	35.6	59.4	44.6	46.7	56.3	41.0	45.2	54.1	49.3
以权谋私	30.2	21.9	30.1	29.6	24.5	32.5	28.0	25.0	27.6
生活作风腐败	14.1	6.3	7.8	11.5	8.1	14.0	11.3	6.6	9.9
官僚主义	4.0	6.3	5.3	3.6	2.5	3.1	4.0	3.6	3.4
平庸，不作为，只保护自己不解决实际问题	11.4		8.3	6.4	6.0	6.0	9.3	6.5	6.8

续表

	政府官员	企业家	专业人员	工人	农民	企业员工	做小生意者	无业、失业、下岗者	总计
乱作为，搞政绩工程折腾百姓	0.7		2.0	1.2	0.7	1.4	0.9	1.8	1.2
铺张浪费	0.7		1.0	0.4	0.4	0.8	0.2	0.5	0.5
拉帮结派	1.3	3.1	0.5	0.4	1.0	0.7	0.4	0.9	0.7
骄横跋扈，欺压百姓	0.7		0.3	0.1	0.1	0.5	0.3	0.7	0.3
其他	1.3	3.1	0.3	0.1	0.3		0.3	0.2	0.2

2) 对政府官员的伦理认同及其群体差异

惩治腐败有效提高了社会大众对政府官员的伦理信任度。"与前几年相比，您对政府官员的信任度有什么变化？"虽然近47.5%的认为"没什么变化"，但"信任度提高了"的选择占38.8%，这是一个十分可喜的变化。诸群体之间同样表现出不平衡。伦理信任度提高的最大群体是政府官员自身，其次是专业人员，其他群体与政府官员都相差20—30个百分点，政府官员与工人农民的差异度最大，近30个百分点。但"更加不信任"的选择诸群体基本相同，都比较小。

表27　　"与前几年相比，您对政府官员的信任度有什么变化？"

（2017，全国，单位:%）

	政府官员	企业家	专业人员	工人	农民	企业员工	做小生意者	无业、失业、下岗	总计
信任度提高了	64.0	45.5	52.0	36.0	36.7	41.1	37.0	40.0	38.8
更加不信任	13.4	12.1	11.4	12.9	14.8	12.3	14.7	13.0	13.5
没什么变化	22.6	42.4	36.7	51.0	48.3	46.3	47.8	46.8	47.5
其他				0.1	0.2	0.4	0.5	0.2	0.2

"你认为干部当官的目的是什么？"第一选项就是"为人民服务，为百姓就好事做实事"，选择率达45.5%，加上"为国家与社会做贡献"的27.1%，肯定性、认同性判断是主流，虽然"为自己升官发财"也有34.3%，但在2007年的调查中，第一选项就是"为自己升官发财"。它

表明社会大众对整个政府官员在理解与和解中走向认同，但认同度也体现出明显的群体差异。在"为国家与社会做贡献"和"为人民服务，为百姓做好事做实事"的两个选项中，政府官员的选择率同样最高，农民、无业失业下岗人员、做小生意者的选择率最低。

表28　　"您认为干部当官的目的是＿＿为国家与社会做贡献"

（2017，全国，单位:%）

	政府官员	企业家	专业人员	工人	农民	企业员工	做小生意者	无业、失业、下岗者	总计
未选中	63.6	64.7	68.4	71.0	76.7	69.1	72.1	75.9	72.9
选中	36.4	35.3	31.6	29.0	23.3	30.9	27.9	24.1	27.1

表29　　"您认为干部当官的目的是＿＿为人民服务，为百姓做好事做实事"

（2017，全国，单位:%）

	政府官员	企业家	专业人员	工人	农民	企业员工	做小生意者	无业、失业、下岗者	总计
未选中	35.8	58.8	47.1	53.2	62.9	45.9	54.0	53.1	54.5
选中	64.2	41.2	52.9	46.8	37.1	54.1	46.0	46.9	45.5

总之，经过近几年的努力，干部道德问题得到很大改善，社会大众对政府官员的伦理信任度明显提高。关于政府官员或干部道德的群体认同的最大差异，依然发生于政府官员与其他群体之间。信任度提高的最大值依然是政府官员群体自身。

3）对于政府官员伦理形象感知的群体差异

虽然在干部道德方面取得重大进展，但真正解决问题还任重道远。"在生活中或媒体上看到官员时，你首先联想到的是什么"社会大众对于官员伦理形象的"伦理联想"或"伦理直觉"值得深思。

社会大众对于官员形象的"伦理联想"非常复杂，虽有19.3%认同为"公仆，为老百姓谋福利"，居第三位，2.8%认同"遇到大事可以信任的人"，但其他都比较复杂，甚至负面，"官僚""有权有势的人"分别居第一、第二位。并且，诸群体之间关于官员形象的"伦理联想"差异也很明显。

282　现代中国伦理道德发展的精神哲学规律

遇到大事可以信任的人 2.9%
其他 3.0%
惹不起但躲得起的人 3.1%
贪官 5.7%
领导，决定我们命运的人 9.5%
有本事的人 14.3%
有权有势的人 20.1%
官僚，根本不了解我们的情况 22.2%
公仆，为老百姓谋福利 19.3%

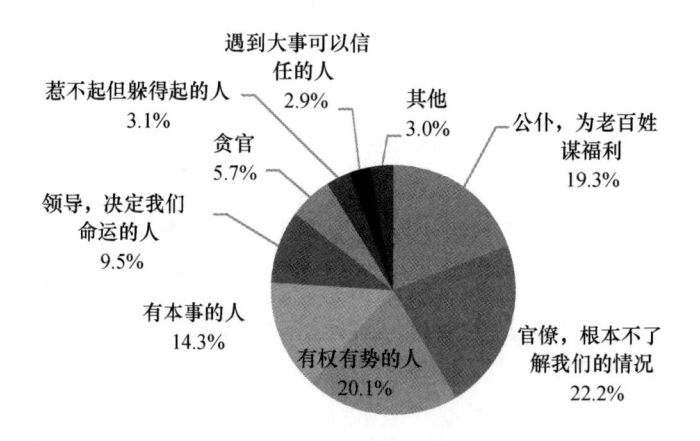

- 公仆，为老百姓谋福利
- 有本事的人
- 官僚，根本不了解我们的情况
- 领导，决定我们命运的人
- 有权有势的人
- 贪官
- 惹不起但躲得起的人

图3："在生活中或媒体上看到官员时，你首先联想到的是什么"
（2017，全国）

表30　　　　　　　官员形象的伦理联想的群体差异（2017）

	政府官员	企业家	专业人员	工人	农民	企业员工	做小生意者	无业、失业、下岗	总计
公仆，为老百姓谋福利	37.1	24.2	22.4	19.1	16.1	26.4	17.6	19.3	19.3
官僚，根本不了解我们	16.2	36.4	20.1	23.4	22.0	21.7	25.5	19.2	22.2
有权有势的人	9.6	12.1	19.2	21.2	20.9	16.4	19.7	21.2	20.1
有本事的人	11.4	6.1	13.8	14.4	14.4	14.7	14.1	14.5	14.3
领导，决定我们命运的人	8.4	6.1	10.3	9.3	10.2	8.9	9.5	8.8	9.5
贪官	5.4	9.1	2.6	5.2	7.4	2.8	4.8	6.8	5.7
惹不起但躲得起的人	0.6	3.0	3.3	3.0	3.6	2.3	3.1	3.0	3.1

续表

	政府官员	企业家	专业人员	工人	农民	企业员工	做小生意者	无业、失业、下岗	总计
遇大事可以信任的人	6.0		4.2	2.3	2.5	3.0	3.2	3.3	2.8
其他	5.4	3.0	4.2	2.0	2.9	3.9	2.6	3.9	3.0
总计	100.0	100.0	100.0	100.0	100.0	100.0	100.0	100.0	100.0
列总计	167	33	428	2321	2430	844	1058	1299	8580

从表中可以看出，当看到官员出场时，伦理形象的"伦理联想"依次是：官僚、有权有势、公仆、有本事、决定命运、贪官、惹不起躲得起、可以信任。其中最大差异同样发生在政府官员与其他低层群体和企业家群体之间。干部对"公仆"的形象联想的选择率最高，但与工人、农民、小业主、无业人员之间相差一倍左右，与农民差异度最大，相差21个百分点，超过100%。而对"官僚"的联想度，政府官员选择率最低（16.2%），企业家群体选择率最高（36.4%），相差100%以上。但对"贪官"的联想度也不是很高，最高选择是企业家（9.1%），最低是专业人员（2.6%）。

结语：群体差异的文化规律

综上所述，可以发现当今中国社会大众伦理道德发展的文化共识的群体差异的三个特点或规律。

第一，共识中的差异。调查显示，改革开放40年中国社会大众在伦理道德领域已经形成三大最重要的文化共识：回归共识，转型共识，发展共识。具体地说，伦理道德传统回归的文化共识；伦理道德现代转型的文化共识；家庭、社会、国家三大伦理实体发展，及其重大前沿问题解决的文化共识。三大文化共识，一言蔽之，伦理型文化的共识。调查所发现的群体差异，都是共识中的差异，群体之间虽然对一些重大问题存在显著甚至巨大差异，但这些差异都是同中之异，相当程度上是群体多样性、文化多样性的体现，因而总体文化战略在相当时期应当是求同存异，在发展中不断凝聚共识。

第二，两极差异。调查发现，当今中国社会大众关于伦理道德发展的文化共识的地域差异和城乡差异很小，绝大多数信息没有因为地域和户籍呈现明显差异，即便有差异其程度也很小。最大差异发生在群体、收入和教育三大领域，当然也因年龄和宗教信仰而有所不同，但这三大领域的差异最显著也最重要，其中最值得注意的是群体差异，因为它在相当程度上是收入差异和教育差异的总体性体现。群体差异呈现两极差异的特点，在许多重大问题上，政府官员即干部群体（这是一个统称，包括干部和一般公务人员）、企业家、专业人员，与农民、工人、做小生意者、无业失业下岗人员，呈现两极差异甚至两极分化的特点，选择的最大值和最小值往往发生于这两极之中。可以说，两极差异根本上是精英群体和草根群体的差异。其中，政府官员群体与其他群体的差异度最大，在关于对伦理道德的满意度，对最重要伦理关系的认同、对家庭伦理地位和伦理问题的判断、对分配不公的认知，以及对腐败问题的解决和干部道德发展的认识等重大问题上，往往与其他群体体现出明显甚至很大的差异度。这种状况一方面可能与这一群体的生活体验和信息把握有关，另一方面，即便他们的认知判断相对比较全面，但也说明与基层群众之间存在某种脱节，干部群体如何密切联系群众尤其是最基层的群体，倾听他们的诉求和呼声，依然是一个重要问题。企业家群体与其他群体的差异是另一个值得注意的问题，在许多重大问题上，他们表现出自己的个性。由于其特殊的经济地位，他们对家庭伦理比较重视也比较忧患，但国家意识相对比较薄弱，可能与他们对市场的过度依赖甚至崇拜有关；他们对官员腐败有切身感受甚至可能卷入其中，但对其严重后果包括它所导致的伦理冲突却缺乏必要的清醒和警醒。专业人员在共识和差异中与政府官员和企业家的一致度相对较高，但由于其特殊地位和相对理性的判断，很多情况下充当与草根群体的过渡和缓冲的群体角色，其文化地位和文化意义应当引起足够的重视。总体说来，政府官员和企业家是在差异的极值中出现最多的两个群体，因而他们与其他社会群体的文化共识，是当今中国社会共识凝聚的最大课题和难题。

第三，社会经济地位和在改革开放中的获得感密切相关。关于伦理道德问题的认知判断，在客观性中充满主观性，既与认知能力相关，更与其经济社会地位深刻关联。关于伦理道德状况的判断，文化水平越高、收入越高，往往不满意度越高，因为这些群体一般对伦理道德有更高的敏感性和批判性；企业家对伦理道德状况尤其是干部道德的体验和期待往往更直接也更大；政府官员群体对伦理道德发展的信息占有可能更多，对干部道德尤其是腐败治理这类重大问题的感知也更深刻，但也正因为如此，他们的判断可能与其他群体表现出明显甚至很大的差异。不同群体有相同的伦理诉求和道德期待。企业家群体中有不少是民营和私营企业家，家庭伦理对企业发展特别重要。一方面关涉他们所创造的财富的代际转移问题，他们对分配不公尤其是由于财富的代际转移而导致的代际财富分配不公有切身的体验；另一方面，改革开放之后的第一代企业家已经到了集体交班的年龄，他们的子女承续家族企业的意愿和能力，对家族发展乃至对整个中国经济发展都具有非常重要的战略意义，但根据我们的调查，家族企业的子女愿意接班的比例不到50%。这既是一个伦理问题，也是一个经济社会问题，如果家族企业不能成功转型，对中国经济社会发展将产生深远影响。政府官员群体对分配不公的感知度相对较小甚至某些指标上最小，它与企业家群体对财富分配的"合理"和"可以接受"的判断分别居第一位和第二位，与其获得感明显呈正相关。这也是社会大众对政府官员形象的伦理联想比较复杂的重要原因之一。

  总之，改革开放40年，中国社会大众已经形成关于伦理道德发展的伦理型文化的共识，但共识的进一步凝聚和提升，还有待诸社会群体之间更为密切和深入的文化对话，在以改革开放推进经济社会进一步发展的同时，政府官员或干部群体通过密切联系群众尤其是低层群体，是最重要和最关键的文化战略之一。同时，伦理道德发展也出现了一些问题，演艺群体、公众人物、媒体界等群体的伦理道德问题比较突出，问题解决的效果相对不太理想，这可能将成为今后相当一段时间中国伦理道德发展和群体差异的重大问题和重要难题。

第四编
伦理道德发展的"中国问题"

改革开放进程中，伦理道德发展到底面临哪些"中国问题"？调查发现，小康文明的伦理条件、诚信危机、公共物品与社会至善，是具有前沿意义的课题与难题。

小康时代的"中国问题"是什么？是"小康瓶颈"！作为传统话语，小康逻辑地面临"天下为家"和"礼义以为纪"的文明瓶颈；作为现代话语，小康历史地面临话语转换中伦理缺场和伦理供给不足的文明瓶颈。小康文明的特点是"小"而"康"，"小康瓶颈"是伦理之"小"和经济之"康"的伦理—经济的"科多拉大峡谷"。一方面，改革开放以市场经济体制和利益驱动机制释放出人的"最强动力"，进入小康时代，以"需要—满足"为逻辑的自然动力将日显其"小"；另一方面，科技经济之"康"使中国文明由"山河时代"向"文化时代"转型，文化需求日见其"大"。文化动力的供需失衡和"文化供给侧"危机，生成"小"—"康"瓶颈。小康时代以利益驱动机制释放了人的"最强动力"，最大难题是如何通过伦理努力释放人的"最好动力"，在"最强动力"—"最好动力"的辩证生态中推动经济社会持续、合理发展。为此，必须基于中国传统，探索走出小康瓶颈的国家文化战略。

长期以来，中国社会处于诚信的集体焦虑之中，陷入"缺信用的个体—不信任的社会"恶性循环的"诚信围城"，其精神哲学根源是对"诚信"的病理误诊与学理误读，病灶是诚信关切中对伦理信任的集体无意识。走出诚信围城，必须破解一个难题：如果缺乏信用，信任是否可能？中国社会的诚信问题呈现"道德信用—伦理信任—文化信心"的问题轨迹，最深刻的危机是伦理信任危机，必须摆脱抽象的道德主义，建立伦理型文化的问题意识。中国的诚信传统是"信用—信任"一体、"诚—信"合一的伦理型文化智慧。伦理信任是当今中国社会的问题之结，信用与信任是人的精神世界与生活世界的连理枝，而不是机械式的因果关系。伦理信任不仅必须而且紧迫，面对诚信危机的严峻情势，我们别无选择：学会信任，走向伦理信任。

分配不公是现代社会的最大难题之一。公共物品可以为破解公平—效率难题，推进分配公正提供伦理补偿，其要义在于：公共物品必须超越福利经济学的效率原则，贯彻伦理学的关怀理念。公共物品不只是公共福利，而是社会至善的显示器，体现"社会良知"和"社会厚道"。必须将公共物品的社会福利理论和效率理念，推进为社会至善理论和以伦理关怀为核心的公正理念,效率与公正、发展与关怀的统一就是社会至善。公共物品配置需要伦理情怀,伦理情怀的内核是"学会伦理地思考"。面对高速发展而又不断分化的现代社会,人类必须重新"学会在一起",公共物品期待一种彻底的人文精神,伦理型中国文化可以为公共物品超越公平—效率困境、建构社会凝聚力提供中国表达和理论支持,使公共物品超越"社会公器",成为社会至善的推进器。

  伦理道德发展的"中国问题"是什么?一言以蔽之,有两大问题:"无伦理";"没精神"!它们的存在使当今以"道德"为轴心的"道德建设"南辕北辙,事倍功半。回溯中国文明史,伦理道德发展的大智慧是伦理道德一体、伦理优先。现代道德哲学的中国理论形态,应当是"伦理精神"形态,而不是"实践理性"形态。"伦理精神"形态的精髓是"伦理"与"精神"的圆融,它以实体性、终极性的"伦"为前提,以"精神"回归"伦"的家园,以伦理与道德的辩证互动建构人的精神世界和生活世界。

十 "中等收入陷阱",还是"小康瓶颈"?

改革开放40多年,中国以市场经济与多种所有制并存释放出"最强的动力"。进入小康时代,面临的最大难题是:如何寻找"最好的动力",建构"最强动力"—"最好动力"辩证生态?这个问题不解决,经济社会发展将陷于"小康瓶颈"。为此,必须摆脱西方学术依赖和经济学的话语独白,在"伦理—经济"的辩证生态中创造性地探讨和解决小康时代的"中国难题"。

彼德·科斯洛夫斯基发现:"人是经济社会制度的最强大和最好的动力。经济学作为一门独立的科学,自其创立时起,就产生于人类强大的动力,即人类自身的利益。哲学伦理学向来探索的目标是人们所称的那种人的最好的动力:追求美好的东西、履行义务、实现美德。""人的最强的最好的动力相互处在一定关系中,因为最强的动力不总是最好的,而最好的往往动力不强。"[①] "经济的最强动力—伦理的最好动力",是文明的"理想类型",也是国家竞争力的根源,其中任何动力受到扼制或供给不足都将使文明进步跋涉于瓶颈之中,两种动力的分离使经济社会发展遭遇深刻的"文化矛盾"。中国文化是伦理型文化,小康社会是一个期待伦理而又稀缺伦理的时代,伦理道德对破解小康时代的"中国难题"具有特殊文化意义,将做出重大文明贡献。

---

① [德] 彼德·科斯洛夫斯基:《伦理经济学原理》,孙瑜译,中国社会科学出版社1997年版,第1、14页。

(一) 何种"中国问题":"中等收入陷阱",
还是"小康瓶颈"?

"小康"时代面临的"中国问题"到底是什么？学界似乎已有共识："中等收入陷阱。"然而反思发现：其一，它只是"西方问题""西方命题"的移植和演绎，并没有经过"中国经验"的检验；其二，它只是经济学命题，并不是具有综合意义的文明诊断。于是，它对正在来临的小康时代所遭遇的"中国问题"的解释力和解决力值得质疑。

"Middle Income Trap"是世界银行《东亚经济发展报告（2006）》提出的概念，中文被译为"中等收入陷阱"。作为呈现发展规律的经济学描述，其要义是进入中等收入之后的经济体将陷入长期停滞，只有很少能跻身高收入国家。根据世界银行2015年的归类，中等收入偏上国家的人均国民收入在4126—12735美元之间，2014年我国人均国民收入达到7400美元，显然已进入中等收入国家之列，由此，中国将不可避免地遭遇"中等收入陷阱"。作为由国际经验而演绎的"中国问题"，"中等收入陷阱"所表达的忧患意识和前瞻性值得重视。"trap"在英文中有"陷阱""困境"之意，译为"陷阱"，显然指向忧患意识，同时也隐喻某种外部故意之可能，冲击力很强。但是，这一由统计数据而演绎的命题很容易将复杂的发展规律简化为"中等收入"的经济学问题，严重遮蔽进入中等收入水平国家所遭遇难题的本土性，甚至导致"中等收入诅咒"。对走向全面小康的中国来说，这种抽象的"问题移植"将产生问题意识与发展理念的严重误导。其实，即便对西方社会来说，"中等收入陷阱"可能也只是耸人听闻的虚命题，因为从中等收入到富裕社会是一个巨大而艰难的跨越，本来就是长期过程，对很多国家甚至是难以完成的过程，因为相比脱贫致富追求"中等收入"，走向高收入的需求冲动显然要小得多。应该说，这一过程的漫长是正常现象，"陷阱"并没有揭示问题的本质，反而容易产生"中等收入原罪"的误导。

在走向小康的进程中，我们遭遇的"中国问题"是什么？是"小康瓶颈"。

"小康"是植根于传统文化的中国话语，历史上它是文明形态和文化理想，当今它是社会经济发展的一个阶段性目标，在文化承继中虽话语意义发生时代转化，但文明精髓一以贯之。"小康瓶颈"不仅在"小康"话语传统上对"中国问题"有很强的表达力和解释力，而且"瓶颈"在相当程度上就存在于话语转换的意义异化之中。

"小康"最早出于《诗经》，后来被孔子描述为仅次于"大同"的理想社会模式。"今大道既隐，天下为家：各亲其亲，各子其子；……礼义以为纪，以正君臣，以笃父子，以睦兄弟，以和夫妇……是谓'小康'。"① "大同"与"小康"的根本区别，在于"天下为公"与"天下为家"的伦理境界和文化气象。大同"同"于何？"同"于"公"；因何"大"？因"天下为公"而"大"；"大同"即"大道"。"小康"因何"小"？因其"天下为家"；如何"康"？礼义成就其"大道既隐"之后的康庄之道。在中国话语中，"康"既是"无病"，以生活水平而言，即温饱无忧，由此可以演绎为经济发展水平的标志；又是通达之道，《诗经》曰："五达谓之康，六达谓之庄。"就社会而言，"康"是以"天下为家"为基点君臣、父子、夫妇、兄弟、朋友之达道，是社会合理性的概念。"同"是"天下为公"之"大道"，超越"五达"之"康道"。"康"只是以家为出发点的五达之道，而"同"是以"公"为出发点的共由之道，文明境界不同，因而"同"为"大"，"康"是"小"。在孔子那里，"小康"的文明合理性有三个不可或缺的元素：1）"天下为家"，"家"是小康时代的社会基础和价值基准，所谓"各亲其亲，各子其子"，它由"不独亲其亲，不独子其子"的"天下为公"的文明异化而来。2）"礼义以为纪"，"礼义"即伦理道德是"天下为家"的"小康"文明成其为"康"的根本条件，没有礼义，小康只能囿于"小"，难以达其"康"。3）作为"大同"之后的理想社会模式，"小康"承续着"天下为公"的原始公有制的文化记忆和文明向往，"康"之为"康"，就是因为它是由"家"之"小"通往"天下"之"大"的康庄之道。

在中国传统中，"小康"的话语意义至少经过三次转化。一是《诗经》时代的自发表达，既有"民亦劳止，汔可小康"的生活向往，也有"惠此中国，以绥四方"的文化抱负。孔子将它当作一种生活水平—伦理境界—文化气象三位一体、以伦理为重心的社会理想。当今中国，"小康"既是传统话语和社会理想的承续，又发生意义转换，具有很强的表

---

① 《礼记·礼运》。

达力，对经济社会发展也具有相当的解释力。附会言之，后四十年改革开放所追求和达到的"小康"，是从前三十年"一大二公"的乌托邦式的"大同"转型而来，它在相当意义上是由"天下为公"向"天下为家"的转型，多种经济形式并存虽不能说是完全意义上的"天下为家"，但经济体制和所有制的深刻变革确实不仅使经济社会的重心发生由"公"到"家"的深刻转换，这种转换既内在对"一大二公"的经验教训的反思，也携带对"天下为公"的公有制的文明坚守和文化情愫，而且会遭遇诸多文明难题。

由此，"小康瓶颈"便可能从逻辑和历史两个维度发生。其一，逻辑瓶颈。作为一种文明形态，"小康"必须同时具备"天下为家"和"礼义以为纪"两个要素，"礼义以为纪"的伦理道德条件不具备，"天下为家"将是何种景象，孔子没说，但可以肯定将囿于"家"之"小"，而不能达到"天下"之"大"，由此小康将失去合理性而陷于瓶颈之中。这便是"小康"逻辑的内在的"天下为家"与"礼义以为纪"的文明瓶颈。其二，历史瓶颈。在现代话语中，"小康瓶颈"可能在两种背景下产生。一是"小康"在话语转换中意义重心已发生位移，从一种伦理境界和文化气象，转换为以经济发展水平为主要标志，进而由去伦理、去文化的经济单向度的价值异化产生"小康瓶颈"。二是在"天下为家"的经济社会发展中因伦理和文化的供给不足而生成文明瓶颈。走向小康的现代中国，多种经济形式并存，以"天下为家"为突破口的经济改革，在解放生产力，赋予经济发展以巨大活力的同时，也必定需要"礼义以为纪"的充沛伦理供给和文化支持，期待"天下为家"向"天下为公"的伦理境界提升，否则，不仅"天下为家"的小康面临分配不公、官员腐败等诸多难题，而且经济社会发展将缺乏持续发展的文化动力和文明合理性，从而遭遇甚至陷入"小康瓶颈"。

综上，"小康瓶颈"预示走向小康之后，将逻辑与现实遭遇的固有的文明瓶颈。作为中国问题，"小康瓶颈"历史上是"天下为家"和"礼义以为纪"之间的文明瓶颈，在现代是经济社会发展的伦理供给和文化支持不足而生成的瓶颈。无论如何，"小康瓶颈"发生于经济与伦理、经济与文化之间，是经济—伦理、经济—文化的"科罗拉多大峡谷"。

(二)"'小'—'康'"瓶颈

当今中国社会,"小康瓶颈"在哪里?如何生成?小康社会的特点是"小"而"康",小康之魅在于"康",小康之惑在于"小"。"小康瓶颈"在于"小"—"康"悖论及其所生成的经济社会发展的精神气质局限。

人是世界的主体,人的行为动力是经济社会发展的决定性因素。根据中国话语和中国传统,"小康"的文明精髓,一是"小",二是"康"。一方面,"小康"因"天下为家"而显其文化境界之"小";另一方面,"天下为家"所释放的巨大活力,将经济社会发展推向"康"的大道,产生巨大的伦理需求。"小"—"康"矛盾产生经济社会发展的文化动力的体制性短缺,生成"小康瓶颈"。"小康瓶颈",简单说就是"小"—"康"瓶颈,其核心是因文化供应不足而导致的行为动力的疲软和文明生态合理性的缺失,产生"文化供给侧"危机,缺乏向现代化转型的发展后力。具体地说,在小康进程中,以利益驱动为核心的文化动力日见其"小",而经济社会对文化的需求已达其"康",文化供给不足导致经济社会发展中"土豪"的气质缺陷,成为"小康瓶颈"的人格化表征。

1. 因何"小"?文化动力的第三次探索

回溯中华人民共和国成立以后的经济社会发展历程,大致探索了三种文化动力:前三十年、"改革开放"时代,小康社会的文化动力。

曾几何时,"两个三十年"已经成为现代中国发展的历史性话语,在某种意义上,两个三十年的最大特点,是发展动力的文化转型。[①] 前三十年发展的文化动力一言概之,是以政治为纲,"纲举目张"。用西方学者的话语,这是一个"政治高昂的时代",在社会主义公有制基础上,人们将革命时代积蓄的巨大政治热情释放为经济社会发展的巨大文化能量,创造出"一五""二五"两个五年计划时期中国现代史上的第一个经济奇迹。很难想象,只用十多年,中国硬是在一个半世纪的战争废墟上将原子弹后来又将人造卫星送上了天。只要正视这一经济奇迹,就不得不肯定政治热情与经济社会汇合所生成的巨大文化力量的意义。然而,在此过程中

---

① "后三十年"指1978年改革开放至2008年的30年。

各种矛盾也逐渐显现，最深刻的矛盾就是在革命时代培育，后来被高昂政治热情遮蔽的整体发展与个体利益诉求的矛盾，集中体现为公有制内部的所有权与支配权的体制性矛盾，其文化表现就是由私有制向公有制转换过程中的"公"—"私"矛盾。公有制的本质是生产资料归全体人民所有，然而在现实性上它又只能被作为人民代表的干部所支配，于是公有制的合理性就必须具备一个不可缺少的文化条件："全心全意为人民服务"。在一定意义上，毋宁说"一大二公"的公有制所面临的是一种文化矛盾和一场文化危机，根本问题是文化条件的不具备和不充分。也许，如果掌握生产资料支配权的干部真的能"全心全意为人民服务"，那么公有制将是人类历史上最美好的制度，这就是我们今天依然坚守社会主义公有制的基本理由。

改革开放探索新的文化动力，即以经济建设为中心，"两个文明一齐抓"。从改革开放初期的家庭联产承包责任制，到当下多种所有制并存的混合经济形态，解决问题的着力点是"公"与"私"的调和与合理平衡，是由"天下为公"的乌托邦到"天下为家"的文化动力的重心转移，改革开放所创造的经济奇迹根本上都与这种新的文化动力的注入相关。然而，一方面，公有制是主流，因而"天下为公"依然是价值追求；另一方面，孔子的"小康"智慧已经启示，如果缺乏伦理道德的支持，"天下为家"的利益驱动将可能陷入"歹托邦"的危境。"两个文明一齐抓"的精髓，就是形成利益驱动机制与理想信念统一的文化动力。以利益驱动为重心的动力机制为小康社会的建设释放了巨大动力，这种机制在经济发展中已经显示巨大活力，但一旦走出贫困，达到小康，它将面临深刻难题。其一，在达到小康的初步富裕之后，"需要—满足"模式的动力逻辑将失灵，所谓"吃饱的耗子不想动"，就会"安"而"康"，即安于这种小康，于是便产生一个难题，小康之后，到哪里寻找创造财富更强动力？其二，小康社会的最大特点也是最大难点是"混合"，不仅在所有制方面"混合"，而且在文化动力方面"混合"。"天下为家"的利益驱动机制释放了人的行为的最强动力，然而更难的课题是，它并不是最好的动力，最好的动力是以理想信念为支撑的"天下为公"。最强的动力压过最好的动力，将形成甚至已经形成诸如官员腐败、分配不公、诚信缺失等严重社会问题。两大难题，形成小康社会的文化动力的瓶颈，前者导致发展动力的疲软，后者导致发展合理性的缺失。

超越"小康瓶颈",必须进行文化动力的第三次探索,发展"第三种文化动力"。它是小康文明自我超越,是由小康向现代化转型的文化动力。前三十年以政治热情的激发释放出"最好的动力","后三十年"以利益驱动机制释放出"最强的动力",然而难题在于,"最好动力"不一定"最强","最强动力"不一定"最好",而且,二者共同的难题是,无论"最好"还是"最强",经过三十年演进后如何才能可持续?它留给小康时代的课题是:如何达到"最强的动力"——"最好的动力"的辩证统一?两个三十年的探索既提供了经验,又提供了教训。经验是它们最后都指向文化,教训是文化可能被绑架。与前两个三十年相同,超越"小康瓶颈"同样期待一次深刻的文化觉悟。当今,探寻小康时代的文化动力或所谓"第三代文化动力"的根本课题有二。一是如何释放可持续的经济发展的"最强动力";二是如何使小康时代由利益驱动所释放的"最强"动力变得"最好",如何使政治、伦理等培育的"最好"动力"最强",最后达到"最强动力"——"最好动力"的统一。探索文化动力的新形态是一个长期任务,但可以肯定的是,必须甚至只能透过文化努力。

2. 何种"康"?"山河时代"向"文化时代"的文明转型与战略转换

"小康"的魅力不在"小",而在"康"。"小"是价值境界,"康"是经济发展水平,预示温饱之后新的"康"达之道。与"小"的文化短缺相对应,一个"文化时代"正在到来。

中国经济与科技的高速发展,已经根本改变社会文明的格局。历史上,地理环境是决定地域发展状况或地域文明的最重要因子,学术史上历来有所谓"地理环境决定论"。在中国,地理环境的历史决定性及其与发展水平的关系常常以各行政区的命名直接表达。我国的行政区划不少以山河为界,湖南—湖北以洞庭湖为界,河南—河北以黄河为界,山东—山西以太行山为界,其中不少山河不仅是地域而且成为发展水平的界碑,最典型的是广东—广西,整个广西的 GDP 大体相当于一个广州市或一个深圳市。江苏以长江为界的苏南—苏北,不仅是两大地理版块,自古也是发展水平的"天堑","一桥飞架南北,天堑变通途",毛泽东以诗人的豪迈呈现了长江的"天堑"意义。苏南、苏北、苏中,似乎诉说着长江的亲昵度与发展水平的因果关联。其他省份也如此,安徽的皖南—皖北,同样以一条长江阻隔为两个世界。地理环境决定性的典型史例是江苏的淮安。文明上淮安府的繁荣曾令世界倾慕,"江淮熟,天下足","走千走万,不如淮河两岸",记载了当年的盛况,然而只是黄河一次小小的改道,便让它的风光不再,从此古黄河流域成为江苏最为欠发达的地区。鉴于以山河为界碑的地理环境对地域发展的决定意义,可以将这种文明形态称为"山河文明"。

经济与科技的高速发展不仅正改变地域文明的格局,而且正改变文明的形态,推动地域发展和地域文明由"山河时代"向"文化时代"转变。地理环境对地域发展的直接影响主要是资源与信息。经济发展推动交通进步,网络技术发展给信息资源的获取提供巨大便捷。我们正进入高铁、高速公路、信息高速公路的"高时代","山河"的文明地标意义正在逐渐退隐,这个时代最难以改变也是最深刻的因素,是在数百年数千年"山河时代"所造就的那种已经成为传统的地域文化,它们是人类精神世界的"山河"。诚然,"高时代"伴随全球化飓风同样对地域文化产生巨大的冲击甚至涤荡,但在文明进程中,文化已经成为一个国家、一个地域的基因和胎记,在相当意义上,行政区划是"法人",而地域文化则是"自然人",也许,文化将成为地域最后也是最重要的身份标记。

哈佛大学教授弗朗西斯·福山曾将中国与当今世界上七个老牌资本主义国家进行比较,发现导致发展差异的最重要因素是文化,尤其是以伦理为核心的信任文化。查尔斯·汉普登-特纳等学者曾通过对一万五千名企业经理人的调查,对七个老牌资本主义国家的企业发展进行跨文化研究,发现一个秘密,国家竞争力、企业竞争力的源泉,是"创造财富的价值体系"[1]。文化虽然受经济社会发展水平制约甚至决定,但经济社会发展的最后和最高的难题,将是文化问题,因为任何发展归根结底都是人的问题,而人是文化的动物,人的问题在表现形态上就是文化问题。于是,如果不能解决人的行为的文化动力及其合理性问题,经济社会发展将处于瓶颈之中。正因为如此,两个三十年的最后难题都在于文化。在相当程度上可以说,文化是经济社会发展中最高、最难乃至最后的问题。文化有其独特的规律。秦始皇雄才大略,在军事、政治、经济上统一了中国,却败于文化,他焚书坑儒,试图用政治的方式解决文化问题,建立文化上的大一

---

[1] 参见[英]查尔斯·汉普登-特纳等《国家竞争力:创造财富的价值体系》,徐联恩译,海南出版社1997年版。

统,最后二世而亡。

我们正迎来一个"文化时代","文化时代"的要义,是文化将替代地理环境成为地域发展的重要因素。小康时代,文化在经济社会发展和文明体系中的地位已发生重大战略改变,必须进行发展理念的重大战略调整。

3. "土豪":一个群体的气质缺陷,还是一个时代局限?

由是,"小康"便导致一种内生矛盾:"天下为家"的文化境界显其"小",但其释放的巨大活力将社会发展推到"康"的大道。文明格局已进入"文化时代",全面小康作为小康的高级阶段,它最需要文化然而最稀缺的资源却是文化,这种"文化供给侧悖论",使经济社会发展出现气质性缺陷,它用一个流行话语表达,就是:"土豪"。

"土豪"是近些年中国最重要的"新话语"之一,其意义之重要、语义之复杂,乃至英国牛津英汉词典的专家们在将它加入新词汇时,费尽心思,几经讨论,仍无法找到一个能传递语义信息的对应英语单词,最后只能音译为"tuhao"。仔细反思,"土豪"有两层基本意旨:一是个体气质的"财富—文化悖论",即"发了财但没文化"。汉语中"豪"原意为"猪",这一原色隐喻它与财富有不可分离的联系,而"土"的规定性以直白方式传递着词汇使用者的伦理态度,隐含着"暴富"或"发了财而不应该发财"的伦理评价。"富豪"与"富人"不同。"富人"是一个中性词,包含肯定甚至羡慕,而"富豪"在财富肯定中多少包含着伦理批评或伦理妒忌。所谓"土",在当今语境中核心内涵就是没文化或缺乏教养。然而,往往被不幸忽略的是,当今中国,"土豪"已经从个体扩展为一个具有社会意义的概念,它意味着在发展或走向富裕的过程中,社会的财富创造缺乏必要的文化关切和文化内涵,产生失去文化魅力的财富,其社会气质就是所谓发展指数与幸福指数的矛盾。作一个内涵丰富、表达力很强的话语,"土豪"传递着当今中国社会大众一种复杂的情感和价值,集经济、文化、伦理于一体,这种复杂性用一句话概括就是:温和的批评,亲昵的蔑视。具体地说,财富与经济上肯定,文化与伦理上否定。

在现代中国,"土豪"本是一个政治话语,革命时代"打土豪,分田地","土豪"因其财富的不正当而成为"打"和"分"的对象。"土豪"的当下话语转换,保留了财富指向及其正当性诉求的原初意义,只是由政治走向文化和伦理，指向对财富的文化气质和伦理正当性的批评：既指向财富拥有者人格气质中的文化缺失，也指向财富创造中的分配不公。因此，"土豪"既是财富的文化气质，又传递社会对待财富的伦理态度；既是一种文化批评，又是一种伦理态度。必须严肃反思的是："土豪"到底是一个群体的气质缺陷，还是当今中国社会经济的气质局限？或者说，到底是对一部分人的文化批评，还是对经济发展的文化批评？

总体上，"土豪"附着中国经济崛起的文化胎记。改革开放初期，最先"下海"在市场弄潮的经营者大多缺乏较高的文化素养和伦理地位，其中不少人甚至是文化和伦理上的"无产者"，他们中的成功者后来成为企业家，对中国经济发展做出了重要贡献，但文化上的先天性缺陷，也给中国经济打上深深的胎记，不仅这些企业家个人，而且由此使社会经济生活都或隐或显地携带"土豪"烙印。微观层面，企业家或富人的生活方式和个体精神气质缺乏文化教养，突出表现为炫耀性、挥霍性、攀比性消费，中国人在国外的暴买，英、美、日等发达国家的市场对中国人购买力的追逐甚至依赖，对中国经济和中国人来说，实在是一个难以承受的讽刺，它以席卷全球的旺盛购买欲生动诠释和演绎了中国人的"土豪"气质。

在社会经济的宏观方面，"土豪"突出表现为发展过程中人文关切的缺失和人文内涵的缺乏，"摧枯拉朽"式的城市建设，雨后春笋般"冒出"的奢华的城市地标，在渲染城市繁华的同时，也往往使城市成为有"市"无"城"的失忆的文化植物人和欲望都市；公共资源包括城市交通资源的分配不公，使文化和伦理失去在生活世界中的载体和制度化的演绎，导致文化力量的苍白和虚无。城市化进程中，中国的城市发展带有很明显的"爆发"性特征，"爆发"不在于速度之快，而在于文化的伤害之重，文化意蕴和文化品位的缺乏使中国的城市也使中国经济不幸患上"土豪"的气质缺陷。当以炫耀为主题话语的玻璃大楼"忽如一夜春风来"般地"冒出"，取代那些千百年历史养育中"长出"的地标时，当城市发展出现"从来只见新人笑，何时曾见旧人哭"时，实际上这些"冒出的地标"与暴发户们脖子上那些粗鲁的金项链没有根本区别，中国人的炒房风，实际上是"土豪"经济的生动演绎。不过，无论在逻辑还是历史上，"土豪"似乎是由贫困走向小康过程中的必经阶段，是温饱经济的气质特征，其表现就是由对物质需求的单向度到发展动力的单向度，自然需求还没有上升为文化需求或精神需求，于是，一旦"需求"满足，便开始追求"欲求"，即追求炫耀性、奢侈性消费，进入西方经济学家所说的由"needs"走向"wants"的陷阱，这是典型的"温饱经济"的文化胎记。

因此，对当今中国社会来说，"土豪"并不仅是一部分人，一个群体的气质缺陷，而且也是由脱贫走向小康的过渡时期的经济现象，是这一时期的经济气质的缺陷，因而也是最典型和人格化的"小康瓶颈"。走出瓶颈，必须也只能透过文化努力。紧迫的是，当今中国，"土豪"在话语形态上已经由政治走向文化，走向伦理：当指向某一群体时，它是一种文化批评；当指向财富本身时，它是一种伦理态度。必须特别警惕，"土豪"由文化、伦理重新回归政治，至此，对经济的文化批评和对财富的伦理态度，将演化为深刻的社会和政治问题。有哲学家曾经说过，"公共舆论是人民表达他们意志和意见的无机方式……无论在那个时代，公共舆论总是一支巨大力量"。[①] 大众意志的无机形态，当"土豪"已经成为大众话语时，它可能已经是对一个时代的预警，必须对它做出敏锐而及时的反映。

（三）走出"小康瓶颈"的国家文化战略

如何走出"小康瓶颈"？"小康瓶颈"不是"中等收入陷阱"，也不是统计数据的经济学瓶颈，而是"天下为家"与"礼义以为纪"的生态缺陷所导致的经济—伦理、经济—文化瓶颈，因而必须实施以伦理为着力点的国家文化战略。其要义有三：寻找和建构小康文明的"理想类型"；实施对经济的文化支持和企业的伦理援助；建构经济—伦理—文化一体的生态系统。

1. 小康文明的"理想类型"

每种文明都固有内在的文明瓶颈，瓶颈的自我突破是其日新又新的生命力之所在。虽然在不同发展阶段遭遇的瓶颈不同，但同一文明形态有其一般规律，借用德国社会学家韦伯的话语，就是所谓"理想类型"。"理想类型"即"理念类型"，理念是行动着的概念，"理念类

---

① [德] 黑格尔：《法哲学原理》，范扬、张企泰译，商务印书馆1996年版，第332页。

型"不是"概念类型",而是实现着的规律。20世纪初,韦伯揭示了世界文明体系中的一个秘密。他发现,资本主义萌芽在世界许多国家都曾出现,但只在欧美诞生了资本主义文明,根本原因在于新教伦理所催生的"资本主义精神"的特殊文化气质。于是,"新教伦理+市场经济"便成为资本主义文明的所谓"理想类型"。问题在于,新教伦理到底如何催生资本主义文明?韦伯通过新教即改革之后的加尔文教与传统基督教的比较,发现三个最重要的因素。第一,"天职"的观念与谋利合法性。传统基督教主张禁欲,抑制人们的谋利冲动,宣称"富人要进天堂比骆驼穿进针眼还难"。新教将人们的谋利冲动从宗教束缚下解放出来,认为获利是向上帝尽天职,相反,如果有一条发财致富的路而不走,那便是拒绝听从上帝的召唤。第二,"蒙恩"的观念与谋利的合理性,获利是蒙受上帝之恩,只有道德上洁白无瑕,才能得到上帝的恩宠。第三,"节俭"的观念与积累的可能性。新教一方面解放了人们的谋利冲动,另一方面又抑制了人们的消费,尤其是奢侈品的消费。

三大观念形成的"新教伦理",一方面解放了创造财富的谋利冲动,而且"天职"赋予其以永恒动力,这种诉诸终极信仰的冲动与物质上的"需求—满足"模式的根本区别在于不仅强烈,而且永不满足,因为向上帝尽天职是一个永无止境的精神运动;另一方面,"蒙恩"将谋利冲动严格限定在伦理合理的范围内。于是,当强烈并且合理的谋利冲动与消费约束结合时,不可避免的结果便是财富的不断增加。以谋利的合法性、谋利的合理性、节俭的必要性为三要素的"新教伦理"所造就的"资本主义精神",创造了资本主义文明。这便是"新教伦理与资本主义精神"的所谓"理想类型"。[①] 这种"理想类型"根本上是以"经济+宗教伦理"为"元结构"的文明类型,它对资本主义发展的解释力不断得到验证。半个世纪后,哈佛大学教授丹尼尔·贝尔发现,当代资本主义所遭遇的根本矛盾是文化矛盾,其集中表现便是市场经济所释放的"经济冲动力"与新教所释放的"宗教冲动力"的分离。一方面,以道德为核心的宗教冲动力式微,另一方面,经济冲动力失去宗教冲动力的指引与控制,于是资本主义文明只剩下一种品性,这就是"贪

---

① [德] 马克斯·韦伯:《新教伦理与资本主义精神》,于晓等译,生活·读书·新知三联书店1992年版。

婪的攫取性"。这便是贝尔所揭示的"资本主义文化矛盾"。①

走出"小康瓶颈"的"理想类型"是什么？韦伯与贝尔的"理想类型"和"文化矛盾"提供了启示，但它的寻找和建构既期待文化自觉，也期待文化自信。"文化自觉"的要义是"自觉"文化即"自觉"以伦理为核心的中国文化对小康文明的重要性；"文化自信"的要义是自信中国伦理文化而不是西方宗教文化才能真正解决中国问题。回顾"两个三十年"的中国发展进程，前三十年，革命时代对广大人民利益的创造和满足释放出创造财富的巨大政治激情，但在"一大二公"的体制下又将个体的谋利冲动严格控制在政治的范围内，并在所谓"革命化"的进程中日益失去政治合法性，导致创造财富动力的不足。虽然"厉行节约"作为伦理更作为政治要求同样束缚着人们的消费，但这种单一的"节流"的路径因为缺乏"开源"的创造并不能导致财富的巨大增加。后三十年，以利益驱动为着力点的体制改革不仅赋予人们的谋利冲动以合法性，而且最大限度解放了人们的谋利冲动，所谓"不管白猫黑猫，抓到老鼠就是好猫"。但是，在这一进程中同样遭遇一种文化矛盾，这就是经济冲动与伦理冲动力的分离。一方面，经济冲动力压过伦理冲动力，伦理冲动力耗散；另一方面，经济冲动力与伦理冲动力出现严重分离，从"经济中心"发展为经济的价值霸权。"经济—伦理"文化矛盾的结果，不仅使财富创造和经济发展缺乏合理性，导致诸如坑蒙拐骗等严重经济社会问题，而且缺乏持续发展的后力，因为，以利益驱动机制和"天下为家"为基点的体制对人的行为动力的激励力很容易到达极限，它遵循世俗的"需要—满足"规律，只在物质需求中寻找动力，缺乏需求的价值提升，一旦物质需求得到满足，行为动力便出现疲软，从而在走向富裕的过程中难以避免地遭遇"小康瓶颈"。

中国文化不仅在传统上，而且在现代依然是伦理型文化，因此，小康文明或走出"小康瓶颈"的"理想类型"，便是"经济—伦理类型"，经济发展的文化动力不像西方那样来自宗教，而是来自伦理。如果以韦伯的"理想类型"为参照，小康时代"理想类型"的建构需要解决三个突出问题。一是谋利和经济冲动的可持续及其合理性问题。市场经济、利益驱

---

① [美]丹尼尔·贝尔:《资本主义文化矛盾》，赵一凡等译，生活·读书·新知三联书店1992年版。

动、家庭本位，解放和释放了人们的谋利冲动，但"需要—满足"模式如果缺乏意义指引和境界提升，在温饱的小康时代就很容易产生"吃饱的耗子不想动"式的行为动力的疲软，影响经济的持续发展；更重要的是，如果伦理不能为之提合理性互动，那么谋利冲动的释放无异打开欲望的"潘多拉之盒"。到头来，经济可能成为缺乏伦理指引和价值动力的自驾游，谋利沦为被欲望驱使的本能冲动。二是积累的可能性问题。市场经济建立在消费刺激的基础上，所谓"高消费刺激高增长"，分期付款将人的消费欲望从消费能力的最后禁锢下解放出来，这种经济逻辑在特定时期可能是刺激市场的强心针，但其伦理后果却往往是灾难性的，不仅污染社会风气，最终也会因财富积累的缺乏而使经济发展陷于"自行车悖论"，东亚金融危机、美国的次贷危机都携带这种基因。

任何经济发展与文明进步，都需要不可缺少的三大伦理要素：勤、俭、义。"勤"创造财富，"俭"积累财富，而"义"赋予财富的创造、分配和消费以合理性。走出小康瓶颈，需要探索和建构中国伦理与市场经济合一的"理想类型"。在建立小康时代的经济高地的同时，建立与多种经济形式并存的经济体制辩证互动的伦理高地和道德风尚高地。这两个高地的建构，都有待思想文化的创新，有赖于思想文化高地的建构。伦理对于市场经济的意义，不仅是所谓"经济伦理"，而且是为市场经济提供合法性基础、合理性指引和持续发展的价值动力。它将经济释放的"最强动力"与伦理释放的"最好动力"相整合，以伦理关怀和文化指引走出"需要—满足"的自然模式，为经济发展注入强烈而持久的内在动力，在两个三十年辩证互动的基础上，形成"最强动力—最好动力"的"理想类型"。

2. 企业的伦理援助与经济的文化支持

国有经济、私有经济、民营经济等多种经济形式并存，是中国改革开放的最大特点之一，在走向小康的进程中，非公经济在国民经济中的比重越来越大。中国企业发展的最大难题，已经不只是经济问题，而且是文化问题，必须对企业发展实施伦理援助和文化支持。

伦理和文化能为中国企业和中国经济走出"小康瓶颈"贡献什么？哈佛大学教授弗朗西斯·福山曾宣告："若想了解当代华人经济发展的

本质，绝不能忽略非常重要的一环，那就是血缘关系。"① 他发现，华人企业尤其是中国企业在规模上一般呈现"马鞍形"特征，即国有企业与家族企业两头大，中间的民营企业规模较小。家庭经营是华人企业的重要特征，"华人社会的企业之所以规模都比较小，原因是民营企业都是由家族拥有、家族经营的。"② 家族企业是世界现象，但唯有华人家族企业很难转型为现代企业管理制度，因为它不信任外人。"华人有一个强烈的倾向，只依赖和自己有关系的人，对家族以外的其他人则极不信任"③。这种状况使华人家族企业很难逃脱"富不过三代"的生命周期诅咒。"由于华人对外人的强烈不信任感，加上偏爱由家人来管理事业，使得华人企业产生独特的沿革三部循环现象。"④ 第一阶段是由一位企业家打出天下，一个强势的大家长以威权风格管理企业；第二阶段在创办人去世时展开，此阶段已经潜在巨大的风险：1）华人奉行子嗣制度，然而并不是所有子女都对经营企业有兴趣，被送到国外学习的子女往往弃商而从事其他感兴趣的事业，由此家族企业便可能后继无人；2）华人实行子女平分家产制度，股份和财产一旦被平均分割，企业的资本规模便呈几何级数缩小；3）由于不信任外人因而难以建立专业经理人制度，家族企业很难形成新的威权中心，导致公司分裂。于是到第三阶段，家族企业便开始分崩离析。"因为华人文化对外人的极端不信任，通常阻碍了公司的制度化。"难以制度化，加上子女平分财产的制度，使得"华人公司不断上演创立、崛起、衰败的三部曲"⑤。

根据福山的理论，"不信任外人"是华人企业建立现代企业制度的最大障碍，它与特殊财产继承制度一起，导致华人企业难以逃脱"富不过三代"的生命周期诅咒。由此，伦理，尤其是伦理信任，便是华人企业

---

① [美] 弗朗西斯·福山：《信任——社会道德与繁荣的创造》，李宛蓉译，远方出版社1998年版，第110页。

② [美] 弗朗西斯·福山：《信任——社会道德与繁荣的创造》，李宛蓉译，远方出版社1998年版，第89页。

③ [美] 弗朗西斯·福山：《信任——社会道德与繁荣的创造》，李宛蓉译，远方出版社1998年版，第91页。

④ [美] 弗朗西斯·福山：《信任——社会道德与繁荣的创造》，李宛蓉译，远方出版社1998年版，第93页。

⑤ [美] 弗朗西斯·福山：《信任——社会道德与繁荣的创造》，李宛蓉译，远方出版社1998年版，第93—96页。

发展面临的最大瓶颈。这一发现对当今中国企业具有很强的解释力。改革开放后创业成功的第一代企业家当下基本都进入向第二代过渡的时期，普遍产生所谓"交班焦虑"。这些企业家大多将子女送往国外深造，江苏省社会科学院的调查发现，56.8%的民营企业家希望在国外留学的子女回国继承家业，但只有很少"富二代"愿意子承父业。由此，民营企业面临一个严峻的选择：要么转型为现代企业制度，要么企业发展中断。无论对企业还是中国经济发展，这都是一个难以回避的严峻挑战。可以说，以家庭经营为基础的民营企业迟早都将面临这一伦理瓶颈。

当然，当今中国企业面临的"小康瓶颈"具有与"福山难题"不同的内涵，其最大特点是现代中国的独生子女制度。改革开放后的第一代企业家大多只有一个子女，并不都面临福山所说的海外华人企业多子女平分财产问题，但它却导致另一个更大的企业生命周期的风险。对民营企业来说，虽然它降低了因子女平分财产而导致资本规模几何级数缩小的风险，但却使企业经营的家族传承的风险增强到极致，只要独生子女不愿继承父业，企业发展必将中断，因为继承者不像多女子家庭那样具有选择的可能。唯一可能拯救的，就是建立现代企业制度，而不相信外人的家族伦理将依然继续阻滞着家族企业的转型。调查发现，在那些独生子女是女儿的家庭中，已经面临日益严峻的"女婿经济学"的伦理难题。如果不能破解这一伦理瓶颈，当今中国的民营企业已经不是"富不过三代"，而是"富不过两代"，生命周期大大缩短。

瓶颈并不止于此。独生子女与家族企业的伦理邂逅，将导致更为严重的社会问题，它大大加重了财富传递的代际不公程度，加剧了社会的两极分化。很显然，由于实行财产的家庭继承制，独生子女与多子女家庭继承的财产呈几何级数差异，于是贫富家庭的第二代的财产不公状况便大大恶化，导致"富二代"—"穷二代"的贫富的代际遗传。也许可以仿效西方，以遗产税制度遏制财富转移中的代际不公，然而在中国，财产继承从来不只是一个制度问题，而是一个文化问题。人是一个唯一意识到自己会死的动物，因而获得永恒便是人的终极追求。宗教型文化在来世获得永恒，所以西方企业家有石油大王洛克菲勒那种"人死而富有是一种耻辱"的终极觉悟；伦理型文化在现世获得永恒，现世永恒的基本路径便是血脉传承，所谓"不孝有三，无后为大"，而财产传承是生命永恒的世俗载体。由此便可以解释，为什么财产转移中的这种代际不公，已经泛化为一种社会问题，当下中国普遍存在"二代现象"，不仅有所谓"富二代"，还有"官二代""学二代""艺二代"，它们正从各个维度加速社会的代际不公和代际分化。同时，由于财富的创造和继承中的诸多伦理问题，在家族企业尤其"富二代"中普遍存在奢侈享乐之风，并且呈现向社会蔓延扩散之势，严重污染社会风气。而由于其文化底蕴的缺乏，这种过度消费往往具有"土豪"的气质。

以上瓶颈，既是企业发展的瓶颈，由于非公企业在现代中国企业中举足轻重的地位，它们也是中国经济社会发展的"小康瓶颈"。伦理和文化可以在延续企业生命周期、财富的代际公正、社会风尚等诸方面帮助企业尤其是以家庭经营为基础的非公企业走出瓶颈。为此，必须实施企业的伦理援助和经济的文化支持战略，其核心是建立合理的经济—伦理生态、经济—人文生态，着力点是通过伦理信任建构和积累社会资本，帮助以家庭经营为基础的非公企业转型为现代管理制度，突破家族企业生命周期的伦理瓶颈。以往政府对企业的帮助主要是经济扶持与政策支持，其实伦理援助与文化支持是更具根本意义的战略，福山早就告诫："西方经济学家向来严重忽略我们经济生活中的文化因素，原因是文化无法吻合经济学界所发展出来的通用的成长模式，然而只要做过跨文化生意的人都知道，文化的重要性毋庸置疑，胆敢忽视文化因素的生意人唯有失败一途。"①

3. 经济—伦理—文化一体化的决策评估体系

前三十年是以意识形态为中心的时代，在"纲举目张"过程中内在"政治可以冲击其他"的危险；改革开放之后的三十年实行发展战略大转移，将一切工作的重点转移到以经济建设为中心上来，但在"两个文明一齐抓"的过程中，存在"一手硬，一手软"的风险。以往关于伦理、文化的定位，一般只将它们归之于"精神文明"，这种抽象已经将其定位于"软"，而现代管理体系中事实上存在的"精神"和"物质"、"意识形态"和"经济发展"的两大部类的割据，使这种"软"从可能变为现实。人是文明的主体，人的行为动力是文明发展的根本动力，利益驱动只能激发人的自然动力，伦理、文化才能为人的世界提供强烈而永无止境的

---

① [美]弗朗西斯·福山：《信任——社会道德与繁荣的创造》，李宛蓉译，远方出版社1998年版，中文版"序"第2页。

"核动力",即出于自然而又超越自然的精神动力,这便是韦伯所说的新教伦理所创造的"资本主义精神"的秘密所在。伦理和文化,为经济社会发展提供价值动力,提供文明发展的合理性指引和持续发展的后力。突破"小康瓶颈",必须突破管理理念和管理体制的瓶颈,其核心有二:建立经济—伦理—文化一体化的咨询决策体系;建立经济社会发展的伦理评估与文化支持体系。

现有的咨询决策系统,基本上是经济和经济学家主导甚至话语独白的体系,伦理学家、人文科学家,只有在"问题意识"的驱动下才会出场和在场,这种"治病式"的在场方式不仅决定了其"软"甚至作为"上层建筑"的"装饰"地位,而且很难形成对整体决策具有重大影响的国家战略。为此,必须对现有决策咨询系统进行重大改革,在伦理参与、人文参与下进行经济、伦理、文化一体化咨询决策体系,在重大决策系统中建立伦理委员会,在重大决策中设立伦理咨询和伦理顾问制度。社会正迈向小康,小康时代最严峻的课题已经不是生活上的温饱,而是"天下为家"与"礼义以为纪"的经济与伦理互动所建构的文明合理性和经济社会可持续发展的后力,否则我们将可能长期处于"小康瓶颈"之中,只是,它常常被那些缺乏伦理关切,忽视文化因素的经济学家们数字化为"中等收入陷阱"。

经济社会发展的伦理评估机制,在当今中国也许只是一种"空想社会主义"式的诗意想象,甚至被误解为伦理学家们寻求在场的一厢情愿。然而,伦理之于当今中国社会的意义,已经确实到了足以影响小康文明前途的地步,其价值不只在于精神文明和社会风尚的"软实力",更在于经济社会的"硬实力"。如前所述,在"天下为家"的小康时代,占GDP一半以上贡献率的非公企业中家族经营的现代转型有赖于伦理的参与;而财富的家族传递所导致的收入不公,已经将当今中国推到一个社会承受力的拐点。因此,对于经济社会发展的伦理评估,其意义绝不止于"精神文明",而是对于小康文明的品质的伦理诊断、价值指引和后力赋予,具有十分重大的前瞻性的国家文化战略意义。

十一　如果缺乏信用，信任是否可能？

困扰当今中国社会的"诚信"危机到底是何种问题？是道德信用问题、伦理信任问题，还是"道德信用—伦理信任"问题？也许，可靠的策略是对诚信的问题轨迹进行现象学复原，由此回答一个具有前沿意义的问题：应当建立何种问题意识？

广泛存在于当今中国的诸类诚信案例中，最典型也是发酵时间最长的是"扶老人难题"，自2006年以后的十年中全国各网站报道此类事件达一百多起。扶老人到底"难"在何处？难在"诚—信"纠结。问题还原显示，"扶老人事件"虽案情各异，但都内在三大"难"题："撞没撞"的道德信用问题，"信不信"的伦理信任问题，"扶不扶"的文化信心问题；三大难题经历两次转化：由道德信用向伦理信任问题的转化，由伦理信任向文化信心问题的转化。"扶老人难题"的最严重后果，不是当事人"撞没撞"的道德信用危机，而是"扶不扶"的文化信心危机，其中最纠结的是作为二者中枢的社会对当事人"信不信"的伦理信任危机。当今中国社会的"诚信"难题，呈现为"道德信用—伦理信任—文化信心"的伦理型文化的问题轨迹，必须走出抽象的道德信用盲区，建立道德信用、伦理信任、文化信心三位一体的伦理型文化的问题意识。

长期以来，中国社会处于"诚信"的道德批评、文化期盼与社会焦虑之中，从市场交换中的假冒伪劣到公共生活中的"扶老人纠结"，忧患和希望都指向诚信并将诚信问题归结于道德信用缺失。然而，社会生活的图景是：道德信用并没有在千呼万唤中如期而至，随着信用缺失的潘多拉之盒不断被揭开，人与人、人与社会之间的信任鸿沟却日益加深，整个社会陷于信任的伦理警惕与伦理紧张之中。信用焦虑尚未缓解，信任危机已经生成，有必要追问：我们是否对"诚信"发生病理误诊和学理误读，是否找偏了解决问题的方向？回答是肯定的，我们已陷入"诚信围城"：理论上，"道德信用—伦理信任"的因果链围城；实践上，"缺信用的个体—不信任的社会"的问题式围城。更令人担忧的是，诚信危机正逐渐蔓延为深刻的文化问题，产生"我们如何在一起"的文化信念和文化信心的动摇。"道德信用—伦理信任—文化信心"，问题轨迹的病变点在于对道德信用的过度焦虑和过度希冀中，对伦理信任的集体无意识，生成问题意识的伦理盲区。突破围城，亟须完成一个辩证：如果缺乏信用，信任是否可能？

（一）我们是否误诊误读了"诚信"？

将信任纳入"诚信"的问题域似乎有违常识，人们已经习惯于一种见解，认为"诚信"就是"诚实守信"，根本上是个体道德即所谓"道德信用"问题，与信任或伦理信任无关。在当今中国话语中，信任问题要么为"诚信"所遮蔽，要么在集体意识中还没有出场，道德信用压过甚至取代伦理信任是问题意识的绝对主流，因而无论是在学术研究中还是现实关切中，信任的伦理问题从没有得到西方那样的高度关注，即便国外学者反复指证信任是中国经济社会发展的伦理瓶颈，信任问题也依然没有在学术研究和现实关切中聚焦。然而关于"诚信"问题意识的这种道德执着必须直面一个严峻现实：伦理信任已经成为当今中国最深刻的社会危机。不可否认，愈益深刻的信任危机与对"诚信"问题的误诊误读尤其是对伦理信任的集体无意识存在某种因果关联。

仔细考察发现，无论作为中国话语还是中国问题，"诚信"都逻辑与历史地内在两个结构、三个维度。一是"信"的结构，包括信用的道德维度和信任的伦理维度；二是"信"—"诚"关系结构及其形而上维度。当今社会，"信用"是广泛运用于经济生活中的"用信"即所谓"'信'之'用'"的概念，它一旦被移植和内化为关于人的行为的道德准则，便成为"道德信用"，在伦理型的中国文化中，道德信用的理念事实上先于经济信用，经济信用常常被赋予道德信用的意义。无论在语义构造还是发生学上，"诚信"之"信"，不仅包括对自己"守信"的道德要求，还包括对他人"信任"的伦理期待。伦理信任的本质是什么？它不仅是由个体道德信用而造就的人与人之间伦理关系中的信任,而且是基于伦理信念的"伦理上的信任",最后是由信任而缔造的作为"可靠居留地"的伦理实体。"信用"的道德个体与"信任"的伦理实体,是"诚信"之"信"的一体两面,在广义上,它们都是"诚信"所"守"之"信",是基于"天之道"和"人之道"的"诚"之"实"。信任之"信"不仅是诚实守信的道德信用而创造的可能的伦理现实,而且是基于伦理实体如家庭、民族、国家的文化信念及其对于他人和社会的伦理态度,其根源动力犹如宗教型文化基于诸如上帝、佛主的终极实体所生成的伦理信念。"信用"之"信"的道德准则,"信任"之"信"的伦理信念,构成"诚信"之"信"的道德与伦理的双重结构,其共同根源是"诚"的形而上基础和超越性动力,由此既造就"信用"的道德主体,也造就"信任"的伦理实体。因此,"诚实守信"的道德信用只是严格意义上或狭义的"诚信",广义或完整意义上的"诚信"逻辑和历史地应当也必须包括伦理信任。

　　一个简单的事实是,伦理信任并不是道德信用的自然果实,诚实守信可能导致伦理关系中的相互信任,但并不直接就是伦理信任的现实,因为任何信任都是对未发生行为的预期,必须以一定的伦理信念为基础,而道德信用总是对某些已经完成了的行为的价值评价。信用指向个体道德,是完成时态;信任指向社会伦理,是未来时态。道德信用与伦理信任,构成"诚信"结构中道德与伦理、过去与未来的价值生态,其统一体就是"诚"的形而上本体,其中任何结构的缺场都将导致精神世界和生活世界的生态性危机。道德信用之于伦理信任的前置地位,往往导致伦理信任在"诚信"诉求中被遮蔽,至少被冷落。"诚信"在问题指向和学理解读中被抽象为道德信用,伦理维度和形而上指向完全被遮蔽,究其缘由,在道德信用缺失的严峻情势之外,有两大认知根源,一是"去伦理"的道德主义单向度的"西方病"的中国蔓延,二是中国问题意识的不自觉,缺乏伦理型文化密码的自觉解读。西方病遭遇文化失忆,生成诚信关切中的"无伦理",导致"诚信围城"中"道德信用—伦理信任"的恶性循环。

　　当今中国社会最深刻的危机到底是什么?——不是道德信用危机,而是伦理信任危机!两次全国调查发现,当今中国社会普遍担忧的两大问题是分配不公与官员腐败。① 信任危机是否、如何属于"诚信"的问题域？它在三个追问中可以得到回应：信任危机演化的问题轨迹或"中国问题式"是什么？分配不公的经济上的两极分化为何会演化为伦理上的两极分化？在强势反腐的背景下为何对官员的信任危机依然延续？现象学和法哲学分析发现，分配不公颠覆财富的伦理普遍性，官员腐败颠覆权力的伦理合法性，它们肇始于经济和政治生活中的道德信用危机，然而严重后果却是伦理，最后颠覆的是现实世界中的伦理存在和伦理信任。官员腐败原初是个别官员履行公共权力的道德信用危机，这种危机积累到一定程度，便可能导致社会大众从对个别官员泛化为对整个官员群体继而对权力本身在伦理上的不信任；分配不公的实质是财富生产和分配中道德合法性的丧失，这种危机积聚到一定程度，便可能从对个别企业家到对整个企业家群体继而对财富本身在伦理上的不信任；由于腐败本质上是权力与财富的私通，于是对两极分化的忧患必然从经济走向伦理，积累和积聚为诸社会群体之间的伦理态度和伦理关系，最后导致从经济上的两极分化走向伦理上的两极分化，出现以上调查中所发现的社会群体在精神生活中的对峙与分裂。

分配不公与官员腐败是世界现象，然而使之成为深刻"中国问题"的是另一个特殊条件：中国文化不仅在传统上，而且现代依然是伦理型文化。伦理型文化的精髓是以伦理为终极价值和终极归责，经济上的两极分化演化为伦理上的两极分化，是伦理型文化规律的否定性折射。因此，如果缺乏信任的伦理信念和伦理素质，那么任何对失信道德现象解决的过程包括强势反腐中对贪官的惩治和对分配不公问题的揭示，都无异于为不信任提供根据，进而加剧信任的伦理紧张。

问题轨迹显示，我们正陷入某种不健全的"诚信"问题意识之中。一方面，"信"的单向度，只有道德信用的危机意识，伦理信任的问题意识缺场，导致信用焦虑中信任危机的蔓延；另一方面，"诚"的形而上学终结，使道德信用与伦理信任缺乏共同的精神家园和信念支持，在危机焦虑中滋生文化信心的动摇。"围城"之"围"，首先在于道德信用与伦理信任的不良循环，根源是对道德信用与伦理信任之间抽象因果关系的误读。诚信危机，病灶在道德信用，病变在伦理信任，最

---

① 注：以上两个信息均来自笔者主持的2007年、2013年两次全国性调查的数据。

后伤害的是文化，即文化信念和文化信心。走出诚信围城，必须回归"中国问题"，达到问题意识的文化自觉。当今中国社会的诚信危机呈现伦理型文化的轨迹，伦理型文化的精髓是道德—伦理—文化三位一体、以伦理为核心，问题轨迹是道德问题演化为伦理问题，伦理问题演化为文化问题。为此，必须进行关于"诚信"的问题意识革命，建立伦理型文化的问题意识，其要义有三。第一，突破道德信用—伦理信任的抽象因果链，中断"缺信用的个体—不信任的社会"的恶的循环。第二，走出抽象的道德信用的问题意识误区，建立"道德信用—伦理信任—文化信念"三位一体的问题意识。第三，建立"伦理信任"的危机意识，以伦理信任为突破口走出"诚信围城"。

伦理型文化的问题意识，是关于"诚信"的问题意识的中国形态，其中"伦理意识"是"中国问题意识"的关键。中国文化被称为"伦理型文化"而不是"道德型文化"，其本义不是否定道德对于中国文化的重大价值，而是凸显伦理在中国文化中的中枢意义。在道德—伦理—文化的生态链中，伦理或伦理实体的建构既是道德的目的，也是道德的后果；更重要的是，伦理将转化为文化，形成以伦理为价值本位和精神气质的文化。因之，将"信用"与"信任"分别解读为"诚信"之"信"的道德和伦理的两个维度，旨在凸显"诚实守信"的道德信用的伦理意义，决不意味着伦理信任是外在于道德信用的另一个结构，更不意味着可以脱离"道德"而建立所谓"伦理"。无论在精神现象学的哲学思辨，还是法哲学的现实考察中，伦理与道德都是人的精神发展和社会生活中既有不同文化意义又辩证互动的两个重要环节和文明元素。伦理是实体，道德是主体；伦理实体是道德主体的精神家园和归宿，也是个体道德自由的现实性，道德主体是伦理实体建构的必要条件和必由之路。"伦理信任"的话语意义在于指证"信任"的伦理本性和伦理追求，以及它之于"道德信用"的不同文明意义，而不是否定伦理的道德内涵和伦理信任的道德信用基础。

（二）"诚信"话语的伦理型文化密码

在当今中国的"诚信"关切中，为何伦理信任问题始终缺场，而道德信用却独负不能承受的文化之重？到底因为伦理信任不是"中国问题",还是出现病理误诊和学理误读?也许,伦理型文化的解码有助于揭开"诚信"话语的"中国问题式"。

"诚信"是何种"中国话语"?最有表达力的诠释来自许慎的《说文解字》:"信,诚也。从人从言,会意。"① 然而,"诚"—"信"互诠毕竟是东汉时代许慎所达到的理解,知识考古发现,"诚信"话语形态在此以前曾经历四期发展,展现为"人神关系的宗教伦理—君民关系的政治伦理—朋友关系的社会伦理—'诚—信'关系的道德形而上学"的问题史,以及"信于神—信于民—信于人—信于'诚'"的精神流,然而,以道德信用为问题、伦理信任为主题的伦理道德一体的传统在整个问题史和精神流中一以贯之。"信"的观念最初起源于宗教祭祀。《左传》曰:"所谓道,忠于民而信于神也。上思利民,忠也;祝史正辞,信也。"② "忠信"分别指君民关系和人神关系,"信"是神对人的信任所谓"信于神",其问题指向是针对"祝史""矫举以祭"而提出的"正辞"的道德信用诉求。商周之际,人文意识觉醒,"信"由神向人、由宗教向政治转型,《尚书》中大量关于"信"的言语,都发端于商、周统治者对于夏末、殷末政治生活中无"信"而失天下的反思,问题意识同时指向君对民的信用和民对君的信任双重维度。

春秋时期,"信"的话语由政治走向社会,成为日常生活中伦理与道德的基本原则。《论语》中"信"字出现38次,典型表述有两处。一是子贡问政时孔子那段教诲:"足食、足兵、民信之矣。""民无信不立。"③ 这段话的主题是"为政",所"立"者不是"民"而是"政",因而无论"民信"还是"民无信",内涵都不是民之道德信用,而是民对为政者的伦理信任。另一段是曾子的"日三省吾身":"与人谋而不忠乎?与朋友交而不信乎?传而不习乎?"④ 与《左传》和《尚书》时代相比,这里"信"的主体发生重大变化,成为"与朋友交"的伦理道德准则,孔子"与朋友交,言而有信。"⑤ 孟子"朋友有信"都指向"朋友"关系,表明"信"已经走向日常生活,从宗教伦理、政治伦理扩展为社会伦理。

---

① 许慎:《说文解字·说文·人部》,上海古籍出版社1981年版。
② 《左传·桓公六年·季梁谏追楚师》,上海古籍出版社1997年版。
③ 《论语·颜渊》。
④ 《论语·学而》。
⑤ 《论语·学而》。

"信"的真谛是什么？"信则人任焉"①，孔子以"任"说"信"，以"任"劝"信"，由是"信"与"任"便直接关联而成所谓"信任"，"信"也由道德走向伦理。不过，在"信—任"逻辑中，"任"或"人任"是"信"的结果，"信"是"任"的条件，道德信用是前提，伦理信任是价值。

"信"在问题史与精神流中的巨大飞跃，是与"诚"合一达到所谓"诚信"，其重大突破不仅使"信"获得形上根据，而且使"信"摆脱信用与信任的分离，由生活经验上升为文化信念，达到伦理与道德统一的精神家园。在中国哲学话语中，"诚"是本体论概念，"诚者，天之道也。诚之者，人之道也"②。"诚"与"信"的关系，是"诚"与"诚之"的关系，"信"是"诚之"即追求和实现"诚"的工夫，所以《中庸》说"君子诚之为贵"。"诚"是"信"的终极根据，也是"信"的终极动力，在这个意义上，"诚信"也可解读为"信诚"，即对包括人在内的万物之"诚"的信念和信心。由此，不仅可以理解许慎的"信，诚也"，也可以理解"五常"为何要在孟子的仁、义、礼、智四善端之后加一"信"德。四善端虽已自足，但最大难题是它们的"信"，"不因信，方不立。"③"为有不信，故有信字。"④"信"就是对四善端"反身而诚，乐莫大焉"的信念和信心。现代话语将"诚信"简单归结于"信"，终结"诚"的形上结构，于是"信"便失去"诚"的终极根据和终极推动，使"诚信"停滞于信用的道德单向度，难以在伦理道德互动中建构"信"的文化信念和文化信心，它在一定意义上是现实生活中诚信难以得到落实的理论根源。

伦理型文化的解码显示，信用与信任统一、"诚"的精神家园，是"诚信"的两个不可或缺的哲学构造。信用与信任，是问题与主题、道德与伦理的关系，一旦信任的主题缺场，关于信用问题的不断揭露无异于潘多拉之盒的打开，使社会陷于信用危机的道德焦虑，关于信用建构的任何努力，也终将因缺乏价值动力而流于空洞的道德呐喊或自我修炼的"优美灵魂"。问题史与精神流表明，"诚信"具有伦理型文化的"中国胎

---

① 《论语·阳货》。
② 《孟子·离娄上》。
③ 《董仲舒·春秋繁露》。
④ 《二程遗书·卷十八·伊川先生语四》。

记"。其一，在世俗世界中，诚信从哪里开始？从政治伦理开始，它预示政治诚信对社会诚信的范导意义，由此也可以部分解释官员腐败和分配不公这些世界性现象为何在中国产生特别严重的文化后果。同样，"诚信"的精神流发源于宗教，也表明它内在与西方宗教型文化相通的神圣性。其二，在问题指向中，"诚信"的话语重心为何总是偏于道德信用，而非伦理信任？"克己""求诸己"所生成的"诚信"的伦理型文化气质的经典表达，是荀子所说"耻不信，不耻不见信"①。也许，正是"不耻不见信"的取向遮蔽了"诚信"中的伦理信任诉求，使其成为"诚信"现代演绎中最容易被冷落的结构。其三，"诚信"成为中国文化智慧，最重要的是"诚—信"的本体论与价值论合一，在"诚"的精神家园中，为道德信用和伦理信任的统一提供具有终极意义的价值推动和信念基础。

（三）走出"诚信围城"

"诚信"具有何种"中国意义"？两千多年前的管子一言洞明："诚信者，天下之结也。"② 当今中国，如何解开这个"天下之结"？一言概之，以伦理信任走出"诚信围城"。

社会学家发现，没有信任，那些被认为理所当然的日常生活将完全没有可能；在充满偶然性、不确定和全球化的背景下，信任已经成为一个非常紧迫的中心问题。③ 信任是诸多前沿性"中国问题"的"伦理之结"。在经济领域，哈佛大学社会学家福山断言，世界范围内华人企业之所以走不出"富不过三代"的诅咒，就是因为"华人有一个强烈的倾向，只信赖和自己有关系的人，对家族以外的其他人则极不信任"④。因而很难建立现代企业制度和现代经济生活。在政治领域，困扰中国社会的腐败问题本质上是信任缺失的"功能替代"。波兰社会学家什托姆普卡指出，信任是社会生活的基本条件，信任缺失会产生许多功能替代品，腐败就是典型

---

① 《荀子·非十二子》。
② 《管子·枢言》。
③ ［波兰］彼得·什托姆普卡：《信任：一种社会学理论》，程胜利译，中华书局2005年版，"前言"第1—2页。
④ ［美］弗朗西斯·福山：《信任——社会道德与繁荣的创造》，李宛蓉译，远方出版社1998年版，第91、96页。

的"功能替代",其实质是借助利益输送达到对他人行为的控制,以确保"受到有利的或优先的对待"[①]。在社会领域,信任危机可能由最初因某些人的道德信用问题而产生的人际不信任,积累积聚为对这些人所承载的社会角色和社会群体的不信任,进而扩散为对相关社会机构及其运作程序即社会制度的不信任,最后是对社会产品和整个社会秩序的不信任,由此便生成伦理实体内部的文化信念和文化信心危机,于是整个社会陷入信任危机的"塔西佗陷阱"。既然信任是社会生活的必需品,信任诉求便从共同体内部转向外部,然而,"与对当地的对象的不信任相反,这种对外部对象的信任经常是盲目的和理想化的"[②]。在全球化背景下,这种"外部化"很可能演化为国家意识形态安全危机。

经济发展、腐败根治、文化信心、意识形态安全,诸多"中国问题"都系于"信任"这个"伦理之结"。难题在于,在道德信用不充分的条件下,伦理信任是否应当和可能?换言之,伦理信任是否只能期待道德信用的完成?

这似乎是一个有违常识的伪问题,在日常经验中,没有信用而信任,无异重演"农夫和蛇"的善良悲剧。然而熟知未必真知,信用与信任之间的因果性只在某些完成了的个别行为或抽象演绎中具有真理性。信用赢得信任,失信颠覆信任,这种生活经验很容易将信用—信任引向因果关系,将诚信引入实践理性与价值理性的二律背反:一方面,如果没有信用,信任便有风险;另一方面,如果等待信用,信任便不可能。信用是道德,道德是一个永远有待完成的任务,其"应然"亦即不断的"未然",它的完成也就是它的终结。也许在某些特定行为中信用可以完成,但对整个社会乃至人的全部生活而言,信用永远有待完成而又总是期待完成,期待道德信用在社会生活完全实现再开启伦理信任,是守株待兔式的天真幻想,最后只能将社会由道德信用的"乌托邦",拖入伦理信任的"歹托邦"。信用与信任不是线性因果,而是道德与伦理的辩证互动关系。信任是一种独立的文明品质或西方学者所说的"文明的资格",本质上是对待世界的伦理态度和伦理关系,其三大

---

① [波兰]彼得·什托姆普卡:《信任:一种社会学理论》,程胜利译,中华书局2005年版,"前言"第156页。
② [波兰]彼得·什托姆普卡:《信任:一种社会学理论》,程胜利译,中华书局2005年版,"前言"第156页。

伦理气质使其在对道德信用的相对独立性中不仅必须，而且可能。

第一，"信"的风险本性。信任总是与风险同在，什托姆普卡用"赌博"一词将信任所直面的风险揭示得淋漓尽致："信任就是相信他人未来的可能行动的赌博。"信任不是对既有行动的评价，而是对未来行动的推测，包含主体对自己推测的信心和他人接受信任的承诺。尽管面临"赌博"的风险但信任却绝对必要，因为"显示信任就是参与未来"①，没有信任就不能参与未来，在信任中风险与魅惑同在。每一种文化都会为这种充满魅惑的风险行为提供终极信念，在宗教型文化中是上帝或佛主，在伦理型中国文化中是基于人伦神圣和人性本善的"诚"的信念。所以，信任危机总是与终极信念的文化危机相伴。

第二，"任"的自由性格。信任中内在一种潜隐而强大的推动力，这就是对自由的追求。"信用"的精髓是因"信"而"用"，"信任"的精髓是由"信"而"任"。"任"的哲学真义是自由，既是孔子所说的"信则人任之"的世俗理性中的信任主体的自由，意味着主体由对所"信"者的"任"而获得伦理解放，也是信任客体由被主体所"信"而获得的行为和精神自由。信任是在现实社会关系中的伦理自由。这种自由不仅属于信任的客体，而且属于信任的主体，低信任度的个体或社会总是处于高度伦理紧张之中，难以获得真正的自由。

第三，"信—任"的人格冲动。信任是一种个体人格，因其伦理本性必定扩展为一种社会人格，是诉求实体性自由的人格冲动。在中国文化中，这种人格冲动在世俗世界的家庭血缘关系中得到哺育，在成功的社会化如所谓"忠恕之道"和成功的社会经验中得到扩展和激励，在超越世界的信仰中获得终极关怀。信任关涉信任者和被信任者，也关涉他们背后的那个社会角色和社会群体，于是信任便由关系、人格，延展为文化，缔造"灵长类生物的可靠居留地"的"在一起"的信任文化。

综上，"诚信"遵循伦理型文化的规律；道德信用的单向度将陷入"缺信用的个体—不信任的社会"的恶的循环；走出"诚信围城"，必须信用与信任并举，在伦理道德的一体互动中开启信任的伦理之旅。伦理信任决不意味着对失信之人滥施信任，而是唤醒一种哲学觉悟：社会

---

① ［波兰］彼得·什托姆普卡：《信任：一种社会学理论》，程胜利译，中华书局 2005 年版，"前言"第 33 页。

无法期待信用完成之后再开始信任,当今中国,伦理信任不仅亟须,而且可能。然而,在当下道德信用条件不充分甚至道德信用危机依然严峻的背景下,伦理信任到底如何可能?也许,三方面的努力可能形成通向伦理信任的破冰之旅。伦理信任的问题意识与危机意识的自觉;伦理信任的社会信心的积累;以捍卫伦理存在攻克伦理信任的核心难题。

　　伦理信任的破冰点在哪里?千里之行的第一步是问题意识的文化自觉,核心目标是道德信用危机意识中伦理信任的文化信念的复苏。为此,必须建立"道德信用—伦理信任"一体的"诚信"问题意识,缓解道德信用焦虑中伦理信任的社会性紧张,警惕单向度道德信用的"诚信"危机意识对信任的伦理信念的颠覆性解构。诚然,道德信用危机是当今中国必须直面的社会事实,不正视危机便不清醒,然而,任何社会事实的呈现都伴随价值选择和文化暗示,对道德信用危机的所谓"价值中立"的"客观呈现"和"坏新闻效应"的危言耸听,如果隐喻了一个缺乏伦理信任的人人自危的社会,那么至少缺少人文大智慧。对伦理信任的颠覆,就是对作为"人类持久生存居留地"的"可靠性"的颠覆;对信任的伦理信念的呵护,就是对伦理实体的安全性的呵护。信用是道德准则和道德事实,是人类的良心;信任是伦理信念和伦理理想,是人类的童心。有社会在,有伦理在,就一定有信任在,也必须有信任在。道德信用在任何社会中都是稀缺品,中国社会太长时期陷于道德信用的深度焦虑之中,当下已经走到一个文化关头,必须在信用焦虑中复苏和呵护信任的伦理信念,否则,将可能在过度的伦理紧张和道德忧郁中将个体与社会毁掉。虽然面临道德信用危机,但仍然坚守信任的伦理信念,这才是社会的文明品质和"文明资格"。

　　信任的伦理积累尤其是伦理信心的积累,是当今中国社会最亟须的社会资本积累,是伦理信任在现实社会生活中的起步点。在道德信用的严峻情势已经像"X"射线将整个社会呈现得面目狰狞之际,这个社会太需要以伦理信任复苏它的血肉关联和血气灵性。不可否认,在道德信用缺失的背景下,伦理信任可能遭遇"赌博"的风险,然而信任又不可或缺,实现"道德信用—伦理信任"的良性循环,迫切需要在全社会积累信任的伦理信心。为了使信任的伦理信心在社会生活中获得文化上的原始积累,也为了使伦理信任得到社会性的响应和积聚,伦理信任的培育可以从那些风险度较低的信任行为起步。比如城市生活中的"微笑行动"、公共空间中"与陌生人打招呼",以此消除共同生活中因信任缺失而产生的伦理屏障。无论是在心理学还是伦理学上,微笑传递的都是彼此间的自然信任,是"在一起"的情绪黏合剂,微笑指数相当程度上表征社会的信任指数。当今中国社会信任恶化的极端表达之一是"不要与陌生人打招呼",由此造就了一个高度戒备的以"陌生人"为壁垒的社会。显然,微笑与打招呼是风险度最低的伦理行为,然而它却是一个社会伦理信任的自然表达和社会的伦理温度的自然显示,是伦理信任的社会表情,因而可以成为积累伦理信任的社会信心的足下之行,也是伦理信任在现实中的破冰点。

保卫生活世界中的伦理存在是建构伦理信任的根本途径。伦理信任本质上是对伦理,准确地说是对伦理存在的信任。生活世界中的伦理存在有两种现实形态,一是权力公共性,二是财富普遍性,二者构成伦理信任的政治经济基础。在这个意义上,根治官员腐败,消除分配不公,就是保卫社会的伦理存在,因为任何官员腐败和分配不公的道德信用危机,都将转化为对权力公共性和财富普遍性的伦理信任危机并终将由伦理信任危机恶化为文化信心危机。中断"道德信用—伦理信任—文化信心"的危机链,杜绝"不道德的个体—不信任的社会"的恶性循环,最终必须从源头上解决问题,铲除官员腐败与分配不公的信用危机的道德病毒和信任危机的伦理病灶,由此才能真正防治诸如"无官不贪""无商不奸"等"可怕信念"的蔓延,赋予伦理信任以现实基础。

问题意识自觉—伦理信心积累—捍卫伦理存在,也许,这就是当今中国社会开启伦理信任的文化之旅。面对信用焦虑中被遮蔽并日益深刻的信任危机,我们别无选择,只能在道德信用的不断推进中学会伦理信任,发展伦理信任,因为,学会信任,就是"学会在一起",就是获得"文明的资格"。也许,这是时代赋予我们的特殊使命。

十二　公共物品与社会至善

如何超越公平—效率悖论，缓解当今社会日益严峻的分配不公难题？公共物品可以提供某种伦理补偿。关键在于，必须洞察财富内在的伦理风险，超越福利经济学的效率价值观，建构以伦理关怀为内核的社会至善理念，使公共物品成为体现"社会良知"与"社会厚道"的"平民礼物"。为此期待一种伦理情怀和彻底的人文精神，使公共物品不仅作为社会公器，而且成为社会至善的推进器。伦理型中国文化可以公共物品的伦理自觉和伦理补偿提供中国表达和理论支持。

（一）财富的法哲学—经济学悖论

1. 财产占有与收入分配的"抽象法—市民社会"悖论

德国哲学家黑格尔在《法哲学原理》中呈现了关于财产的法哲学悖论。一方面，每一个人都必须拥有财产即获得所有权，否则便没有"人格"的现实性，这是"抽象法"的平等要求。"所有权所以合乎理性不在于满足需要，而在于扬弃人格的纯粹主观性。人惟有在所有权中才是作为理性而存在的。"[①] 财产是人格及其自由的定在，"从自由的角度看，财产是自由最初的定在，它本身是本质的目的"。[②] 但另一方面，在现实性上，关于人应该拥有满足需要的足够收入的理念，只是一种善意的道德愿望，财产平等的诉求不仅缺乏客观性，而且是"不法"。"正义要求各人的财产一律平等这种主张是错误的，因为正义所要求的仅仅是各人都应该有财产而已。"财产分配的平均主义注定要垮台，"关于财产的分配，人们可

[①] [德] 黑格尔：《法哲学原理》，范扬、张企泰译，商务印书馆1996年版，第50页。
[②] [德] 黑格尔：《法哲学原理》，范扬、张企泰译，商务印书馆1996年版，第54页。

以实施一种平均制度,但这种制度实施以后就要垮台的,因为财富依赖于勤劳"①。黑格尔揭示了财产占有的"平等"和收入分配的"不均"之间的二律背反:人人必须占有财产,这是"法"的平等要求,但收入分配不应该也不可能平均。在黑格尔法哲学体系中,财产占有的平等权利,属于抽象法的领域;收入分配属于市民社会的领域。"收入跟占有不同,收入属于另一领域,即市民社会。"②"平等—不均"的法哲学悖论,是财产的"抽象法—市民社会"悖论。

在黑格尔《法哲学原理》中,财产占有与收入分配的悖论,展现为文化情结上"柏拉图纠结"。在"抽象法"领域,他认为"柏拉图理想国的理念侵犯人格的权利,它以人格没有能力取得私有财产作为普遍原则"③。但在"市民社会"领域,他又充分肯定柏拉图被人们误解了的"理想国的伟大的实体性的真理",因为"柏拉图在他的理想国中描绘了实体性的伦理生活的理想的美与真"。④ 也许,在《法哲学原理》中,黑格尔与其说呈现悖论或存在纠结,不如说进行关于抽象法—市民社会、财产的占有—分配的法哲学辩证,以此揭示人的意志自由的自我运动。然而在他的法哲学体系中,"市民社会是个人利益的战场,是一切人反对一切人的战场",⑤ 因而收入分配的不均归根到底同样是"不法",否则便不需要由市民社会向国家过渡。

黑格尔给他的体系提出了一个问题,也给世界留下一个课题:在"国家"伦理实体中,如何实现抽象法中财产占有的"平等"与市民社会中收入分配的"不均"之间的辩证互动或价值让渡?

2. 终极理想与终极忧患

"平等—不均"在现实世界中就是法哲学—经济学悖论,它是"黑格尔难题",也是人类文明的纠结。

将财产的占有与分配归属于抽象法与市民社会不同领域相当程度上只是黑格尔建构体系的需要,并不具有彻底的解释力,不难看出,他的抽象

---

① [德] 黑格尔:《法哲学原理》,范扬、张企泰译,商务印书馆1996年版,第58页。
② [德] 黑格尔:《法哲学原理》,范扬、张企泰译,商务印书馆1996年版,第58页。
③ [德] 黑格尔:《法哲学原理》,范扬、张企泰译,商务印书馆1996年版,第55页。
④ [德] 黑格尔:《法哲学原理》,范扬、张企泰译,商务印书馆1996年版,第200页。
⑤ [德] 黑格尔:《法哲学原理》,范扬、张企泰译,商务印书馆1996年版,第309页。

法与市民社会理论都是为私有制做哲学辩护。在文明体系中，占有属于政治和伦理的法哲学领域，分配属于经济学领域，它们是两种不同的意识形态和价值体系。法哲学遵循平等原则，无财产即无人格；经济学遵循效率原则，人们的一切活动都与他们的利益相关。对于这两大原则或两大文明逻辑的不同政治信仰，将可能发展为两种经济制度，即遵循"资本"逻辑的私有制和资本主义的经济社会制度，遵循"社会"逻辑的公有制和社会主义。平等与效率，具体地说，平等的法哲学原则与不均的经济学原则，是人类文明体系的文化矛盾，它们的辩证互动形成人类文明的内在活力和矛盾运动。

然而，在"抽象法"的平等原则与"市民社会"的不均原则的矛盾中，自古以来人类的终极理想都是对平等甚至平均的追求，只是在不同文化中有不同的话语形态。在中国是"天下为公""老吾老以及人之老，幼吾幼以及人之幼"的"大同"，在古希腊是柏拉图的"理想国"，在近现代，它们现实化为一种意识形态和现实政治运动，即共产主义。也许，这些终极理想的文明诉求就是黑格尔所说的在国家伦理实体中所达到的抽象法与市民社会的辩证复归。然而，两种原则在现实世界中的运作，都潜在深刻的文明风险。抽象法的平等原则对市民社会的利益原则的替代将导致平均主义，平均主义已经被黑格尔宣断为"注定要破产"，因为它将导致贫困；然而经济学的效率原则对平等原则的过度僭越将导致贫富不均和两极分化，最终动摇社会的伦理政治基础。在贫困的法哲学风险与两极分化的经济学风险之间，两害相权，人类社会的最大忧患就是孔子所发出的那个著名的文明预警和文化忠告："不患寡而患不均。""有国有家者，不患寡而患不均，不患贫而患不安。盖均无贫，和无寡，安无倾。夫如是，故远人不服，则修文德以来之。既来之，则安之。"① 在近现代转型中，这是孔子也是中国传统文化被误读最大、最深的论断之一。它的话语对象是"有国有家者"，既指向国家治理，也指向国家伦理实体；其精髓是在"寡"与"不均"、"贫"与"不安"之间进行价值权衡和价值让渡；其文化智慧是"均无贫，和无寡，安无倾"，以"均"与"和"消解"贫"与"寡"，最终规避"倾"即社会涣散、国家伦理实体分崩离析的厄运。

"不患寡而患不均"不仅是中国智慧，也是世界智慧，这种智慧的普

---

① 《论语·季氏》。

遍性体现为关于财富的文化警惕甚至终极忧患，具体表现为两个相通的中西方命题。中国命题是："为富不仁。"《孟子·滕文公上》："阳虎曰：'为富不仁矣；为仁不富矣。'"它的话语对象同样是"为政者"，提醒统治者如果执着于聚敛财富，必将道德沦丧，其要义是以"仁"为终极价值对于"富"的道德警惕和伦理紧张，然而并不能在逻辑上将必要条件泛化为充要条件，认为"富"必定"不仁"。西方命题是基督教那个著名的财富诅咒："富人要进天堂比骆驼穿进针眼还要难。"显然，对于伦理型文化与宗教型文化而言，这两大财富预警都具有某种终极意义，因为"仁"与"天堂"分别是入世文化与出世文化的终极追求，在财富之中潜在深刻的文明风险，基督教对财富的紧张与诅咒显然比儒家更彻底、更严峻。它们都表明，在现实世界中这种终极风险必将并且已经现实化为一种政治运动：革命。马克思所论证的无产阶级"革命"的合理性与必然性，相当程度上是对于财富分配不公的政治批判，马克思预言，当财富分配不公和财富占有的不均达到一定程度而两极分化，即一极是财富的积累，一极是贫困的积累时，"革命"就到来了。革命的要义是"剥夺剥夺者"，按照黑格尔的理论，无财产即无人格，由此"无产者"的"革命"不仅具有合法性与现实性，而且在"革命"中获得的将是解放，失去的只是锁链。因此，虽然"平均主义注定要破产"，但"不均"却是文明的最大忧患，"大同""理想国"是人类的文化基因。

3. 现代难题及其理论假设

财富的法哲学—经济学纠结是当今具有世界意义的文明难题，突出表现为发展指数与幸福指数之间的不平衡，其核心问题就是收入分配不公。在联合国公布的"2017年世界幸福指数报告"中居前四位国家的都在北欧，发达国家中美国居14，日本居51。在美国，纽约、加利福尼亚等最发达的城市和地区，幸福指数却多次被排列为最低。随着经济社会的高速发展，分配公正也成为最重要的"中国问题"之一。在我们所进行的2007年、2013年、2017年三次全国调查中，"分配不公，两极分化"虽然不断缓解，但在社会大众最担忧的问题中依次排列第一、第二、第三位。根据2017年调查，关于当今中国社会是否公平判断，居主流地位的是"说不上公平，也说不上不公平"的模糊判断，占28.0%，"比较不公平"的判断占29.3%，"比较公平"的判断占24.7%。"与前几年相比，当今中国社会分配不公、两极分化"的状况是：53.0%认为"没有什么变化"，33.5%认为"有较大改善"，13.5%认为"更加恶化"。对分配不公的伦理承受力，60.3%认为"不合理，但可以接受"，22.3%认为"不合理，不能接受"，17.3%认为"合理，可以接受"。由分配不公所导致的经济上的两极分化，将可能导致文化上与伦理上的两极分化。在关于伦理道德方面最满意群体的调查中，几次调查，居前三位的是农民、工人、教师等草根群体，而居后三位的是演艺界、商人企业家、政府官员等在文化、经济、政治上掌握话语权的精英群体。可见，分配公正，已经是现代中国社会的严峻课题。

平均主义注定要垮台，然而贫富不均、两极分化将会导致社会动荡。在国家治理和国家伦理实体中，如何超越法哲学与经济学的公平与效率的纠结，摆脱财富的文明风险和文化诅咒？在推进经济发展中关怀社会公正当然是根本解决之道，然而历史已经证明，经济发展可能提高生活水平但却不能解决分配公正难题，甚至在此过程中会扩大分配不公的程度。缓解公平与效率之间的文化紧张，一种可能的伦理假设和实践尝试是：为社会提供作为"平民礼物"的公共物品，以公共产品推进社会至善。

（二）财富的伦理风险及其文化预警

财产"平等—不均"的法哲学—经济学悖论的纠结点是伦理，在个体至善与社会至善的辩证互动中，财富的社会伦理风险高于个人。伦理风险呼唤关于财富的伦理精神，回归财富的伦理本性，赋予财富尤其社会财富以伦理合理性与伦理合法性。

1. 财富的善恶本性及其伦理精神期待

在《精神现象学》中，黑格尔将财富当作精神的"现象"准确地说当作"伦理"的存在方式，扬弃财富的伦理本性，指出国家权力与财富是生活世界中个体与实体同一的两种伦理形态，两种形态都具有善与恶的辩证本性。国家权力是个体与自己的公共本质同一的直接形态即所谓"简单结果"，是善；而财富不仅通过创造而且必须通过消费才能建构这种同一性关系，在财富消费中人们往往意识到自己的个别性，进而误以为其本性是自私自利，是恶。其实，"财富虽然是被动的或虚无的东西，但它也同样是普遍的精神本质,它既因一切人的行动和劳动而不断地形成,又因一切人的享受或消费而重新消失"①。普遍性是财富的精神本质。"一个人享受时,他也在促使一切人都得到享受,一个人劳动时,他既是为他自己劳动也是为一切人劳动,而且一切人也都为他而劳动。因此,一个人的自为的存在本来即是普遍的,自私自利不过是一种想象的东西。"② 国家权力和财富作为建构个体与实体同一性关系的两种伦理形态内在善与恶的辩证本性。在自在状态下,国家权力使个体的本质得到表现、组织和证明,是个体的简单本质,因而是善;然而在自为状态下,个人的行动在国家权力下遭到拒绝、压制和不服从,因而对个体来说是压迫性本质,是不同一的东西,是恶。在自在状态下,在财富消费中个体感受不到自己的普遍本质而只是个体性,是恶;然而在自为状态下,财富"提供着普遍的享受,它牺牲自己,它使一切人都能意识他们的自我"③,是善。

国家权力与财富超越善恶而成为伦理性存在期待伦理精神的自觉,伦理精神自觉呈现为善与恶的两种意识形态:高贵意识与卑贱意识,它们是国家权力与财富的善恶意识的两种伦理精神形态。"认定国家权力与财富都与自己同一的意识,乃是高贵意识。"相反,"认定国家权力和财富这两种本质性都与自己不同一的那种意识,是卑贱意识"④。国家权力与财富是现实世界的两种伦理存在形态,高贵意识与卑贱意识同是国家权力和财富建构个体与自己的公共本质同一性关系的两种意识形态,"高贵"还是"卑贱",区别只有一个,是否在国家权力和财富中意识到并呈现自己的普遍本质。

质言之,无论在国家权力还是在财富中,都内在善与恶、高贵与卑贱的双重伦理本质,超越善恶期待"高贵意识"与"卑贱意识"的伦理精神自觉。基于财富的"平等—不均"的法哲学—经济学悖论,伦理精神自觉的核心任务是:国家权力如何使财富扬弃自私自利而回归"平等"的普遍本质,又不陷入平均主义的乌托邦并保持其创造性活力?

---

① [德] 黑格尔:《精神现象学》,贺麟、王玖兴译,商务印书馆1996年版,第46页。
② [德] 黑格尔:《精神现象学》,贺麟、王玖兴译,商务印书馆1996年版,第47页。
③ [德] 黑格尔:《精神现象学》,贺麟、王玖兴译,商务印书馆1996年版,第49页。
④ [德] 黑格尔:《精神现象学》,贺麟、王玖兴译,商务印书馆1996年版,第51页。

2. 财富伦理风险的文化预警

财富的善恶本性表现为个体至善与社会至善的辩证运动，其中财富的社会至善是矛盾的主要方面，也是学术研究和现实批判中的重要盲区之一。

自古以来，个体至善与社会至善的关系就是人类文明史的伦理困惑与文化紧张。在西方文化的源头，苏格拉底宣言"好的生活高于生活本身"，教育孩子的最好办法是做有良好法律城邦的公民，但苏格拉底回避了一个诘问：如果城邦没有好的法律，是否还做它的公民？"苏格拉底之死"以一种伦理悲剧与道德基型的方式演绎了个体至善与社会至善的纠结。如果苏格拉底罪当致死，那便是城邦至善的胜利，不是至善；但如果"苏格拉底之死"是一个历史冤案或文明错案，那么苏格拉底慷慨赴死便是以个体的善造就了城邦的恶，也不是至善。"苏格拉底之死"的悲剧式崇高的伦理美在于它以个体的善成全了城邦整体性的伦理权威，也使雅典城邦永远镌刻着伦理恶的文化记忆。与之对应，在中国文化源头，孔子宣示："笃信好学，守死善道。危邦不入，乱邦不居，天下有道则见，无道则隐。邦有道，贫且贱焉，耻也。邦无道，富且贵焉，耻也。"[①] 有道则现，无道则隐，"道不行，乘桴浮于海"。[②] 苏格拉底与孔子事实上都以社会至善为历史情境与话语背景进行行为的道德选择，但都还不是至善境界，因为他们都以"死"或"隐"的方式逃避了社会的伦理之恶。

至善是个体善与社会善的统一，是人类的终极理想，它在文化的顶层设计中处于彼岸。在中国传统文化中，至善即《大学》所说的"明明德"的个体至善与"亲民"的社会至善的统一，"止于至善"的真谛是对至善的守望与固执。在西方，至善即康德所说的道德与幸福的统一，这种统一既取决于个体德性即道德，也决定于社会公正即幸福，然而康德的至善之所以需要借助"灵魂不朽"与"上帝存在"两大公设，已经表明它只能存在于彼岸。问题在于，至善是终极目标，文明发展是个体也是社会不断向至善的终极目标行进的文化进程，然而在这个进程中伦理道德的文化关切往往聚焦于个体至善，社会至善相当程度上被理想主义地当个体至善的

---

① 《论语·泰伯》。
② 《论语·公冶长》。

自然结果，中国文化固守一种信念，"人人可以为尧舜"，一旦"六亿神州尽舜尧"，社会也便舜化而达到至善。然而文明史的事实却是：个体至善可以缔造社会至善，也可以维持一种社会至恶，在个体至善与社会至善之间存在一直存在深刻的伦理紧张。

长期以来，伦理学理论和经济生活习惯于将个体作为道德归责的对象，社会逃逸于伦理追究之外已经太久，以至几乎被伦理反思遗忘。其实，社会不仅是黑格尔所说的伦理性实体，而且其本身从来就内在非伦理反道德的巨大危险。美国哲学家尼布尔提出一个著名命题，这个命题以一本书名宣示：《道德的人与不道德的社会》。他认为，必须对个体道德行为与社会道德行为进行严格区分，群体道德总体上低于个体道德，因为要建立既克服本能冲动又凝聚公众理性的社会力量非常困难，群体利己主义与个体利己主义的结合，表现为一种群体自利，要在群体之间建立一种完全的道德关系几乎不可能，爱国主义本质上是以个人的无私成就民族的自私，而只有在群体内部建立一种仁慈理性与道德良知群体协调才有可能。

尼布尔的诊断虽然过于悲观，但命题本身极富洞见和警醒意义。[①]"道德的人与不道德的社会"的悖论不仅表现于民族等共同体外部关系中，而且表现于共同体的内部关系即诸群体之间，在现代中国社会的市场经济运行中，这一悖论的现象形态就是"伦理的实体与不道德的个体"。企业等经济实体的内部关系往往具有较强的伦理性，这种伦理性建立在利益相关的基础上，但当这种伦理性实体作为个体而行动，见诸于与其他实体的社会性关系中，却可能是一个不道德的个体，企业的环境浸染便是典型案例。[②]"道德的人与不道德的社会""伦理的实体与不道德的个体"，核心就是文明体系中财富的社会伦理风险，表现为社会行为的非伦理与不道德。回溯文明史，人类共同生活中那些最严重的恶如战争、环境污染、假冒伪劣等，其实并不是个体而是集团或社会造成，即便集团或社会中的一部分人并未积极参与某种集团之恶的行为，但阿伦特《平庸的恶》及其命题已经揭示了社会恶或"不道德的社会"的另一种表现形态，这便是对社会恶的沉默与迁就。在这个意义上，社会比个体内在更大的恶的伦

---

① 参见莱因霍尔德·尼布尔《道德的人与不道德的社会》，蒋庆等译，贵州人民出版社2009年版，导论。

② 关于伦理的实体与不道德个体的阐释，参见樊浩《伦理的实体与不道德的个体》，《学术月刊》2006年第5期。

理风险。

为何社会不道德比个体不道德更现实也更严重？孟德维尔《蜜蜂的寓言》的著名命题已经揭示了财富的秘密："个人的恶行，社会的公利"——市场繁荣和物品供给的丰富等公利都是在追求个人利益的自私心、消费中的挥霍浪费等"个人恶行"推动下实现的。孟德维尔虽然道破了市场的伦理天机，然而却难以回答一个问题：作为个人恶行"成果"的公利，是否天生携带恶的本性？由此可以引申的结论是：财富之中不仅内在社会恶的伦理风险，而且这种风险比个体更大，后果也更严重。

3. 中国经验与中国话语

个人财富内在伦理风险，社会财富中内在更大的伦理风险，只是前者自私有制诞生以来已经为人们所警觉，而后者则有待自觉和启蒙。国家权力的使命，文明形态的合理性，一方面是建立财富的法哲学逻辑与经济学逻辑的恰当平衡，另一方面建构个人财富与社会财富的伦理合法性，扬弃财富的伦理风险，其中社会财富的伦理合理性的建构是现代文明进步的重要标志，宣示关于财富的具有实体意义的集体觉悟。

在文明史上，关于财富的伦理合理性建构的中国经验和中国话语指向两种文明形态，即所谓"大同"与"小康"。根据孔子的描述，"大同"与"小康"的根本区别是"天下为公"还是"天下为家"，伦理气象是"不独亲其亲，不独子其子"还是"独亲其亲，独子其子"，它昭示小康文明必须"礼义以为纪"，即以伦理道德建构文明合理性[①]。换言之，"天下为家"的"小康"并不具有先验的伦理合理性，伦理道德的"礼义"对小康社会不只是一般的文化需求，而是文明合理性的精神基础，个人与社会的财富合法性系于伦理道德的"礼义"之"纪"。由"天下为公"到"天下为家"的异化轨迹具有世界文明史的表达力，"大同""小康"作为传统社会的中国经验与中国话语，对现代中国文明依然具有解释力。改革开放前三十年，中国实行"一大二公"的公有制，它可以看作"天下为公"的"大同"理想的现代版；改革开放由公有制向多种所有制形式并存转化，将中国社会推向"小康"。改革开放的突破口是家庭，家庭承包责任制是改革的重要切入点，其要义是所有制和价值体系方面由"天

[①] 《礼记·礼运》。

下为公"向"天下为家"的转换，它不仅赋予个人财富与家庭财富以伦理合法性，使生产力从"大"和"公"的绝对威严下获得解放，而且其价值目标在话语形态上也直接被表达为"小康"。

"小康""小康社会"不应被简单理解为话语传统方面的某种继承，而是文明规律的现代演绎。改革开放、小康社会的突破口是"家"，难题与纠结也是"家"，官员腐败、分配不公等文明难题都与"家"千丝万缕，家庭的财富伦理是财富的伦理合法性与合理性的核心。在中国社会，家庭财富不仅是个人财富的积聚甚至目的，而且由此向社会财富过渡，影响和决定社会财富的伦理合法性，现代中国社会的财富分配不公，不只表现为与西方类似的个人财富分配不公，更具"中国特色"的是家庭财富的分配不公，财富的代际转移以及由此生成的代际分配不公和代际流动的固化，就是最大的"不公"，由此导致财富的伦理合法化危机。然而在伦理型文化的中国，家庭财富不仅是个人财富的凝聚方式，而且家庭财富的代际转移在血脉延传中具有达到永恒不朽的终极意义。正因为如此，财富的伦理存在方式和伦理风险，在改革开放的中国更大、更深刻，也遵循独特的文化规律。

如果借用丹尼尔·贝尔"文化矛盾"的分析构架，中国改革开放所达到的小康社会遭遇经济冲动力与伦理冲动力的"文化矛盾"，文化矛盾的要义是：改革开放以对个人财富和家庭财富的伦理承认解放了经济冲动力或生产力，创造了"最强的动力"；问题在于，这种"最强"的动力并不是"最好"，腐败与分配不公，以及假冒伪劣、环境污染等"中国问题"已经诠释了其伦理合法性危机。改革开放前"一大二公"的经济体制与价值体系在"政治高昂的时代"创造了"最好"的动力，即政治与伦理动力，然而"最好"的动力并不是"最强"的，它使中国社会陷入贫困。如何使"最好"的动力"最强"，"最强"的动力"最好"，在小康文明中必须如孔子所说"礼义以为纪"。"最好"而不"最强"是乌托邦；"最强"而不"最好"将陷入"歹托邦"。现代中国所实行的多种经济形式并存的混合体制，就是试图发挥"最强"——"最好"的双重效应，难题在于，如何建立"天下为公"的"最好"与"天下为家"的"最强"两大动力之间辩证互动的文明生态或"混合优势"，而不是陷入"乌托邦—歹托邦"的纠缠。正因为这一难题未能真正解决，分配不公、官员腐败、环境污染，三大问题才在近十年的全国调查中交替成为社会大众最担忧的"中国问题",它们都是内在于财富,尤其社会财富中的深刻伦理风险,这些伦理风险的严重存在将动摇甚至颠覆财富的伦理合法性。

要之,"高贵意识—卑贱意识"的伦理精神自觉,财富的"个体至善与社会至善"的伦理预警,小康时代混合所有制下"最强动力—最好动力"的辩证生态,是超越的伦理风险必须达到的三大文化自觉。

(三)"社会"的礼物

分配不公是一个永恒的世界性难题,它在刺激财富欲望的同时也大大加剧了财富的伦理风险和文明风险。贫困与分配不公是人类幸福的两个最大的负面影响因子,当贫困基本消除而走向"小康"之后,分配不公便成为民生幸福的最大制约因素,发达国家和地区的幸福指数普遍低于某些并不十分发达的国家和地区便是证明。分配不公问题之所以并没有随着经济发展而缓和甚至更加凸显,人类价值体系内部的深刻原因之一,就是它与"不均"的财富创造逻辑相矛盾。财富的分配以公平为原则,追求平等,遵循法哲学和伦理学逻辑;财富的生产以效率为原则,要求"不均",遵循经济学逻辑。过度的"平均"导致贫困,而过度的"不均"将导致社会动荡与财富危机。人类的智慧总是在公平与效率、平等和不均的两极价值之间寻找中庸点,然而至今仍未建立起真正的平衡。在相当情况下,追求效率是人类的经济本能,而公平却期待法哲学与伦理学的自觉,于是在效率与公平的价值均衡中,公平的价值总是被过度让渡甚至忽视,财富的伦理危机总是深刻地存在。缓解分配不公等财富伦理危机,公共物品的提供是一种可能的伦理补偿机制,关键在于,提供公共物品不能只出于经济学包括福利经济学的"最强"动力的推动,而必须同时出于伦理关切的"最好"动力的驱使。在伦理关切的推动下,公共物品成为财富分配的伦理补偿,进而推进社会至善,这便是所谓"作为伦理关怀与社会至善的公共物品"。

1. "社会的厚道"

"作为伦理关怀的公共物品"的命题已经表明,"公共物品"的价值重心既不是经济学的"效率"原则,也不是一般意义上法哲学的"平等"原则,而是伦理原则,是伦理学的"至善"或社会至善原则。

自 1601 年英国颁布《济贫法》，救济贫民便从个人义务成为社会责任。建立在个人主义与功利主义基础上的西方古典经济学从亚当·斯密、马尔萨斯、大卫·李嘉图等，都将贫困的根源归之于贫困者个人原因，期待通过市场的普遍福利和消减贫困人口解决贫困问题。19 世纪 70 年代之后，福利经济学诞生，古典福利经济理论主张通过国家干预和社会政策，建立公平有效的社会福利，以收入分配的平等推进社会普遍福利。新福利经济学主张以效率而不是公平为基点，建立"帕累托最优"的"效用最大化"，实行社会福利的补偿原则、次优原则，但其最大缺陷是未考虑收入分配对社会福利的影响，因而正如萨缪尔森所批评的那样，只解决了经济效率问题，而没有解决收入分配问题。可见，福利经济学虽然致力通过国家干预实现最高的经济效率和公平的收入分配，但其价值重心依然是效率，只能解决马克思所说的"绝对贫困"而不能解决"相对贫困"问题，因而福利经济学并不能真正破解发展与幸福悖论的难题，其根本原因在于，他们的理论中只有经济，伦理关切的缺场使公共物品的提供难以真正成为普遍的社会福利和民生幸福的基础。

一般意义上的公共物品只是一种公共福利，对分配不公的解决并不具有真正的推进意义。因为经济学视域中的公共物品，无论纯公共物品如国防等，还是准公共物品如图书馆、博物馆等公益物品和义务教育、水电交通等公共事业物品，虽然表面上具有人人可消费的"公共"性质，但由于消费能力不同，公众对它们的享有能力不同，事实上并不具有"平等"或"公平"的意义。为此，政府干预、公共政策必须为大众提供一些既具有"公共"性质又体现"公平"价值的"公共物品"，即"公平"的"公共物品"。具有"公平"意义的"公共物品"的创造和提供，期待伦理尤其是伦理关怀的参与，在这个意义上，现代经济理论中关于"纯公共物品中"和"准公共物品"的划分便显得捉襟见肘，因为它们都以经济学的"效率"为价值重心。公共物品不仅是社会福利的标志，而且应当是"社会良知"的显示器，体现"社会的厚道"。"良知"与"厚道"的表现是：所提供的公共物品包括对潜在的消费群体选择及其数量必须向资源配置和市场竞争中处于不利地位或在社会体系中处于弱势地位的群体倾斜，因而是一种"选择性"公共，至少具有"选择性"公共的取向。"社会的厚道"是说公共物品应当关怀社会群体的共享能力，将价值重心从"公共"转移到"共享"尤其是"共享能力"，因而推进那些处于弱势地位的群体的社会福利。当不能真正为所有社会大众平等地共享时，公共物品只是一种"形式公共"，而不是"实质公共"，由形式公共向实质公共的转化，必须对社会的边缘群体、弱势群体倾注伦理关切，这种关切体现公共物品的"社会良知"与"社会厚道"。

2. 作为平民"礼物"的公共物品

经济学家做过一个试验，证明一元钱对一个富翁和一个贫民增进生活幸福的边际效应截然不同，前者可以忽略不计，后者甚至可以部分解决一次温饱问题，它说明公共物品应当成为达到真正的社会公正的伦理补偿器。在"效率"与"公平"的矛盾中，事实上存在两种公共物品，一是发展型公共物品，如交通、幼儿园等，一是关怀型公共物品，如老人院等。一般情况下，社会对发展型公共物品的提供高度重视，关怀型公共物品不是缺场就是不到位，更多情况下，是"发展"追求中伦理关怀的缺失。以下案例可以说明。

案例一：老龄关怀与儿童关怀。任何社会都高度重视儿童权利和儿童福利，在一些福利国家，生育和养育的福利政策对人口增长已经产生巨大的刺激效率，甚至产假由母亲惠及父亲。幼儿园、儿童游乐场、儿童用品，更是成为社会生机的表征。另一方面，老人福利甚至老人权利在不少国家或地区成为被遗忘的角落，城市公共空间中的老人休闲地域几乎没有，老人们不得不"占领街角"。只要将幼儿园和养老院、大街上的童车和老人扶手椅做一个简单比较，就可以呈现社会关于人类生命的不同伦理表情。关于儿童的伦理表情相当程度上是一种社会本能，正如黑格尔所说，对子女的慈爱本质上是一种自爱；而对父母的孝顺、对老人的态度则是一种伦理，需要启蒙和教化。儿童作为生命延续象征希望，而老人则在为家庭和社会耗尽生命能量后逐渐退出而成为社会的边缘群体和弱势群体，需要倾注伦理关怀。老人福利、老人公共物品的提供，体现社会的良知和社会的厚道。

案例二：汽车道与人行道。便捷的交通是现代文明的重要标志，高铁、高速公路几乎成为经济发展水平的标尺，然而交通作为公共物品到底在多大程度上真正具有"公共性"，着实是一个有待追究的问题。常见的情况是：在城市公共交通资源的配置中，汽车道占70%左右，自行车道和人行道很小甚至与汽车道合一。除公共巴士外，30%左右有私家车的人群占有了 70% 的交通资源，消耗 70% 的汽车能源，也创造了 70% 左右的城市污染。交通在任何国家都是公共投入最大的领域之一，然而城市交通也是公共资源分配不公的最典型的领域之一。

案例三：垃圾桶与城市亮化。仪态万方的垃圾桶成为丹麦，尤其是首都哥本哈根的城市风情之一。曾经有这样一个故事：一位国会议员上班路上看到一位乞丐倾身在垃圾桶中寻找食物，出来时一脸污物，良知受到震撼，回到办公室便撰写关于改造城市垃圾桶的提案，以便让那些不能自食其力或愿意过这种生活的人们有尊严地寻找生活资源。只有在这种伦理关切下，垃圾桶才真正成为公共物品而不只是废物的公共抛掷器。现代城市最骄傲的风情是夜晚的亮化，因为它是繁荣的炫耀和宣示，为此消耗了太多的公共资源和纳税人的税赋，然而对垃圾桶的关注仍处于"城市卫生"的水准，伦理关怀完全是"霓虹灯下的黑暗"。

因此，公共物品不能只是一个经济学概念，必须由经济学走向伦理学。只有当公共物品不只是服务于"发展"或"效率"，更不是主要服务于强势消费群体，而且惠及所有社会大众，尤其惠及那些处于社会边缘和弱势地位的群体，即成为社会赠予的"平民礼物"时，公共物品才具有真正的"公共性"，也才成为体现社会良知的"社会的厚道"。

3. "第三智慧"

在文明进程中，由于财富创造是财富分配的源泉，效率逻辑总是压过平等逻辑，因而收入分配的平等或所谓均等总是一种乌托邦式的文化理想，甚至是被质疑和警惕的文化情愫，伦理学在经济发展中似乎只是一种附加值。然而一方面在现实中这种文化情愫已经现实地影响社会大众的幸福感，另一方面历史经验已经证明，当分配不公或"不均"积累到相当程度时，不仅财富本身而且整个社会将深陷"不法"的危机。在中国历史上，不仅"天下为公"的"大同"是终极理想，而且几乎所有农民革命的口号都是"均贫富"。效率—公正、平等—不均、经济学—伦理学，人类似乎还没有找到它的中庸点，只是不断地矫枉过正。作为"平民礼物的公共产品"或作为伦理关怀的公共产品，或许可以成为破解这一难题的"效率"与"公平"之外的"第三智慧"。

"第三智慧"的要义是：公共产品兼顾"发展"与"关怀"，资源配置方面在创造为"发展"服务的公共产品的同时，为社会提供充分的面向中下层群体的体现伦理关怀的公共产品。它在社会财富已经创造的条件下实施,因而对财富创造的效率并无直接影响;它在收入分配的背景下完成,因而并不会产生平均主义;然而它是通过公共物品的提供所实施的财富的公共配置,因而具有二次分配或再分配的意义。收入分配遵循经济学逻辑或资本逻辑与效率逻辑,再分配遵循至少兼顾伦理逻辑,致力缩小财富的贫富差距。

"作为平民礼物的公共物品"的最大难题,不只是如何界定"平民",可以将中等收入以下人群整体地作为"平民",在贫困线上下的社会大众作为"贫民",在"发展型公共物品"与"伦理型公共物品"中之间确定恰当的比例,比如4:6的黄金分割律,40%作为发展型公共物品,60%作为关怀型公共物品;在60%的公共物品中,再形成4:6的黄金分割律,60%面向贫民,40%面向平民。其要义是:优先提供那些面向平民和贫民的公共物品。这一理念并不是以平等压抑效率,而只是提供某种最大限度地使诸社会群体共享发展成果,也为分配不公提供某种伦理补偿或伦理矫正。理由很简单,生存高于发展,消除贫困优于财富积聚。正因为如此,现代中国社会在改革开放达到小康之后,要贯彻共享理念,实现共享发展。根据中国经验,最大难题是提供何种物品,提供多少物品,以及如何防止富人对平民和贫民公共物品的再度占有,从而扩大社会不公。因为一般情况下,富人往往比平民和贫民具有更强的社会资本和社会资源占有能力,如何在公共物品中向平民和贫民倾斜,是对公共政策的社会良知的考验,为老龄人群提供的公共产品、城市人行道、自行车道和残疾人通道的状况等都是城市的伦理表情和伦理良知的演绎。

公共产品不仅是效率与公平之间而且也是私有产品与公有产品之间的价值让渡,米勒的名画《捡麦穗者》便演绎了古典时代的那种社会风尚。以堆积如山的麦垛为背景的几位捡麦穗的农妇,并不是农场主的雇工,而是附近的农民。按照19世纪法国的法律,农场主收割之后,掉在地上的麦穗便不再私有,而是属于公共产品,为社会成员所共享。在某种程度上,它是对私有财产的某种伦理补偿,让没有土地的农民也有一丝补充生活资料的可能,虽然少得可怜,但毕竟以法律的形式提供了某种补偿,也由法律规范走向伦理风尚。在中国"一大二公"的计划经济时代,也存在这种补偿机制。在公有农产品为生产队集体收获之后,往往有一个被农民们称之为"放赦"的环节,农民们可以到刚收获的土地中再度寻找,所收获的麦穗、花生等成为私有产品。两个故事，前者是私有向公共让渡，后者是公有向私有让渡。这些故事也许已成历史，但智慧本身在现代生活中依然具有重要的启迪意义，从中可以演绎出价值让渡的现代版。

（四）公共物品的伦理情怀

现代社会是一种多元而高速变化的文明，以往漫长的文明进化中所积淀的那些凝聚社会的哲学智慧在高速变化中好似遭遇一个原子分离器，不断地溶解稀释，世界因日新月异而面目全非，人类正面临严峻挑战："我"，如何成为"我们"？"我们"，如何在一起？传统时代"在一起"的那些文化范式已成历史记忆，人类必须重新学会"在一起"的新智慧。"学会在一起"本质上是一个具有终极意义的伦理课题，其哲学条件是英国哲学家罗素所说的"学会伦理地思考"，"伦理地思考"的内核是伦理情怀。公共物品是社会大众"在一起"的经济与伦理方式，当公共物品被赋予"伦理之魅"从而体现社会的伦理关怀和伦理情怀时，便从经济存在成为伦理存在，从社会福利成为伦理关怀，由此，不仅公共物品，而且整个社会也携带伦理的温度，公共物品不仅成为社会福利的显示器，而且成为社会至善的推进器。

1. 学会伦理地思考

社会的本性就是"在一起"，人类文明的终极问题就是"如何在一起"。"在一起"有各种中介，政治以公共权力为中介"在一起"，经济以利益为中介"在一起"，伦理以精神为中介"在一起"。伦理是最彻底的"在一起"，它以对"伦"的实体性认同遵循"理"的人性规律而精神地"在一起"，由此，家庭、民族、社会、国家都是伦理实体的诸形态，而财富与公共权力也是伦理的存在方式，必须具有伦理的合理性与合法性。于是，在千万年的文明演进中，人类学会了一种独特的思考方式即"伦理地思考"。"伦理地思考"是一种伦理情怀和伦理良知，它赋予人的生活世界和精神世界以伦理的温度和温情，是独立于经济的利益思维、政治的权力思维、哲学的认知思维之外的最能触摸人性本真并且知行合一的良知思维，或者说是杜维明先生所说的与哲学的认知理性相区分的良知理性。简言之，"伦理地思考"是携带伦理情怀、伦理温度的思考。公共物品超越"社会公器"而成为"社会厚道""社会良知",必须"学会伦理地思考"并体现伦理情怀。几个案例可以演绎这种特殊的思考方式。

对待残疾人的态度是最能体现社会良知的伦理表情之一。我们为什么要为残疾人提供公共物品或帮助残疾人？公共政策的基础可能多样,同情怜悯与公共福利是两个基本选项。然而在这个遵循达尔文物竞天择、生存竞争逻辑的市场时代,同情怜悯可能是强者向弱者抛洒的一掬显示自己高尚的热泪,由此关于残疾人的公共政策和公共物品便只是一种"发展"驱动下的伦理"兼顾",与之相关的公益行为也可能成为公司广告和政府政绩的伦理装帧。最彻底的伦理思考是：人的诞生充满生命风险,每个人都有成为残疾人的可能,譬如万分之一的概率。残疾人是其他正常人生命风险的承担者,于是对待残疾人的伦理态度便不是同情怜悯甚至不是帮助,而是"感恩"。可以想见,基于"同情"与"感恩"建立的公共政策和提供的公共物品所携带的伦理温度可谓冰火两重天。在这个韩非所说的"争于气力""逐于智谋"的时代,人类社会生活中伦理温度的流失太多,乃至"同情"的天良也已经变味为强者对弱者的施舍,其实"同情"的初心是同情感,它基于一个人性信念：人类有共同共通的情感,因而能够达到人我合一,天人合一。

贫困是与公共物品相关的另一个亟须伦理情怀的问题域。福利经济学致力以社会福利和公共物品救济贫困,然而它将贫困的原因完全归之于贫困者自身,对待贫困者的伦理态度是所谓"哀其不幸,怒其不争"。也许,贫困部分地有自身的原因,然而如果将贫困完全归咎于贫困者,那么马克思所说的无产阶级革命的理论便完全不能成立。贫困的社会根源首先在于资源配置不公,由地域差异、代际差异导致的贫困尤为如此。贫困往往体现地域性特征,然而当用各种公共政策将一部分人绑定于贫困土地,将另一部分养尊处优于富饶土地时,社会便造就了贫富的两极并通过各种国籍制度、户籍制度进行贫富的代际传递。即使绝对贫困可以消除,相对贫困也永远难以消除。社会在大批产生富翁的同时,也总是每时每刻造就相对贫困者,在市场条件下,富翁总是踩着众多的中产阶级和贫困人口的肩膀登上财富金字塔的顶尖。

生活方式的选择是另一个问题。社会总是通过各种压力和诱惑造就某种主流生活方式,在市场条件下,这种主流生活方式往往是市场驱动下一部分人利益、偏好和意志的体现,而依照孟德维尔"蜜蜂寓言"的逻辑,它的合理性就是推进经济发展，城市交通资源配置就是典型。当今的城市无例外地将交通资源集中于机动车，很大程度上是对人的步行和人力车生活方式的剥夺。虽然机动车中相当一部分是公共交通，但数量最大的是私家车。也许，在步行和人力车的人群中很多有足够的能力使用私家车，只是他们选择了另一种生活方式，即步行或人力车。人行道和自行车道的挤压甚至消失，不仅是交通资源配置不公，更是公共政策缺乏伦理情怀、社会缺失伦理温度和伦理宽容的表现。

2. "公众家庭"与"平天下"

作为"社会礼物"尤其是面向平民和贫民礼物的公共物品的伦理情怀，在中西方传统中有不同的理性根据和文化表达，西方现代哲学中最典型的表达就是罗尔斯的"差异正义"和丹尼尔·贝尔的"公众家庭"，在中国传统中就是所谓"平天下"。

自古希腊以来，正义就是西方伦理的基德之一，然而无论正义还是平等，都只是西方文化的概念，其根本特点如黑格尔批评康德那样"完全没有伦理的概念"，只是一种抽象的道德诉求，因而无论"正义"之"正"，还是"平等"之"平"，最后都只是一种理念或理想。罗尔斯的正义论提倡一种普遍正义，但由于人的地位、能力殊异，每个人的正义标准并不相同，必须在正义的绝对理念下实行差异正义或差异公正。公共物品必须贯彻差异正义的理念，向平民和贫民倾斜，为之提供更多也更需要的公共物品，这才是真正的正义。在公共物品的提供方面，平民、贫民与富人占有的平等，反而是非正义，因为它将扩大已经存在的不平等。另一位哈佛大学教授丹尼尔·贝尔提出"公众家庭"的概念，不难看出，这一概念的理论渊源来自黑格尔的法哲学。在《法哲学原理》中，黑格尔认为，市民社会既将个人从家庭中"揪出"，从"家庭成员"成为"市民"，于是便有义务为之建立"公众家庭"，警察与同业工会就是市民社会的"公众家庭"，而国家作为伦理实体的最高形态，是更高阶段的"公众家庭"。黑格尔和丹尼尔的"公众家庭"从话语方式上就不难看出其伦理气质，因为家庭不仅是自然的伦理实体，而且是伦理的策源地。公共物品作为"社会礼物"，就是社会作为"公众家庭"的直接体现，是社会的伦理情怀的物化形态，差异正义就是其伦理情怀的直接体现。

公共物品的伦理情怀在中国传统中的理性根据与话语形态是所谓

"平天下"。中国文化是一种伦理型文化，伦理型文化的特点是伦理道德一体、伦理优先。于是与西方"正义""平等"相对应的概念便是所谓"公正""平等"。"公正"是伦理之"公"与道德之"正"的统一；"平等"之"平"是伦理之"平"的"天下平"。它赋予正义与平等一个伦理的前提，在具体的伦理实体与伦理情境中确定"正"与"平"的内涵。中国文化中没有所谓"公众家庭"的理念，因为在"国家"传统的家国情怀下，"家"是一切伦理实体的范型和家园，正义的彻底实现，至善的终极境界，就是所谓"平天下"。"平天下"的伦理气象就是"老吾老以及人之老，幼吾幼以及人之幼"，其要义将家庭的伦理情怀彻底贯彻到一切伦理领域。家庭的伦理情怀是什么？黑格尔说，家庭作为自然的伦理实体以爱为基础。然而家庭之爱并不是一种"等爱"而是"差爱"，"差爱"的内涵并不只是所谓亲疏远近之爱，而是一种差异之爱。在中国社会的家庭生活中，父母对子女的爱往往是"公平"而不"平等"，那些在经济社会地位上处于弱势地位的子女往往得到更多的关心帮助。爱所有子女是"平等"，对弱势的子女倾注更多帮助是"公平"，这种差异之爱就是真正的伦理情怀。公共物品作为"公众家庭"的伦理情怀，必须体现差异之爱，为处于弱势地位的群体提供更多的公共产品，由此达到"平天下"。"平天下"不是政治上的平定天下，也不是天下太平，而是伦理上的天下公平。"老吾老以及人之老，幼吾幼以及人之幼"，最后便可达到"中国如一人，天下如一家"的"平"的伦理境界。"平"于什么？平于家庭的伦理情怀，达到伦理上"天下平"才是真正的"天下太平"。无疑，公共物品在任何时候都是杯水车薪，难以完成平天下的文化使命，但必须体现平天下的伦理情怀，否则便是富人的附加值，失去作为"社会良知"与"社会厚道"的伦理意蕴。

3. 社会至善

公共物品的伦理情怀期待一种彻底的人文主义或彻底的人文精神，它要求超越经济学的效率价值和法哲学的平等价值，统合儒家的仁爱之情，佛家的慈悲之怀，西方的博爱之心，为社会提供公共物品，使公共物品不只是社会福利，而是携带"爱"的伦理温度，进而推进社会至善。

无疑，公共物品不是一般意义上的社会公益，更不是社会慈善，然而离开伦理关怀的公共物品只是一种利益再分配。公共物品因其"公共"

具有博爱的性质，但博爱的合理性在于其仁慈意义。仁爱不只是孔子所说的推己及人的人性之爱，而且也是墨子所说的"体爱"，是视他人如己的兼爱和推爱，也是佛家所谓无缘大慈、同体大悲的慈悲情怀。彻底的人文精神期待超越平等的博爱，达到以公平为理念的仁慈，由此便需要一些超越性的伦理理念。

公共物品不只是物化产品，也包括文化供给；文化也不只是图书馆、博物馆等公共设施，更包括文化智慧与伦理风尚。孝道便是人类世界中最重要的文化公共产品。如前所述，人的自然生命过程，事实就是由诞生到成长壮大，最后走向弱势而归于无的过程。为了保障生命在走向老龄而趋于弱势中有足够的文化尊严和文化权利，人类有了孝道的伦理觉悟和伦理建构，中国文化尤为系统和强大。关于中国传统中以"孝顺"为核心的孝道历来诟病较多，似乎它以子女无条件的伦理义务为前提。然而，"孝"之为"道"，在入世即缺乏宗教超越的伦理型中国文化中，作为人的血缘生命延传的伦理条件的孝道，根本上是对人的生命不朽的伦理承认和伦理承诺，也是对老龄人生命的自然伦理安全的"绝对命令"。"孝道"不仅是全社会共享的文化公共产品，而且也是每个人在最后的生命进程中才能"分红"的公共文化产品，只是说在生命的初始阶段，它是一种对父母的伦理义务，只有到生命的终点，它才成为自己的伦理权力，然而当需要并享受这种权利时，老龄生命往往已经缺乏诉求和捍卫这种权利的力量。于是社会便需要建构"孝道"的文化公共产品，甚至将它作为一种强制性的在代际之间不平等但却事实上公平的文化设计。问题在于，人们往往看到它在共时性维度的不平等，难以体会历时性维度的伦理上的公平，而一旦体验并诉求这种公共产品，生命已经成为它的被供给方和保护对象。孝道的文化设计表明，必须建立文化公共产品或伦理公共产品的理念，发现并彰显公共产品背后的伦理底蕴和人文精神。

人类总是诉求平等，但又总是不断创造新的不平等，现代高技术前所未有地扩张了人类的不平等，网络技术便是如此。自网络技术入主人的生活，也就开始了新的不平等，因为网络作为全新的交往方式，从一开始似乎就是年轻人和知识人的专利。自从有了滴滴打车，老龄人的出行便越来越困难，它严重剥夺了不用网络或不善用网络的老龄群体和其他群体的机会。医院的网络挂号、市场的微信支付等同样如此，社会在技术进步中无情地将不选择这一生活方式的人群抛进边缘，将网络化生存强加给全世界。如果公共物品的提供完全智能化和网络化，而不能兼顾或倾斜网络世界之外的人群，那便意味着它已经失去伦理良知和社会厚道，因为它本质上是一种功利主义的"趋炎附势"。

在公共物品中彻底贯彻人文精神，使公众物品洋溢伦理情怀，也许只是理想主义的乌托邦，但无论如何，公共物品必须摆脱福利主义和效率价值观，将"社会至善"作为公共物品的终极目标和伦理气质。在中西方传统中，"至善"是道德与幸福的统一；在现代话语中，"社会至善"是效率与公平的统一。公共物品虽然不能完全破解效率与公平的经济学—法哲学悖论，但可以肯定，它应当也必须成为社会至善的显示器，可以为社会至善提供我们这个时代所十分稀缺的伦理补偿。

十三　伦理道德发展的"中国问题"与中国理论形态

道德发展的"中国问题"到底是什么？

这一追问的意义已经不再凝滞于学术域的"中国问题意识"。现代化驱动与全球化飓风双重裹挟催生道德哲学理论的"西方依赖"，长期"依赖"而"中国问题依旧"之后，"中国问题意识"便由本土情结转向一种具有哲学意义的质疑——"西方药"能否治"中国病"？

由于自20世纪后期以来，西方道德哲学开始了由宏大理论研究向具体问题关切的重大转向①，于是问题便更严峻也更尖锐地演绎为——是否西方人生病，中国人跟着吃药？

密涅瓦的猫头鹰只有在黄昏才起飞！"中国问题"背负的是"中国经验"，蕴含着现实与历史。道德哲学的猫头鹰只有在亲历和鸟瞰了一天的生活进入沉思的黄昏之后，才能享受翱翔天空的自由。现代中国的道德哲学，期待两个革命性的进程：透过深入的调查研究，切实把握"中国问题"；透过尖端性理论研究，建构道德哲学的"中国理论形态"。

（一）何种"中国问题"？"无伦理"；"没精神"！

从纷繁的感性经验中甄别和揭示道德发展的"中国问题"，无疑是一件难以完成的学术任务，因为它既需要基于可靠调查的事实呈现，更需要思与辨的哲学沉思。一般道德问题之成为"中国问题"应当具有两个条

---

① 笔者自2010年10月在英国作访问教授期间，曾与同事一道，对英国大英图书馆和伦敦国王学院图书馆的伦理学藏书进行了较全面的检索分析，发现，自20世纪80年代以来，西方的伦理学研究出现了由理论与历史研究向问题与现实研究的转向，这一转向愈演愈烈，至21世纪的前十年，宏大理论研究和传统经典的著作已经相对稀少，学术研究的一个断裂带已经生成。

件：其一，是产生其他诸多道德问题的"元问题"并对它们具有解释力；其二，是当代中国社会道德变迁的基本方面并对它们具有表达力。

沿着这个思路，当代中国道德发展到底遭遇何种"中国问题"？一言以蔽之，"无伦理"；"没精神"！温和地表达即：伦理缺场，精神退隐。黑格尔曾这样揭示伦理的哲学本性："伦理本性上是普遍的东西，这种出之于自然的关联（指家庭，引者注）本质上同样是一种精神，而且它只有作为精神本质时才是伦理的。"① 从这段话中可以抽象出伦理的两大特质。第一，"本性上普遍的东西"或者说伦理本质上是一种普遍物，因而伦理关系不是个别性的人与人之间的关系或所谓人际关系，而是个别性的人与实体性的"伦"之间的关系或人伦关系；第二，伦理实现的条件是"精神"，也只能是精神，因为精神"是单一物与普遍物的统一"。② 简言之，"普遍的东西"（"普遍物"）是伦理之为伦理或伦理存在的基础，而"精神"则是达到伦理的主观条件。据此，黑格尔对"伦理行为"进行哲学辩证："伦理行为必须是实体性的，换句话说，必须是整个的和普遍的；因而伦理行为所关涉的只能是整个的个体，或者说，只能是其本身是普遍物的那种个体。"③

改革开放历史变迁的最深刻道德哲学后果，是伦理"普遍物"或所谓"伦"本身及其存在方式发生了根本性变化。在经济生活中，由公有制向多种经济所有制、由计划经济向市场经济转变，"公有"的所有制形式、"计划"的经济体制，都是伦理普遍性或伦理作为"本性上普遍的东西"的直接表达和经济学表现；在社会结构中，"单位制"在家庭与国家之间建立起兼具伦理、政治与经济多重功能的过渡环节，使诸伦理实体具有同质性的生态关联，"单位"既是"第二家庭"，又是"国家"伦理实体的具体体现。多种经济形式和市场经济体制，使经济生活这个最世俗也是最现实的社会生活领域彻底地"经济化"，彻底地贯彻经济理性，伦理乃至政治，已经不像公有制和计划经济那样，成为经济运行的目的和前提条件，最多只是在"市场失灵"时将道德和政府作为某种补救措施，即所谓"第二只手""第三只手"。无论如何，伦理在经济生活中退隐和缺

---

① ［德］黑格尔：《精神现象学》下卷，贺麟、王玖兴译，商务印书馆1996年版，第8页。
② ［德］黑格尔：《法哲学原理》，范扬、张企泰译，商务印书馆1996年版，第176页。
③ ［德］黑格尔：《精神现象学》下卷，贺麟、王玖兴译，商务印书馆1996年版，第9页。

场了。至今，中国社会、中国经济仍未真正找到经过深刻而巨大的变革之后，使伦理普遍物重新在经济生活与经济运行中"在场"的有效机制与合理理论，像马克斯·韦伯所指出的新教伦理那样。社会结构中的情景更为明显。"单位制"解构之后，进入所谓"后单位制"时代，"后单位制"实质上是"无单位制"。"无单位"留下的在家庭与国家之间的社会结构上的荒野如何填补？"单位"的文化替代是什么？学界引进"市民社会"的理念与理论，而市民社会本质上是"个人利益的战场"，是以个体尤其是个体利益为本位的"法权社会"，基于利益博弈所建构的社会普遍性，只是形式普遍性，难以达到真正的伦理普遍物。同时，与此过程相伴生的，还有第三个因素，即独生子女政策的强力实施，以及城镇化、城市化的不断推进。这两大变化的伦理后果是，前者大大弱化了作为自然伦理实体的家庭的伦理功能和伦理存在，后者则摧毁了乡村这个伦理和伦理生活的自然策源地，由此，伦理的自然根源动摇并且正逐渐丧失其伦理含量和伦理功能。

以上三大变化的结果是，社会正遭遇一场空前的伦理危机：

伦理存在的危机——到底是否存在作为普遍物的"伦"？我们今天所谓的"伦"或"伦理"，是否拥有真正的伦理普遍性或是否是真实的伦理普遍物？

社会的伦理合法性的危机——我们今天的社会是否只是一个具有经济效率和法律规范的形式普遍性，但缺乏伦理合理性的社会？

社会伦理能力的危机——我们的文明、我们的社会、我们社会中的个体，是否还具有伦理建构，回归"伦"的家园的能力？伦理能力是否已经像我们身上的尾骨一样，成为一种退化和正在消逝的能力？

作为以上三大危机的文化后果和社会感知，是幸福感的危机——在生活水平提高的同时，幸福感是否同步提升？

于此，必须进行两种辩证。一是伦理问题与道德问题的辩证。人们每每忧患今天的道德状况，似乎问题总是存在于道德领域，也总是归责于个体道德，而其背后更深刻的伦理根源却逍遥于思想的触须之外，结果，虽然社会总是不断地呼吁和加强道德建设，而其效果总是不能令人满意，原因很简单，根本问题不在道德，而在伦理，于是单一的"道德建设"只能是南辕北辙。二是伦理问题与伦理现象的辩证。社会生活中现实存在的大量问题，不仅是深刻的伦理问题，而且很多是伦理问题的现象形态，是伦理存在、伦理能力危机的现象形态,如果社会的注意力总是聚集和凝滞于这些现象,那么,问题便难以解决,至少难以根本地和全局地解决。

伦理作为"本性上普遍的东西",在社会生活与人的精神发展的不同阶段具有不同的形态。在其直接性中是家庭与民族,家庭与民族是自然的伦理实体;在其现实性上,便是国家权力与社会财富,因为,在现实社会生活中,国家权力与社会财富是个体与其公共本质同一的现实形态或政治与经济形态,伦理普遍性,具体地说,权力的公共性与财富的社会性,是它们的合法性的伦理基础和伦理条件。在这个意义上,干部腐败和分配不公,绝不只是一般意义上的干部道德和分配制度问题,它们从根本上动摇甚至颠覆了现代社会的伦理基础,使社会的现实伦理存在成为虚无。干部腐败使国家权力成为"少数人的战利品",从而丧失公共性;分配不公使"为自己劳动也就是为他人劳动"的财富普遍性消解。两大问题的严重存在,使当今社会陷入深重的伦理信任与伦理信念危机,瓦解了社会的伦理实体性与伦理聚合力。所以,攻克这两大"改革开放问题",根本上是一场伦理保卫战。

也许,人们会认为,市场机制的健全和法律制度的完备将会甚至已经为我们今天的社会找到建构同一性的更有效率的路径。然而,社会同一性与社会同一性的伦理基础、伦理合法性是两个完全不同的论域。市场和法制的经济理性和形式普遍性,并不能形成社会同一性的精神基础,而伦理的条件却是"精神",伦理与"精神"直接同一。黑格尔曾断言,当谈到伦理时,永远只有两种可能。一是"从实体出发",二是"原子式地思考",而后者是"没有精神的",因为它只能做到基于个人的"集合并列",而精神是"单一物与普遍物的统一"。[①] 市场经济的绝对逻辑和绝对价值观的必然结果,是经济理性和法律理性取代伦理的精神诉求。于是,"理性"玉兔东升,"精神"金乌西坠,理性主义的挺进与精神的退隐成为现代中国伦理乃至中国社会的重要表征。"精神"之为精神,有两个重要的特质。一是"单一物与普遍物的统一",其价值逻辑是"从实体出发",运用于伦理,便是从普遍性的"伦"出发,达到个体性的人与实体性的"伦"的统一,而不是基于个体利益的"集合并列";二是思维和意志、知与行的统一,如果停留于道德的"知"或知识,那么最多只是一

[①] [德] 黑格尔:《法哲学原理》,范扬、张企泰译,商务印书馆1996年版,第176页。

种"优美灵魂"或"伦理意境",永远无法使理性成为现实。个人主义是西方理性主义的现实形态,个人主义作为一种哲学并不完全排斥社会性,而是用"原子式思维"建构社会同一性,即"集合并列"的无精神的形式普遍性。当代中国,过度的个人主义既与对西方理性主义的误读和不恰当的移植有关,也是消解社会的伦理存在的重要因素。而知与行的脱节,有知无行,正是素质构造中精神退隐的直接表现,只有知与行的同一,才不是西方式的纯粹理性的"认知",而是王阳明所说的知行合一的良知或所谓精神。

由此,"无伦理"和"没精神"或说伦理缺场和精神退隐,成为道德发展的"中国问题"。其实,它们是"合二而一"的问题。因为,精神是达到伦理的必由之路,也是伦理存在的主观条件。伦理作为"本性上普遍的东西",只有透过"从实体出发"的"精神努力",才能使人从个体存在成为普遍存在,达到单一性与普遍性的统一。在这个意义上,"没精神"必然"无伦理",至少在主观条件方面如此,"理性依赖"所建构的,只能是一个"单向度的人",而不是"有精神的人"。

饱经市场经济"改革"的洗礼和西方理性主义"开放"的冲击之后,当代中国如何重新建构和认同社会的伦理存在,是必须严肃对待的尖锐问题。也许,可能通过艰难的长期探索和建设,使市场经济和市民社会在经济与社会两大领域成为伦理性的存在,就像公有制和"单位"曾是中国社会的伦理传统那样,但是,如何使市场经济和市民社会"有精神",却是它们能否成为伦理存在的关键性难题。当今道德发展的"中国问题"往往以特殊的形式呈现:表现于道德,根源于伦理;现象形态上是道德问题,但根本上是伦理问题。因而往往表现和表达为某种伦理与道德的纠结,确切地说,伦理—道德生态链的断裂。这一立论同样获得调研信息的支持。"在现代中国社会,你认为应当公正优先,还是德性优先?" 2007年调查的 1200 份问卷中,50.04% 选择公正优先,48.9% 选择德性优先。公正论与德性论二元对峙!对峙的本质是伦理与道德的对峙:公正论追究社会伦理,德性论追究个体道德。与道德上满意,伦理上不满意的伦理—道德悖论汇合,结论是:"中国问题"是一个伦理—道德生态或伦理—道德关系问题,根本上是伦理问题。也许,只有达到这样的认知与判断,才能准确把握"中国问题",至少,可以为"中国问题"的定位寻找一种新的思维方向。

(二) 何种"中国经验"?"人之有道"—"教以人伦"

伦理与道德的关系问题,伦理理念与伦理现实的关系问题,如何达到伦理的问题,历来是中西方道德哲学的大问题和大智慧。伦理与道德作为建构个体与实体、个人与社会的同一性的意义世界的意识形态和人文智慧,具有精微但却深刻的哲学殊异和文明分工。简单地说,伦理着力"人"与"伦"的关系,道德着力"人"与"理"的关系;伦理具有客观性与实在性,而道德具有主观性与个别性。无论现代道德哲学如何调和伦理与道德,试图使它浑然一体;无论现代人如何缺乏学术耐心和思想耐力,无视伦理与道德的分殊而一厢情愿地将它们合而为一,伦理与道德总是不仅两立于人们的思维和作为它的成果概念中,而且在现实世界中忠实而严格地履行着自己的文化担当与文明使命。在现实生活中,伦理面临的永恒挑战,是伦理作为"本性上普遍的东西"的理念和理想,与伦理现实之间的矛盾甚至鸿沟,这一矛盾和鸿沟使伦理陷入表面上难以自拔事实上非常辩证的悖论之中:如果没有矛盾,伦理包括伦理的理念与理想将失去自身的意义,因为它已经是存在;如果鸿沟太深以至难以逾越,伦理便没有现实性。

伦理是否"存在"或伦理与存在的关系问题,一直是伦理关系和道德哲学理论中难解的纠结,它们之间"乐观的紧张"形成伦理作为最基本的文明因子的文化张力。而"如何达到伦理"作为中西方的多元智慧,在现代性中以更为严峻的方式紧迫地出现于世人面前和道德哲学理论中,这一课题如此严峻,以至它已经威胁到伦理本身,即:在现代性文明中,"伦理"到底只是一种延传的话语形态或所谓"文化遗存",还是一种有生命力的文明存在和文化因子?当试图以法律或经济的形式取代伦理同一性并将它们宣布为"伦理"时,"伦理"事实上就已经死了,至少,已经沉沦为一个"没精神"、无灵魂的躯壳。现代性社会,包括现代中国社会,断言伦理濒临死亡也许过于武断,或者会影响人们对于生活和未来的信心,但伦理确实已经成为十分稀有的"文化熊猫",至少相对于"道德"是如此,道德上满意,伦理上不满意的伦理—道德悖论,已经折射出伦理之于现代文明状况,它不仅是一种心理感受和事实判断,而且应当视为一种文明诊断和价值愿景。因此,"拯救伦理"应当是一个来自文明深处的深切呼唤。

　　基于"中国问题"思考伦理以及如何达到伦理的问题，应当回首中西方道德文明的经验和智慧，尤其是中国经验和中国智慧。何种"中国经验"？何种"中国智慧"？简单地说，就是"'人之有道'——'教以人伦'"的道德哲学。

　　伦理与道德共生，是中西方文明的共同历史；然而，共生之后，彼此的文化命运或者所经受的文化选择，及其所形成的伦理—道德的历史哲学运动就迥然不同了。中国文明史上，儒家与道家是一对孪生儿，如果一定要在二者之间分出伯仲，那么毋宁说道家在儒家之先，不仅因为老子比孔子年长，而且因为孔子曾经向老子请教"礼"，而"礼"在孔子体系中的地位说明这一请教具有非同寻常的意义。在这个意义上，虽同为先秦"诸子"，春秋无显学，老子，大而言之，道家在学问和知识上，可能确实是孔子及儒家的先行者。在时间序列上，《道德经》在《论语》之先，这本书的标题已经充分彰显了它的哲学旨谓和文化偏好，"道德"是它的主题和思想重心。当然，《道德经》中的道与德，与我们今天乃至后来的道德有很大不同，它们更"哲学"或者说主要是一个哲学范畴，而且帛书考证已经说明，在它那里不是"道—德"，而是"德—道"，但无论如何，后来和今天的"道德"由此而来，却是不争的事实。它说明，在文明的开端，道德首先被提出和重视，至少在系统的哲学理论中是如此。与之比较，孔子及其创立的儒家似乎更重视伦理。无疑，老子和孔子，在强调道之德、伦之理的同时，并没有完全否定或忽视另一方，区别在于确定的优位不同。《道德经》在讲"道可道……""上德不德……"的同时，也讨论"伦"与"理"，《论语》强调人伦之"礼"，但对道德之"仁"凸显到如此地步，以至不仅它被公认为是孔子的独创和特殊贡献，而且很多人认为孔学乃"仁学"。需要追究的是，在儒家学说尤其是《论语》中，伦理与道德的关系到底如何？这种关系定位与它日后成为"显学"，尤其是解决"中国问题"有何关系？

　　儒家学说有两个基本概念：礼与仁。如果进行道德哲学分析，那么，礼可以视为伦理尤其是伦理实体的概念，"仁"是道德尤其是道德主体的概念。礼与仁，就是伦理与道德的传统概念与中国话语形态。一般认为，孔子的学说尤其是道德哲学以"仁"为核心，最重要的理由有二：其一，礼是孔子的继承，仁是孔子的创造；其二，在儒家，尤其《论语》中，仁出现频率比礼多，地位也更重要。"礼"在《论语》中出现75次，而"仁"出现109次。这些理由当然有说服力，但它们都是知识层面的表象，最重要的是，在礼与仁之间，孔子的根本目标是什么？是建构一个"礼"的社会，还是"仁"的个体？二者之间有没有一个谁更优位的问题？《论语》中的一段话对诠释"礼""仁"关系特别重要。"克己复礼为仁。一日克己复礼，天下归仁焉。"① 孔子以"仁"说"礼"，以"礼"立"仁"。"仁"的根本目标是"礼"的伦理实体的建构。孔子以"复礼"为自己的终极使命，"复礼"必须"克己"，"克己"者胜己也，即超越自己的个别性，达到人或孔子所谓的"大人"的"普遍性"。"克己复礼"的过程，就是"仁"的建构过程。在这个过程中，道德主体的"仁"始终服务乃至服从于伦理实体的"礼"。"克己复礼"是一个道德与伦理同一的过程或道德完成与伦理实现同一的过程，但在这个过程中，"复礼"确实具有目的意义，"复礼"的伦理，相对于"克己"的"仁"确实具有更为优先的地位。只是，这个优先地位隐蔽，因为孔子将"礼"或"复礼"作为一种价值预设，着力解决的问题是如何建构"仁"的道德主体，他对"仁"之于"礼"的意义强调到如此重要的地位，以至极易发生误读，以为"仁"比"礼"更重要。也许，将"仁"的道德当作达致"礼"的伦理的精神过程更为恰当。孔子言仁，认为人人皆有仁之可能和种子，"为仁由己"，但从未称赞谁是"仁人"或已经达到"仁"的境界，因为在他那里，"仁"存在于"颠沛必如是，造次必如是"的自强不息的努力之中，是由"己"或所谓"小人"的个别性达到"大人"的普遍性的"单一物与普遍物统一"的精神过程。所以，如果用一句话概括伦理与道德在孔子体系中的地位或孔子道德哲学体系的特质，那就是：礼仁同一，伦理与道德合一，伦理优先。

孔子开辟的这一传统在孟子那里得到更为具体的发挥和辩证展开。孟子的一段话最能代表儒家关于伦理与道德关系的理论。"人之有道也，饱食、暖衣、逸居而无教，则近于禽兽。圣人有忧之，使契为司徒，教以人伦：父子有亲，君臣有义，夫妇有别，长幼有序，朋友有信。"② 这段话中，最关键的是"人之有道"与"教以人伦"之间的关系。儒家乃至整

---

① 《论语·颜渊》。
② 《孟子·滕文公上》。

个中国文化最大的忧患是"类于禽兽",即所谓"忧道",这是忧患意识的发源和根本。如何解决这一课题?中国文化的历史智慧是"教以人伦"。在这种源头性的"中国经验"中,"教以人伦"是消除"类于禽兽"忧患的根本。"人之有道",以"伦"济"道",既是"中国经验",也是"中国智慧"。在这个意义上诠释道家与儒家的关系,如果说《道德经》揭示了一个作为宇宙、社会、人生的逻各斯的"道",也言说了一个世人"得道"的"德",那么,《论语》和儒家则指出了天道如何成为人道,如何走出失道之忧的智慧,即"教以人伦"。因此,人伦的伦理,在儒家道德哲学中,始终具有目的性和前提性的地位。

　　对中国文化进行宏大叙事,道家与儒家的同在,便是道德与伦理的共生,宋明理学达到的儒、道、释三者的统一,便是伦理与道德的文化圆融。中观地考察,在儒家体系中,伦理与道德始终是一个生态,只是在历史发展中具有不同的话语形态和历史内涵。在孔子是"礼"与"仁",在孟子是"五伦四德",董仲舒以后则是"三纲五常"。无论如何形变,伦理与道德始终一体,而且"礼""五伦""三纲"的伦理,之于"仁""四德""五常"的道德总是具有优先地位。用现代道德哲学的话语诠释,中国传统道德哲学总是在具体的伦理情境中建构道德的合理性与合法性,而不是诉诸西方式的自由意志之类的抽象。

　　孔子以后,在中国传统道德体系尤其是儒家体系中,总有三个结构性元素:伦理性的"礼"或人伦("五伦"或"三纲"),道德性的仁或德性("四德"或"五常"),而修养则是它们之间使二者同一的"第三元素"。修养的真谛是什么?是"修身养性"。"身"即人的个别性或所谓"单一物",是人之"小者";"性"即人的公共本质或所谓"普遍物",是人之"大者"。中国哲学智慧的精髓是:性作为普遍本质为人所共有,因而只需要"养";"身"作为个别的感性存在则潜在某种道德上的危险性,因而有待"修"。"修身养性"的过程,就是人的单一性与普遍性统一,使人从存在的"单一物"成为"普遍物"的精神运动过程。所谓"养其大者为大人,养其小者为小人",在个别性的"身"与普遍性的"性"之间,存在某种"乐观的紧张"。当然,中国道德哲学也洞察到伦理与道德之间的紧张和矛盾,因而从孔子便提出"中庸"境界,其真义是透过超越于繁多的人伦关系之上的作为"天下之大本"的"中",以及对大本"不偏不倚"的择善固执的所谓"庸",达到伦理客观性与道德主观性、伦理认同与道德自由之间的和谐与合理，只是"中庸"作为一种"其至矣乎"的德，已经"民鲜久矣"。

要之，关于伦理—道德关系的"中国经验"和"中国智慧"，是礼仁合一，伦理道德共同生，伦理优先。"人之有道"——"教以人伦"，就是这种历史经验和文化智慧的理论表达。这种经验和智慧的合理性前提，是伦理存在的合理性与合法性，这是中国道德哲学遭遇的一大难题。应对伦理合法性的现实危机，道家在哲学上不仅对现实的伦理存在，而且对伦理本身采取激烈批判甚至彻底否定的态度，"故失道而后德，失德而后仁，失仁而后义，失义而后礼。夫礼者，忠信之薄而乱之首"①。老子反演伦理与道德关系的逻辑，将一切不道德的根源归于对"礼"的伦理的恪守。儒家伦理则似一把双刃剑。一方面，以道德理想主义和伦理理想主义，对现实的伦理存在和道德状况采取批判的态度，"内圣外王"，以"圣"为"王"的前提条件的伦理规律，"不患寡而患不均"的财富忧患，孔孟儒家"好为王者师"对"王者"的道德教训，凡此种种，都可以视为对权力公共性与财富普遍性的伦理合理性的追求和固持。宋明理学透过儒、道、释的融合，以"理"或"天理"统摄"礼"的伦理与"仁"的道德，也是伦理合理性与道德合法性统一的一种努力。至此，中国道德哲学核心概念，在话语形态上已经既不是"礼"，也不是"仁"，而是"理"！而另一方面，由于伦理存在的历史具体性，无论儒家如何忧患和批判，伦理总是难以成为一种现实合理的存在。于是，对伦理优先的固执，一旦与现实政治结合，一旦被专制政治所利用，最后便演化为一种残酷的悲剧："以礼杀人！"正因为如此，反"三纲"的伦理启蒙，是近代反封建的开端；而反"五常"的道德启蒙，则相当程度上是封建社会内部的异端。在这个意义上，礼仁合一、伦理优先是"中国历史经验"和"中国历史智慧"，而"以礼杀人"则是"中国历史问题"。

鸟瞰西方道德哲学，似乎走过了一条相反的道路。柏拉图与亚里士多德两种学说之间的关系，某种意义上有点类似于老子与孔子，只有由于直接的师承而表现出明显的哲学同质性。柏拉图的"理念"可以理解为老子"道"的西方话语。亚里士多德把德性区分为"伦理的德性"和"理智的德性"，申言"理智的德性"具有优先地位和更大的合理

---

① 《道德经》三十八章。

性。在《尼各马可伦理学》中,"伦理的德性"更多是基于风俗习惯的自然伦常,而理智的德性则是经过反思的合于"理念"的德性。亚里士多德虽然凸显伦理的理念,但对理智德性的偏好和强调,不仅与柏拉图的理念主义一脉相承,而且也为古希腊之后开始、完成于康德的由伦理强势向道德强势的转变,由伦理学向道德哲学形变埋下伏笔。所以,虽然黑格尔进行了伦理与道德的辩证综合并建构了融伦理与道德于一体、伦理—道德辩证运动的精神哲学体系和法哲学体系,但由于西方哲学对黑格尔的狭隘而过度的冷落,也由于对意志自由和普遍法则的抽象追求,对道德自由的热衷,始终是西方现代道德哲学和道德生活的主流和主题,而伦理则在冷落的同时失落,由此形成伦理认同与道德自由的深刻矛盾。在这个意义可以说,"道德优先"是"西方经验",道德自由与伦理认同的矛盾是"西方问题"。

全球化的强劲推进,使"中国经验"与"西方经验"、"中国问题"与"西方问题"交汇和交织于"当代中国"这个特定时空中,形成一种看不见但却现实存在的文化世界。现代化的时代课题,五四运动所开辟的批判性的现代传统,容易诱导人们过于青睐"西方经验",试图以此解释与解决"中国问题",对"中国经验"和"中国智慧"采取过于激烈的否定态度。伦理—道德悖论,以公正论与德性论为聚焦点的伦理—道德的二元对峙,已经将道德哲学和现代道德文明推进到一个必须作出选择的严峻时刻。学会选择,也许已经是我们这个时代最需要也是最重要的智慧。不过,在历史选择之前,必须进行理论准备,理论准备的核心课题之一,就是关于现代中国道德哲学的理论形态的思考与探索。

(三) 何种理论形态?"实践理性"还是"伦理精神"?

"中国问题","中国经验",乃至"西方难题",从否定与肯定的不同侧面,都纠结于一点,这就是:伦理。伦理之于现代文明的意义,中西方早已形成某些跨文化共识。伦理启蒙,是现代文明早该完成但却远未完成,甚至还未真正意识到的时代任务,这一任务是如此重要,以至它不仅关涉道德发展,而且与人类文明的前途深切关联。对道德哲学研究来说,迫切需要追究的问题是:应当以何种理论形态引导现代社会的道德发展?具体地说,到底是"实践理性",还是"伦理精神"?

无论在理论还是实践方面，现当代道德发展的主题似乎是道德压过伦理。在中国，这一主题的形成，历史地可能与以"反三纲"为旗帜的传统社会的伦理启蒙有关，在现实性方面可能与"改革开放"对个体的解放有关，而在理论上，则自觉不自觉地源于对"实践理性"的认同与偏好。近代以来，康德"实践理性"的理念成为道德哲学的主旋律，它对道德发展产生了深远影响。作为西方道德哲学由伦理向道德、由道德向道德哲学转向的关键性环节，康德的"实践理性"理念以个体的意志自由为出发点和目的。但是，人们在接受康德理论，中国学术在移植《实践理性批判》时，几个公案没有澄清，甚至没有引起必要的关注。第一，康德道德哲学缺乏伦理的观念，正如黑格尔所批评的那样："康德多半喜欢使用道德一词。其实在他的哲学中各项道德原则完全限于道德这一概念，致使伦理的观点完全不能成立，并且甚至把它公然取消，加以凌辱。"[①] 取消伦理的结果是，使道德成为"真空中飞翔的鸽子"，虽然"纯粹"，却缺乏现实性。第二，康德是否认为道德就是"实践理性"，乃是一个有待严肃追究的问题。虽然《实践理性批判》是他的重要道德哲学著作，但由此反推道德就是实践理性却难以成立。作为《纯粹理性批判》的"接着讲"，《实践理性批判》的基本主题是以道德论证纯粹理性的全部实践能力。道德只是实践理性的一种形态，政治理性、经济理性等，都是实践理性。[②] 由于道德是实践理性的一种形态，反推道德就是实践理性，在逻辑上犯了必要条件与充要条件混淆的错误。第三，更重要的是，以"实践理性"诠释和论证道德，是康德的贡献，也是他的理论局限所在。

透过哲学的"思"与"辨"可以发现，无论是"实践""理性"，还是二者结合的"实践理性"，都将道德限定于世俗生活的领域，尤其是世俗生活中个体的意志自由，于是，便无法逾越两大难题。1) 缺乏理论上的彻底性与彻底的道德效力。正因为如此，他必须将在哲学与科学中清除出去的上帝再请回来，悬置"灵魂不朽"与"上帝存在"两大预设；2) 缺乏超越性乃至真正意义上的神圣感，难以解释道德的根源，对一些具有

---

① [德] 黑格尔：《法哲学原理》，范扬、张企泰译，商务印书馆1996年版，第42页。
② 关于此问题的辩证，参见樊浩《"实践理性"与"伦理精神"》，《哲学研究》2005年第1期。

实体性和终极性的伦理存在只能"敬畏"。

正如《实践理性批判》结论的开卷所表白的那样："有两样东西，我们愈经常愈持久地加以思索，它们就愈使心灵充满始终新鲜不断增长的景仰和敬畏：在我之上的星空和居我内心的道德法则。"① 仔细琢磨，这种表白潜隐着某种深深的无奈，这是"实践理性"自身的无奈。虽然康德强调"绝对命令"，试图以此给自由意志以同一性，但毋宁将"绝对命令"当作化解甚至逃逸"实践理性"矛盾一个体系性要求的"哲学黑洞"。可见，即便康德真的将道德当作"实践理性"，由于缺乏并"凌辱"伦理的概念，本身也已经陷入难以自拔的困境。原因很简单，康德基于"意志自由"的"实践理性"，是"原子式思考"的"理性"的"集合并列"。

道德哲学要走出"康德困境"，道德发展要走出"实践理性悖论"，必须确立伦理的概念和理念，以此使道德成为"黄昏起飞的猫头鹰"，而不是"真空中飞翔的鸽子"。伦理要成为当代道德哲学和道德发展的概念与理念，必须具备三个基本条件：作为实体性的"伦"存在；具有达到并实现"伦"的能力，或"伦"具有外化自身的能力；伦理与道德构成有机合理的价值生态。它们的问题指向是：我们的文明是否需要、是否存在"伦"？如何达到"伦"？如何建构"伦"与个体的同一性？于是，"伦理精神"便成为现代道德哲学的理论形态。

"伦理精神"与"实践理性"如何哲学地殊异？

作为一种兼具理论和实践意义的形态，"伦理精神"不只一般地包含"伦理"与"精神"两个结构，更是由两因子构成的哲学同一体，是"伦理"与"精神"圆融的道德哲学形态。"伦"是具有实体和本体意义的普遍物，不仅具有客观现实性，即呈现为诸具体社会形态，而且具有也必须具有主观现实性，就是说，客观存在的"伦"，只有透过主观认同才获得真正的现实性，在这个意义上，"伦"既是客观也是主观的存在，客观与主观的统一通过"精神"实现。"伦"是人的实体或共体，是也应当是普遍存在者，它的抽象形态是人性，自然和直接形态是家庭和民族，世俗或教化形态是国家权力和财富。关键在于，它们往往因其"客观"而被忽视"精神"的意义。"精神"作为"单一物与普遍物的统一"，是达到

---

① [德] 康德：《实践理性批判》，韩水法译，商务印书馆1999年版，第177页。

"伦"、实现"伦"的必要和根本条件。缺乏"精神"的普遍性，可能只是制度的普遍性、利益的普遍性，最终会陷入"简单和冷酷的普遍性"与"僵硬和顽固的单一点"的对立，将世界和人推进"绝对自由与恐怖""个人利益战场"的绝望境地。诚然，伦理普遍性需要也必须诉诸制度和利益的普遍性，但是，缺乏精神的制度和利益的普遍性，只是僵硬的缺乏生命力的普遍性，这是"实践理性"的误区所在。"实践理性"建立在"自由意志"与"理性"同一的基础上，自由意志不但需要理性，也必须以理性为条件，但借助"理性"所建构的自由意志的普遍性，只是"集合并列"的形式普遍性，缺乏主观现实性，因而也缺乏生命力。"伦理"与"精神"、"自由意志"与"理性"，是"伦理精神"与"实践理性"两种形态的结构性区别所在。

"从实体出发"与"原子式地思考"，是"伦理精神"与"实践理性"的另一哲学殊异。在"伦理精神"形态中，"伦"不仅是普遍物，而且是价值的源头，是行为合理性与合法性的基础，具有神圣性，它赋予人的行为以具体社会情境的现实合理性，而不是抽象的理智或意志自由的合理性，这便是孔子"亲亲相隐"的"直"的哲学内涵和哲学根据所在。在"伦理精神"中，"伦"始终是出发点和归宿，它不仅预设了"家园"，而且具有回归家园的能力，这就是"精神"。与之比较，"实践理性"则是"原子式地思考"。它以个体及其意志自由为价值预设，透过"理性"建构普遍性，"理性"的现实样态是"集合并列"。由此形成两种合理性："伦理精神"是实体合理性，"实践理性"是原子合理性。在"伦理精神"中，普遍性或所谓"伦"是信念和信仰的对象，在"实践理性"中，普遍性是理智权衡和利益博弈的结果。如果说"伦理精神"具有某种超越性和神圣性，"实践理性"则具有世俗性。但是，由于意志自由的多样性与主观性，实践理性最终难以从个体主义、相对主义和原子主义中自拔，不仅伦理，而且社会，终将受其威胁，因为它会瓦解人的"伦理"和"社会"的能力。

与此相关联，"伦理精神"要求伦理与道德的同一，建构"伦—理—道—德—得"的辩证价值生态。因为精神的本性不仅是单一性与普遍性的统一，而且是思维与意志、知与行的统一。"伦理精神"只是强调普遍性的"伦"的意义，以及透过"精神"达到"伦"的普遍性的能力，并不排斥道德的意义，相反，它将道德作为伦理在个体中的落实和贯彻，是其现实性的体现。在精神发展进程中,当"伦"转化为"德"时,"单一物与普遍物的统一"便由实体转化为主体,从而获得主观现实性;当"德"与"得"辩证互动,"德—得相通"时,这种统一便获得现实性。伦理精神是伦理与道德的价值生态,它不像实践理性那样,忽视甚至排斥伦理的概念,尤其是伦理之于道德的具体历史情境的意义。简单地说,"伦理精神"必定诉诸道德,而"实践理性"则排斥伦理的前提,至少,在历史传统如它的创立者康德哲学中如此。

"伦理精神"的概念和理念,之于中国道德哲学和中国道德发展,具有特殊意义。伦理道德是一个生态性的文明存在,其内部要素和与其他诸文化因子之间的关系都是如此,因而只有在文化生态中才能解释和把握。"伦理精神"和"实践理性"某种意义上可以说是道德哲学的中西方话语。这不仅因为"理性"是一个哲学的舶来品,而"精神"是具有深厚哲学根源的中国气质,更重要的是,"伦理精神"具有特殊的哲学意蕴和文化功能。与西方相比,中国没有强大的宗教,像西方没有中国式强大的伦理一样,但从生态有机性和生态合理性的维度考察,如果它们是必然和必要的文明因子,那么只能假设一定存在某种具有相似功能的文化替代。宗教与伦理,在文化功能方面存在某种哲学的相似与相通。中国没有强大的宗教,但伦理具有某种准宗教的意义,因而不需要强大的宗教;西方有强大的宗教,因而不需要强大的伦理。人们一般承认中国伦理尤其儒家伦理的准宗教意义,这不仅因为中国伦理以家庭伦理为基础,所谓"人伦本于天伦而立",而家庭孝敬则与祖先崇拜有关;也不仅因为作为完成形态的中国传统伦理的宋明理学中已经融合了佛教的结构,宗教参与了中国伦理的历史建构和现实发展,更重要的是,"从实体出发"的"伦理精神"本身与宗教有相通之处。

实体,准确地说"伦"的实体,是一个具有现实形态,但又必须透过精神才能把握和建构的具有某种终极意义的存在,对个体与它的同一,是一种具有彼岸意义的超越。所以,中国道德哲学一开始就悬置了一个兼具伦理与宗教意义的"天"的概念,"天道远,人道迩"。"天"介于哲学的最高实体与宗教的终极实体之间,因而到宋明理学,当此岸世界的"伦"之"理"与彼岸世界的"天"结合,形成所谓"天理"概念时,便标志着中国传统道德哲学的完成,所以二程才将这一概念视为自己的独特乃至最大的哲学贡献。程颢曾说:"吾学虽有所受,'天理'二字却是自家体贴出来。"① "天"与"理"的结合，是伦理与宗教、此岸与彼岸的结合。这种结合不能一般地解释为道德哲学中融合了宗教的因素，必须由此洞察到中国伦理与宗教在哲学上的某种深切相通。在西方，伦理性的实体不仅被终极化，而且被人格化，这就是上帝；在中国，伦理性的实体被哲学地把握和表达，但由于它同样具有某种终极性的意义，同样不仅具有神圣性而且是神圣性的根源，因而寄托于集自然、伦理、宗教于一身的"天"的概念以表述和表现。所以，有学者曾指出，"天"实际上是没有人格化的上帝。

"伦理精神"的文明史意义，突出表现于如何达到"伦"，以及"伦理"与"精神"的关系中。最具解释力的理论是：孔子着力于"仁"，坚持"为仁由己"，求"仁"得"仁"，但却认为"仁"是一个永远不能完成的任务，存在于彼岸，这便是一种宗教境界。"伦"的实体达到，有赖于"精神"的信念和信仰，"祭如在，祭神如神在"。"精神"便是所谓"伦"之"理"。因此，不仅实体性的"伦"，而且作为达到"伦"的条件的"精神"，都内蕴某种宗教的哲学气息。也许正因为如此，西方最担忧的问题是："如果没有上帝，世界将会怎样？"中国自孔子始最担忧的是："人心不古，世风日下。"上帝存在与伦理存在，是西方与中国文化生态中两个最重要的文化信念和精神家园。

当然，对中国文化来说，如何防止"伦"或伦理的暴政，用启蒙哲学话语，如何防止"以礼杀人"，乃是一个必须高度警惕和有待完成的任务，这是伦理之成为"最后觉悟之最后觉悟"的根本原因。但是，由"伦"的暴力可能存在或曾历史地存在，进而否认伦理及其精神的意义，本身就意味着一种哲学上的不彻底，因为在西方历史上，"上帝"也曾有过千年的暴政，即中世纪的千年黑暗，但至今上帝仍是西方人最根本的文化信念。

"伦理"与"精神"圆融而成的"伦理精神"，不仅一般地意味着二者的同一性，更重要的是指谓"精神"是"伦理"的条件。二者的同一，是伦理存在与伦理方式、伦理能力的同一，这种同一的精髓是："从实体出发"；"单一物与普遍物的统一"。

至此，基于"中国问题"和"中国经验"的"中国理论形态"，凝

---

① 程颢、程颐《外书》卷一二。

结为道德哲学和道德发展的两个重要的口号和理念：

"保卫伦理！"

"蓬勃精神！"

第五编
伦理道德发展的文化战略

现代中国伦理道德发展的文化战略是什么？理论上必须探索四大问题：改革开放四十多年，中国社会是否已经形成、形成何种"新传统"；伦理道德发展的大众意识形态战略；中国伦理道德发展的文化自觉与文化自信；伦理学研究如何伴随改革开放的进程走向"不惑之境"。

2007年的调查发现，改革开放30年，大众意识形态领域出现"非传统"与"新传统"的矛盾。一方面，改革开放的激荡使中国伦理道德发展呈现多元、多样、多变的特点，传统文化尤其是伦理道德传统邂逅巨大而深刻的挑战；另一方面，人们日益渴望以优秀文化传统重建社会生活的基本同一性，中国社会也在改革开放中形成某些"新传统"。伦理与道德之间的不平衡，市场经济与伦理道德、传统文化之间的不平衡，是意识形态领域"多"与"一"、"变"与"不变"的基本特点和重要规律。大众意识是否可能有"形态"？如何才能有"形态"？是"多"与"变"的时代面临的严峻课题。

2007年的调查还发现，多元、多样、多变是思想、道德、文化领域的基本事实，但"多"只是"问题"，"多"背后的"一"（包括"不变"）才是"主题"。"多"与"一"的矛盾，是"后意识形态时代"意识形态的哲学矛盾。"后意识形态时代"，大众意识形态观发生重要转型，出现"后意识形态镜像"，形成特殊的"意识形态方式"。由此产生"后意识形态时代"的四大"中国难题"：全球化与改革开放交会导致的世界话语与本土话语中两种"一"的力量的不平衡；经济意识形态衍生的"精神意识形态"的贫乏与精神贫困；现代媒介条件下同一性手段的悖论与精神意识形态主体的缺位；深层的传统情结与传统资源供给不足的矛盾。国家意识形态战略必须坚守"中国意识"，把握"后意识形态时代"意识形态的特殊规律，在尊重多样，包容多元的和而不同中，能动地建构精神和精神世界的统一性。

在改革开放40多年的历史进程中，我国社会相当时期内在伦理道德的文化焦虑，走出文化焦虑，必须实现关于现代中国伦理道德发展的文化自觉，借此达到文化自信和文化自立。现代中国伦理道德应当达到何种文化自觉？一言概之，伦理型文化的自觉。中国文化不仅在传统上而且现代依然是一种伦理型文化，伦理道德是中国文化对人类文明做出的最大贡献。何种文化自信？"有伦理，不宗教"的自信。中国文明在历史进程中没有走上宗教道路，不是因为"没宗教"，而是"不宗教"，其根本原因是强大而卓越的伦理道德智慧使中国人入世而超越，拒绝走上宗教出世的道路。面对市场经济和全球化的冲击，"有伦理，不宗教"既是"有伦理"的文化信心，也是伦理道德的庄严文化承诺，它引导人们走出宗教的文化偏见，推动伦理道德担当起人的精神世界顶层设计和安身立命基地的文化使命。"伦理型文化"的自觉，"有伦理，不宗教"的自信，最终期待伦理道德的"精神哲学形态"的文化自立。伦理道德"是精神"，也必须"有精神"，"精神哲学形态"是伦理道德在文化体系中自立的理论确证，为此需要走出"治病式"的被动问题意识和文化策略，走出"应用伦理"的文化盲区，在人的精神世界的宏大高远建构中履行其文化使命和文明天命。

改革开放40年，中国伦理学研究如何伴随它的时代迈入"不惑"之境？必须回应具有前沿意义的三大追问："道德哲学"如何"成哲学"？"伦理学"如何"有伦理"？"中国伦理"如何"是中国"？"不惑"之境的要义，是以认同与被认同为核心的现代中国伦理学的安身立命。"成哲学"、"有伦理"是在现代学科体系、学术体系中的"安身"，核心是中国理论、中国话语；"是中国"是在现代文明体系中的"立命"，核心是中国气派。作为哲学的一个分支，现代伦理学面临"哲学认同"的危机，危机源于两大学术误读：对于中国传统伦理学的哲学气质的误读；对于马克思主义哲学与伦理学关系的误读。现代中国伦理学必须回归"精神"的家园，透过伦理道德的精神哲学体系的建构而"成哲学"。"无伦理"是现代伦理学研究最显著也是最具标志意义的"惑"，"道德"的话语独白导致"无伦理的伦理学"，它根源于中国伦理学传统的断裂和康德主义的影响。"是中国"不仅是中国理论体系、中国话语体系、中国问题意识，而且是伦理道德和伦理学研究在现代文明体系中的文化天命；不仅关乎伦理学研究的文化自觉和文化自信，而且关乎全球化背景下中华民族在现代文明体系中的文化自立。现代中国伦理学研究迈入"不惑"之境必须完成三个学术推进：由概念诠释系统到伦理道德一体的问题意识的推进；由学术气派到学术使命的推进；由"礼义之邦"到"伦理学故乡"的推进。

十四 "新传统"与当代意识形态

2007年的全国调查发现，改革开放30多年，我们是否已经形成某种"新传统"？至少，是否可能出现某些形成未来传统的元素？"多"和"变"与当代中国意识形态的关系如何？显然，当下还没有能力也没有条件回答这些问题，只能围绕"多"与"变"、"新传统"和"当代意识形态"这些关键词提出几个问题。

（一）"多""变"时代的意识形态悖论：
"非传统"与"新传统"

富有历史感的人都不会怀疑，改革开放进程中的中国，既是急剧变化的时代，也是"传统"遭遇深刻挑战的时代。鸟瞰一个半世纪的历史，近代以来中国社会，无论变化的速率，还是其广度和深度，都远非任何其他国家可比。仅半个世纪就由近代向现代转型（从鸦片战争到五四运动）；继而仅半个世纪便宣布要实现"现代化"（从五四运动到20世纪70年代）；肇始于20世纪70年代末的"改革开放"，使中国社会的巨变再次提速。急剧变化的社会，似乎注定了传统的宿命：既是一个反传统或"非传统"的时代，也是传统难以积淀和铸造的时代。然而，理性反思对此提出质疑：如果既反传统又难以造就传统，那么不仅会使同时代的文明陷入哈贝马斯所说的"合法化危机"，而且必然导致人类文明史的中断乃至腰折，并使未来的文明陷入无源之水和无本之木——多么可怕的灾难。于是，思维便指向另一假设：首先应当反思的不是传统，而是社会的传统观，包括关于传统的理念以及对于传统的态度。

与以前的社会提速相比，改革开放30多年以来中国社会变化的明显特点是：内发的"改革开放"大潮相遇蔓延世界的"全球化"飓风，

"风""潮"交媾,旋涡并起,"变""多"互织,呈现为主流意识形态话语所指谓的"多元、多样、多变"的格局。激荡之下,首先是毛泽东时代的现代与当代"传统"在"改革"的强势驱动下被"非",继而将"非"的矢刃指向传统的源头,尤其是孔孟儒家。于是,世界在感性中的表象便是:这是一个涤荡了传统、需要传统但又缺乏传统、并且难以甚至不可能生发传统的时代。人们不仅对以往的"传统"失却至少动摇了信念,而且对"传统"本身失去兴趣,对现代性社会"传统"的生发能力、对"传统"的前景失去信心。于是,一方面,文明陷入"合法化危机",社会也因之在精神与价值中涣散或"被涣散",因为无论"传统"遭遇多少冷酷的凌辱,在人们的观念中它依然根深蒂固地被当作社会稳定或建构社会同一性的第一元素。有数据为证:"文化建设应优先重视哪些方面?"2007年在江苏、广西、新疆三省(自治区)的1200份问卷调查中,"弘扬传统文化"以56.3%居诸多选择之首,[①] 原因很简单,反传统和无传统最终解构的是社会同一性的精神基础;另一方面,社会空前的"变"与"多"使人们对"传统"生发、存在的能力和价值失却兴趣和信心。这便是"变"与"多"的社会关于传统的"苦恼意识"。然而,仔细反思便发现,现代社会失却的不是传统本身,因为,只要历史存在生命的连续性,只要社会具有基本的同一性,就有传统存在的理由并且确证传统的价值。这样,现代社会迫切需要反思乃至拯救的,不仅是对于传统的态度,而且是关于传统的理念或所谓传统观。面对"变"与"多"社会的"传统"纠结,需要反诘:我们丧失了对于"传统"的洞察力了吗?

中外文明史的长河中不乏"变"与"多"的时代,然而这些告别传统的世纪,恰恰成为未来文明的三江源。最典型的就是中西方的"轴心时代",即中国的春秋战国与西方的古希腊。春秋战国时期,人心不古,百家争鸣,是中国历史上第一次也是最大的一次"变"与"多"。然而,不仅孔孟老庄等春秋百家的学派领袖,成为日后各宗各派在传统上的始祖,而且春秋百家整体地成为中国文化的源头,包括由社会失序和行为失范所导致的孩童记忆,都沉积为中国人几千年挥之不去的秩序情结。古希腊文明的镜像同样如此。在那个时代,其"变"之巨大,其"多"之缭

[①] 此部分的数据来自笔者作为首席专家2007年所率领团队在江苏、广西、新疆所进行的全国调查,是基于2007年调查信息所做的分析。

绕,几乎成为古希腊文明繁荣的代名词,然而,不仅它们的诸元素,而且连同"变"与"多"本身,都成为日后西方文明的共生传统与共享财富。近代社会,尼采宣布"上帝死了",欢呼"一切都被允许",解构了古希腊以后西方文明中最重要的神圣传统,可也许他自己也未曾料到,尼采主义却成为近代以后西方文明中最重要的传统之一——虽然他在拼出全身气息诅咒"上帝死了"之后从此便疯去,并终究未醒来。历史的鲜活在于它深刻的精彩,深刻处和出彩点都源于其本身的辩证法。这种辩证法并不止于"反传统本身就是传统"或"变"与"多"本身就是传统等范式化的解释,而在于历史本身的生命力和文明积淀,在于理解和把握历史所需要的那种洞若观火的洞察力。

将这种历史意识和传统观用于对近三十年中国社会的分析,"变"与"多"固然是它的镜像,但无论现象地呈现"变"与"多",还是揭示"变"与"多"的特点和规律,似乎总有一种未走进历史深处,未触摸生命脉动的感觉。改革开放三十年,如果我们认为它重要,如果我们相信它的辉煌,如果我们对它可能产生的历史影响有足够的信心,那么,就应当相信,它可能并且正在甚至已经形成某种"新传统",只是,这种"新传统"有待昭示,更有待甄别和蒸馏。

这一努力还没开始,但无论如何,努力本身很有意义。

(二) "多""变"激荡的意识形态矛盾

在浩瀚而杂芜的数据中发现"多"与"一",无疑是一件浩大的工程,甚至是一件难以完成的任务。因为它不仅需要对调查的且以可靠为前提的大量数据进行处理,更困难的在于"多"与"变"都是历时性的相对概念,逻辑上必须先确证"一"与"不变",才能指证"多"与"变"。当然,有一种简单而直观的做法:直接地呈现"多",经验地指证"变",但它的学术可靠性很容易受到质疑。如果试图从浩如烟海的信息中寻觅那些可能有资质沉积为"传统"的"幸运"元素,比较可行的思路,是在对思想、道德、文化三大领域的鸟瞰中,探讨"多"与"一"、"变"与"不变"的关系。

近三十年发生在思想领域的"多"与"变"当首推关于社会制度和意识形态的观念与态度。对内改革与对外开放的双向激荡,已经动摇了人们对"一种制度""一种意识形态",即20世纪80年代前的中国乃至当今世界其他国家存在的"社会主义制度"及其意识形态的执着与坚守,表现出空前的包容,但对"制度"和"意识形态"本身的热情和追求依然存在,并未走向无政府主义和虚无主义。调查发现,人们已经摆脱抽象的"制度主义",基本取向是以经济发展水平作为制度评价和选择的标准,制度意识淡化,制度取向"多"的趋向似乎难以逆转。2007年调查中36.9%的受调查对象认为,"只要过上好日子,哪种社会制度都可以",制度意识更为理性和务实,但其背后隐藏的是理想信念的"祛魅"。因为,无论是经济发展还是生活水平,都同样是一个相对的概念,它不仅需要历时与共时的比较,更与人们的现实感受相联系。37.3%的人认为目前"生活水平提高,但幸福感快乐感下降",似乎又与这种淡化而多元的制度意识相矛盾,彼此构成某种相互批评。现代中国社会,是否需要一种制度的理想主义?是否还有力量激发和生成某种制度的理想主义?委实是需要认真对待的问题。因为,无论中国的大同理想,还是柏拉图"理想国"的乌托邦,都曾经是世人进行制度革命和制度创新的精神动力。无论制度意识如何包容和多元,制度的理想主义应当是"多"中之"一","变"中之"不变",否则将导致社会尤其是社会变革热情的冷却甚至丧失。总体上,思想领域中的规律是:"多"与"变"是主旋律,但制度意识与意识形态主张之间呈现不平衡,制度意识中的"多"与"变"大于意识形态主张,意识形态主张中"一"与"不变"的因素大于制度意识。这种状况不能简单地理解为社会意识的滞后性,而应当作为制定意识形态战略的重要依据。

  道德领域中"多"与"变"的特点是伦理与道德的不平衡。根据2007年调查一方面,市场经济道德、意识形态中提倡的社会主义道德、中国传统道德、西方道德,构成现代中国伦理道德的四元素,呈现为多,其中市场经济道德居绝对主导地位,占40.3%,是"多"中之"一"。另一方面,伦理与道德的"变"出现巨大的不平衡,总体轨迹是:伦理上坚守传统,道德上走向现代。在伦理关系方面,传统"五伦"中的四伦,即父子、兄弟、夫妻、朋友,仍被认同为当今最为重要的四种伦理关系,只是君臣关系被置换为同事和同学关系,它们构成现代中国的"新五伦"。而在道德生活方面,传统的"五常",即仁、义、礼、智、信,则至少发生60%的变化,"新五常"中,只有位列前两位的爱与诚信,可以与传统的仁和信大抵相当，其他三德，责任、正义、宽容，都是现代性道德。伦理与道德变化的不平衡态势，呈现为二元对峙，突出表现为伦理优先的公正论与道德优先的德性论势均力敌：50.04%选择公正优先，48.9%选择德性优先。不平衡的后果，是出现伦理—道德悖论：75.0%对道德生活基本满意，73.1%对伦理关系不满意。公正论与德性论的二元对峙，伦理—道德悖论的形成，标志着当今中国伦理道德的发展走到一个十字路口，这是发生重大转型的征兆。

伦理道德的十字路口，根本上是精神的十字路口，"理性"僭越"精神"，"集合并列"的"原子式思维"的理性主义，代替"从实体出发"的实体思维，标志着伦理观和伦理方式发生重大而深刻的变化。但是，"变"中之"不变"依然存在，因为，伦理道德作为社会同一性基础的地位未发生根本性变化。这一立论的事实根据有二。其一，当发生人际冲突时，80.0%选择"找对方沟通"或"找第三方调解"，只有17.3%选择"打官司"；其二，36.4%认为，伦理道德的基本原则，是多元、多样、多变的文化中相对不变的因素，高居诸选择之首。它说明，伦理道德在中国文化、中国社会中的地位并没有变。伦理道德的内涵和标准变化了，但伦理型文化的性质并没有变，中国文化依然是伦理型文化；伦理道德多元、多样，但它们作为社会同一性建构的首要基础的地位并没有变。

文化是"多"与"变"表现得最强烈的领域，其"多"与"一"、"变"与"不变"的规律同样深刻地存在。2007年的调查发现，市场经济观念、伦理道德的基本原则、传统文化，是影响当今中国文化发展的三元素，其中市场经济观念影响力最大也最深刻。在影响当今中国社会的五大文化观念中，市场经济的竞争观念以71.3%高居榜首，而拜金主义、传统道德、流行文化、享乐主义的权重则大体相当。无论是在积极还是消极的意义上，市场经济观念都是近三十年中国社会在文化上最大和最深刻的"变"，也是导致其他"多"与"变"的最重要的根源。"伦理道德"的基本原则以36.4%的选择率成为文化演变中持久和稳定的第一因素，"传统道德"以27.2%成为文化判断的第二根据（第一根据是理性与科学，占28.1%）。与此相联系，"弘扬传统文化"则以56.3%成为当今文化建设的首要优先因子。市场经济观念、伦理道德的基本原则、传统文化，构成文化领域"多"与"一"、"变"与"不变"的辩证结构。其中，市场经济观念导致"多"与"变"，而伦理道德的基本原则、传统文化则是在"多"与"变"中的稳定因素或维持"一"与"不变"力量，由此形成文化发展的多样性与同一性、间断性与连续性的辩证法。由于市场经济及其观念之力量的巨大和深刻，也由于对伦理道德和传统文化的认同本身受市场经济观念的影响，"多"与"变"是文化发展的主流，当今中国文化是市场经济主导下的文化。或者说，市场经济观念是一种文化现实，而伦理道德和传统文化只是校正这一文化现实在价值上的某种向往和坚守。

要之，制度意识与意识形态主张之间的不平衡，伦理与道德之间的不平衡，市场经济观念与伦理道德、传统文化之间的不平衡，既是当前我国思想、道德、文化领域"多"与"一"、"变"与"不变"的特点和规律，也是"多"与"一"、"变"与"不变"矛盾的集中表现；理想主义祛魅、精神退隐、市场经济观念的文化霸权，分别是三大领域的基本问题和矛盾的主要方面。三大不平衡和三个基本问题，构成当前我国社会思想、道德、文化"多"与"一"、"变"与"不变"的"中国问题"。

（三）"新传统"下的当代意识形态辩证

"传统"是历史性的概念，它的第一要素便是"过去发生"，因而任何文明无论如何辉煌，都没有足够的根据自言可以成为传统。但是，这并不妨碍某种文明可以创造和开辟自己的新传统，尤其对那些展示为多样性并且提速发展即所谓"多"与"变"的社会和时代，思考和寻觅那些可能成为未来传统元素的问题，不仅富有挑战性和前瞻意义，而且对于社会文明的完善，具有重要的意义。对近三十年中国社会而言，思想、道德、文化"多"与"变"背后的那些"一"与"不变"，当然在直观中最有可能成为未来传统的元素，但传统的辩证法并不如此简单，对于社会文明的整体性和历史性反思，也许具有更为深远的意义，尤其对于当代中国社会意识形态的建构。

对思想、道德、文化多元、多样、多变的社会而言，一个严峻的课题是：意识是否可能有"形态"？如何才能有"形态"？一般而言，意识是个体的，因而是多样的，但社会的基本同一性，必须使多样性的个体主观意识具有社会性与客观性，从而使社会具有统一的精神基础，即具有所谓"形态"或社会客观性。当然，"形态"还具有另一种意义，即意识分类学意义上政治、法律、伦理等诸理论形态。在前一种意义上，"形态"即共识，亦即所谓主流意识或主导价值。当然，意识形态的形成与传统积淀具有完全不同的规律，显而易见的是，意识形态或意识的形态化可以通过政治、经济或社会的努力，甚至在一定时期可以建立意识形态的霸权，但传统则是一个历史选择和文明蒸馏的过程。一定时期的强势意识形态不一定可以成为未来的传统，甚至可能在历史选择中很快被舍弃，而一些在意识形态中处于非主流地位的元素反而可能成为传统。最典型的就是中国的春秋战国时期。春秋时期，无论儒家还是道家，都不是主流意识形态，所谓春秋无显学。秦始皇统一中国，法家思想取得意识形态的霸权，为巩固这种霸权，秦始皇甚至"焚书坑儒"，但结果，"二世而亡"之后，它迅速地被抛弃，反而是被其当作异端的儒家，成为后来中国文化传统的主流和正宗。因此，反思意识形态与传统（包括传统的过去与未来）的关系，对于意识形态的长远构建，使之经得起历史的检验，具有重要战略意义。

在中西方文明史上，"轴心时代"都是一个"多"与"变"的时代。与之相应的中西方文明的另一特点是：源于这一时代的文明传统，往往都是一个多元的辩证结构。春秋百家，成为后来中国文明传统重要元素或构造的只有儒家与道家。更值得注意的是，汉以后，中国文化引进了外来的佛教，在漫长的文化融合与历史选择中，最后是儒、道、佛三家的辩证整合，共同打造了中国文化的传统。外来的佛教成为中国文化传统的基本构造，甚至在被称为中国封建社会顶峰的盛唐，成功地登上中国意识形态的宝座。它不仅说明中国文化在历史上的开放本性，而且再次澄明意识形态与文化传统的辩证关系。更重要的是，它证明文化传统的本质是多元、多样，因为，文化传统必须是一个生态，它应当能够满足作为它的主体的民族的生命需求。儒、道、佛三位一体，建构的是一个刚柔相济、进退互补的弹性基地，它使中国人在得意与失意的任何境遇下都不至于丧失安身立命的基地，而这种弹性基地的客观后果，便是维护了传统社会的长期稳定。"多"与"变"的社会之所以为未来提供传统，一个重要的原因便是，它所展示的多样性，为未来文明和文化提供了丰富的可选择性；而传统的多元辩证结构之所以必然，一个重要原因可能是：生发于"多"与"变"时代的文化因子虽然极富活力与灵性，但却可能是一种"深刻的片面"，有待其他因子的补充与互动。

历史多次证明"多"与"变"时代积淀为传统的可能性，也证明源于或受其激越的传统的多元辩证构造的必然性。鸦片战争与五四运动是中国历史上另外两个"多"与"变"的时代。源于近代,在五四运动时期生成的"五四新文化",便是由马克思主义派、西化派、国粹派构成的三维辩证结构,它形成"后五四文化传统",这一构造对现当代的中国文化仍具有很强的解释力,并且没有因为1949年后政治制度的变化而从根本上改变。"何种文化应当成为主流文化?"对大学生和青年知识分子两大群体调查的结果完全一致,排序都是:中国文化、中国化马克思主义、西方文化,区别只是每次的百分比有所不同。可见,中国文化、中国化马克思主义(或简称马克思主义)、西方文化,是现代中国文化的三大主流。这种结构可以说是"五四新文化运动"所形成的文化传统与文化格局的现代表现,只是更强调"马克思主义"的"中国化"。所以,"多"与"变"的时代,并不是一个汹涌而无积淀的时代,恰恰相反,大浪淘沙更易洗练出未来传统的元素。于是,面对当前我国社会思想、道德、文化的多元、多样、多变,确定审慎而有历史感的意识形态战略便具有重要的学术意义和现实意义。

综观改革开放至2007年的30年思想、道德、文化的演变,具有意识形态意义可能成为某种"新传统",并且有待澄明的至少有以下两种观念:"经济建设中心","竞争观念"。

改革开放的最重要也是产生最重大成果的价值观和意识形态口号就是:"以经济建设为中心。"毋庸置疑,它是中国三十年发展奇迹的思想和政治的最重要的源头;更重要的是,它要"一百年坚持不动摇"。据此,它最有可能转换为新传统的一种元素。

"以经济建设为中心"有两个重要的历史前提:第一,它是一次重要的"战略转移",其基本内涵是"把工作的重点转移到以经济建设为中心上来",既然是一次转移,便有所针对,它针对的是"文化大革命"时代的"以意识形态为中心"背景传统,这是一场具有革命意义的战略大转移,然而,"转移"并不是全部,更不是目的。第二,它是一种发展的战略,但并不就是根本的发展理念,虽然它是发展理念中具有基础意义的内涵,但毕竟不是理念本身。作为一种发展战略,"以经济建设为中心"当然应当坚持"一百年不动摇",但作为发展的根本理念和目标,应当是经济、政治、文化、社会协调而健全地发展,应当是人民的幸福。当在理论上把"转移"当作目的,把"战略"当作"理念"时,便潜在着由"经济中心"走向"经济至上",再走向"经济的价值霸权"的可能和危险;在实践上也必定遭遇许多难题和困境。

特别应当注意的是,在"以经济建设为中心"的战略转移中,传统的"意识形态中心"的价值观和政治传统被扬弃,出现所谓意识形态"淡出"或"淡化"的表象。但是,淡化的只是一种意识形态即政治意识形态,而另一种意识形态正在生成或者已经生成,这就是经济意识形态。毋庸讳言,"经济中心"本身就是并且已经成为当今的一种意识形态,甚至很有可能由主流意识形态上升为绝对意识形态。而当"以经济建设为中心"由战略上升为理念,再由理念上升为意识形态时,便内在着异化的危险。

2007年的调查显示,在江苏、新疆、广西三省(自治区),71.3%以上的人认为,当前对社会影响最大的观念是"市场经济的竞争观念",81.7%的人认为市场经济带来的新观念是"竞争意识";41.5%的江苏人认为自己目前的状况是"生活水平提高,但幸福感和快乐感降低了",而40.1%的新疆人和广西人认为自己"既不富裕也不小康但幸福快乐";什么因素造成人际关系紧张?近61.7%认为客观上竞争压力太大,利益冲突加剧,居所有选项之首。

这些说明,1)竞争观念是市场经济最重要的核心价值观念,因而同样有可能积淀为一种传统元素;2)人们处于竞争的巨大压力之下;3)过度的竞争及其压力,造成人际关系紧张,导致经济发展与幸福感的巨大而深刻的反差或发展指数与幸福指数的巨大反差。

目前中国的社会经济发展,已经出现西方社会那样的现象:经济发展及其水平与人们的幸福和快乐指数不仅不呈正相关,甚至是反相关。这种状况的形成与现实中奉行的所谓"市场经济是竞争经济"的观念有关。在理论和实践上,我们往往过度渲染和张扬了市场经济竞争性的一面,甚至将市场经济的竞争原则移植和贯彻到社会生活的一切领域,而对人的发展的根本方面却未能引起足够的重视和建设,因而在经济发展、生活富裕的同时,反而容易产生"失乐园"的感觉。市场经济在中国已经运行了近三十年,新的思想解放,必须从"竞争经济"的传统观念和传统模式下解放出来,建立小康、富裕而又高幸福感的社会文明,否则,我们将会失落发展的根本目的。

十五 "后意识形态时代"精神世界的"中国问题"

"多"与"一",即思想、道德、文化等诸社会意识的多样性与社会意识"形态化"的统一性之间的关系,历来是意识形态的基本问题与基本矛盾。意识的现象形态和自然状态是多样性——形式多样,形态多元,内容多变,但意识的社会本质却是统一性即必须具有所谓"形态",否则社会将因缺乏共同话语和共通价值而成为不可能。二者的特殊性在于,"多"是事实,也是价值;"一"是价值,但却有待建构。社会意识形态的合理性与现实性,就在于多样性与统一性的共生互动。"后意识形态时代"的到来,根本改变了"多"与"一"关系的意识形态格局,不仅使"多"与"一"的关系从意识形态"问题"上升为意识形态"主题",而且改变了"多"与"一"矛盾的性质,从而也改变了意识形态方式。"多"与"一"的矛盾,不是转型时期意识形态的暂时现象,而是贯穿整个"后意识形态时代"的主题。"后意识形态时代""多"与"一"的矛盾呈现为特殊的"中国问题"或"中国难题",它要求在"世界视野"下坚守"中国意识",探索和把握"后意识形态时代"意识形态的特殊规律,扬弃"意识形态贫乏"尤其是"精神意识形态贫乏"和"精神贫困",能动地驾驭和建构当代中国的意识形态。

(一)"精神意识形态问题"及其"中国意识"

进入21世纪,思想文化领域的"多"——多元、多样、多变在主导话语中成为共同关注的对象和问题。然而,关于"多"的这个事实判断还只是现象层面的"问题",绝不是本质乃至不是价值层面的"主题"。"问题"是"所指","主题"是"意指"。仔细考察便会发现,"多"只是中西方话语中的"问题"或"所指",而其背后的"一"(注:与"多变"相对应"不变"的真谛也是"一","变"是"多","不变"是对"一"的坚持,可以将"变"与"不变"的关系,归结为"多"与"一"),才是揭示和研究这些"问题"所达到的"主题"。"多"是问题,"一"是主题;"多"是"所指","一"是"意指"。这是两种话语中更为深刻的相通之处。

将"三多"归结为意识形态也许很少会受到质疑,但是,不可缺少的理论澄明是:它在何种意义上成为一个意识形态问题?又是一个怎样的意识形态问题?

准确地说,仅仅"三多"还不是意识形态问题,"多"与"一"的矛盾,才使它不仅成为一个意识形态问题,而且是意识形态的基本问题。从概念上分析,"意识形态"的基本结构和基本问题是"意识"与"形态"的关系问题。意识是杂多的、个体的、主观的,而"形态"则是诸多意识统一体,杂多的主观意识一旦被赋予"形态",便具同一性、社会性、客观性。意识是主观的,而意识形态则是社会存在。在"意识形态"概念本性中,意识具有两种"形态",一是社会或社会统一性意义上的"形态",即意识扬弃自身的个别性、主观性与偶然性,获得社会同一性,由"多"走向和趋向"一";二是知识意义上的形态,即将杂多混沌的意识进行知识学的分类,形成意识的诸形式,如政治、法律、道德等。前者是社会意义上的统一性,后者是知识意识上的统一性。然而,意识形态的真理是意识的"形态化",无论何种意义,"多"与"一"的关系,如何建构"多"—"一"的同一性,始终是意识形态的基本问题和基本矛盾。如果没有"一"或放弃"一"的努力,就没有意识"形态"化的问题。就是因为"多"的问题背后的"一"的主题,"三多"才成为一个"意识形态问题"。

"三多"作为"意识形态问题"的现实关键点是:在中国话语与世界话语相通的表象下,深藏的是同一主题的两种截然相反的运动。《世界文化多样性宣言》针对的是已经存在和今后仍将可能存在的扼杀人类文化及其遗产的多样性和多元化的企图或潜流;而中国的努力,则是在"多"的现实境遇中寻找和建构"一"。基于"一"的事实而求"多"—基于"多"的事实而求"一",在事实与价值、问题与主题之间,中国话语与世界话语呈现为反向运动与辩证互动的轨迹和图景。

这一发现的意义在于：必须坚持"问题"会通中的"中国意识"。无疑，"世界话语"是宏观境遇和应当持有的"世界视野"，但是，我们的基本学术立场应当是"中国意识"，因为，任何学术研究和现实回应都必须也只能面向"正在发生的事情"和"正在做的事情"，反向运动的问题意识在思维和价值中的错位，将在学术与现实中导致致命的混乱与悲剧。

面对"三多"的事实，"多"与"一"到底哪一个更具本质性？表面看来，无论在世界话语还是在中国话语中，"多"始终是"问题"甚至部分地成为"主题"，但是，在"世界意识"和"中国意识"中，"多"背后的"一"却是真正的焦点和实质。差别在于，在"世界意识"中，"一"以否定性存在，是警惕甚至解构的对象；在"中国意识"中，"一"以肯定性存在，是寻找和建构的对象。二者之中，"一"的地位和性质迥然不同。由此，研究这一课题的方法论和学术立场的关键便显现：给主题"去蔽"，不让"问题"僭越"主题"；在"世界视野"下坚持"中国意识"。

由此可以得出结论，"三多"研究的基本任务，不是至少不只是社会学地呈现和表象客观存在的"多"，而是要在此基础上哲学地洞察"多"背后潜在的"一"。呈现"多"，寻找"一"，探讨"多"与"一"统一的规律与战略，是"三多"作为"意识形态问题"研究的基本学术任务。

无论在思想界还是学术界，都有人提出当今世界意识形态的本性和主流到底多样性还是统一性的问题。诚然，在这个"形而上学没落"的时代，虽然"实体死了"，多样性与不断变化成为生活世界的事实甚至价值，但潜在于多样性背后的同一性与变中之不变，依然是这个世界的合理性与合法性基础，否则，人类生活的世界便是碎片化和没有归宿与家园的浮萍。人类世界永恒的难题，既不是"多"，也不是"一"；既不是"变"，也不是"不变"；而是"多"与"一"、"变"与"不变"的统一，以及如何统一。

当这一问题和任务在思想、道德、文化中出现和被提出时，问题域便被规定为："精神"和"精神世界"的建构。

将思想、道德、文化诠释为精神，是一个熟知的常识，然而，"三多"作为一个"精神"和"精神世界"问题的哲学根据，根本是潜在于其中的"多"与"一"的关系问题。"精神"的本性是什么？在哲学的层面，"精神"有两个基本规定。第一，精神既不是"多"，也不是

"一",而是"一"与"多"、单一性与普遍性的统一,按照黑格尔的观点,"精神是单一物与普遍物的统一";第二,精神追求"单一物与普遍物的统一"或"多"与"一"统一的前提是:坚持对于"普遍物"或作为多样性与普遍性的统一体的"实体"的信念与信仰并以此为出发点,所谓"从实体出发"。"从实体出发"达到的"多"与"一"的统一,便是"精神"。这样,在多样性与普遍性、"一"与"多"之间,便存在一个"世界",这是一个以信念和信仰为支撑、超越于个别性与多样性的事实世界之上、达到多样性与普遍性、"多"与"一"同一的"意义世界"。这种透过同一性或共同体的信念与信仰建构的"多"与"一"统一的意义世界,便是"精神世界"。"三多"问题的实质、"多"与"一"问题的意识形态真谛,就是"精神"和"精神世界"的建构。

根据"精神"与"精神世界"的问题域的定位,便可得出一个研究方法上的启示:"三多"不是"理性"的问题,理性主义的话语、价值和方法,难以在现实性上真正解决也难以在理论上彻底解释"三多"的问题,因为理性和理性主义所建构的统一性,只是"多"的"集合并列",而不能达到"多"与"一"统一的"精神"。"从实体出发"的"单一物与普遍物的统一",还是"从个体出发"的"原子式的集合并列"(黑格尔语),这是精神与理性的根本哲学分野。只有在"精神"的价值、理念和"精神世界"建构的目标下,才能真正解释和解决"三多"问题。

这一哲学分析得出的结论是:"三多"研究的根本目标,是建构合理而现实的"精神"——个体精神、社会精神、民族精神;建构中华民族合理而现实的精神世界;建构个体与社会的"精神同一性"。"三多"问题,根本上是一个"精神意识形态"的问题。

(二)"后意识形态时代"的意识形态

对"三多"问题的分析和探讨,绕不开一个话语背景:"意识形态终结"或"后意识形态时代"。"意识形态终结"的思潮和所谓的"后意识形态时代",导致意识形态观的转型,形成特殊的意识形态镜像,必然造就并且正在形成某种特殊的意识形态方式。

1. "意识形态观"及其转型

自20世纪初以来,"意识形态终结"成为国际思想界和政治领域最重要的社会思潮之一,苏东剧变将这一思潮推向高峰,后现代主义赋予这一思潮以理论形态。围绕这一问题争论的关键是"意识形态"的概念和理念。

"意识形态"（Ideology）作为外来语,如今已经成为一种普适话语。理解"意识形态"的概念本性,以下几个方面具有重要意义。

第一,它在发生学上作为"思想科学"或"观念学"的原意。在这一概念的最初发明者、拿破仑时代的安东尼·德拉图·特拉西那里,"意识形态"是思想科学即所谓"观念学"的雏形,其目的是寻找思想自身的统一性,由此,特拉西自谕为"思想科学的牛顿"。然而,这种极具启蒙色彩的概念和理念因被拿破仑视为脱离实际的空想和对政治权力的绝对权威挑战,在降生之初就遭遇厄运。发生学上的这种特殊境遇,导致后来的学者们对两个概念进行区分——"意识形态"和"乌托邦"。在德国学者卡尔·曼海姆那里,意识形态是没落阶级对社会现实的掩饰和谎言,以稳定和控制社会的集体无意识;而乌托邦则是一种原则上永不能实现的思想,它代表新兴阶级的理想。[①]

第二,后人对它的诠释及其分歧。英国新马克思主义者伊格尔顿在《意识形态简论》中将特拉西以来人们对意识形态的十六种定义归纳为三个方面：社会特定团体的信仰、观念及其生产,它是在一定社会利益刺激下形成的思想形式和具有行为导向作用的话语；作为一个整体的社会权力的生产所形成的思想观念；作为个体与社会之间必不可少的中介,以激活个体与社会结构的联系。

第三,对于意识形态的三种不同态度。莱蒙德·盖茨曾经归纳了三种不同意义的意识形态概念："否定意义的意识形态",以马克思为代表,在《德意志意识形态》中,他认为意识形态是阶级社会中人们之间的现实社会关系在头脑中的颠倒反映,意识形态没有自己独立的历史；"肯定意义的意识形态",以列宁为代表,强调"一般意识形态",意识形态不

---

① ［德］卡尔·曼海姆：《意识形态与乌托邦》,黎鸣、李书崇译,商务印书馆2000年版。

完全是虚假意识，马克思主义就是"科学的意识形态"；"描述意义上的意识形态"，这是一种价值中立的意识形态观，以韦伯为代表。政治意识形态、一般意识形态、客观意识形态，构成现代三种基本的态度。

关于"意识形态终结"的讨论及其分歧，根本上源于以上不同的意识形态观。形形色色的"意识形态终结"论，无非在两种意义上宣告"终结"："一"的意义，或"多"的意义。"一"意义上的"终结"是：冷战结束尤其是苏东剧变以后，世界意识形态已经由"多"走向"一"，由多元对峙走向一元独白，像弗朗西斯·福山宣布的那样，历史剩下资本主义"最后一人"，国际意识形态对抗已经演变为"文明的冲突"，因而传统意义上的意识形态已经没有存在的根据。这种终结论的本质是宣告西方意识形态的最后胜利。"多"意义上"终结"的内涵是：当今世界的真理是"多"，不可能达到"一"，因而传统意义上的意识形态已经不可能履行其职能。具体表现是：于历史的维度，在现代社会，文艺复兴以来以人道主义为基础的统一的价值观已经解体，让位于各种民族和各种文化传统的"地方性知识"，只有"多"，没有"一"；于现实的维度，一般意义即统一的意识形态已经不足以指导多样化的民众运动，而且，在先进资本主义国家，剧烈的意识形态冲突和政治冲突日趋枯萎（李普塞特语），资本主义内部已经达成高度的"政治共识"和"意识形态一致"（丹尼尔·贝尔语）；于理论的维度，后现代主义宣告，主流性、中心性、一元价值和意义已经失效，于是，强调统一性的意识形态从哲学上终结了。基于"一"的"终结论"宣告意识形态已经结束自己的使命，因而没有存在必要；基于"多"的"终结论"宣告意识形态无法履行自己的使命，因而没有存在可能，二者的立论的根据都是"多"与"一"的相互关系状况，共同结论是：社会进入"后意识形态时代"。

然而，正如许多学者所指出的那样，"声称我们已经进入一个后意识形态时代，这本身就是一种意识形态"[1]。或者说，宣告"意识形态终结"，这本身就是一种"意识形态"。意识形态既没有终结，也不能终结，甚至根本不会终结。

比较审慎的假设是：由于意识形态的国际背景和内部结构的变化，人

---

[1] 塞巴斯蒂安·赫尔科默：《后意识形态时代的意识形态》，张世鹏译，《当代世界与社会主义》2001年第3期。

们的意识形态观发生了重要转型，进入所谓"后意识形态时代"。

2. "后意识形态镜像"

"后意识形态时代"的意识形态总体上呈现为"多"与"一"悖论的镜像。一方面，世界话语中意识形态的总体趋向和取向是"一"。自苏东剧变，冷战时代两大阵营激烈对抗的意识形态格局，"终结"为西方世界的"一语"独白，历史似乎只剩下资本主义"一人"；同时欧美资本主义以前所未有的力量和新的话语形态推行其价值观，试图"一统"世界意识形态，"全球化""现代化""文化帝国主义"，不仅是"一统"意识形态的努力，而且直接就是"后意识形态"的"一统"话语。冷战结束之后，西方世界建立新的思想文化同一性的过程中，似乎不再采用前意识形态中的那种对立和对抗的形态和形式，而是试图找到一些话语，让这些话语被那些受同化的国家民族"无意识形态"地接受和接纳，内化为价值认同。另一方面，这些源起于欧风美雨的"一"，不断冲击、动摇和颠覆各民族国家、诸文明传统既有的内部的"一"，于动荡和激荡中在这些民族国家和文明传统内部分崩离析为难以收拾的"多"和"变"，使内部意识形态的同一性的形成陷入困境甚至不可能。而现代性文明对意义的祛魅，导致精神世界中个体性与实体性、个体与社会的分裂，加剧了世界话语与本土话语中"一"与"多"的悖论，也使这个悖论成为可能的现实。

由此，"多"与"一"（包括"变"与"不变"）不是由"前意识形态"向"后意识形态"过渡时期的偶然现象，很可能它是与整个"后意识形态时代"共存的意识形态镜像。在"后意识形态时代"，世界话语与本土话语中将同时存在"多"与"一"的矛盾，这种矛盾直接根源于两种"一"之间的冲突。后意识形态时代存在两种"一"的势力。第一种"一"，是世界话语中意识形态的"一"，这些"一"作为众"多"民族国家和文化传统的"终结者"，是企图建构世界范围内意识形态统一性的文化与精神力量。与前意识形态时代不同的是，这些以"一"为目标和使命的话语不再是某个特定意识形态主体的宣言或代言，而是以"价值共识"甚至"普世价值""世界话语"的形式出现，"全球化""现代化"就是这样的话语，但这些话语背后潜在的却是意识形态的本质，美国学者雷迅马《作为意识形态的现代化》一书的标题就道破了"现代化"概念和理念的意识形态本质，而以市场经济为后力的"全球化"所内在的

"浪潮"与"思潮"的二重性，则具有直接的意识形态意义。"全球化""现代化"，就是"终结时代"的意识形态话语，它们成为普世话语，某种意义上可以作为"后意识形态"生成或诞生的标志。

第二种"一"是本土话语中的"一"，它是世界话语的"一"颠覆和解构的对象，但正因为如此，它也被逆反和强化为本土意识形态的自我保护和自我建构。问题在于，在世界话语的"一统"冲击下，本土话语面对不断生成的"多"，"一"的意识形态建构常常遭遇困境，甚至受挫，民族国家的意识形态能力受到前所未有的挑战。

与"前意识形态时代"不同，两大"一"的势力之间不只存在"紧张"，而且有某种"乐观"，非西方国家对"全球化""现代化"等理念的接受和拥抱，就是"乐观"的表现。"乐观的紧张"，就是"终结时代"或"后意识形态时代"特殊的意识形态镜像，即"后意识形态镜像"。这个镜像的"像"是本土话语中不断生成的"多"，而其背后的"意"，则是世界话语中日趋追求和形成的"一"。非西方国家意识形态面临的考验是：能否"得'意'忘'像'"，洞察和掌握意识形态的本质。

3. "后意识形态方式"

"后意识形态镜像"的出现，既与意识形态观的转型相关，更与"后意识形态时代""意识形态方式"的转型相关。

如果试图对"后意义形态时代"的"意识形态方式"的转型进行简单概括，那就是：政治意识形态尤其国家政治意识形态的"意识形态方式"向"观念学"的原初形态的回归，至少被赋予"观念学"意识形态的形式。

有学者曾经将"意识形态"理论的发展区分为五个历史阶段：特拉西阶段——意识形态即"观念学"；马克思阶段——意识形态是"虚假意识"或"错误观念"，它源于社会角色的阶级立场；曼海姆阶段——"意识形式"被区分为两种类型：没落阶级的偏见"意识形态"，新兴阶级的思想观念：乌托邦；列宁阶段——意识形态成为一般概念；当代西方马克思主义阶段——重建意识形态的"意识形态批判"。严格说来，"后意识形态时代"意识形态的理念与意识形态方式，既不是这五个阶段中的任何一个，又同时是"这五者"。但是，"后意识形态"确实潜在着向原初的"观念学"回归的趋向，其表现就是试图祛除和摒弃"前意识形态时代"政治意识形态的旧貌，获得"思想科学""文化科学"或"观念学"的特性，至少具有这样的形式，从而预示着不仅意识形态观而且意识形态方式发生重大变化。

西方世界意识形态方式的变化突出体现在意识形态话语、意识形态主体、意识形态形式三方面。

新的意识形态创造了某些去政治化的"价值中立"的意识形态话语，如"全球化""现代化""理想类型""文明冲突"，这些典型的学术话语表达和实现的却是意识形态的精神同一性意向，这些话语因其学术形式很容易获得普适性，往往表现出前意识形态时代的任何意识形态话语所不具有的前所未有的同一性力量。

与此相联系，"后意识形态"的话语主体似乎已经由政治家让位于那些"思想科学的牛顿"，即学者和思想家。当今在世界上最具有普适性的那些意识形态话语，已经不是出于政府，而是出于大学与研究院，像马克斯·韦伯、丹尼尔·贝尔这些思想大家同时已经成为超级意识形态大师，更有意思的是，像"文明的冲突"的发轫者亨廷顿，则是以"学者"的身份发布和推销其意识形态的主张。后意识形态时代，思想家、学者似乎由意识形态的客场变成主场，学者们再也不需要像当年的孔夫子那样，需要借力政治家的恩宠而使自己的思想或见解具有普适性和实现力，思想学术直接就是一种精神同一性的力量。相反，政治家似乎反倒退居幕后，成为社会的管理者，而不是意识形态的发起者和代言人。政治家成为社会管理者和技术官僚，在一些西方学者的研究中被当作"终结"的重要佐证。事实是，后意识形态时代，意识形态只是换了"发言人"和话语，其实质并没有改变。

话语与主体的改变，导致意识形态形式的改变，意识形态具有比较明显甚至浓厚的"文化"与"学术"的色彩。韦伯的"理想类型"、贝尔的"终结论"、福山的"最后一人"、亨廷顿的"文明冲突"，无一不是以学者的身份、用学术的话语宣告西方世界的意识形态胜利，或者进行意识形态上的谋划，其背后隐藏的，是西方中心论或优越论的价值霸权与文化帝国主义。这种变化被英国学者汤林森用一句话道破：当今之世，帝国主义已经为全球化取而代之!①

　　无论人们的意识形态观如何，也无论对意识形态采取何种态度，可以肯定而且必须肯定的是："意识"必须具有"形态"。一方面，个体意识之间必须也应当建构基本的同一性，以使社会的自我建构成为可能；另一方面，丰富多样的意识内部也有必要被类型化为政治、法律、道德等各种形式，以使主体的自我建构成为可能。前一方面是意识的"社会形态"，后一方面是意识的"主观形式"。但是，在后意识形态时代，意识形态方式确实变了，这个变化的结果是，任何试图按照原有的意识形态模式建构精神同一性的努力，都必将受挫，甚至必将失败。

(三) "后意识形态"的"中国难题"

　　"多"与"一"是后意识形态时代的共同问题，但它的中国表达却呈现为一系列特殊的"中国难题"。

　　正如斯洛文尼亚学者斯拉沃热·齐泽克在《意识形态的崇高客体》中所指出的那样，意识形态本身并不是一种"社会意识"，而是一种"社会存在"。意识形态之所以能发挥如此重要的作用，以至成为社会生活的一部分，就在于它是一种深刻而重要的社会存在。"后意识形态时代"所导致的意识形态的"中国难题"，就是当今中国特殊的社会存在。

1. 两种"一"的力量的不平衡

　　"全球化"是"终结时代"国际意识形态的标识性话语。作为一种意识形态，全球化不仅意在宣告多样性的全球化意识形态的"终结"，而且要以此同"化"一切意识形态的"多"，达到"一"。在这个意义上，全球化被批评为是以经济帝国主义为后盾的文化帝国主义。围绕"多"与"一"的主题或主线，全球化呈现为错综复杂的意识形态后果。在外部意识形态即各民族国家的意识形态之间，它强化和建构了世界话语的"一"，本质上是西方独白话语的"一"的意识形态的胜利挺进，它解构和颠覆了本土话语原有和固有的"一"，使之呈现为"多"，但同时又扼

---

　　① "直到60年代，帝国主义这个词足以形容时代特征，但现在，'全球化'已经取而代之"。[英]汤林森：《文化帝国主义》，冯建三译，上海人民出版社1999年版，第328页。

杀至少企图扼杀世界话语中意识形态的"多"。然而,作为对它的反抗和反动,也出现一种相反的运动及其结果:在世界话语中激活了本土话语的"多"即本土意识与地方性知识,同时刺激和警策本土话语在由文明冲突产生的"多"的背景下重新寻找和建构的紧迫努力。在内部意识形态即意识的诸形态中,各种文化及其价值观的激荡和冲突消弭与模糊了意识的诸形式如文化与本能、道德与法律之间的传统界限,但个体主义与自然主义的结果,恰恰使社会意识陷入难以收拾的"多"。

最大的"中国难题"产生于全球化意识形态的"多"与"一"的这种复杂状况与中国改革开放的时代主题交会之际。"改革"从内部动摇和解构了原有的"一",造就和导致了"多"与"变",使内部意识形态的"一"受到挑战;而"开放"遭遇和迎接的全球化外部意识形态的"一",又对内部意识形态的"一"既可能直接是一种颠覆性和破坏性力量,它冲击和瓦解了中国传统意识形态的精神统一性,但同时也可能是改革所造就的内部意识形态"多"的建构性力量,以全球化重新型塑内部意识形态的统一性。改革造就了"多",也必然造就对"一"的呼唤和向往;开放引进的外部意识形态的"一"迎合了这种心态,也具有这种力量。在这种情况下,如果内部意识形态缺乏强大的自我建构力和凝聚力,便很容易由于意识形态的"精神分裂症",出现精神与意识形态殖民。

2. 精神意识形态贫乏和精神贫困

改革开放的核心,是"以经济建设为中心"。在改革开放初期,人们出于意识形态方面的担忧,曾提出关于市场经济"姓资""姓社"的质疑,邓小平一句话"不争论",不仅"终结"了意识形态方面的争论,也终结了"意识形态中心"的时代。但是,"不争论"的背后,不是取消意识形态,而是预示着一种新的意识形态在中国的崛起,那就是经济意识形态,从此,"经济中心"成为中国改革开放的主导意识形态,也成为建构社会统一性的政治、文化和精神力量。但是,"经济中心"作为意识形态有两个重要特点,从一开始便面临着两个重要难题。第一,它以非意识形态的方式建构意识形态,具有传统意识形态所不具有的特殊规律,它借助政治的强大后盾而崛起,但要真正成为意识形态尤其是精神意识形态的巨大力量,必须经过思想文化上的必要转换,并且需要理论学术上的强大支持和支撑,否则,它只能是政治,而不是意识形态,至少难以成为"精神意识形态";第二,"经济中心"在实际运作中如果出现所谓"一手硬,一手软",便很容易走向经济主义与自然主义,由此,社会将难以建构精神世界及其同一性,难以建构精神意识形态,一切都被经济化和利益化。过头的经济中心所造就的经济主义,以及市场经济难以根治的个体主义,如果缺乏充沛精神文化资源的供给与互动,必然导致意识形态贫乏和精神贫困,直接的后果,就是思想共识和共享价值观难以形成,国家软实力匮乏。

3. 同一性手段的悖论

全球化意识形态"一"的飓风有两大推进器。一是全球市场,麦当劳、肯德基,在相当意义上成为全球意识形态的文化符号;二是电子媒介,然而电子媒介或电子信息技术对现代意识形态是一把双刃剑。由于电子媒介是一种独白式而不是对话式的话语语境,由于它受众事实上具有难以选择的强制性霸权,它为现代意识形态建构同一性提供了前所未有的手段和力量。电子媒介可以透过瞬间发布的信息在短时间传播或制造某种思想文化上的"共识";但是,它在制造同一性的同时,也在不断瓦解既有的同一性,创造无限多样并且不断变化的"多",而它的存在方式也注定了它必须满足多样化并且不断变化的主体需求。"一"与"多"、同一性与多样性,是现代媒体作为意识形态工具的双重本性,它在相当程度上成为现代意识形态"一"与"多"的矛盾的渊薮。

4. 深层的传统情结与传统资源的供给不足的矛盾

"意识形态终结"本质上是对多样性文明传统和文化传统的终结,亨廷顿《文明的冲突与世界秩序的重建》已经揭示了这一秘密。文化传统作为一定民族国家的集体记忆,始终是一种同一性的力量,具有意识形态的重要功能。在多元文化背景下,文化传统是"多"中之"一","变"中之"不变"的中流砥柱,在意识形态建构与发展中具有重要意义。调查发现,传统在意识形态心理中具有重要意义,回归传统的选择在文化建设的所有选项中居首位,综合2007年调查的各种调查信息,甚至可以说,现代中国人仍具有根深蒂固的传统情结。"你认为当前文化建设应当优先重视那些方面?"48%选择"弘扬传统文化"。

饱经欧风美雨的袭击和现代性文化的涤荡之后,人们不仅在情感与价值上眷念传统，而且希望在传统中重新找到精神家园和精神同一性的力量。无论在国家意识形态，还是大众意识形态心理中，人们都在相当程度上将社会的精神同一性重建的希望寄托于文化传统的复兴与复苏。然而，现代中国意识形态遭遇的难题，是近现代以来，中国民族经历了长达一个多世纪对自己文化传统的反复涤荡，20世纪后期的改革开放和波及中国的全球化又为崩坏了的传统提供了一种新的替代品，文化传统在中国事实上已经受到重创，传统的同一性力量大大削弱。无论在社会生活还是在思想学术中，无论在文化精英还是在社会大众身上，传统的含量已经十分稀薄。"传统的重负"与"传统资源的供给不足"，构成"后意识形态时代"意识形态的第四个"中国难题"。

十六　现代中国伦理道德发展的文化自觉与文化自信

　　改革开放四十年，中国社会相当时期处于伦理道德的文化紧张和文化焦虑之中。无疑，这是集体理性中对经济社会转型所遭遇的伦理道德挑战的清醒而敏锐的问题意识，然而，过于强烈而持久的文化焦虑，不仅影响中国伦理道德发展的文化自信，而且由于它们在文明体系中的价值地位，也潜在和深刻地影响整体性的文明自信。市场经济、全球化所导致的伦理道德的诸多现实问题产生强烈文化反映，强烈的文化反映催生持久的文化焦虑，过度的文化焦虑影响关于伦理道德乃至整个文明发展的文化自信。伦理道德问题—强烈的文化反映—持久的文化焦虑—文化自信—文明自信，构成集体潜意识中文化焦虑的演进轨迹，其根本原因是没有达到中国文明体系中伦理道德的文化自觉，或没有达到伦理文化的自觉。严峻的伦理道德情势及其对经济社会发展产生的挑战当然客观事实，然而对其强烈文化的反映与持久的文化焦虑，相当程度上是中国文明体系中伦理道德的文化基因的自然表达。必须以文化自觉走出文化焦虑，因为文化自觉不仅影响文化自信，而且最终影响伦理道德在现代文明体系中的文化自立，即影响伦理道德在现代中国的文明体系中对人的精神世界的能动建构和对整个社会文明的积极互动，而只是在文化焦虑驱动下进行治病式或疗伤式的伦理道德治理或提出一些就事论事的应时之策。文化焦虑—文化自信—文化自觉—文化自立，演绎为一种潜隐的问题链与精神史，也是现代伦理道德必须完成的文化推进，其核心课题是：伦理道德，何种文化自觉？因何文化自信？如何文化自立？

(一) 终极忧患的基因解码

移植弗洛伊德的理论，每一种文明都有自己的文化潜意识，这种潜意识不仅出自文化本能，而且显现文化元色和文化基因，其内潜藏最为重要的文明密码。中国文明的潜意识是什么？就是对于伦理道德一如既往的文化忧患。回眸中国社会的精神史，关于伦理道德终极忧患的文化潜意识常常在文明转型时期被强烈地表达出来，在世俗层面呈现为全社会蔓延的关于伦理道德的文化紧张和文化焦虑，因而很容易将文化基因的强烈表达误读为严重的社会疾症，以过度忧郁的社会情绪怀疑文明发展的伦理道德前景，也很容易陷入一种治病疗伤式的伦理道德拯救。惟有进行终极忧患的基因解码，才能在关于伦理道德的文化自觉中走出过度道德焦虑，进行伦理道德的能动文化建构。

对于伦理道德的终极关切和终极紧张与中国文明相伴生，《周易》所表达的"天行健，君子以自强不息；地势坤，君子以厚德载物"中国民族精神，表面上以天地之德确立君子人格的形上根据，实际上建立起关于"自强不息"的"厚德载物"的对应和互动关系，传递对"自强不息"的道德警惕和文化警觉。邂逅春秋战国的重大文明转型，这种终极关切以终极忧患的方式在孟子那里得到自觉理论表达，形成关于终极忧患的"中国范式"或"孟子范式"："人之有道也，饱食、暖衣、逸居而无教，则近于禽兽。"① 何种忧患？"失道"之忧；因何"终极"？"近于禽兽"。"近于禽兽"的失道之忧，既是中国文明的终极忧患，也是中国文明的终极紧张准确地说终极警惕。

然而，终极忧患只是文明潜意识的文化密码一部分，它还携带更深刻的基因意义，如果止于此，便只能陷于道德的文化焦虑。"孟子范式"不仅是"中国忧患"，而且是"中国智慧"和"中国经验"。必须还原"孟子范式"的完整形态："人之有道也，饱食、暖衣、逸居而无教，则近于禽兽。圣人有忧之，使契为司徒，教以人伦"。在这个经典表述中，"人之道"是人类文明的终极关切和精神家园，是"人"的世界的道德肯定，这便是西方哲学家所谓"人间最高贵的事就是成为一个人"；"近于禽兽"

---

① 《孟子·滕文公上》。

的失道之忧是生活世界中的道德异化和终极忧患,是"人"的世界的道德否定;"圣人有忧之,教以人伦"是否定之否定,是"人"的世界的伦理拯救和家园回归。"人之有道"的终极关切,"近于禽兽"的终极忧患,"教以人伦"的终极拯救,构成"有道—失道—救道"的"人"的文明和"人"的精神世界的"孟子范式","近于禽兽"的失道之忧或终极忧患,只是这一经典范式的否定性结构,"'人之有道'—'近于禽兽'—'教以人伦'"辩证体系,才是关于终极忧患的真正的完整表达和文化自觉。它与"克己复礼为仁"的关于伦理道德的"孔子范式"一脉相承,构成奠基中国文化基因和文化精神的"孔孟之道"。[①]

作为中国文明的文化潜意识的完整精神哲学结构,"孟子范式"必须经过三次文化解码。1)"人之有道"的"中国信念";2)"近于禽兽"的"中国忧患";3)"教以人伦"的"中国智慧"和"中国经验"。其中,"人之有道"的"中国信念"是根本;"近于禽兽"的"中国忧患"以否定性的方式彰显文明的中国气质;"教以人伦"以伦理救赎回归呈现"中国智慧"。中国信念—中国忧患—中国智慧、道德世界—生活世界—伦理世界的肯定—否定—否定之否定,构成中国文明浓烈的伦理道德气质。在语义哲学上,"人之有道"是道德,"近于禽兽"的失道之忧本质上是道德之忧,"教以人伦"是伦理。"人之有道"—"教以人伦"在哲学形态和文明智慧意义上,是伦理与道德一体,伦理优先,其真谛是:"人之有道—以伦救道",具体地说,"教以人伦"的伦理,是走出失道之忧的终极关怀和终极拯救。

在长期的文明进展中,这种"失道之忧"的终极忧患转换为对生活世界中伦理道德的终极文化焦虑。清代前后是中国文明由传统向近代的重大转型期,也是中国文化史上继春秋战国之后道德焦虑最为凸显的时期之一,其话语范式就是所谓"世风日下,人心不古"。有人曾考证,这两句都出自清代。"世风日下"出自秋瑾《至秋誉章书》:"我国世风日下,亲戚尚如此,况友乎?""人心不古"一词出于李汝珍的《镜花缘》:"奈近来人心不古,都尚奢华。"它们本是对作为伦理道德的演绎者的士大夫阶层的批评,后指向整个社会现象,二句合用,成为对伦理道德忧患的集体

[①] 关于"克己复礼为仁"的"孔子范式",参阅樊浩《〈论语〉伦理道德思想的精神哲学诠释》,《中国社会科学》2014 年第 3 期。

性文化意识。作为一种近代话语,"世风日下,人心不古"不能简单当作对于世风人心的否定性批评,毋宁应该当作文明转型中伦理型文化基因的近代表达。然而,自诞生之日始,人们或是将它们当作对现实世界的批判武器,或者将其唾弃为"九斤老太"式的不合时宜地唠叨,并未真正破译其文化密码,甚至从未将它上升为一种具有深刻意义的民族精神现象进行严肃的哲学反思。

不难发现,"世风日下,人心不古"承续了轴心时代"人之有道……近于禽兽"的浓郁忧患意识。在语义哲学上,"世风"即伦理,"人心"即道德;"日下"与"不古"不仅意味着时世变迁中伦理道德的文化同一性的解构,而且是对伦理式微、道德异化的否定性价值判断。然而,千百年来人们总是生活于某种文化悖论之中:一方面不断发出"世风日下,人心不古"的批评甚至诅咒,另一方面又总在其中乐此不疲地生活,无论社会还是人生直至整个文明都在"世风日下,人心不古"的批评中不息行进。悖论表征文化密码,也是破解密码的锁钥。这一文化潜意识的真谛是:伦理道德或作为大众话语的所谓"世风人心",是中国文明的终极价值,因而中国文化对它倾注了一如既往的终极关注;因为终极关注,所以终极忧患;因为终极忧患,所以终极批评。终极批评表征终极忧患,终级忧患隐喻终极价值。在这个意识上,与其将"世风日下,人心不古"当作终极批评,不如当作终极预警。一个近代文化事件可以反证这一理解的意义。儒学大师梁漱溟的父亲梁济,曾为末代皇帝溥仪宫廷官僚,目睹北洋军阀统治下"全国人不知信义为何物"的伦理道德沦丧的严峻情势,他向梁漱溟发出"这个世界还会好吗"的悲叹一问,并暗许"必将死义救末俗",过度文化忧郁之中,他在六十岁生日的那个清冷的凌晨,只身跳进北京的积水潭,留下记录自己七年忧思的《别花辞竹记》。梁济之死,传递太多文化信息,最潜隐也是至今仍未被揭示的内涵之一是:如果对于伦理道德的文化忧患只停滞于文化批评和文化紧张,不能理解其作为基因反映的伦理型文化密码,那么将在过度焦虑中难以找到文化出路,从而失去文化信心,最后只能像黑格尔所说的那样"忧郁而死"。梁济之死,作为一个文化事件,本质上也是一个伦理事件,梁济所罹患的实际上是关于伦理道德的文化忧郁症。

始于20世纪80年代的改革开放,是中国文化的重大现代转型。面对这场转型,人们首先感受到的,也是伦理道德方面的文化不适应。"道德滑坡"便成为集忧患、批评、希冀于一体的文化意识的集体性表达,只是它与意识形态的导向相交融,演绎为持久的关于伦理道德的"滑坡论"与"爬坡论"之争,显然,"爬坡"只是关于伦理道德问题的"正能量"的意识形态话语和社会心态的意识形态引导。全社会对于伦理道德的高度文化敏感性和文化警觉,几乎贯穿改革开放四十年历程的始终,乃至在国家层面不断推出关于伦理道德建设的重大举措,从1996年《中共中央关于加强社会主义精神文明建设若干重要问题的决议》,2001年《公民道德建设实施纲要》,到2016年《关于加强个人诚信体系建设的指导意见》,都体现了国家意识形态层面对于伦理道德发展的文化自觉。不可否认,改革开放在伦理道德领域面临诸多严峻挑战,这些举措直接针对伦理道德发展的严峻情势。然而,任何国家在文明转型的重大关头都会遭遇同样的伦理道德挑战,却很少像中国这样,从国家意识形态到大众意识形态,都做出如此敏锐和强烈的文化反映,仅从"问题意识"维度很难对它做出彻底的解释,只能说,它是伦理型文化的体现,是伦理型文化的自知、自治和自觉。

可见,"人之有道……教以人伦"的"孟子范式","世风日下,人心不古"的近代表达,"滑坡论—爬起论"的现代之争,内在一以贯之的文化胎记和文化标识,它们是以道德忧患的心态和道德焦虑的话语所传递的文化基因,必须在基因解码中寻求其深刻的文化意义,以达到文化自觉。20世纪20年代,陈独秀曾预警:"伦理之觉悟,为吾人最后觉悟之最后觉悟。"时过一百年,"伦理"之吾人"最后觉悟"是什么?"伦理之觉悟"是否依然具有、如何具有"最后"的文明意义?概言之,"伦理之觉悟"及其"最后"意义,一是对于伦理道德的"文化"自觉,具体地说,是关于中国文化不仅传统上是伦理型文化,而且现代依然是伦理型文化的自觉;二是关于伦理的"文化"自信,具体地说,是关于伦理型中国文化在现代依然是与西方宗教型文化比肩而立,在世界文明风情中与宗教型文化平分秋色的自信,是关于伦理道德不仅在历史上而且现代和未来依然是中国文化对人类文明最大贡献的自信。因其以"伦理"为标志性话语和核心构造,所以是"伦理觉悟";因其是关于伦理在文化体系中地位的觉悟,所以是"文化"的自觉自信;因其是文化类型或文明形态意义上的"伦理之觉悟",所以具有"最后觉悟"的意义。惟有完成这一"最后觉悟",伦理道德才能达到在现代中国文明体系中的"文化自立",庄严而完整地履行其文化使命和文明使命。

(二) 何种文化自觉?"伦理型文化"的自觉

人们每每讨论文化自觉和文化自信,然而无论自觉还是自信似乎总缺少某种文化上的生命感和总体性,究其缘由,有待进行两大推进。第一,由"文化"向"文明"的推进。文明是文化的生命形态,文化的自觉自信归根到底是文明的自觉自信,文化缔造文明,是对于文明的设计和创造,也是文明的自觉表达,文化传统最后必定历史和现实地结晶为一种文明形态,只有将文化推进为文明,才能将文化的自觉自信,最后落实和推进为民族的自觉自信。第二,由"文化"向"文化类型"和"文明形态"的推进。文化的自觉自信根本上是对于文化传统所呈现和演绎的文化类型与文明形态的自觉自信,而不只是对其中的某些要素包括优秀文化要素的自觉和自信,惟有基于这种总体性肯定的自觉自信,才是对于民族文化的生命形态的自觉,也才是对于民族文明的坚韧生命力的自信,因为文化类型和文明形态是民族生命的总体性表达。要之,文明的民族生命实体性,文化类型或文明形态的整体性,是文化自觉自信必须推进的两个理论前沿,而伦理道德,尤其伦理是其中最具核心意义的课题。

伦理道德的文化自觉的核心,是关于中国文化"伦理型"的自觉;文化自觉的难题,是关于伦理道德在现代和未来中国文化体系中地位的自觉。中国文化历史上的是一种伦理型文化。美国文化人类学家本尼迪克特将人类文化区分为耻感文化与罪感文化,实际上已经隐喻宗教型文化与伦理型文化的区分。梁漱溟先生基于"生活的样法即文化"的立论,将人类文化分为三大路向:向外求索的西方文化(即以希腊和希伯来文明为根基的文化),贡献了科学与民主;调和持中的中国文化,贡献了伦理与道德;反身向后的印度文化,贡献了超越性的佛教。[①] 梁漱溟先生断言:中国既不是西方式的个人本位,也不是社会本位,甚至不是一般意义上的家庭本位,"我们应当说中国是一'伦理本位的社会'。"因为"只有宗法社会可说是家庭本位",因"家人父子,是其天然基本关系,故伦理首重

---

① 参见梁漱溟《东西方文化及其哲学》,商务印书馆1999年版,第61—67页。

家庭。""伦理始于家庭,而不止于家庭。"① 也许,关于将人类文化区分为伦理型文化与宗教型文化两大系统有待论证,但中国文化传统上是一种伦理型文化已经达到高度共识。"伦理型"和"宗教型"的真义,不在于文化体系中是否存在宗教和伦理,而在于宗教与伦理在文化体系中的不同地位,在于文化体系的不同构造。在任何文化传统及其体系中,伦理与宗教的元素可能都存在,根本区别在于文化的基本意向及其所造就的人的安身立命基地,到底是出世的宗教,还是入世的伦理?在《中国文化要义》中,梁漱溟论证了两个命题:"伦理有宗教之用","中国以道德代宗教"。他认为,生命具有自我超越的倾向,在西方这种超越于宗教中完成,在中国于伦理尤其家庭伦理中实现。"中国之家庭伦理,所以成一宗教替代品者,亦即为它融合人我泯忘躯壳,虽不离现实而拓展一步,使人从较深较大处寻取人生意义。"②"道德为理性之事,存于个人之自觉自律。宗教为信仰之事,寄于教徒之恪守教诫。中国自有孔子以来,便受其影响,走上以道德代宗教之路。"③

经受近代尤其是改革开放以来的洗礼,中国文化的"伦理型"形态是否发生根本性变化?这是现代中国的文化自觉,尤其是关于伦理道德的文化自觉的核心课题。调查已经发现并可以佐证:现代中国文化依然是一种伦理型文化。根据2007年的调查信息,其根据有三。第一,社会大众有宗教信仰的人群只在11%左右,远非主流。第二,伦理道德,是调节人际关系的首选。"当遭遇人际冲突时",选择"主动找对方沟通"或"通过第三方沟通"的伦理路径,以及"能忍则忍"的道德路径的人群是绝对多数,首选"诉诸法律,打官司"者除商业关系外其他人群不到3%。第三,最深刻也是最需要破解的信息,是社会大众在理性认知方面对目前的伦理道德状况基本满意和比较满意,但在社会心态和情绪感受方面表现出明显的伦理忧患和道德焦虑,甚至表现出某种社会性的文化恐慌,"不要与陌生人讲话"等传递的就是文化恐慌的情绪信息。这种"满意而忧患"的理性—情绪悖论就是"终极价值"—"终极批评"的伦理

---

① 梁漱溟:《中国文化要义》,学林出版社2000年版,第79页。
② 梁漱溟:《中国文化要义》,学林出版社2000年版,第87页。
③ 梁漱溟:《中国文化要义》,学林出版社2000年版,第106页。

型文化的典型表征。①

由此可以得出一个结论至少可以确证一个假设：中国文化不仅在传统上而现代依然是伦理型文化。"伦理型文化"，是现代中国伦理道德在哲学上首先必须达到的"文化自觉"，这种文化自觉具体展开为以下三个方面。

第一，伦理道德在文明体系中文明地位和文化担当。"伦理型文化"意味着伦理道德尤其是伦理在文明体系中处于核心地位，肩负特殊的文化使命和文明担当。这种使命担当一言蔽之：人的精神世界的顶层设计和安身立命的精神基地。精神世界的顶层设计和安身立命的基地，从终极关怀和精神家园两极安顿人生，在精神世界中建立个体生命秩序和社会生活秩序。在西方和其他宗教型文化中，它们在宗教的终极实体中完成，在中国伦理型文化中，它们在伦理的神圣性和道德的世俗超越中完成。这便是梁漱溟所说伦理尤其是家庭伦理具有宗教意义、以道德代宗教的意蕴。"伦理型文化"的现代自觉，不是将伦理道德只当作社会文明体系尤其是人的精神世界中的一个结构，而应当确立其作为文化核心和精神世界的深层构造的地位。在意识形态中，伦理道德在文明体系中的核心地位被表述为"以思想道德为核心的精神文明建设"。这一理念肯定道德的核心地位无疑是伦理型文化的自觉，但它也遗漏了一个重要结构，因为在这种表述中只见"道德"，不见"伦理"。

现代中国社会，无论在关于伦理道德的学术研究还是现实"建设"中，"道德"总是永远的主题词，"伦理"很少在场或出场，文化基因中伦理道德一体、伦理优先的精神世界似乎出现明显的文化空洞。在相当意义上，"伦理型文化"的自觉，是一种"伦理"自觉，至少应当首先是一种"伦理自觉"，而不只是甚至主要不是一种"道德自觉"。这是当今关于伦理道德的"文化"自觉必须突破的一个理论前沿。因为，"伦理型文化"的理念与概念已经凸显了伦理与道德的区分，宣示文化体系中伦理先于道德的哲学意义。

第二，"文化转型"。人们常言"社会转型"、"文化转型"，改革开放是中国社会的一次深刻革命，改革开放邂逅全球化，在社会潜意识中似

---

① 关于现代中国伦理型文化的以上三大表征及其论证，参见樊浩《伦理道德现代转型的文化轨迹及其精神图像》，《哲学研究》2015年第1期。

乎已经预设并肯定中国文化在由传统进一步走向现代的进程中已经发生根本变化，甚至出现具有决定意义的断裂。然而"伦理型文化"的自觉提示：面临重大变革或所谓"转型"，虽然可能发生某些具有根本意义的变化，然而在文化传统和文明体系中总有某些"多"中之"一"、"变"中之"不变"，"多"中之"一"、"变"中之"不变"，构成文化"传统"的内核和文明"形态"的元色。虽然当今中国社会的伦理道德发生诸多根本性变化，但伦理道德在文化传统和文明体系中的核心地位没有变，伦理型文化的传统或文明形态没有变。伦理道德是任何一种文明的重要结构，但没有任何一种文明像中国这样对其倾注一如既往的关注，尤其在文明发展的转折关头，社会大众往往对伦理道德产生最为敏感和强烈的文化焦虑。改革开放四十年，伦理道德问题始终是一种精神纠结，表现为蔓延全社会并且与改革开放进程相伴随的伦理忧患和道德焦虑，也呈现为国家管理层面对于伦理道德发展的高度关注，这些正是伦理型文化的表征。

当然，所谓"伦理型文化"没有变，只是说这种文化类型和文明形态没有变，并不意味着伦理道德依然保持着传统的气质或形态。调查已经发现，现代中国伦理道德或伦理型文化已经在社会转型中发生重大变化，这种变化一言概之："伦理上守望传统，道德上走向现代"。可以佐证的信息是：在关于最重要的五种伦理关系即所谓"新五伦"中，父子、夫妇、兄弟、朋友的四伦，依旧与传统"五伦"一致，变化的只是以"君臣"关系为话语表达的个人与国家关系，被个人与社会的关系或同事同学关系所替代，伦理关系的嬗变率为20%。然而在关于最重要的五种德性即所谓"新五常"中，只有爱、诚信，与传统"五常"的仁与信相切，其他三德：公正、责任、宽容等都具有现代社会的特征，基德或母德的嬗变率为60%。20% VS 60%，呈现为"伦理上守望传统，道德上走向现代"的伦理道德"同行异情"的现代转型轨迹。它是"伦理型文化"在总的量变过程中的部分质变，是伦理型文化的现代转型，但并不是伦理型文化作为一种文化类型或文明形态的根本改变。[①]

第三，伦理道德发展的伦理型文化规律。"伦理型文化"不只意味着伦理道德是文化核心，而且因其核心地位而具有特殊的发展规律。相对于

---

① 注：关于"伦理上守望传统，道德上走向现代"的伦理道德的转型轨迹，参见樊浩《伦理道德现代转型的文化轨迹及其精神图像》，《哲学研究》2015年第1期。

宗教型文化，其最显著的规律就是它没有或不需要宗教的背景，甚至不需要如康德那样做出"上帝存在"的哲学预设，而是在世俗中完成其终极关怀和彼岸超越。一种没有宗教的终极力量的伦理道德如何可能，这是中国伦理道德发展面临的最大挑战，也是中国伦理道德为人类文明贡献的最大"中国经验"和"中国智慧"。面临市场经济和全球化的冲击，这种"中国智慧"面临新的挑战，需要积累新的"中国经验"。调查及其研究已经发现，在伦理型的中国文化中，伦理道德发展具有三大精神哲学规律：伦理道德一体律；伦理优先律；精神律。伦理与道德一体是基本规律，它与"完全没有伦理"或伦理与道德分离的西方传统截然不同；在伦理与道德关系中，伦理具有逻辑与历史的优先地位，既是家园，也是目标；伦理道德发展不是遵循西方式的"理性"或康德所谓"实践理性"的规律，而是在中国传统中生长出来的"精神"规律。三大规律，奠定了伦理道德发展的"中国气质"与"中国气派"，其中，最容易被忽视也是最可能争议的，是"伦理优先律"，然而它却是中国文化之为"伦理型文化"的总体话语和基本内核。①

（三）何种"文化"自信："有伦理，不宗教"

文化自觉是事实判断，文化自信才是价值判断与实践选择。如果说"伦理型文化"是伦理道德在现代中国文化体系内部所达到的"文化"自觉，那么，"有伦理，不宗教"就是伦理道德在现代世界文明体系、在中国文明与世界文明关系中所达到的"文化"自信。伦理道德作为"文化"的自觉与自信具有两种意义。在狭义上，它表征一种文化关系，表征伦理道德在中国文明和世界文明中的不同文化地位；在广义上，由于它是关于以伦理道德为内核的中国文化形态的自觉自信，因而又具有整个文化的意义。然而无论在何种意义上都可以集中表达为一句话："伦理型文化的自觉自信"。文化自觉既是文化认同，也是文化气象和对文化发展的精神哲学规律的把握；文化自信既是文化坚守，也在全球化背景下中国文化与外部世界关系中所呈现的文化气概和文化气派。伦理型文化自觉及其所达到

---

① 注：关于中国伦理道德发展的规律，参见樊浩《当今中国伦理道德发展的精神哲学规律》，《中国社会科学》2015 年第 12 期。

的文化自信的核心问题是：伦理道德是否依然是人的精神世界的顶层设计？是否依然是人的生活世界和精神世界的终极关怀？是否依然是文化体系和文明体系的核心构造？

伦理道德，何种文化自信？一言概之：有伦理，不宗教！这既是中国文明的文化规律，也是现代中国文明的前沿课题。

宗教挑战是现代中国文化必须回应而又荆棘丛生的课题。宗教不仅是西方文化的精神内核，而且因为"宗教型"与"伦理型"的文明区分而成为与中国文化相对应的一种文化类型的总体性话语。然而无论在理论研究还是现实对策方面宗教问题往往从一开始就遍布陷阱，伦理道德尤其是伦理的自觉是超越陷阱、迎接挑战的能动文化战略。西方人常常批评和质疑中国人没有宗教信仰，因而不可思议甚至"可怕"。马克斯·韦伯思辨了一个"新教伦理+资本主义精神"的现代文明的"理想类型"，并用排他的方式进行文明合理性论证。他认为，资本主义的萌芽在中国、印度等任何文明体系中都存在，它是近代世界文明的共同元素，能否诞生发达的资本主义文明，取决另一个变量，即是否具有"新教伦理"这样的能够催生资本主义精神气质的文化因子。按照这一"理想类型"，韦伯对中国的儒教与道教进行观照，认为在儒教与道教的基础上难以诞生发达的现代文明。这是典型的以宗教为内核的西方文化中心论的世界观和论证方式。然而，现代中国学界和包括海外新儒家无论对"韦伯命题"的回应还是为中国文化的辩护，在论证方向上往往只揭示儒家有宗教性质，道教是本土宗教，进而得出"中国有宗教传统"的结论，殊不知从一开始就落入西方学术尤其韦伯命题所预设的陷阱，即承认宗教是诸文明形态和文化体系中的必要甚至唯一的核心因子，有无宗教成为文明形态和文化判断的价值标准，于是关于中国文化合理性的论证只能陷于"解释性辩护，辩护性解释"的被动策略，在实践层面也极容易引发人的精神世界和国家意识形态安全危机。因为，如果宗教是人类文明和人的精神世界的必要构造，那么自然的选择便是皈依宗教，让宗教入主社会大众的意识形态。因此，无论关于中国文化的反思，还是安顿人的精神世界，必须摆脱"宗教陷阱"，在文明对话的视野下把握多样性文明形态的文化内核。

"有伦理，不宗教"是何种文化自信？在话语构造上，它在宗教和伦理之间做了文化形态意义上二者必居其一、二者只居其一的判断和选择，既是对文明规律的揭示，也是关于中国现代和未来文明形态的文化自信。

"有伦理，不宗教"在理论、现实和历史三个维度论建立起"有伦理"与"不宗教"之间具有文明规律意义的因果关联。理论上，伦理与宗教有相通相似的文化功能，是人的精神世界的顶层设计和终极关怀的两种核心构造，由此造就了宗教型文化与伦理型文化的人类文明的两大风情。现实上，它是被实证调查确证的结论。2013年的全国调查显示，当今中国有宗教信仰者只占11%左右，中国社会调节人际关系的首选依然是伦理手段。历史上，中国文明从古神话开始就奠定崇德不崇力和善恶报应等伦理型文化的基因，儒家与道家的共生互动使伦理与道德成为人的精神世界和文明体系中的两个染色体，汉唐时期，虽然道教兴起，一度佛教大行，但自韩愈建立儒家道统，儒家伦理重回核心地位，"不宗教"便成为中国文化主流。虽然无论在世俗生活还是作为理论形态的宋明理学中，宗教的因子都存在，但它总是处于补充和辅助的地位，从未成为主流。宋明理学建立儒家、道家、佛家三位一体的"新儒家"体系，但在这个体系中，无论道家还是佛家，都是对儒家伦理道德的哲学论证和形上支持。在世俗生活中，中国人建立起儒道佛三位一体，入世、避世、出世进退相济的富有弹性的安身立命的基地，儒家入世的世俗伦理始终是主导结构。在漫长的文明发展中，中国文化不是"没宗教"，而是"不宗教"。"没宗教"指缺乏宗教觉悟或彼岸境界，"不宗教"是拒绝走上宗教的道路，因为中国文明有自己特殊的路径，这就是"有伦理"。"有伦理，不宗教"既是哲学规律，也是历史规律，是被文明史所证明的规律。

相当时期以来，某种宗教焦虑同样潜在于中国社会。一方面，大众心态方面一部分人到宗教中寻找慰藉和归宿，滋生宗教情绪和宗教情结；另一方面，意识形态领域对宗教尤其西方基督教的文化入侵保持高度警惕与紧张。"不宗教"既是对意识形态紧张的缓解，也是对大众宗教情结的疏导和指引。它自信，中国因为有强大的伦理传统，过去没有、现在也不会走上宗教的道路，中国文化现在和将来依然作为伦理型文化的独特文明形态而与宗教型文化平分秋色，在世界文明体系中继续独领风骚。它向社会大众提供一种"有伦理"的文化指引，自信伦理道德可以一如既往地为中国人提供安身立命的基地；同时也相信，对宗教的皈依，相当程度上是精神世界中伦理构造动摇失落的结果。当今之际，"有伦理，不宗教"也是现代文明的文化宣言和信念宣示，它昭告世界：只要伦理在，即便"有宗教"，也将"不宗教"。

"有伦理",一方面是对伦理道德在中国文明体系中作为顶层设计、终极关怀和人的安身立命基地的文化地位的文化信念;另一方面是对现代中国社会"有伦理"的文化信心。它相信,虽然现代中国存在诸多伦理道德问题,但是,对于伦理道德的高度敏感和深切关注,正是伦理型文化的社会理性中"有伦理"的确证和呼唤,伦理道德一定能在不断发展中履行和完成其文化使命。同时,"有伦理"也是一种庄严的文化承诺,面对市场经济和全球化的冲击,不仅承诺全社会将行动起来捍卫伦理,因为捍卫伦理就是捍卫立于世界民族之林的伦理型文化的中国形态;也承诺伦理一定担当起自己的文化天命,缔造人的世界的精神大厦。

要之,"不宗教—有伦理"体现伦理型文化的文明信念;"不宗教"体现以伦理道德屹立于世界文明之林的文化气派;"有伦理"体现伦理道德履行其文明使命的文化担当和文化信心。"不有伦理,不宗教"既是一种文化自信,更是一种文明自信。

(四) 如何"文化"自立:现代文明的"中国精神哲学形态"

"伦理型"的"文化"自觉,"有伦理,不宗教"的"文化"自信,不只是一种理性认知和精神状态,而且是被实证调查所揭示和证明的当今中国社会的现实。然而,伦理道德只能完成自己的文化任务,其文明着力点是人的精神世界,并且只是人的精神世界的核心构造而不是全部。按照黑格尔的精神哲学理论,伦理道德所缔造的是人的精神世界的客观形态,即所谓"客观精神",伦理与道德是人的精神世界辩证发展的两个阶段或两个环节,即伦理世界与道德世界,它们以生活世界或所谓"教化世界"为中介,形成个体精神和社会精神发展的现实形态。伦理道德之为"客观精神",就在于它不仅是精神的种种形态,而且是世界的种种形态,在精神的客观化过程中,创造世界的伦理实体与道德主体。不过,黑格尔只是揭示了伦理道德发展的一般精神哲学规律,由于黑格尔及其学说的宗教型文化背景,人的精神发展,他所建构的精神哲学体系,最后只能在以宗教为重要结构的"绝对精神"中完成。伦理型文化具有特殊的精神哲学规律。伦理型文化的精神哲学形态,是以伦理道德缔造现代文明的中国精神哲学形态,因而它既是人的精神发展的中国形态,也是精神哲学的中国形态。

相对于西方精神哲学形态及其所建构的人的精神世界，在伦理型的中国文化中，伦理道德具有更为重要的意义。一方面，伦理与道德是人的精神世界的两个核心构造，它们通过教化世界的建构达到与生活世界的辩证互动，将精神世界客观化为现实的生活世界；另一方面，无论精神哲学还是人的精神世界，既在伦理道德中诞生，又在伦理道德中回归和完成，不像黑格尔所呈现的西方宗教型文化那样，必须由宗教达到完成。虽然在理论体系和人的现实精神构造中，可能也有宗教的因子，甚至在宗教的某种支持下完成，就像宋明理学所建构的儒道佛三位一体的"新儒学"体系及其所生成人的自给自足的人的精神体系，但是，伦理道德是绝对主流，也是精神世界的两个支点，或者说，伦理型文化背景下的精神哲学体系和人的精神世界，以伦理与道德为两个焦点，形成精神宇宙运行和精神哲学体系的椭圆形轨迹。精神哲学体系、人的精神世界在伦理道德中建构和完成。

因此，无论伦理道德的"文化"自觉，还是"文化"自信，都必须达到这一点：它们的本性是精神，它们的文化重心和文化本务是人的精神世界，它们在理论上所建构的是伦理型文化的精神哲学形态。事实上，在伦理道德的所建构的人的世界中有两个着力点。一个是精神世界，一个是现实世界或生活世界。伦理道德所建构的精神哲学体系和人的现实的精神世界，在两个世界的互动中完成。精神哲学体系和现实的人的精神世界（包括个体的精神世界和民族的精神世界）的同一，构成伦理道德的精神哲学形态。其中，伦理是家园，是出发点，也是归宿，所谓伦理实体，在伦理中，人成为有家园的普遍存在者；道德是主体，是现实的行为及其演绎的现实的精神，所谓道德主体，透过道德主体的建构，人由个体提升为实体；而生活世界，则是伦理实体和道德主体建构的现实基础，既是精神演绎的世俗舞台，也是精神建构和实现的确证。在相当程度上，现实世界是伦理世界与道德世界辩证互动的作品，是伦理与道德辩证发展的精神世界的客观展现。于是，无论伦理道德的精神哲学的理论建构，还是人的精神世界的现实建构，便可能有两个着力点，一是作为"人心"的精神世界，一是作为"世风"的生活世界。因而便逻辑和历史地存在一个误区：将伦理道德的文化着力点过多专注于生活世界，进而冷落精神世界，导致伦理道德的文化危机和精神危机。

这一误区产生有两个重要原因。其一，在历史的维度，伦理型文化是一种入世文化，不仅在现世中完成终极追求，而且追求经世致用，于是便可能将人伦日用的"世风"抬高到精神世界建构的"人心"之上，"治世"压过"治心"。当今中国伦理学理论研究和伦理道德现实发展中几成主流的"应用伦理研究"，一定程度上体现了这一倾向，于是，在"应用"的"治世"中，由伦理道德建构人的精神世界的文化本务往往被冷落，导致世风治理中人的精神世界的空虚。其二，在逻辑的维度，伦理世界向道德世界发展的中介、伦理与道德辩证互动的舞台是生活世界，生活世界是它们的作品，伦理道德缔造生活世界，是通过所谓"教化"，通过伦理教养和道德行为缔造生活世界的伦理实体性，锤炼生活世界中个体的道德主体性，由此生活世界便因为伦理道德的参与和主导而成为教化世界。于是，生活世界和教化世界便因其"作品"和"舞台"的地位成为伦理道德的着力点，而缔造精神世界的文化本务反而被冷落。诚然，伦理道德的根本任务是建立"人人可以为尧舜"的世界，然而问题在于，它们是透过"尧舜"的心灵世界或精神世界的建构向生活世界着力。对伦理道德来说，在精神世界与生活世界、治心与治世之间，前者更具基础性，当然二者的统一是必须追求的理想境界。正因为如此，伦理道德所缔造的是一种精神哲学形态，包括理论形态的精神哲学理论，和生命形态的人的精神世界。伦理道德必须有一种"精神"的守望，这便是伦理型文化中伦理道德与文化关系的精髓所在。

伦理道德在建构伦理型文化的历史过程中遭遇的"世风"与"人心"、"治世"与"治心"的矛盾，贯穿中国伦理道德历史建构的进程。孔孟古典儒家所建构是内圣外王一体之道，内圣是治心，所谓格物致知诚意正心；外王是治世，所谓修身齐家治国平天下。这种内圣外王之道在汉代董仲舒提出"罢黜百家，独尊儒术"，由古儒向官儒转化之后，发生"外王"压过"内圣"的转向。正如余敦康先生所说，这种局面，在外王之路畅通的稳定的社会中有其合理性，一旦遭遇社会动乱或外王之路被堵塞，就会遭遇精神世界的重大危机。汉以后中国社会持续数百年大动荡，从三国、魏晋到南北朝，人的精神世界的基地动摇，于是，不仅世人，而且儒学家，都纷纷改换门庭，到道家、佛家那里寻找安顿，魏晋玄学、隋唐佛学，便演绎了人的精神世界的这场巨大而深刻的危机。唐僧西天取经，在文化交流和文化开放的意义上是喜剧，但在中国人精神世界建构的意义上呈现的却是不折不扣的悲剧，而且是深刻的文化悲剧。佛教入主中国人的精神世界，标志着以儒家伦理为主流意识形态已经丧失主导能力，将意识形态的宝座，也将精神世界的主导权拱手让给了外来的佛教。汉代以来，儒家专注于外王的事功，忽视内圣的心性建构，而道家佛家本来对世俗事功不感兴趣，它们的着力点就是人的精神世界。于是，道家、佛家与儒家达成某种"精神世界"的"和平演变"，形成生活世界与精神世界的割据状态。在政治领域，儒家是主流正宗；然而在精神领域，魏晋玄学"将无同"，以道家诠释颠覆儒家，隋唐时期佛学大行，在精神世界中取代儒家的正统地位。经过韩愈排佛攘老的"道统说"，宋明理学吸收道家佛家的合理因子，重建儒家的心性之学，程朱道家，陆王心学，都是在心性精神处发力，从而形成所谓"新儒学"。儒道佛三位一体的"新儒学"的建构，是一次文化共和，也是一次精神世界中的文化调和或文化妥协，其中隐含着诸多至今未被揭示的深刻的精神哲学经验和文化教训。

　　根据现代中国伦理道德发展的状况，伦理道德的文化自立，必须在三个方面着力。

　　第一，走出"治病式"或"疗伤式"的被动"问题意识"。改革开放四十年中，人们对于伦理道德的重要性的认识，一般出于解决社会生活中大量问题，如诚信、社会公德、两性伦理、职业道德、家庭伦理和家风等等，严峻的伦理道德情势催生文化批评和文化焦虑，在文化焦虑驱动下，个体的伦理道德意识和社会治理层面关于伦理道德的重大举措，总是针对社会生活中的伦理道德困境。这种策略当然问题意识和针对性都较强，但同时也可能流于一种被动的策略，因而如果以某种考古学的方法检视，几乎每一个重大举措背后，总会找到当时对应的伦理道德问题，其逻辑便是所谓"缺德补德"，有病才治病。伦理型文化自觉和自信的要义，在于它是对人的精神世界的顶层设计和社会生活的能动建构，为人的生命和生活提供终极关怀和安身立命的基地。伦理道德的文化自立，必须走出"疗伤式"的被动文化策略，履行伦理型文化中作为人的精神世界顶层设计和终极关怀的文化使命，转换为一种积极和能动的文化战略。在哲学理念上，应当以"发展"而不只是以"建设"看待伦理道德。"建设"和"发展"的重要殊异在于："建设"往往指向具体的伦理道德问题，是伦理道德与经济社会的某种"相适应"，同时也预设一个"建设者"，而"发展"则凸显与经济社会发展相同步的某种与时俱进，凸显伦理道德的能动性与主体性，凸显面对经济社会变化通过对话商谈的某种"共成长"，而不预设如董仲舒所谓中"圣人之性"的某种先知先觉。实际上，面对经济社会的巨大而深刻的变化，整个社会都处于探索之中，引领固然重要和必须，但精神世界的发展一般呈现为"共成长"的图像，应当"以发展看待伦理道德"。

第二，走出"应用伦理"的盲区。在所有人文科学中，伦理道德是最具实践性的领域，被康德称为"实践理性"，因而必须面向现实并对现实问题具解释力和解决力。20世纪下半叶以来，西方伦理学乃至整个西方哲学也发生重大转向，应用伦理学几成主流，乃至有学者认为应用伦理学不只是伦理学的一个分支，而且就是现代伦理学。伦理学和道德哲学日益成为西方哲学的显学，相当程度上体现了哲学的应用转向。然而，关键在于，现存的并不就是合理的，在这种应用转向的背后，隐藏着更深刻的问题，乃至更深刻的危机。从历史上考察，如前所述，中国伦理道德、中国哲学在汉以后发生的内圣与外王、治心与治世的分裂，演发为自魏晋至隋唐的长达千年的文化危机与精神世界危机。西方现代哲学包括现代道德哲学的应用转向，固然有其必然性与合理性，但也有其复杂的背景并已经开始出现复杂的后果，最明显的后果之一，是自20世纪90年代以来，西方学术中宏大高远理论建构的成果日益减少，针对具体问题的应时之策的研究日益增多，长期下去，不仅学术理论，而且以此作为滋养的人的精神世界的危机难以避免。无疑，面对层出不穷的社会问题尤其伦理道德问题，学者和伦理学家有义务和责任去研究和解决，所谓"天下兴亡，匹夫有责"，这是最基本的担当。然而，学者之为学者，伦理学之为一个学科，伦理道德之为人的精神的核心构造，就在于有其最基本和最重要的文化本务，这就是为人的精神世界提供顶层设计和价值指引，高远和长远地谋划人的精神世界的建构与发展。在这个意义上，伦理道德既出于现实，又超越于现实，因为如果不超越于现实，片面追求"应用"，就会遗失其理想的魅力，渎职其更基本更重要的文化天命，也会失去其长远的"应用"价值。

第三，伦理道德"精神哲学形态"的建构。伦理道德由文化自觉走向文化自立的理论表现，是伦理道德的精神哲学形态的建构，准确地说，建立现代伦理道德的中国精神哲学形态。伦理道德本质上"是精神"，也必须"有精神"，它在理论上的自觉自立，不仅期待"精神哲学"，而且完成的标志,就是精神哲学"形态"的自觉建构。伦理型中国文化为何在历史上成为与西方宗教型文化比肩而立的一种文化类型,并特立于世界文明之林?伦理道德为何成为中国文化对于人类文明的最大贡献?最根本的原因之一,就是在长期历史发展中建构了伦理道德的中国精神哲学形态,这种精神哲学形态的要义与精髓一言概之,就是"伦理道德一体、伦理优先"。[①] 当今之世,中国文化面临的最大挑战之一是:伦理道德,如何成为现代文明的"中国精神哲学形态"?或者说,伦理道德如何继续担当作为人的精神世界的核心构造的文化使命,支撑中国人的精神世界,并成为文明进步的最重要的精神因子。

每一种明形态都有其基本结构。西方古典经济学家马歇尔在《经济学原理》的开篇,就从西方文化的基因出发,宣告:"世界历史的两大构成力量,就是宗教和经济的力量。"[②] 这显然是基于西方宗教型文化所做出的论断,日后韦伯的"理想类型",丹尼尔·贝尔"经济冲动力与宗教冲动力"的资本主义文化矛盾,都是这一逻辑和文化基因的延续。与之对应,宋明理学家程颢断言:"天下之事,惟义利而已。"[③] 它与孔子"君子谕以义,小人谕以利"一脉相承,体现伦理型文化的胎记。两种论断,体现两种文明类型,其共同元素是"利"或"经济",区别只在于"宗教"与作为伦理道德集中表达的"义"。由此也可以佐证,伦理道德在中国文明体系中具有极为重要的意义,伦理道德的"义"只有当与世俗生活的"利"辩证互动,才能建构文明的合理性,伦理道德也才能真正在文化上自立。文化自立的标志,就伦理道德的精神哲学形态的建构。

[①] 关于"伦理道德一体、伦理优先"的精神哲学形态,参阅樊浩《〈论语〉伦理道德思想的精神哲学诠释》,《中国社会科学》2014年第3期。
[②] 马歇尔:《经济学原理》,朱志泰译,商务印书馆1997年版,第23页。
[③] 《遗书·卷十一》。

十七　中国伦理学研究如何迈入"不惑"之境

改革开放40年，中国伦理道德发展在多元多变的激荡中不断积累积聚文化共识而走向"不惑"，伦理学研究如何伴随它的时代迈入"不惑"之境？席勒曾经说过，"在肉体的意义上，我们应该是我们自己时代的公民（在这种事情上我们其实没有选择）。但是在精神的意义上，哲学家和有想象力的作家的特权和责任，恰恰是摆脱特定民族及特定时代的束缚，成为真正意义的一切时代的同代人。"① 现代中国伦理学不仅应当负载40年洗礼的清新气息，而且应当使大浪淘沙的历史变革所蒸馏的思想学术精华积淀为中国伦理道德发展的"新传统"，在镌刻"自己时代"的集体记忆的同时，汇入民族文化传承的生生不息洪流，成为"一切时代的同代人"。

"四十而不惑"，学术史与生命发展史相一致。"不惑"既是"而立"之后的学术坚守，又指向"知天命"的学术使命。现代中国伦理学的"不惑"之境有两个维度，一是在改革开放的"而立"之后不为各种思潮所左右，坚守文化本性的明心见性、返璞归真的学术觉悟；二是建立伦理学的中国体系、中国话语、中国气派的学术天命。作为学术共同体集体理性的生命成长，现代中国伦理学到底应当"不惑"于什么？要言之，"不惑"于伦理学在现代学科体系、学术体系、文明体系中的安身立命。

伦理道德研究在学科上归于哲学，被称之为"道德哲学"；在中国传统及其话语表达中被称之为"伦理学"；其文化根源和文明天命指向中华民族的文脉传承和历史发展。由此，现代中国伦理学迈入"不惑"之境

---

① 转引自卡尔·雅斯贝斯《时代的精神状况》，王德峰译，上海译文出版社1997年版，第12页。

逻辑与历史地必须回答具有安身立命意义的三大追问：道德哲学如何"成哲学"？伦理学如何"有伦理"？中国伦理学如何"是中国"？"成哲学"、"有伦理"，是在学科体系和学术体系中的"安身"；"是中国"是在文化传统和现实世界中的"立命"。"成哲学"、"有伦理"、"是中国"，现代中国伦理学迈入不惑之境的三个具有前沿意义的尖锐问题，三大"不惑"聚焦于一个主题："身份认同"——"成哲学"是学科身份认同，"有伦理"是学术身份认同，"是中国"是文化身份认同。"成哲学"的要义是"成体系"，"无体系"即无中国理论，不仅一般地导致理论上的不成熟，更深刻地将导致一种文化渎职，使伦理学失去对人的精神引领和精神世界顶层设计的文化使命；"有伦理"的要义是"有话语"，"无伦理"将因无核心话语或话语失重而失去伦理学的中国话语，在学术开放中导致学术失语；"是中国"的要义是"中国传统"和"中国问题"，"无中国"或中国意识的缺场将使伦理学研究失去文化根源和文化天命，导致"无气派"，或无中国气派。"成哲学"、"有伦理"、"是中国"，既是认同，也是被认同，是在现代学科体系、学术体系、文明体系中的自我认同和被承认，既是"安身"，也是"立命"。一句话，"不惑"之境的根本意义，就是以认同与被认同为核心的现代中国伦理学的安身立命。

（一）"道德哲学"如何"成哲学"？

毋庸讳言，无论伦理学界是否承认或是否已经达成某种集体自觉，都必须直面一个严峻事实：伦理学研究潜在学科认同危机。

1. 伦理学的"哲学认同"危机

在中国和西方的学科体系中，伦理道德研究都属于哲学，只是话语表达有所不同，在西方通常被称为"道德哲学"，以凸显其"道德"的学术重心和"哲学"的学科性质，有时也被称之为"伦理学"，20世纪之后，由于伦理道德问题在现代文明体系中的重要地位，甚至被提高到"第一哲学"的地位。在中国话语体系中它一如既往地被称为"伦理学"，是哲学的二级学科之一。这种跨文化共识表明，伦理学在学科上属于哲学，无论话语、理论还是问题意识，都期待也必须进行哲学的研究。然而现代中国伦理学及其总体上缺乏哲学气质，至少与马克思主义哲学、中国哲学、西方哲学等学科相比，是哲学气质最为稀薄的学科之一。不可否认，伦理学研究面临认同与承认危机，借用哈贝马斯的话语，伦理学面临作为哲学分支的"合法化危机"。一方面，伦理学研究事实上存在"告别哲学"、"去哲学"甚至"无哲学"的倾向，以"实践理性"、"应用研究"逃避哲学，热衷于现象描述、规范制定和具体问题的就事论事的解释；另一方面，哲学其他学科对伦理学的哲学地位持保留态度，至少对之缺乏充分的哲学的敬重。可以危言耸听地说，现代中国伦理学研究必须为"哲学认同""哲学承认"而努力。

哲学之为哲学，在学科方法和学术气质必须具备几个基本要素：对体系的追求；一套独特的概念和话语系统的形成；形上思辨与严密论证。对体系的追求是哲学的基本特性。黑格尔是哲学体系的大师，他宣告："哲学必然是体系"。"一种没有体系的哲学思考决不可能是科学的哲学思考；它除了自为地更多表现为一种主观的思考方式，就它的内容来看它就是偶然的了，因为内容只有作为整体的环节才具有自己的辩护，但在整体之外就是具有一种没有论证的假设或者一种主观的确信了。"[1] 任何立论只有在体系中得到辩护才能确证，只有作为体系的一个环节才具有现实性，否则只能流于主观或偶然，黑格尔以一个经验事实证明体系的重要性："离开身体的手便不是手"。现代性碎片的严重后果之一，是在告别体系、鄙视体系之后丧失了建构体系的能力，于是将黑格尔当作死狗打。哲学研究要求形成和建构自己一套独特的话语与概念系统，因为它相信真理、价值等一切学术理论与人的生命和生活深刻地同一，理论体系只生活世界和生命过程的现象学呈现。然而哲学的学术魅力在于通过形上追求扬弃现象达到本质，为理论及其体系提供形上基础，在严密的思辨论证中达到其他研究所达不到的形上高度和形上深度，从而区别于任何主观确证和经验实证。

现代伦理学研究中哲学稀缺的显著事实是关于伦理道德研究的哲学体系、话语体系以及形上思辨的未形成，"去哲学"倾向明显，出现"无哲学的伦理学"或"无哲学的道德哲学"，至少是哲学含量稀缺的道德哲学，伦理道德研究和伦理学理论缺乏形而上学基础。借用现代西方伦理学关于研究类型的划分，突出表现为伦理学研究中元伦理、规范伦理、应用

---

[1] 黑格尔：《哲学科学全书纲要》，薛华译，上海人民出版社2002年版，第7页。

研究的结构性失衡与结构性失重。伦理学研究的偏好往往集中于两方面，一是"充当上帝"的规范宣断；二是所谓"应用伦理"。伦理学当然是规范科学，然而正如一位西方哲学家所说，我们虽然有充当上帝的抱负，却缺乏充当上帝的能力和合法性。制定和宣断规范的合法性及其文化效力一直被责疑，为摆脱"合法化危机"，哈贝马斯提出"商谈伦理"的理论，然而却陷入商谈难以周延的难题。然而即便规范的制定和宣断具有合法性，作为一种自觉理论和哲学体系，依然存在另外两个问题。其一，当今伦理学研究中所宣断或提倡的道德规范，大多出于问题意识，是"治病模式"驱动下的道德治理，如"诚信"指向道德信用丧失的问题，"责任"指向责任意识缺乏的问题，而非对人的精神世界和精神生活的顶层设计与文化养育，所谓"大道废，有仁义；智慧出，有大伪"。其二，作为一个理论体系尤其关于伦理道德的哲学研究，最重要的工作还不是宣断规范，而是对规范的合理性、合法性及其所构成的价值体系与人的精神世界体系的论证与建构。比如，孟子所提出"仁义礼智"四种道德规范之所以成为"中国四德"，就是因其成功地论证了四者所建构的价值体系和精神世界，即所谓"居仁由义"、"礼门义路"、"必仁且智"，由此在理论和实践上自给自足。董仲舒将"四德"发展为"五常"，二程的学生曾请教一个问题：为何"四端"无"信"，而"五常"要加一"信"字？二程答曰："有不信，故言有信。"[①]"信"便是对仁义礼智的信念和坚守。可以说，道德规范只有获得哲学论证并成为一个价值体系与德性体系，才能由问题上升为价值，经验上升为理论。

"应用伦理"是当今对中国伦理学研究极易产生哲学误导的一个命题。"应用伦理"的兴起，当然与改革开放进程中伦理道德问题的大量涌现以及"经世致用"的学术取向有关，但伦理道德问题任何时代都存在，伦理学研究到底为伦理道德发展做出何种贡献，伦理学家和伦理学研究的文化本务和学术使命到底是什么，着实是一个必须认真反思而又缺乏彻底反思的问题。伦理学无疑具有康德所说的"实践理性"的本性，中国伦理学自诞生便有强烈的问题意识和经世致用的文化抱负，但精神世界的顶层设计和具体伦理道德问题的治理，宏大高远的理论建构和具体问题的对策研究之间到底如何保持恰当的平衡，自古至今都是一个学术难题和文明

---

① 《二程粹言卷一·论道篇》，中华书局1983年版。

难题,历史已经提供了经验教训。春秋战国时代,儒家和道家针对"天下大乱"的现实提供了"克己复礼"的"论语"和"大道废,有仁义"的"道德经"。孔孟周游列国,游说诸侯,进行了古今中外历史上空前绝后的伦理道德的"应用研究",然而儒家之谓儒家,孔孟之谓孔孟,最根本原因也是最大贡献在于他们为当时也为未来提供了一种"孔孟之道","孔孟之道"是一种伦理道德上的哲学缔造。"老子出关"表面上逃避现实,实际上是以最激烈的方式唤起世界的伦理良知与道德理性,《道德经》最哲学,也最伦理,诚如李存山先生所说,其精髓是"推天道以明人事",正因为如此,其原初的版本才是"德经"在前,"道经"在后,"德经"是"人事","道经"是"天道"。"罢黜百家,独尊儒术",儒学被汉武帝定为一尊,这是伦理道德在中国文明体系中的一次具有决定意义的重大胜利,也是伦理学成为显学的一次具有决定意义的重大成功。然而,物极必反,自汉代始在经学推动下儒学和儒家伦理逐渐由高远的精神世界的哲学建构转向就事论事的应时之策,甚至沦为谋取功名利禄的工具,由此产生魏晋时代精神世界的空前危机。魏晋时代不是没有哲学,魏晋玄学无疑是非常形而上的哲学,然而其要义却是"将无同"的儒道合一,将儒家"名教"同于道家"自然",其产生的直接背景便是就事论事的应时之策所导致的人的精神世界的空虚或所谓"名教之乐"的失落,这种失落在长期的历史积弱中所演绎的重大文化事件,便是盛唐时代的唐僧西天取经。唐僧西天取经既是文化喜剧,更是文化悲剧,它是中国文化危机的标志,正如余敦康先生所说,危机的直接原因,是两汉经学沦为应时之策而没有上升到哲学的高度所导致的内圣与外王的分裂,即所谓名教之乐或精神世界的失落。[①] 这种危机直到宋明理学建立"新儒家"的哲学体系才得以缓解和拯救。

现实与历史反思获得一种警示,伦理学研究当然肩负解释和解决现实问题的任务,但如果忽视文化传承和宏大高远的理论建构的使命,不仅是一种学术渎职,而且将难以摆脱重蹈历史覆辙的厄运。无疑,现代中国伦理学研究具有意识形态的忠诚,也具有对于伦理道德的文化真诚,但如果缺乏哲学的热忱,缺乏哲学上的"反身而诚",那无论在理论研究还是应用研究方面都将难以达到"乐莫大焉"的境界。

---

① 参见余敦康《内圣外王的贯通》,学术出版社1997年版,第266—279页。

2. 两种"哲学误读"

现代中国伦理学的哲学认同危机受四大因素影响：文化传统的裂变与误读；西方哲学思潮的影响；片面的经世致用取向；学术共同体生成的历史背景。毋庸置疑，伦理学是中国传统哲学的内核，它在中国哲学体系中的地位如此重要，乃至古今都有一些著名西方学者顽固地认为中国没有哲学，只有伦理学，在这个意义上可以说中国伦理学应当是最有哲学底蕴或"最哲学"的学科。然而正如有的学者早就指出的那样，中西方文明的近现代转型经历了迥然不同的文化路径，西方是"复古为解放"，无论文艺复兴运动还是后现代思潮，理念与口号都是"回到古希腊"；中国是"反传统以启蒙"，近代转型，五四运动，改革开放初期，都以告别传统为文化启蒙的开端，更不用说"文革"的文化断裂，于是伦理学承续哲学脉统便遭遇学术难题。这种断裂与"形而上学终结"的西方哲学思潮邂逅，便从实然变为应然，在哲学上似乎使"去哲学"的现存获得某种合理性的论证。改革开放的大变革中不断遭遇的诸多伦理道德挑战，伦理型文化背景下伦理道德问题在整个文明体系中的重要地位以及社会大众对伦理道德问题的敏感而激烈的文化反映，给伦理学工作者以机会和责任，必须对它们做出及时回应、解释乃至解决，于是在经世致用的取向下便出现一种状况：伦理学工作者难以对伦理道德问题进行从容、深入和整体性的形上思考与哲学思辨。对40年中国伦理学发展的现象学扫描便可以呈现一个学术轨迹：追逐现实热点有余，追求理论前沿不够；对西方学术的引进和引用较多，但静极生慧的理论原创不够。伦理学是中国最古老的学科，然而在"反传统以启蒙"的转型路径下，它也可能是断裂最深刻的学科，改革开放以来，中国伦理学及其学术团队都经历了一个重组的复兴过程。以上四大因素的综合作用，导致一种后果，伦理学科虽然在中国是最古老、最哲学的学科，但也是最年轻，回归哲学传统最艰难的学科。

伦理学的哲学认同危机在学术上源于两种"哲学误读"。一是马克思主义哲学与伦理学关系的哲学误读，二是对中国伦理学传统的哲学误读。

"去哲学"或"缺哲学"的批评很容易遭遇一种反批评：现代中国伦理学是马克思主义伦理学，以历史唯物主义为哲学基础，当然"有哲学"、"是哲学"。这一辩护的误区在于：马克思主义只是为现代中国伦理学研究提供了历史唯物主义的世界观与方法论，而不是伦理学理论和体系本身。一个浅显的事实是：如果因为伦理学遵循历史唯物主义的世界观和方法论而已经有了自己的理论和体系，那么建构人文社会科学的理论体系与话语体系的一切努力都将是多此一举。现代中国伦理学研究无疑必须以历史唯物主义为哲学基础，但有基础并不就是"有哲学"，更不表明有理论有体系，否则就可能再现如冯友兰所批评的"中国近古无哲学"的学术悲剧。伦理学作为一个独特哲学学科，其存在价值和文化使命是在此基础上发展出一套体现学科特色、文明使命的理论和体系，以引导社会生活，推进文化传承。

中国传统伦理学是在哲学上探讨最充分的学科，伦理道德及其理论是中国文化对人类文明做出的最大贡献，在这个意义上，中国伦理学应当是最有理由建立文化自信的学科。然而，对于传统的过度批判，改革开放中遭遇的严峻伦理道德挑战，使现代中国伦理学对自身传统产生诸多哲学误读，动摇了应有的学术自信，于是对诸多伦理学前沿问题的研究不仅缺乏哲学资源，甚至缺乏哲学兴趣和哲学能力，突出表现为两大学术意识的缺场：在问题意识方面，伦理学的一些基本哲学问题如伦理与道德的关系问题，到底如何哲学地解决，是否应当倾注足够的哲学关切？在体系意识方面，现代中国伦理学、中国伦理道德发展到底是否需要建构一种哲学体系，需要何种哲学体系，这种体系的道德形而上学基础是什么？

两大具有哲学意义的学术意识的缺场直接根源于对传统伦理学的"去哲学"的误读：一方面对儒家伦理学的"无哲学"理解，另一方面对中国伦理学传统缺乏整体性哲学把握的能力。儒家伦理被公认为是中国伦理学也是中国文化传统的主流和正宗，然而无论"五伦四德"的古儒，"三纲五常"的官儒，还是"天理人欲"的新儒，往往都被理解为一些伦理训条和道德教诲。其实，自《论语》、《孟子》，以伦理道德为核心的"孔孟之道"一如既往地都有一套形而上的天道性命之学作为其必然和应然的终极根据，即所谓天道与人道、天伦与人伦的天人合一，只是哲学形态的历史演进有所不同，宋明理学以伦理学为核心，吸收了道家的本体论、佛学的认识论，建立了最哲学的道德形而上学体系即"新儒家体系"。更需要哲学地洞察和把握的是，中国伦理学、伦理道德发展的哲学传统具有文化的整体性，虽然在具体言说中展现为林林总总的学派，如儒家、道家、墨家等，但它们所造就的中国人的精神世界，所建构的中国伦理道德的哲学传统，却总是被哲学地融汇和呈现。作为某种具体的学术体系，它们可能被归于儒家或道家，但作为一种传统，作为这种传统所造就的具体的中国人及其精神世界，却是儒道墨兼具。不难发现，一个现实的中国人，往往在得意时是儒家，失意时是道家，绝望时是佛家；年轻时是儒家，中年是道家，晚年是佛家。这便是哲学基因，这便是文化基因。

由于受现代西方哲学影响，现代伦理学对中国传统伦理学很容易局限于碎片化的"学派式"诠释，显著表现是将作为中国传统伦理学两大文化基因的儒家与道家孤立地隔离。其实在文明的源头，儒家和道家就是中国文化的双生胎，两种哲学体系不仅在轴心时代同时诞生，更在中国哲学和中国人的精神构造中长期共生互动，成为中国文化和中国民族精神的两大文化染色体。共生互动的哲学后果，便是伦理与道德一体。伦理和道德是儒家和道家共同的概念，只是理论重心和文化贡献有所不同。《道德经》的精髓是"得道经"，《论语》的精髓是"伦语"；道家尤其老子在形上层面贡献了"道德经"，"孔孟之道"的最大贡献及其主流地位的哲学秘密是在伦理道德一体的形上体系中凸显了伦理的优先地位。然而，无论如何，儒家与道家，与之相关联伦理与道德，无论在传统哲学体系还是中国人的精神构造中都是一体的，伦理道德之所以成为中华民族对人类文明的最大贡献，伦理学之所以成为中国传统哲学的内核，与儒家与道家、伦理与道德的共生互动深刻关联。

对于伦理学传统的"去哲学"误读与对传统的整体把握的哲学能力的缺乏，部分原因源于西方思潮影响。正如一位哲学家所言，每个民族天生具有自我中心的倾向，但西方民族更强烈些。从古到今，一些西方哲学家如黑格尔等都以自己的哲学传统及其文化认同作为"普世哲学"，进而狭隘地得出"中国无哲学"的结论。冯友兰先生虽然也提出过中国近古无哲学的命题，但只是就近古哲学缺乏原创性只是"在中古哲学中打转"而言。在西方思潮冲击下，"中国无哲学"潜移默化地殖民为某种文化心理暗示，异化为一种自我文化认同，并以此作为文化潜意识甚至学术偏见，对中国传统伦理学进行去哲学的诠释。现代性碎片学术病毒的侵染，使对传统及其所造就的民族精神的理解，止于和囿于"学派"的樊篱，进而消解哲学整体把握的能力。恢复中国伦理学的哲学自信和哲学洞察力，一方面必须摆脱西方中心主义的哲学暗示，另一方面必须摆脱碎片化的现代主义，将"学派观"推进为"形态观"，整体地把握中国伦理学和中国人的精神世界的哲学形态。①

3. 何种哲学？何种哲学体系？

建构现代伦理学的中国话语和中国理论，期待何种哲学、何种哲学体系？要言之，期待一种具有中国气派的精神哲学和精神哲学体系。

"精神"的理念和概念，以及"精神哲学"的理论与体系，是现代中国伦理学最具前沿意义的尖端性学术课题。作为一个中国化的哲学概念，"精神"有两个理论参照，因而也潜在两个可能的理论创新：一是马克思的"物质"，一是西方哲学的"理性"。在马克思主义哲学中，"精神"与"物质"相对应并为"物质"所决定，在历史唯物主义理论中，它们是"社会存在"和"社会意识"。马克思主义将哲学的基本问题概括为思维和存在、精神与物质的关系问题，便已经承认精神对人的基础性地位及其相对独立性。马克思主义哲学的最大贡献，是正本清源地阐释了精神与物质的辩证关系，确定了"物质"、"社会存在"之于"精神"和"社会意识"的第一性或最终决定性地位，这便是"唯物主义"与"历史唯物主义"的真义所在。然而也留下一个课题：如何在此基础上建构人的精神世界和精神哲学体系，并使精神世界与物质世界辩证互动。伦理道德是"精神"或"社会意识"的重要构成，不仅"是精神"，而且在相当意义上是精神和精神世界的内核，黑格尔将它表述为"客观精神"，以与思维意识的"主观精神"和宗教艺术的"绝对精神"相区分。因此，必须将伦理道德回归于精神，在精神和精神哲学的理念和体系中研究伦理道德的哲学本性。

"精神"是一个体现中国哲学传统的基本概念，在现代话语体系中，它与西方哲学的"理性"相对应。中国哲学的"精神"概念兼具伦理道德与宗教的双重意义但以伦理道德为内核，王阳明以良知诠释精神便是佐证。"夫良知者，以其妙用而言，谓之神；以其流行而言，谓之气；以其凝聚而言，谓之精。"② 在西方话语中，关于伦理道德有"理性"与"精神"两种理念。康德将道德当作"实践理性"，《实践理性批判》的研究

---

① 注：关于伦理学研究的"形态观"，参见樊浩，《伦理道德的"形态观"与"形态学"理论〈南国学术〉》（澳门）2018 年第 2 期。

② 王阳明《传习录·中》。

对象便是道德，但道德只是一种实践理性，或理性的实践本性的证明，并不是理性本身。黑格尔将伦理道德直接当作精神即所谓客观精神，二者的辩证互动构成客观精神的体系。将伦理道德在哲学上回归于精神，其意义并不止于对传统的文化认同，对解决一些前沿性的伦理学理论与实践问题也具有基础性意义。知与行的关系问题，无论在理论和实践、传统和现代都是伦理道德与伦理学的基本难题之一，王阳明提出"知行合一"之说，知与行"合一"之"一"是什么？就是良知，而良知便是精神。王阳明特别强调，知行之间不能加一"与"字，否则便"恐免有二"，知行合一并不是说知与行是良知的两个方面，而是良知发用的两种形态。这种理论在黑格尔那里得到西方式表述：知与行、思维与意志，并不是精神的两个口袋，而只是精神的两种形态，意志只是精神的冲动形态。① 中西方传统哲学在"精神"理念方面的这种跨文化相通，为解决伦理道德和伦理学的基本难题提供了概念和理念基础。

无论如何，伦理道德"是精神"，伦理学和道德哲学体系必须"有精神"，伦理道德和伦理学研究必须回归"精神"的家园和精神哲学的体系。为此，现代伦理学体系和现代道德哲学体系的建构，在哲学资源上有待马克思与黑格尔、中国传统与西方传统的对话。黑格尔哲学是马克思主义的重要来源和重要组成部分，黑格尔建立了庞大的精神哲学体系，对精神的哲学研究和精神哲学体系的建构，是黑格尔的重大贡献，但其体系却是头足倒置的。马克思将他的倒置再倒置，成功地进行了批判性改造，吸收其合理内核。马克思的哲学重心是"物质"，黑格尔的哲学重心是"精神"，现代伦理学如果在坚持历史唯物主义的基础上进行马克思与黑格尔之间的哲学对话，吸收黑格尔精神哲学的合理内核，对建立伦理道德的精神哲学体系将具有重大意义，甚至可以说，这一哲学对话将酝酿一次伦理学研究和道德哲学体系的重大突破。很显然，如果偏执于机械唯物主义的物质决定论或利益决定论，那么伦理道德只是"无精神"的"自然伦理"和"自然道德"，伦理学体系也只是自然主义而不是历史唯物主义的体系。第二个对话即中国传统与西方传统之间的对话之所以必要，是因为在全球化背景下，无论在哲学体系还是伦理学体系中，"理性"已经僭越了"精神"，"理性"似乎成为不容置疑的强势话语，现代哲学和现代伦理学

---

① 参见黑格尔《法哲学原理》，范扬、张企泰译，商务印书馆 1999 年版，第页。

的哲学图景是:"理性"的玉兔东升,"精神"的金乌西坠,理性主义漫延是西方哲学和西方伦理学现代性祛魅的重要哲学根源。可以说,"理性"是一个不折不扣的西方话语,对中国哲学来说完全是个舶来品,伦理学的中国话语体系与理论体系的建构,"精神"与"理性"、中国传统与西方传统之间的哲学对话,不仅必要,而且急迫。

伦理道德的精神哲学的中国话语体系及其中国气派是什么?要言之,就是"伦—理—道—德—得"的体系。在马克思与黑格尔、中国传统与西方传统之间的对话的基础上,现代伦理学期待一次理论体系的综合创新,综合创新的基本哲学资源是:历史唯物主义的世界观与方法论;中国传统道德哲学和黑格尔精神哲学的合理内核;伦理道德发展的时代精神。首先必须扬弃现代西方哲学对于人的精神世界和精神哲学的碎片化肢解,进行整体性和体系性的把握,在这方面,中国传统哲学尤其是宋明理学,以及黑格尔精神哲学提供了直接的理论借鉴。宋明理学尤其朱熹哲学"致广大,尽精微,综罗百代",在伦理道德的哲学体系方面,不仅建构了"天理"本体,三纲五常的伦理道德内核,而且通过心、性、情、命等一系列范畴的精微研究,建立了以伦理道德为核心的精神哲学体系。黑格尔的《精神现象学》和《法哲学原理》,将伦理世界、教化世界(或生活世界)、道德世界贯通,建立了三位一体的精神哲学体系。无论宋明理学还是黑格尔精神哲学,虽然在具体内容方面有诸多局限,然而他们建构精神哲学的努力,以及所提供的精神哲学体系,具有重要的合理内核和借鉴意义。伦理与道德不仅是中国哲学传统和文化传统的两个基本元色,而且也是人的现实精神世界的两大染色体,它们的自我运动以及与生活世界的辩证互动,构成人的精神世界和精神哲学体系的合理性与现实性。基于历史唯物主义的世界观与方法论,"伦"是现实的社会关系和社会生活,"理"是社会关系和现实生活的伦理规律,"伦"与"理"的结合构成人的"伦理世界"和伦理实体的诸形态;"道"是一定社会关系和伦理规律背景下个体行为的道德规范,"德"是知行合一所建构的道德主体,"道"与"德"的结合,建构人的道德世界观和道德世界;"得"作为生活世界的标志性话语,是由伦理世界、道德世界向生活世界的复归,也是伦理与道德在精神世界和生活世界中的辩证互动所建构的伦理的社会与道德的个体,以及在此基础上所缔造的"好的生活",以此追求并达到苏格拉底所说的"好的生活高于生活本身"。"伦—理—道—德—得"的五位一体,不仅是伦理学的精神哲学体系的中国话语,是中国理论和中国体系,也是中国气派。它以伦理与道德两大中国话语、中国概念与中国理论为基础,会通中西方精神哲学传统,建立精神世界和精神哲学的中国气派。这是一个"致广大"的理论体系,五个要素尤其是五者之间的相互关系及其所构成的精神世界和精神哲学的体系,在展开过程中都有诸多哲学问题有待"尽精微"的深入研究,但无论如何,伦理道德回归"精神",回归"精神世界",伦理学回归"精神哲学"的努力是有价值的,也是必需的。

达到这一目标,无论在精神世界还是生活世界,以及伦理学的理论研究中,都期待一种"点石成'精'"的素质和能力,其要义不仅是马克思所说的对人的生活的"实践精神的把握",而且是一种"精神赋魅"和价值赋予。"点石成'精'"给人和人的生活以意义建构,也给人的生命以终极关怀。市场经济的席卷,过度发展了"点石成'金'"的能力,一切出于利益,也归于利益,于是精神世界世俗化,导致西方哲学所说的"单向度的人"。伦理关系和道德生活的建构,伦理道德所建构的人的精神世界,伦理学的精神哲学体系,都期待一次"精神"的回归,这是一种对于人的精神家园的哲学回归,完成这一回归,伦理道德才有可能,伦理道德的精神世界才有可能,精神哲学和精神哲学体系才有可能。

(二) 伦理学如何"有伦理"?

"无伦理"是现代中国伦理学显而易见但却从未被关注甚至至今仍未自觉的问题,是伦理学研究最具标志性的"惑","惑"之深"惑"之久,以至"无伦理"已经成为"伦理学"的一件"皇帝的新装",只需怀着"伦理学"的学术赤子之心便可一眼看穿。可以说,伦理学面临自我认同危机,甚至学术上的"精神分裂"。

1. "无伦理"的"伦理学"

现代中国伦理学研究存在一个颇具喜剧色彩的吊诡:学科被称之为"伦理学",然而几乎所有关于"伦理学"的诠释以及伦理学的理论体系,都将它定义为"研究道德问题的科学",伦理、伦理的概念与理念、伦理问题、伦理关切,在理论及其体系中集体缺场,"伦理学"研究、"伦理学"的理论体系"无伦理","伦理"成了"伦理学"的"灯下黑","伦理"成了现代"伦理学"的学术盲区。不得不说,"无伦理"是现代伦理学的最大也是最明显"惑"。

也许有一种辩护：作为一种理论体系,伦理学应当以道德问题为研究对象。然而必须追问的是：既然以道德问题或只以道德问题为研究对象,为何不名之为"道德学","道德科学"或"道德哲学",而一如既往地称之为"伦理学？到底是一种约定俗成,还是隐藏着学科上的不自觉和不成熟？可以断言,"伦理"在"伦理学"中的缺场,伦理学的学科理性中对于"伦理"的集体无意识,"无伦理"的伦理学盲区的形成和长期存在,是现代中国伦理学研究在学术不彻底、不成熟的结果,背后隐藏着基本概念和基本理论在哲学上的不自觉甚至学术混乱。

概念混乱显然源于"伦理"与"道德"的精神哲学关系的不自觉。"伦理学"只以道德至少主要以道德为研究对象,只有在以下概念逻辑下才有可能："伦理"与"道德"无区分或无须区分。然而,无论学术体系还是日常话语体系中"伦理"与"道德"在千百年来的文化演进中长期并存,已经说明它们具有某些不同意义,不可能是两个完全可以相互替代的概念,严重的问题不是二者没有区分,而是伦理学研究没有对它们区分,没有成熟和成长到对它们进行区分的境界。不区分相当程度上是因为哲学上的失能,因为概念分析是哲学的基本能力,哲学是一门运用概念进行思维和论证的学科,伦理学在哲学上的不成熟或"道德哲学"如何"成哲学"的问题的未解决即"成哲学"的学科之"惑",导致了"无伦理"的伦理学理论的学术之"惑"。更令人担忧的是另一可能,由于缺少对"伦理"与"道德"进行审慎的概念辨析的哲学能力,最粗疏也是最粗暴的方式是宣断或在学术潜意识中将它们当作无区分或当作无须区分,于是学术素质、学术能力的问题,便可能演绎为学术品质和治学精神的问题。"尽精微"是学术尤其哲学的基本要求,只有对概念尤其具有学科意义的基本概念"尽精微"地审慎辨析,形成严谨的概念系统,真正的学术和学术研究才开始,否则便流于臆测或意见。对于学科基本概念如伦理、道德概念的深入研究,往往酝酿着重大前沿问题的突破。当然,中国伦理学研究在这方面曾经进行过一次推进,从原有的粗枝大叶的"不分",到后来的"分",但是,一方面,不仅对"分"的研究还不够深入细致,更重要的是还未将它们推进到下一步,即如何在"分"的基础上将二者在人的精神世界和伦理学体系中复归于"合"；另一方面,"伦理"

之作为"伦理学"的首要研究对象的理念并未在伦理学的体系与理论中体现,伦理学依然是并且只是"道德科学"。究其根由,对这个问题不只未达成共识,而且依然集体无意识,在这个意义上"无伦理"是现代中国伦理学研究中最大的"惑"。

"伦理学"无疑首先应当研究"伦理"。在中西方话语中,"伦理"与"道德"虽有关联,但更有区分。区分不只止于所谓伦理是客观的、社会的,道德是主观的、个体的。伦理的哲学本性是实体,但不是一般的实体,而是透过"精神"所建构的实体,家庭与民族、财富与公共权力、国家与世界,就是伦理实体的现实形态,这些形态因为体现伦理的本性因而被人的精神所认同和把握,从而具有伦理的合法性与现实性,成为伦理性的实体,所以黑格尔说伦理本性上是普遍的东西,这种普遍的东西只有通过精神才能达到。① 伦理是个体性的"人"与实体性的"伦"的关系及其规律,要义是"安伦","伦"是人的共体,"理"是"伦"的规律,个体在其中安身立命,所谓"安伦尽份"。道德是人与道的关系,要义是"得道",透过"德"的努力,将个体提升到"道"的高度,使个体性存在成为普遍性存在,达到永恒与不朽。质言之,伦理是家园,道德是回归家园之路,因而伦理之于道德具有基础性和现实性意义。人的精神世界,伦理学的精神哲学体系,就是伦理与道德辩证互动,伦理世界、道德世界、生活世界辩证互动所体系。现代中国伦理学对"伦"的概念和理念,"伦"之"理"的规律,社会生活中的基本伦理关系及其范型,伦理实体的诸形态及其体系,以及"伦"—"理"合一所建构的伦理世界等基本伦理问题都缺乏研究甚至是学术盲区,缺乏像传统伦理学中关于"五伦"范型的建构,人伦本于天伦的伦理规律的揭示等核心构造,因而关于对道德问题的研究由于缺乏伦理基础,终究也流于康德式"真空中飞翔的鸽子"。"无伦理"使精神世界无家园,使道德世界无现实性,使现实世界无合理性,也使伦理学体系无基础,更使中国伦理学无话语或失话语。

"无伦理"之"惑"或"伦理盲区"不仅存在理论,更深刻地存在于伦理道德发展的现实中。在现代中国伦理道德建设中,"道德"成为主导话语甚至相当情况下成为话语独白,"伦理建设"、"伦理发展"很少在话语和现实中出现,于是精神文明建设便缺乏足够的"伦理"自觉和

---

① 参见黑格尔《精神现象学》下,贺麟、王玖兴译,商务印书馆1996年版,第8页。

"伦理"关切。比如，在"中国好人"的诚信典型中，更多聚焦于遭遇家庭和人生的重大变故，如从事企业经营的儿女不幸去世的背景下，年迈父母如何信守承诺，含辛茹苦地偿还留下的巨额债务。这种子债父还的行为无疑是崇高的诚信，然而在理论和实践上是否需要反思和追问：当这些老人们背负滴血伤痕成就崇高时，我们的伦理关怀、社会的伦理关怀、国家的伦理关怀到底在哪里？我们是否在树立道德的高度时，失去了伦理的温度？是否让社会在效法这种道德崇高同时，对伦理的温度失去期盼和信心？所以，"无伦理"，在"伦理学"中如何"有伦理"，决不只是一个理论问题，而是一个非常深刻的实践问题。这个问题不解决，理论将"惑"，实践也将"惑"。

导致"无伦理"的学术根源很多，既与近现代转型中伦理传统的文化断裂有关，更直接地与康德主义的影响有关。中国传统伦理学和道德哲学特别强调伦理的意义，以"五伦四德"为核心的古典儒学体系，以"三纲五常"为核心的汉唐儒学体系，以"天理人欲"为核心的"新儒学"体系，一以贯之的传统都以"礼""五伦""三纲"的伦理为道德的合理性基础，正因为如此，在近代启蒙中，以"三纲"为代表的伦理，而不是以"五常"为代表的道德，才是批判的重心。康德哲学的最大缺陷诚如黑格尔所批评的那样，是"在他的哲学中，各项实践原则完全限于道德这一概念，致使伦理的观点完全不能成立，并且甚至把它公然取消，加以凌辱。"[①] 由于缺乏伦理的概念，在他的道德哲学体系中"绝对命令"成为真空中飞翔的鸽子。西方近现代道德哲学追求普遍有效的道德准和道德自由则，由于失去伦理具体性而陷入伦理认同与道德自由之间难以调和的矛盾。现代中国伦理学接受了康德哲学，在西方学术资源上难以理解和接受黑格尔哲学，在理论体系上也失去伦理具体性和伦理总体性。走出"无伦理"的盲区，必须在回归中国传统的同时吸收黑格尔精神哲学的合理内核。

2. "伦理型文化"的"伦理"基因

在中国文化传统和话语体系中，研究伦理学道德的学问被称之为"伦理学"而不是"道德学"，也没像西方传统那样称为"道德哲学"，

---

① 黑格尔：《法哲学原理》，范扬、张企泰译，商务印书馆1996年版，第42页。

绝不只是简单的约定俗成，而是体现深刻的文化潜意识和学术认同，是伦理型文化密码的基因显现。

关于伦理和道德的关系及其所构成的精神世界和精神哲学体系，在轴心时代的经典哲学中已经被揭示。《论语》中最重要的精神哲学命题是"克己复礼为仁。一日克己复礼，天下归仁焉。"① 孔子以礼的伦理为仁的道德的目标，确立礼之于仁的优先地位。伦理与道德关系的最经典表述是《孟子·滕文公上》中的那个著名论断："人之有道也，饱食，暖衣，逸居而无教，则近于禽兽。圣人有忧之，使契为司徒，教以人伦：父子有亲，君臣有义，夫妇有别，长幼有序，朋友有信。""人之有道，近于禽兽"是人的终极忧患，如何超越"类于禽兽"的失道之忧？教以人伦！"人之有道，以伦救道"是孟子所建构的精神哲学范式，其中"伦"之于"道"显然更具终极意义。

由此便可能演发对于雅斯贝斯命题及其中国解释的追问。雅斯贝斯发现，在轴心时代，人类在不同的地域产生了同一个觉悟，相信在精神上可能将自己提高到与宇宙同一的高度，成为普遍存在和永恒存在。人是宇宙间个别性的有限存在者，也是宇宙间唯一意识到自己必定死亡的动物，于是如何超越有限达到无限，便成为终极追求和终极关怀。雅斯贝斯所揭示的轴心时代的终极觉悟，本质上是精神觉悟和精神哲学觉悟。中国哲学家金岳霖先生对此进一步阐释，发现在轴心时代人类分别诞生了一些"最崇高的概念"，在古希腊是"逻格斯"，在犹太人那里是"上帝"，在印度是"佛"，在中国是"道"。"轴心觉悟"和"最崇高的概念"都是重要的哲学发现，然而金岳霖先生显然只是对雅斯贝斯的"接着讲"，还不是"自己讲"。无论孔子"克己复礼为仁"的精神哲学范式，还是孟子"人之有道，以伦救道"的终极忧患和终极关怀，它们都表明，中国先秦时代或轴心时代的"最崇高的概念"不是一个，而是两个，具体地说，不只是"道"，而且还有"伦"。中华文明的"轴心觉悟"，不只是道德觉悟，更重要的是伦理觉悟，这种觉悟成为中国传统和中国气派，乃至在现代启蒙中，陈独秀以一种极富冲击力的话语强调："伦理的觉悟，为吾人最后觉悟之最后觉悟。"②

---

① 《论语·颜渊》。
② 陈独秀：《吾人最后之觉悟》，原载1916年2月15日《青年杂志》1卷6号。

伦理与道德关系的文化密码在轴心时代的两个遗案或"轴心遗案"中得到解码。第一个遗案是儒家与道家的文化史、精神史地位。儒家与道家是轴心时代中国文化的一对孪生儿，也是中国人的精神基因中的一对染色体。道家无论在学问还是哲学境界上都明显高于儒家，《道德经》之于《论语》无疑具有更高远的形上意境，孔子向老子问礼，已经给儒道在学问上的高下做了历史注释。然而为什么是儒家而不是道家最终成为中国文化尤其中国伦理道德的主流和正宗？重要的精神哲学原因是，《道德经》只有道德，而《论语》却是伦理道德一体，以伦理为重心，由此千百年来《道德经》给人们带来的主要是形而上学冲动的理智满足，而《论语》塑就的却是内圣外王，"先天下之忧而忧，后天下之乐而乐"的"名教之乐"及其情感的满足。这一密码在第二个"轴心遗案"即庄子"相濡以沫"的命题及其文化命运中又一次得到诠释。在《大宗师》中，庄子有一段著名论述："泉涸，鱼相遇处于陆，相呴以湿，相濡以沫，不如相忘于江湖。"庄子的人生劝导是"相忘于江湖"的道德自由，而不是"相濡以沫"的伦理守望。然而精神史的哲学图像是，"相忘江湖"早被"相忘"，庄子要人们遗弃的"相濡以沫"千百年来却一如既往、可歌可泣地被中国人和中国文化守望。这不是一种历史的偶然，而是一种文化规律，是伦理型文化的精神哲学规律和精神哲学密码的现象学呈现。

3. 伦理优先

中国文化之为"伦理型"文化而不是"道德型"文化，绝不是一般的话语偏好，而是凸显伦理之于道德的精神优先和哲学优先地位。"伦理型文化"的认同当然不排斥道德，但却明白无误也是基因式地传递一个信息：中国文化首先是伦理型而不是道德型的，正因为如此，研究伦理道德的学问，在中国是"伦理学"而不"道德学"。"伦理学"的表述是一种文化认同，也是一种文化自觉。中国的伦理道德发展遵循伦理型文化的规律，"伦理律"是伦理型文化也是人的精神世界建构的第一规律，"道德律"是第二规律，当然最重要的是"精神律"，其内涵是伦理道德一体、伦理优先。①

---

① 关于伦理道德发展的精神规律，参见樊浩《当今中国伦理道德发展的精神哲学规律》，《中国社会科学》2015 年第 12 期。

当然,"伦理学"的认同并不排斥道德作为其研究对象,其要义在于,道德的个体至善与伦理的社会至善必须统一,社会公正与个体德性必须辩证互动,由此才能达到"至善"。于是便可以理解,在中国伦理学界聚讼已久的德性论与正义论之争,本质上是西方问题的移植,或者说是西方问题而不是中国。这一判断并不是说中国并不存在正义问题,而是说"正义"是一种西方道德哲学话语,虽然与"德性"相对,但却与德性一样抽象,因为离开伦理具体性的"义"的道德之"正"便难以确证,最后只能流于一种理念或价值诉求,这便是罗尔斯的正义论最后退出道德哲学而回到政治哲学的重要原因。在中国话语体系中,与之相类似的概念是"公正",但"公正"之于"正义"具有迥然不同的哲学气质。"公正"是一个伦理与道德一体的概念,它在伦理之"公"的前提下确立道德之"正",体现伦理的具体性和实体性,因而可以与"德性"的概念相对应。"正义"是一个西方话语,道德话语;"公正"是一个中国话语,伦理话语,正义论与德性论之争作为西方问题在中国伦理学中的简单移植,注定最终只能是一朵"不结果实的花",因为在学理上,它局限于西方式的"道德学",而不是中国的"伦理学"。

要之,在中国文化背景下,无论伦理道德发展还是伦理道德研究都必须遵循伦理型文化的精神哲学规律,"无伦理"不是一般意义上的理论缺陷,而是体系失重和话语失衡;"无伦理的伦理学"是一种逻辑悖论,体系悖论,也必将并且已经导致重大的实践悖论,因而是现代中国伦理学研究亟待超越的学术"惑"。这是一个基本而紧迫的学术任务,不能完成这个任务,"伦理学"将难以自立,中国伦理学的话语体系、理论体系将无从建构。

(三)"中国伦理学"如何"是中国"?

"成哲学"的要义是"中国理论","有伦理"的要义是"中国话语","是中国"的要义是"中国气派"。"是中国"不仅关乎伦理学研究的文化自觉和文化自信,而且关乎全球化背景下中华民族在现代文明体系中的文化自立。为此必须完成三个学术推进:由概念诠释系统到伦理道德一体的问题意识的推进;由学术气派到学术使命的推进;由"礼义之邦"到"伦理学故乡"的推进。

1. "伦理学" = "ethics"？

当今的伦理学研究已经不像以前被诟病的那样"言必称希腊"，但如何进行学术论证和学理建构的问题并没有真正解决。比如，在对伦理道德进行概念诠释时，司空见惯的言说方式是：在英文中，伦理是"ethic"，"道德"是"morality"，"伦理学"即"ethics"。诚然，从概念互释的意义考察，这种言说未尝不可，然而其中潜隐的倾向值得反思：以西方伦理学，西方话语诠释中国伦理学。这是中国伦理学研究中最不应该发生但却普遍存在的问题。

人文社会科学遵循与自然科学迥然不同的发展规律。所谓"中国数学"、"中国物理"，相当程度上是数学、物理学"在"中国，而"中国哲学"、"中国伦理学"在开放时代虽然受外来文化的巨大影响，但一定是植根于中国传统，源于中国经验和中国时代精神的中国人"的"哲学与伦理学，是"长出"而不是舶来的伦理学。"在中国"和"中国的"，或英文中的"in"与"of"即"ethics in China"与"ethics of Chinese"是两种迥然不同的主谓关系和语义哲学。一个最显见的事实是，中国伦理学的诞生史先于西方数百年，孔子也比苏格拉底长近百岁，以西方的"ethics"诠释中国的"伦理学"概念至少不符合知识考古的史实。中国伦理与道德的概念包含了太多 ethic 与 morality 不能容纳的哲学意境和文化密码。"伦"的终极实体与终极关怀，"理"的"治玉"的本意内在的"人之初，性本善"的信念预设，"道"的形上诉求，"德"的主体建构；以及"伦"的存在与"理"的规律，"道"与"德"之间理一分殊的关系，在 ethics 和 morality 中都不存在，以其诠释中国的伦理与道德概念，导致太多的意义流失和哲学误读，将"伦理"诠释为"ethics"的风俗习惯，也必然得出亚里士多德式的"理智的德性高于伦理的德性"的理性主义结论，将伦理学研究引向工具理性而不是价值理性。

话语方式成为"是中国"的另一个问题。中国传统伦理学发展出了一套高度成熟的概念系统，在历史变迁中当然应当与时俱进，但不能不承认在与西方学术对话中现代中国伦理学研究的重要取向是对西方话语的直接使用，最典型的是以西方的"理性"话语僭越中国的"精神"话语，于是伦理道德便成为"实践理性"而不是"伦理精神"，这种简单照搬在理论和实践上直接导致"有道德知识，但不见诸行动"的知行脱节。义利—理欲—公私及其相互关系是中国传统伦理学的基本问题及其概念系统，但在现代伦理学研究中它们似乎都成为过时的概念并肢解了这种不断递进的概念体系。诚然，中西方伦理学的基本概念应当也必须互释互镜，但在此过程中不应当完全抛弃而移植另一套概念系统，至少应当贯通。如果进行古今中外的道德哲学对话，"礼"对应西方伦理实体的概念，"仁"对应西方道德主体的概念，不同话语体系中的基本概念本质上相通，问题在于我们是否具有贯通倾听的耐力和能力。伦理学研究的中国话语建构中往往遭遇一个难题，不少学者认为中国哲学缺乏西方式严谨的概念和话语体系，也缺乏论证，其实，这在相当程度上也是一种误读。如果认为中国传统哲学的内核是伦理学或道德哲学，而不是西方式的形而上学，那么它就必定有一套不同的话语及其言说方式。中国哲学中大量使用的是"伦理句"而不是西方式的"哲理句"，其经典语式如"为仁由己"，"仁者，爱人"，"仁也者，人也。"伦理句不是论证话语，而是体悟和认同话语，它的力量不是来自形而上学的论证，而是人性深处的体悟认同。也许，在西方哲学传统看来，它缺乏形而上学的冲动和征服力，但却充满悟性和人性魅力。正如杜维明先生所说，西方哲学是"认知理性"，中国哲学是"良知理性"，这是两种传统，也是两套话语体系。认知理性诠释事实，良知理性诠释人生和生活。可解释的是事实，不可解释的是生活，中国伦理学的话语方式对现代伦理学具有独特的价值。

"是中国"的最重要的难题是中国问题意识。现代化和全球化时代，伦理学研究在"开放—学习"中很容易蜕变为对西方理论的简单移植，甚至是西方理论在中国的简单演绎，不少思潮往往是西方刮风，中国下雨，不仅难以解释和解决真正的中国问题，甚至可能导致一种严重后果：西方人生病，中国人跟着吃药。伦理学研究如何在完成文化传承与服务国家重大需求的双重使命中建立"中国气派"？必须在调查研究中寻找真正的中国问题，攻克理论前沿。譬如，自2006年彭宇案以来，"老人跌倒扶不扶"成为一个"中国难题"。然而对彭宇案发生至2015年底网络媒体所披露的109起扶老人事件进行系统的整理分析便可以发现，彭宇案从一开始就不只是一个道德信用问题，而且是一个伦理信任问题，对道德信用问题的过度渲染，严重伤害了社会的伦理信任。于是，"伦理信任"而不只是"道德信用"，已经成为"中国问题"新的理论和实践前沿。当今中国社会的许多道德问题之所以难以得到彻底的理论解释和现实解决，很大程度上是因为"伦理"的缺场，中国伦理学引进了康德理论，然而如前所述康德道德哲学的最大缺陷是"完全没有伦理的概念"，于是便在理论和实践上导致"无伦理"的盲区。现代中国伦理学研究必须在回归中国传统、中国话语和中国问题意识中摆脱"西方依赖"。

2. "有伦理，不宗教"

"是中国"不仅是对伦理学研究的中国理论、中国话语、中国问题意识的坚守，而且由于伦理道德在整个中国文化、中国文明体系中的特殊地位，更是对整个中国文化的坚守，具体地说，是伦理道德和伦理学研究履行"有伦理，不宗教"的文化使命的承诺与守望。在这个意义上，"是中国"既是伦理学研究的中国气派，也是文化发展、文明发展的中国气派，具有比其他学术研究更为广泛而深刻的意义。

中国文化历史上是伦理型文化，我们持续十年的全国调查发现，现代中国文化依然是伦理型文化。中国文化自古至今都是与宗教型文化比肩的伦理型文化，是世界文化体系和文明体系中一道独特的风情。中国文化之所以特立于世界文明体系数千年，最根本的就在于它以伦理道德为人的精神世界和精神哲学的顶层设计。正如梁漱溟先生所说，中国"伦理有宗教之用"，"以道德代宗教"。梁先生揭示了中国文化的真谛，但是他没说清楚，在伦理与道德中，到底哪一个更具有宗教的文化替代意义，因为在梁先生那里，伦理与道德也没有严格地加以区分，但凸显伦理的主张显而易见，在《中国文化要义》中，他曾多次论断中国文化以伦理为本位，认为中国社会是伦理社会。到底是伦理还是道德更具有宗教替代的文化意义，也许通过对中国伦理史和中国文明史的梳理便能发现。

中国哲学史和伦理学史在展开和完成的历程中有两个有趣的现象。第一个有趣现象是，在轴心时代孕育展开中，以"道"为最高概念，贡献了《道德经》的道家，在历史发展中不仅创造了形上哲学，而且也流变为道教，老子成为"太上老君"，庄子成为"南华真人"，集哲学家与教主于一身。孔子及其儒家虽然有"儒教"之称，但这更多就其被神圣化而言，学说本身不是宗教，也没有像道家那样被异化为宗教。重要原因之一是儒家所执着的不仅是"道"，更是"伦"，伦理比道德在孔孟之道中具有更优先的地位。第二个有趣现象是，在宋明理学的辩证综合中，"新儒学"在北宋五子那里最初被称为"道学"，但在它的成熟形态和完成形态中却最终被定名为"理学",所谓"宋明理学",其中最重要并不只是"天理"理念的发现和建构,而是"天理"中所充盈的那些为"道"所不能充分吸纳的伦理内涵。"天理"即人理,即伦理,而"道"则偏向于道德及其形上意义。也许正因为如此,儒学最后才能面对道家和佛学的挑战,在道家和佛家已经一度占领人的心性空间的严峻情势下,重新夺回失去的文化阵地和精神世界。宋明理学不是儒道佛的调和,而是以伦理道德学说为核心,吸收道家与佛家的合理内核,建构儒道佛三位一体、以儒学为核心的精神哲学体系,为中国人提供了自给自足的富有弹性的安身立命的精神基地,从而以"新儒学"完成中国传统伦理精神的历史建构。在文化开放的意义上,新儒学是面对外来佛教挑战的"中国气派",要义是应对宗教包括本土道教和外来佛教挑战的"伦理气派"。中国传统哲学的古典形态和完成形态都演绎和延续了中国文化的同一个规律,同一种气派,这就是:"有伦理,不宗教"。

由此,现代中国伦理道德发展和伦理学研究"是中国"的集中表现或文化使命,是创造"有伦理,不宗教"的"中国气派",因而既是文化自觉,也是文化自立,内在深远的文明意义。

3. "礼义之邦"与"伦理学故乡"

人们常说中国是一个礼义之邦,意指中国是一个特别讲伦理有道德的民族,因为礼义在相当程度上就是伦理与道德的代名词,礼是伦理的实体,义是道德的象征。然而对伦理学工作者说,文化的自我认同停滞于这个层次还远远不够,必须在学术上往纵深推进两步。其一,"礼义之邦"不仅是对中国人伦理道德追求的肯定,还意味着中国文化是一种伦理型文化,凸显伦理道德在文明体系中的核心地位,正如梁漱溟先生所说,"以伦理组织社会";也正如黑格尔在《历史哲学》中所言,"中国完全建立在一种道德的结合上"。"礼义之邦"在相当意义上是对中国文化、中国文明真谛的揭示。其二,"礼义之邦"也不只是现实世界中的伦理道德的实然和当然,"礼义之邦"的造就,根本上是因为自古至今浸染于伦理道德的理论指引和文化养育,具有丰沛的伦理道德的理论供给,于是便可演绎出另一个结论:"礼义之邦"的中国是也必须是"伦理学故乡"。"伦理学故乡"既是一种学术自觉,也是一种学术自信,必须将"礼义之邦"的文化自觉推进为一种理论自觉:"中国是伦理学故乡"。

也许，"伦理学故乡"的学术认同在开放时代可能被批评为自我中心，面对中国伦理学研究的现状和伦理道德问题的严峻挑战，它也可能被讥讽为阿Q式的自慰，然而任何一个了解学术史并对之怀揣尊敬之心的人都不能不承认这个事实。梁漱溟先生曾提出世界三大文化路向说，发现向外追索的希腊文化为世界贡献了科学，向内追索的印度文化贡献了佛教，中国文化是一种早熟的文化，由于圣人即孔孟老庄的指引，在童年时代就为世界贡献伦理道德的大智慧。只要对轴心时代四大文明古国的思想学术稍做写意，便不得不承认"伦理学故乡"的"中国事实"。《论语》、《道德经》就是人类最早的伦理道德理论，孔子、老子得到世界的普遍尊重，相当意义上就是因为他们为人类所做的伦理道德方面的理论贡献。伦理道德在传统中国学术的地位如此重要，乃至中国传统哲学被黑格尔误解为"主要是一些道德教训"。中国之所以形成伦理型文化并成为伦理学故乡，最重要的基础是中华民族在原始社会向文明社会的这个人类最重要的文明转型中，选择了一条独特的道路，这就是家国一体、由家及国，形成不同于西方"country"或"states"的"国家"文明。"国家"文明的精髓是以家庭为社会的基础，也以家庭为文化的本位和精神的家园。家庭是自然的伦理实体，是伦理的策源地和神圣性自然根源，在相当程度上，因为家庭为中国社会、为中国人的精神世界提供了神圣性的自然根源，中国文化才可能"有伦理，不宗教"。中国农业文明以村落为单元，正如黑格尔所说，乡村是家庭之外的第二个伦理策源地。正因为如此，中华民族在由原始社会向文明社会转型中最基本的课题，便是如何使家国一体，如何由家及国。家是自然的伦理实体，国是政治的伦理实体，而介于家和国之间的社会则是第三个伦理实体。以孔子为代表的儒家之所以成为中国文化的主流和正宗，就在于其出色地完成了这一迄今为止对中华民族发展最为重要的历史课题，提供了一套完整的以伦理道德为核心的哲学理论。在日后的学术发展中，中国伦理学不断与时俱进，在理论形态上从轴心时代的"古儒"到两汉大一统时代的"官儒"，最后发展为宋明时期的"新儒"。可以说，在传统时代，中国伦理学理论的创建不仅早于西方，也比西方更发达更完善。

也许，这是一个需要进一步论证的假设。将轴心时代孔孟老庄的伦理学理论与苏格拉底、柏拉图、亚里士多德做比较，可能在理论的系统性和体系的完备方面稍逊风骚，然而这些相当程度上是言说方式和哲学传统的殊异，在关于伦理道德的理论方面，前者显然更为细致和专门化。比如，孟子提出仁义礼智的"中国四德"，柏拉图提出理智、勇敢、节制、正义的"希腊四德"，"希腊四德"中前三者是分别针对统治者、武士、手工业者等自由民的德性，正义则是三者共有和处理三者关系的德性，"希腊四德"虽然是针对各阶层提出的核心价值，但理论上四者之间的关系并不严密和清晰。"中国四德"对于人的精神世界和德性建构而言有很强的体系性，四者关系清晰，仁以合同，义以别异，"仁"是人之安宅，"义"是人之正路，所以日后"仁义"便成为伦理道德的代名词，所谓"仁义道德"；"礼者，履也"，是在伦理实体中对仁义的践行，要义是安伦尽份，由此便知行合一，登堂入室；而"智"则是在此基础上所形成的良知良能或道德主体。在先秦，中国伦理学已经形成了尽心知性知天的形上体系，在老子那里也已经对道和德进行了宏大高远的哲学建构。黑格尔是西方道德哲学的完成形态，所谓"历史终结"，"最后一人"，然而与中国伦理学的辩证综合形态即宋明理学相比，虽然在《精神现象学》和《法哲学原理》中黑格尔建立了道德哲学的形上体系或伦理道德的精神哲学体系，但宋明理学尤其是二程、朱熹以及陆九渊、王阳明所讨论的伦理道德问题显然更专门化和深入。

其实，黑格尔的道德哲学与宋明理学已经非常相通，差异主要在话语方式与论证方式。黑格尔以思维与意志的统一论述"精神"的本性，王阳明以"良知"诠释精神；黑格尔以"良心"为"创造道德的天才"，陆九渊以"良心说"为"简易工夫"建立伦理学体系，"收拾精神，自作主宰，万物皆备于我"；黑格尔以家庭、社会、国家为三大伦理实体，中国传统伦理在《大学》中便建构了修身、齐家、治国、平天下的一体的身家国天下一体贯通的哲学体系；黑格尔在道德世界观中建立道德与主观自然、道德与客观自然之间"被预设的和谐"，中国传统伦理学以义利—理欲—公私为不断递进的概念，在"天理"形上本体的统摄下，透过修养工夫达到伦理与道德合一的"止于至善"境界。可以说，在传统社会，中国的伦理学研究一直非常发达并处于领先地位，在这个意义上说中国是"伦理学故乡"，甚至说"伦理学的故乡在中国"并不为过。

说中国是伦理学故乡，或"伦理学故乡在中国"并不是出于自我中心，也不是民族自大心态的死灰复燃，它出于历史尊重，也出于现实反思。中国伦理学的诞生比西方早，在时间上可以说是故乡；中国的伦理学理论更为发达，并且在历史上一以贯之，在理论上也可以说是故乡。但不可否认，西方伦理学对现代中国伦理学的影响，比中国传统伦理学对西方的影响要大得多，然而这并不能由此否认中国作为伦理学的故乡地位，只能说中国人对西方学术的接受远远高于西方人对中国学术的接受，接受的程度并不是发达与否、先进与否的唯一标准甚至不是重要标准，因为它与民族的文化心态和开放程度有关。不难发现，在当今任何学术和文化领域，中国人对西方的理解和接受都远多于和高于西方人对中国的理解和接受。中西方学术对于世界的态度不同，可以说，在对其他民族文化和学术的理解接受方面，西方人更自我中心，甚至说他们更封闭也不为过。另一个不可否认的事实是，现代中国伦理学研究与西方有一定差距，这与长达一个多世纪对于传统尤其是对作为传统内核的伦理道德的过度激烈批判有关，也与现代中国伦理学的文化断裂以及伦理学研究的不足有关。然而正因为如此，才更需要"伦理学故乡"的认同与自觉，因为只有这种"四十而不惑"的学术自觉，才能建构学术自信。自觉自信的正果，最终催生一种学术使命感：现代中国伦理学，现代中国伦理学学人必须有一种学术担当和文明担当，以传统的创造性转化和创新性发展，使中国继续成为世界的伦理学故乡，否则便是一种学术渎职，文化渎职。

结　语
新中国70年伦理道德发展的精神哲学轨迹与精神哲学规律

(一) 伦理道德发展的精神哲学诠释框架

新中国已经度过70年。70年的发展是一个"新"的中国在世界民族之林、在人类文明史上屹立挺拔的历程，也是在伦理道德上日新又新即毛泽东所言"移风易俗，改造中国"的精神史。对于新中国70年的伦理道德发展有诸多诠释维度，精神哲学的方法，即伦理道德发展的精神史的哲学还原是试图基于中国传统、中国国情、运用中国话语的一种可能的尝试。

黑格尔断言，民族是伦理的实体，伦理是民族的精神。在《精神现象学》和《法哲学原理》中他都申言，家庭与民族是两种自然的和直接的伦理实体，无论是家庭还是民族都只是作为精神的存在或具有精神时，才可能是伦理的。于是"民族"与"伦理"、"精神"三者必须哲学地同一，在这个意义上，伦理道德发展史就是民族精神发展史，也是伦理精神发展史。精神哲学的诠释方法的要义，就是将伦理与民族相同一，将伦理道德的发展史当作民族精神的发展，回眸、探索中国伦理道理发展的精神轨迹。与西方传统不同，中国伦理道德的精神哲学形态是伦理道德一体、伦理优先①，因而精神哲学发展的中国理论与中国话语相当意义可能表述为"伦理精神"发展史，而不是西方话语中的所谓"道德理性"发展。70年的中国伦理道德发展或中国伦理精神、中国民族精神发展走过了何种"新"即日新又新的精神历程？孔子在回顾自己的人生境界时曾指证一种七十岁的人生境界，"七十而从心所欲不逾矩"。"从心所欲不逾矩"的自然而自由的境界，也是70年新中国伦理道德发展所追求和达到的伦理精神境界，它经过了一个否定之否定的辩证运动的精神哲学历程。

根据伦理道德的中国传统和中国话语，70年中国伦理道德发展的精神哲学的诠释框架可以是由一个原点、三大结构形成的立体坐标。一个原点即个体与实体，即个体与伦理实体的同一性关系，它是"精神"也是"精神哲学"的哲学精髓。在中国传统和中国话语中，伦理关系不是个体与个体之间的"人际关系"，而是个体性的"人"与实体性的"伦"的

---

① 注：关于伦理道德一体、伦理优先的精神哲学形态及其传统，参见樊浩《〈论语〉伦理道德思想的精神哲学诠释》，见《中国社会科学》2013年第3期。

关系，所谓"人伦"或"人伦关系"，道德的本性就是在人伦关系中克尽自己的伦理本务，所谓"安分守己"、"安伦尽分"。黑格尔也说，伦理是本性上普遍的东西，如果进行跨文化对话，那么"伦"就是黑格尔所说的"普遍物"，"人"或个体就是"单一物"，实体性的"伦"的"普遍物"与个体性的"人"的"单一物"的统一，就是"精神"，伦理精神的精髓就是"从实体出发"。三大坐标即伦理道德发展的中国传统和中国国情的三大结构性元素，它们从逻辑、历史、现实三个维度展开：逻辑维度的伦理与道德的关系；历史维度的家与国即家庭与国家的关系；现实维度的传统与现代的关系。如前所述，伦理道德的中国传统是伦理道德一体、伦理优先，伦理与道德不仅像黑格尔所说的那样是精神世界的两个结构性元素，它们的辩证互动也是精神世界和伦理道德理论的合理性与现实的哲学基础，伦理与道德的关系是"精神哲学"的逻辑坐标。中国文明不仅在传统而且在现实上都是"国—家"文明而不是西方式的"country"或"state"文明，因而家与国、家庭与国家的关系不只是像黑格尔所说的那样是伦理世界的两种关系或两大伦理规律，而且历史地成为民族伦理精神和个体伦理精神的历史坐标。70年的发展史，是中国由传统走向现代的精神历程，伦理精神的历史发展的历程，也是对传统的从反思批判走向认同回归的过程，因而对待文化传统尤其是传统伦理道德的态度，是现代坐标。在这个由一个原点、三个维度构成的三维坐标系中，可以立体性地呈现70年中国伦理道德发展的精神哲学轨迹。

　　伦理道德的精神哲学发展史是中国民族精神和中国文化的发展史，它不是伦理道德"'在'中国"的发展，而是"中国人'的'"或"中华民族'的'"的精神或民族精神发展史，因而无论精神哲学发展还是精神哲学诠释，都应当也必须展开为特殊的中国话语与中国表达，在话语形态方面，精神哲学的诠释框架是由三大中国话语构成的谱系。在哲学话语形态方面是义利关系；在伦理话语形态方面是公私关系；在道德话语形态方面是理欲关系。三大关系自先秦轴心时代中国伦理精神的孕生、经过汉唐漫长的文化选择，到宋明理学形成有机的话语体系与理论体系。孔子言"君子喻以义，小人喻以利"[①]，将伦理道德的哲学要义和精神内核诠释为义与利的关系，"正名"的哲学内核就是个体与实体的关系即在伦理实体

---

① 《论语·里仁》。

中安伦尽份，所谓"修己以安人"，最后达到的是"从心所欲不逾矩"的道德境界。宋明理学言："天下事，义利而已。"程颢曰："大凡出义则入利，出利则入义。天下之事，惟义利而已。"① 朱熹言"义利之说，乃儒者第一义。"② 义利关系伦理道德基本问题的形上表达，中国传统尤其是宋明理学将义与利的关系现实化为个体生命秩序或道德领域的理与欲（即天理与人欲）、社会生活秩序即伦理领域的公和私的关系。朱熹继承二程传统，将天理和人欲的对立诠释为公和私的对立，认为"凡一事便有两端，是底即天理之公，非底即人欲之私"。③ 何为公、私？"将天下正大底道理去处是事，便公，以自家之私意去处之，便私。"（同上）"己者，人欲之私也，礼者，天理之公也。"④ 义利、公私、理欲三大关系，在70年中国经济社会发展的现实历程中集中表现为财富、公共权力与伦理道德发展的关系，因为正如黑格尔所说，公共权力与财富是现实世界中伦理存在的两种形态，与它们的伦理关系是生活世界中道德发展的基本问题。

借助以上精神哲学框架诠释70年中国伦理道德发展，核心发现或理论假设一言概之：新中国70年的伦理道德发展，呈现"伦理型文化"的轨迹，体现"伦理型文化"的规律。

（二）"政治热情高昂时代"直接同一的伦理精神

学界有一种说法，将新中国"文革"前的时代称为"前20年"。前20年伦理精神的特质或伦理道德发展的精神哲学气质是什么？借用法国学者图海纳在《我们能否共同生存》中的话语，那就是"政治热情高昂时代"的伦理精神。这个时代的伦理精神的历史背景和基因表达是："革命时代"伦理精神的延续，是"革命伦理"获得实现之后"高昂政治热情"推进下的伦理道德发展。这种伦理精神的精神哲学气象的要义有二：直接同一的伦理世界，"被预设和谐"的道德世界。

这一时期伦理道德发展的最突出的历史文化图景是家国一体或家庭与

---

① 《二程遗书》卷十一。
② 《朱子语类·与延平李先生书》。
③ 《朱子语类》卷一三。
④ 《论语或问》卷一二。

国家的伦理同一性在内部革命和外部压力的双重推动下的伦理启蒙、伦理激发和伦理实现，生成直接同一的伦理世界。中国文明之于西方文明的最大特点，就是在由原始社会向文明社会过渡的这个人类世界最重要的转换点上，成功地改造并创造性地转化了漫长原始文明中所积淀的血缘关系和血缘智慧，通过"西同维新"建立起家国一体、由家及国的"国—家"文明和"国家体制"，而没有像古希腊那样通过以地域划分公民挣脱血缘纽带走上"城邦"文明的道路。正如黑格尔所言，在任何文明体系中，人的精神世界和生活世界中都存在两大伦理规律之间的对立和对抗。一是家庭的"神的规律"，一是民族国家的"人的规律"，在《精神现象学》中黑格尔将它们表述为"黑夜的规律"与"白日的规律"，前者具有自发性，后者有待启蒙，两大规律即两大"伦理势力"，它们透过哲学意义上的"男人"与"女人"这两大伦理"元素"，既相互对立，又相互过渡，在造就伦理世界的无限与美好的同时，也导致"以一种规律反对另一种规律"的"悲怆情愫"，因而由实体性的伦理世界向原子化的"法权状态"转化是精神世界的宿命。[①] 然而，黑格尔所揭示和表达的只是家国分离背景下的西方伦理规律和西方哲学智慧，对中国文明的解释力有限。中国文明以家国一体、由家及国的文明路径扬弃了黑格尔所呈现的伦理世界的根本对立，它将家庭伦理关系和伦理规律表达为"天伦"，将国家与民族的伦理关系和伦理规律表达为"人伦"，伦理的根本规律是"人伦本于天伦而立"，两大伦理势力和伦理规律通过"夫妇"这一作为男女关系范型和伦理世界生生不息动力的中介相互过渡，其要义是国家和社会的伦理关系以家庭伦理为范型和根源动力。不过，在"国—家"文明路径下伦理世界中的"黑格尔紧张"同样存在，历史上的"岳母刺字"之"精忠报国"，表达的就是在国家与家庭冲突的特殊背景下国家伦理的优先地位及其道德选择，所谓"忠孝不能两全"，但这只是冲突背景下的伦理崇高，伦理世界中家庭与国家两大伦理实体的常态是"乐观的紧张"。

当然，伦理世界两大伦理实体之间的"乐观"只是文明路径的精神世界要求或追求，"乐观"的实现期待诸多客观条件尤其是政治制度的建构，因为国家虽然在黑格尔那里被认为是伦理实体的最高形态和伦理的现实，其本质正如马克思所说的那样，只是统治阶级意见的体现。文明史的

[①] 参见黑格尔《精神现象学》下卷，贺麟、王玖兴译，商务印书馆1996年版，第6—33页。

现实是：在漫长的历史进程中，家与国之间的"乐观"往往只是在政治经济上居统治地位的少数强势群体中才具有现实性，由于经济社会制度中存在的严重不公，大部分人被剥夺，成为"无产阶级"。于是，中国共产党领导全国人民的长期革命，便不仅具有政治经济上的必然性和必要性，也具有伦理道德和精神哲学上的合法性。"土地革命战争"不仅通过"剥夺者被剥夺"在政治经济上将属于农民的土地归还农民，而且由此也使农民这个最广大的群体在家庭与国家两大伦理实体之间建立起同一性的精神哲学关系，在"有产"即黑格尔在《法哲学原理》中所说的"有人格"的同时，真正使他们成为"国家"伦理实体的主人。"解放战争"的要义是"解放"，不仅是政治经济上的解放，而且也是精神世界和精神哲学意义上的解放；不仅将最广大的社会阶层从人身依附关系中解放出来，而且也使他们从家庭与国家的分裂对立的牢笼中解放出来。因此，中国革命的精神哲学精髓，就是建立个体与国家民族之间的真正的伦理实体性，建立家庭与国家民族之间相互统一的伦理关系和伦理世界，因而不仅是对伦理世界的理想主义追求，也是这种伦理理想的实现。这是人类文明史上空前的精神哲学事件，它让绝大多数的"伦理局外人"成为国家民族的伦理实体的主人，也使家国一体的文明路径达到历史上最具广泛意义的实现。在这个意义上，中国革命所创造的不仅是一个崭新的政治经济的现实世界，也是一个崭新的伦理世界和精神世界，它所激发和释放的伦理认同的文化力量史无前例。前 20 年的伦理精神相当意义上就是"革命伦理"的精神哲学正果和精神哲学推进。

如果说内部革命是一次伦理激发和伦理实现，那么外部压力即外族入侵则是伦理实体和伦理凝聚力的一次苦难中的历练和磨炼。1949 年前，中国经历了艰苦卓绝的八年抗日战略；建国伊始，又在满目疮痍中经历了抗美援朝战争。在《精神现象学》中，黑格尔曾思辨性地预言，如果国家伦理实体长期处于某种"安静的平衡"中，社会成员的伦理意识可能处于某种休眠状态，往往只意识到自己的个体性，或者只有作为家庭成员的伦理意识，麻木了作为国家和民族公民的伦理身份，这个时候政府往往通过战争来动摇和唤醒它，因为只有在战争中个人才无条件地属于国家民族而不是家庭，更不是自己，于是战争便具有伦理意义，也具有伦理启蒙和伦理动员的文化力量。黑格尔将人类文明中的非常态当作规律，当然是一种思辨哲学的头足倒置，但发现外部战争对民族伦理实体动员和建构的力量则具有某种真理性。抗日战略和抗美援朝,不仅激发和加强了中华民族的伦理认同,而且使战争取得最终胜利的决定性精神因素之一也是这种强大而坚韧的伦理动员力量。一曲"我的家在松花江上",以国破家亡的苦难唱出了家与国之间不可分割的生命关联;战争创伤尚在滴血,战火已经燃烧到鸭绿江边,危难之际,将全国人民动员起来的强大力量就是毛泽东发出的那个最著名的伦理动员:"抗美援朝,保家卫国"!"援朝"就是"卫国","卫国"就是"保家","抗美援朝"兼具家与国的双重伦理意义,其基础性的精神力量是"保家"。"保家卫国"是一种伦理动员令,也是一种伦理力量,唯有这种从文化基因中唤起的伦理力量才能将依然处于战争呻吟中的中华民族作为一个"整个的个人"动员起来,义无反顾并且万众一心地在异国他乡浴血奋战。

不仅是革命,也不只是战争,中华人民共和国成立后的社会主义建设,更一步步推动了伦理实体的现实建构和全民族的伦理认同。前20年中国先后以土地改革、合作化等一系列重大改革建立了公有制,公有制的精神哲学本质不仅消除家庭与家庭之间在伦理上的不平等,而且赋予所有社会成员以平等和共同的伦理实体性,从而突破家庭所可能内在的对国家民族伦理实体解构的伦理风险和伦理局限。黑格尔曾说,一个人如果只属于家庭而不属于民族,那他只是一个非现实的阴影。① 但在中国文明中,如果一个人只属于民族而不属于家庭,那同样也只是一个无归宿的幽灵,这是中国"国家"文明的特殊本性。革命战争、抗日战争、抗美援朝,公有制的建立,不仅使个体而且也使家庭意识到自己作为国家民族的实体性存在的普遍本质,不仅意识到这种本质,而且使这种伦理普遍性,使家庭与国家的伦理同一性获得;空前的历史实现。由此,那个时代的中国人和中华民族释放出了空前的政治热情,这是一种以伦理认同和伦理捍卫为根基的具有深厚文化根源动的政治热情,高昂而持久,正如毛泽东在《介绍一个合作社》中所欢欣鼓舞地所发现的那样,"从来也没有看见人民群众像现在这样精神振奋,斗志昂扬,意气风发。"② 这是一种伦理政治的豪情,爆发出巨大的精神力量。

将前20年的伦理道德发展的精神哲学特质表述为"政治高昂时代的

---

① 参见黑格尔《精神现象学》下卷,贺麟、王玖兴译,商务印书馆1996年版,第10页。
② 毛泽东:《介绍一个合作社》,《人民日报》1958年4月15日。

伦理精神",并不是也不能将它简单理解为是一种政治伦理精神,它既是政治革命所建构和释放的伦理精神,也是以伦理认同和伦理实现所爆发的高昂政治热情,是伦理与政治辩证互动所生成的精神气象,遵循中国伦理型文化即伦理优先的精神哲学规律。那个时代的伦理精神气象,即是一种政治热情,也是一种伦理豪情,还是一种道德激情,是政治解放下伦理实现所释放的巨大精神力量。那是公私相互过渡的时代,也是家庭与国家两大伦理实体相互过渡的伦理世界,伦理世界的相互过渡使以理与欲或天理与人欲为两个结构性元素的个体生命秩序也通过相互过渡建立起"被预设的和谐"的道德世界,由此达到伦理与道德的统一,那个时代所涌现的道德楷模人格化地诠释了时代的伦理精神和民族精神。毛泽东的《老三篇》既是政治著作,更可以当作那个时代的伦理著作,虽然他本人从来没有这样说过,它们所肯定和倡导的不仅是革命的英雄主义,而且是"为人民服务"的伦理英雄主义。这种伦理英雄主义具有跨文化的精神哲学的相通性,黑格尔在《精神现象学》中就思辨性地指证过这种作为公共权力的伦理本性的"服务的英雄主义","为人民服务"就是"服务的英雄主义"的中国话语与中国表达。中华人民共和国成立后的雷锋精神、焦裕禄精神等,相当程度上就是这种"服务的英雄主义"的人格典范,也是个体与国家民族的伦理实体相互统一的时代精神演绎,表达是与政治热情、伦理豪情共生互动的道德激情。

前20年的伦理精神是个体与实体、家庭与民族、伦理与道德在政治推动下直接同一性的精神,正因为它"直接",因而自然,伦理认同和道德真诚都发自内心,虽经教化却很少有教化的痕迹,因而人们的精神气质和社会的精神风貌简洁而清朗,至今在集体记忆中仍成为挥之不去的文化情愫和精神故乡。"对伦理关系和道德生活,你最向往的是什么?"在我们所进行的2007年和2017年两次全国调查中,选择"战争年代的革命道德"分别为19.2%和15.0%,选择"建国后到'文革'前的集体主义"分别为5.6%和9.4%;同一时期江苏调查的数据分别为13.5%和17.9%,19.2%和12.1%。

(三) 伦理世界和道德世界的精神哲学异化

前20年中国伦理道德发展的精神哲学内核,是在政治革命和公有制建立的双重推动下所达到的个体与实体、家庭与国家两大伦理实体、社会伦理与个体道德的直接的与现实的统一，这种统一既激发了高昂的政治热情，又在高昂的政治热情推动下实现，是政治热情与伦理豪情共生互动所结出的民族精神的硕果，这个时代的伦理精神相当程度上具有伦理政治精神的特点，体现伦理政治化、政治伦理化的中国传统文化的特点和规律。政治革命推翻了旧制度，但由于它本质上是通过"剥夺剥夺者"解放劳动大众的革命，因而在伦理精神中建立起家庭与国家、人的规律与神的规律之间的新的同一性关系，于是便出现一种状况：政治革命是一次深刻的历史变革，然而因为政治革命是家国关系的新建构，遵循"国—家"的文明规律，因而事实上又是对文化传统的承认和创新。不过，在日后公有制建立的过程中，家国关系出现新的紧张，这种紧张成为内在于前20年伦理精神中的否定性因素。

前20年的"中国经验"不仅在经济、政治和文化诸领域取得令世界瞩目的成就，而且伦理上的成就同样巨大。很难想象中国在近百年战争废墟上仅通过几个五年计划就迅速实现了国民经济的恢复和发展，"两弹一星"就是标志性硕果；那个时代人们的精神风貌、以雷锋和焦裕禄为代表道德楷模，都不只是一种政治局面，也是一种伦理气象。中国人在家国召唤下、在家国一体的新现实中释放出前所未有的高昂的政治热情、充沛的伦理豪情和道德激情，伦理豪情在政治热情的推动下积聚释放，伦理豪情又哺育滋润了政治热情，并且转化为社会行动的巨大道德激情。毛泽东的一首诗酣畅淋漓地表达了这种空前豪迈的伦理风貌和道德气象："春风杨柳万千条，六亿神州尽舜尧"。家庭与国家是伦理世界中的两大伦理实体，财富与公共权力是生活世界中的两大伦理存在，义与利、理与欲则是道德世界的两个构造。公有制的建立、战争年代所孕育的共产党"为人民服务"的政治伦理精神以及社会大众对国家和政府的无条件的伦理信任，使前20年中的财富公共性与权力普遍性得到前所未有的实现。然而内在矛盾已经存在。前20年发展遭遇的难题，不只是政治制度与经济体制的难题，而且也是伦理建构与伦理实现的难题。如何使财富的普遍性得到完全的实现，如何使国家权力真正属于全体人民，从而使伦理和伦理精神在生活世界和政治经济制度中具有真正的现实性？这是一种政治上和伦理上的"进京赶考"。如果说合作化、人民公社化运动的伦理目标是解决财富普遍性问题，以政治道德治理为着力点的不断的政治运动的伦理目标就是解决权力公共性问题。刘青山、张子善案件的伦理本质,是权力与财富的私通,它唤起了毛泽东自进北京城就潜在的伦理忧患和政治警惕,对他们的严厉惩罚,不仅是政治制度的捍卫,而且宣示了保卫伦理存在的坚强决心,这便是"解放后第一大案"的精神哲学意义。

在传统反思中人们常常将"不患寡而患不均"解读为平均主义,而且将它作为日后"一大二公"的经济制度的思想文化根源,其实这种解读缺乏伦理的维度,更缺乏对中国伦理型文化规律的把握。"不患寡而患不均"相当意义上是一个伦理命题和伦理预警。这里的"患"具有强烈的忧患意识和预警意义,而"均"不能望文生义地理解为"平均",在伦理关系及其精神哲学意义上它表征财富的普遍性及其存在方式。财富的本质是普遍性,既是财富创造的普遍性,即"一个人劳动时,他既为他自己劳动也是为一切人劳动,而且一切人也都为他而劳动。"也是财富分配和消费的普遍性,"一个人自己享受时,他也在促使一切人都得到享受",由此得出的伦理结论是:"自私自利只不过是一种想象的东西"。① 于是,"均"不只是分配和消费上的所谓"平均",而且是政治和伦理上的"公正",是财富的伦理普遍性的实现。财富具有法哲学或伦理学与经济学的双重性质。在经济学的维度,财富的创造依赖于劳动,正如黑格尔所宣断的那样,平均主义注定要破产,因为它会导致低效率。然而财富不仅是消费的对象,而且也是人格及其自由的最初确证。黑格尔将"抽象法"作为意志自由的第一种形态,人的最基本的意志自由必须透过财富的中介实现,最初的自由表现为人对自己的所有物来说是自由的,在这个意义上可以说无财产就是无人格,无财产就是无意志自由。意志是人的存在的确证,自由是意志存在的确证,而财产则是意志自由的基本确证,于是无财产不仅意味着无所有权,而且本质上无意志,无自由,无生命;无所有权不仅是"毋宁死",而且意味着"就是死",因为它意味着最基本的自由难以确证和实现,意味着无人格。② 这就是马克思号召全世界无产者起来

---

① 参见黑格尔《精神现象学》下卷,贺麟、王玖兴译,商务印书馆1996年版,第47页。
② 注:关于所有权与意志、自由、人格之间的关系,参见黑格尔《法哲学原理》,范扬、张企泰译,商务印书馆1996年版,"法的基地一般说来是精神的东西,它的确定的地位和出发点是意志。意志是自由的,所以自由就构成法的实体性和规定。"(第10)"自由是意志的根本规定,正如重量是物体的根本规定一样。"(第11页)"所有权所以合乎理性不在于满足需要,而在于扬弃人格的纯粹主观性。人唯有在所有权中才是作为理性而存在的。"(第50页)

革命的伦理合法性和政治合法性，也是中国革命和前 20 年发展所焕发的巨大政治和伦理能量的文化秘密之所在。法哲学、伦理学逻辑与经济学逻辑之间会发生冲突和紧张，这就是财富的"法哲学—经济学悖论"，法哲学着力于财产的，有，经济学着力于财产的分配，二者遵循两种不同的哲学逻辑。"关于财产的分配人们可以实施一种平均制度，但这种制度实施以后短期内就要垮台的，因为财产依赖于劳动。但是行不通的东西不应该付诸实施。其实，人们当然是平等的，但他们仅仅作为人即在他们的占有来源上是平等的。从这个意义说，每个人必须拥有财产。所以我们如果要谈平等，所谈的应该就是这种平等。但是特殊性的规定，即我占有多少的问题，却不属于这个范围。"①

法哲学、伦理学的逻辑是"公平"，经济学的逻辑是"效率"，二者的现实性及其冲突集中体现于经济体制之中。合作化、人民公社化运动试图整合这两大价值，所借助的现实路径依然是人们的政治热情和伦理豪情。但是，在公有制和计划经济体制下，财富普遍性的真正实现，必须具备另一个严格的伦理条件。公有制无论在政治上还是伦理上都是人类历史上最美好的制度，但其内在矛盾和体制难题是所有权与支配权的分离。在理论上生产资料归全体人民所有，但所有权的真正实现必须通过掌握生产资料分配权的干部达到，所以毛泽东才说，"政治路线确定之后，干部就是决定的因素"，② 这个伦理条件用中国传统文化的话语表达就是所谓"内圣外王之道"，用黑格尔的话语表达就是"服务的英雄主义"，用毛泽东的政治要求和伦理期望表达就是掌握生产资料分配权的干部必须"全心全意为人民服务"。这是一个非常严格但又关乎公有制成败的关键性伦理条件和政治要求，如果不具备，公有制便内在巨大而深刻的伦理和政治风险。于是便可以理解，在前 20 年以及后来的十年"文革"中，一方面是经济体制上的"一大二公"，越来越"公"；另一方面是不断的政治运动，而运动的聚点总是干部。然而事实证明这一努力没有成功。十年"文革"的失误，不仅是政治经济上的失误，而且是伦理上的失误；不仅是用政治方式解决经济问题，而且是用政治方式解决伦理问题的失误。

从合作化到人民公社，其政治与文化的初衷是试图建立一种使财富普

---

① 参见黑格尔《法哲学原理》，范扬、张企泰译，商务印书馆 1996 年版，第 58 页。
② 《毛泽东选集》第 2 版第 2 卷，人民出版社，第 526 页。

遍性和权力公共性的伦理本性得到最大实现的经济政治制度,然而却终未能成功甚至走向后来十年"文革",其伦理精神反思和精神哲学解码是一个有待完成而没能完成的学术努力。单向度的"一大二公"、"越来越公"在伦理精神上导致的必然后果是对个体及其利益的不承认,消解个体及其谋利活动的伦理合法性。"文革"中一个重要的政治导向和伦理口号就是所谓"破私立公","破私立公"凸显的是个体的"私"与国家的"公"之间的对立,"破私立公"的伦理策略是"破字当头,立在其中",以"破私"即消解个体的伦理合法性而"立公",使"公"不仅在制度上而且在精神上成为"普遍存在者"。这在当年是一种很重要的伦理价值导向,几乎成为一个全社会的伦理运动,也是在意识形态上顽强努力试图建立一种伦理精神共识。"立"固然重要,然而"破私"即完全否定个体存在及其谋利冲动的伦理合法性,不仅是一种伦理精神的乌托邦,而且在精神世界和生活世界都将造就的公与私之间的紧张和冲突。而且,在"国家"文化背景下,中国伦理道德发展遵循与西方完全不同的精神哲学路径,中国文化中的所谓"私"不只是西方式的个人,而是家庭的伦理实体,对中国文化来说家庭不仅是自然的伦理实体,而且是自然的"个体实体性",因而"破私立公"在理论和现实上都会导致对家庭的伦理合法性的否定甚至颠覆,人民公社化运动中的大食堂制度,农村对家庭自留地的取消,都是否定家庭伦理合法性的体制化表现和意识形态导向。一大二公、越来越公极度演化的实质及其后果,是"国"对"家"在政治、伦理、文化上的压制,于是在精神世界即伦理世界和道德世界中存在的只是家庭与国家之间的伦理警惕、伦理紧张甚至伦理冲突。

无论是合作化运动还是人民公社化运动,从精神哲学意义上分析,其初衷也可以部分被诠释为试图建立在家庭与国家之间的中国式的"市民社会",但最后却成为一种以国代替家的绝对的政治经济体制和伦理精神取向,着实令人深思。"合作"、"公社"都具有某种市民社会的色彩,美国学者丹尼尔·贝尔在《资本主义文化矛盾》的最后所提出的解决资本主义文化矛盾的方案中就有所谓"普遍家庭"或"家庭公社"的概念,问题可能就出现在"化"字上,合作"化"、公社"化","化"使之从一种生态互动成为绝对价值。然而无论是伦理世界中的"破私立公",还是生活世界中的"一大二公",最后都需要通过个体道德世界的建立实现,"破—立"对峙下的道德世界观所建立的道德世界是一个充满紧张对立的道德世界：义和利的对立，理和欲的对立，最后是公和私的对立。"文革"中的所谓"讲用会"，主题就是"狠斗私字一闪念"，它使道德世界成为一个充满紧张冲突的精神舞台。而这种紧张的保持及其"破私立公"的道德世界的最后建立，必须通过而且事实上也是通过政治教化乃至政治运动达到，由此以政治代替道德就难以避免甚至不可避免，政治的乌托邦就这样演变为伦理的乌托邦和道德的乌托邦。

实体对个体、国家对家庭的过度伦理压制必然招致精神世界的反抗。正如黑格尔所说，伦理世界合理性与合法性的基础，是家庭与国家两大实体之间的"伦理公正"。在伦理世界中内在着伦理紧张，国家誓言要将民族联合成一个人，然而国家对个体的绝对伦理权力只有在战争条件下才可能实现，于是家庭便联合起来反抗。国家对家庭的伦理剥夺，它的至公正就是至不公正，它的胜利就是它的失败。[①] 在中国，这种反抗的形式和失败的结果，一方面是经济发展的低效率；另一方面是一种"无根""无家"即缺乏家庭的自然策源地也缺乏精神家园的政治伦理精神。"文革"中伦理道德发展的严重后果，是以政治取代伦理，以政治教化取代道德教育，以政治学取代伦理学。于是，便由伦理精神上的乌托邦异化为生活世界的"歹托邦"，出现伦理关系与道德生活的诸多严重问题。

（四）"相互承认"的精神哲学"和解"

40年改革开放既是中国经济社会、也是伦理道德发展和精神史的深刻变革。在对内"改革"与对外"开放"的双重激荡下，伦理世界和道德世界，社会的精神气质和精神风貌都发生了巨大变化，进入新中国70年伦理道德发展的第三个精神哲学进程。如果用一句话概括这一阶段的精神哲学要义，那就是：相互承认与文化和解。具体地说，是在社会主义核心价值观个体与实体、家庭与国家、伦理与道德、传统与现代之间的相互承认与文化和解。

新中国70年伦理道德的精神哲学发展呈现肯定—否定—否定之否定的精神史轨迹和精神史规律。前20年是肯定阶段，在高昂政治热情推动下个体与实体、家与国、伦理与道德直接同一；"文革"10年义利、理

[①] 参见黑格尔《精神现象学》下卷，贺麟、王玖兴译，商务印书馆1996年版，第30页。

欲、公私紧张对立，是否定阶段；后40年作为伦理世界和道德世界的以上两大结构性元素在精神世界中相互承认，彼此和解，是否定之否定阶段。中国文化是一种伦理型文化，伦理型文化的文明史和精神史的重要表征，是以伦理道德为终极关怀、终极价值和终极忧患，这就是《孟子·滕文公上》中的那个著名论断："人之有道也，饱食、暖衣、逸居而无教，则近于禽兽。圣人有忧之，使契为司徒，教以人伦。"它揭示了"失道之忧—伦理拯救"的文化逻辑和文化规律。因此，在社会变革和文明转型的重大关头，中国社会对伦理道德总是表现并一如既往地保持高度的文化敏感和文化忧患。一方面进行文化传统的反思，出现激烈文化批判，甚至形成全社会的文化热，回顾一百多年的历史，在近代、现代、现代化的开端，都出现过以传统反思批判为主题的文化热，这就是被一些学者所指证的那种"反传统以启蒙"的转型路径；另一方面，伦理型文化的生命基因和精神气质，决定了文化热的精神意向总是首先表现为对伦理道德的忧思，发出"世风日下，人心不古"的质疑和批评，道理很简单，伦理道德是终极关怀和终极价值，因为终极价值，所以终极忧患；因为终极忧患，所以终极批评。

改革开放时代的伦理道德发展同样遵循这一精神轨迹和精神规律。改革开放初期，中国社会曾经进行了长期的"滑坡—爬坡"的争讼，这是精神世界的自我追问，也是文化价值的自我追寻。然而，无论"世风日下，人心不古"的批评多么激烈，无论"滑坡—爬坡"的争讼是否有结果，经济社会已经前进和发展，社会大众的伦理道德及其精神气质已经改变，这就伦理型文化。激烈的伦理道德忧患，与其说是文化批评，不如说是文化守望，是精神世界和文化形态的自我捍卫，而不是伦理道德上的自我否定。在这个意义上，重大文明转型与社会变革关头的伦理质疑和道德批判，可以被当作是一次文化自觉，是以伦理道德的高度文化敏感性表现出的对伦理型文化的自觉，问题在于，无论是这种文化敏感性还是对这种文化忧患的解读，都必须结出对社会变革和文明转型的文化自信的正果。中国社会的文化自信，最深刻地表现为对伦理道德的文化自信，自信的核心是伦理型文化的自我肯定，于是，以文化反思和文化批判为表现形态的对伦理道德的高度敏感性，结出的文明硕果就是文化自立，即伦理道德也是中国伦理型文化的创造性转化与创新性发展。文化自觉—文化自信—文化自立，既是以伦理道德为核心的中国伦理型文化发展的一般规律，也是改革开放时代中国伦理道德发展的精神哲学规律。

中国的经济改革以家庭联产承包责任制为切入点。这一切入点具有经济史和精神史的双重意义，其要义是对家庭在文化体系、文明体系中的伦理地位的再承认。如前所述，在家国一体、由家及国的文明路径和文明形态下，家庭具有基础性甚至范型意义的伦理地位，家庭与国家之间也存在某种伦理上的紧张，黑格尔所揭示的个体既属于家庭又属于国家因而"一行动就有过错"的伦理世界的悖论，在中国文明体系中表现得尤为突出，因为它不仅要捍卫国家对于家庭的优先地位，而且必须十分审慎地呵护家庭的基础地位和范型意义，任何重大偏颇都会导致文明形态的危机。中国革命在相当意义上是土地革命因而被称为"土地革命战略"，其精神哲学要义是通过将土地还给农民，巩固"国—家"文明路径和文明体系下家庭的基础性伦理地位，建构家庭与家庭，以及家庭与国家之间的基本伦理公正。前20年延续并且转化创新了革命年代中重建的家庭与国家的亲和关系，同时通过公有制建立家庭与国家两大伦理实体之间的现实同一性，也建构国家之于家庭的伦理和政治的优先地位，但合作化、公社化进程中已经内在家与国之间的伦理紧张。十年"文革"因为对家庭地位的伦理解构导致伦理世界内部激烈的文化冲突，并演绎为深重的文化悲剧，回顾十年"文革"的精神史，文化悲剧中的相当部分就是家庭的伦理悲剧，或者由家庭伦理悲剧演绎的整个社会的伦理悲剧。在这一历史背景下，家庭联产承包，相当意义上是第二次将土地还给农民，还给家庭，它是在肯定公有制主体地位的前提下是对家庭伦理地位的再承认，重新肯定家庭尤其是家庭利益在伦理实体和伦理世界中的伦理合法性和文化合法性，在这个意义上家庭承包制具有与西方新教改革类似的精神史意义，其主题是"伦理承认"。应该说，这一改革在当时不仅具有政治和经济的风险，而且具有伦理的风险，因为它所面对的是不断消解家庭伦理合法性的政治背景和意识形态导向。所以，中国的改革不仅是经济政治改革，而且是甚至首先是伦理变革，是中国现代精神史的巨大变革。

伦理世界中家庭地位的再承认，改革在精神世界中的推进，在道德领域以义利、理欲、公私关系的价值让度和道德世界的重建为切入点。改革初期，与经济改革相伴随的是伦理道德领域对孔子"君子喻以义，小人喻以利"的批判性反思。解释学理论已经表明，人们对被解读的文本只是"理解"，"理解"所把握是文本的"意义"而不是"含义"，"意义"

是阅读者与文本之间关系的再建构。对孔子所代表的传统义利观的批判，实质是试图为肯定和建构新的义利观开辟道路。在哲学的形上层面进行义利反思的同时，从伦理学界、哲学界到文学界都曾展开对人的本性的讨论，伦理学领域的所谓主体性理论，哲学领域的人本主义思潮，文学领域的自然主义和所谓伤痕文学，都以矫枉过正的方式表现出对"文革"中所形成的那种二元对立的道德世界和道德世界观的反叛，以此重建人的个体生命秩序。与此相对应，是公私关系或哲学形态的个体与整体关系的文化反思，其要义是对个人价值地位的承认。然而这种矫枉过正只是改革开放初期的价值特征和精神气质，在改革开放的深度推进中，中国社会大众的伦理精神轨迹是由最初的多元多样，经过"二元对峙"，在"四十而不惑"中达到文化共识，文化共识的核心，是义利、理欲、公私之间的价值让度和辩证互动。①

"开放"是"后40年"时代精神的另一结构。后40年中国伦理精神的发展，经历内部改革的激荡和外部开放的洗礼。必须回答的问题是：改革与开放冲击的到底是五千年文化的"原传统"还是十年"文革"所形成的文化惯性？答案比较肯定，它们的问题意识及其直接背景是十年"文革"所遭遇的经济社会和文化问题，只是当对这些问题进行根源性追究时，往往会寻找或建立起与源头性传统之间的关联，但这些关联可能是碎片化乃至实用主义的，然而却对源头性传统产生冲击。毋庸回避，改革开放开启的现代化进程直接以西方的现代化为参照，由于这一进程的直接背景是对中国前30年尤其是"文革"10年的深切反思，问题意识强烈，因而在文化领域就可能产生所谓"外部性"问题。西方社会学家指出，当一个社会内部信任缺乏时，就可能将信任的目光投向社会的外部，想象或虚拟一个可信的外部世界。中国的开放就产生于这一双重历史背景和文化心态下。② 改革开放初期，不仅在经济社会领域而且在包括伦理道德在内的文化领域都曾出现"西方热"，不仅伦理道德理论大量引进和接受西方理论，而且现实的伦理关系和道德生活也深受西方影响。然而，由于人

---

① 关于改革开放40年中国社会大众的伦理道德共识生成的文化轨迹，参见樊浩《中国社会大众伦理道德发展的文化共识——基于改革开放40年持续调查的数据》，《中国社会科学》2019年第8期。

② 彼德·什托姆普卡：《信任：一种社会学理论》，程胜利译，中华书局2000年版，第156页。

们对西方伦理道德缺乏生态的把握即在整个西方文明生态和文化生态中理解和把握西方伦理道德,更缺乏对西方文化的切身体验,因而无论引进还是接受都带有"外部性"的心理取向和文化情绪。持续的西方热必然导致精神世界的危机,尤其是文化传统断裂和失忆的危机。因为无论西方伦理道德理论还是西方文明的伦理关系和道德生活,只能在扬弃中被借鉴和移植,而不能也不可能被全盘接受,问题意识驱动下的"西方热"将导致对自身传统的过度否定。

伴随改革与开放走向纵深,中国实施"文化自觉"和"文化自信"战略,它以对优秀传统文化、革命文化和社会主义先进文化为结构性内涵,包括对中国文化的优秀古代传统和现代传统的自觉自信,其应有之义在形上层面首先是对伦理型文化这一世界文明之林中文化的中国形态的自觉自信。理由很简单,中国文化是一种伦理型文化,没有伦理型文化的自觉自信,就没有中国的文化自信和文化自觉。因此,伦理道德的文化自觉和文化自信,就具有国家文化战略的深刻意义。40 年改革开放进程中伦理道德发展的"中国经验"是:伦理世界的相互承认,道德世界的价值让渡,都是社会主义核心价值观引领下的伦理精神的辩证综合与创新性发展。

然而,改革开放时代的伦理道德发展也遭遇深刻的精神哲学挑战,最突出的挑战来自两方面。一是分配不公与财富的伦理危机;二是官员腐败与权力的伦理危机。根据我们自 2007 年至 2017 年进行的三次全国性伦理道德国情调查的信息,官员腐败与分配不公都是居前两位的当今中国社会大众最担忧问题。① 改革开放实现由计划经济向市场经济的转轨,市场体制是一种最有效率的体制但并不是一种最合理最公平的体制。市场作为一只"看不见的手"具有任性的本性,由于中国实行的公有制为主体、多种经济形式并存的经济体制,因而在市场体制中便遭遇一种深刻风险:如果权力的伦理性得不到充分保障,权力与财富私通的现象就可能大量存在,出现官员腐败。社会财富的普遍性与国家权力的公共性是生活世界中伦理存在的两种形态,分配不公与官员腐败达到一定程度,就会演绎为社

---

① 关于改革开放 40 年中国社会大众的伦理道德共识生成的文化轨迹,参见樊浩《中国社会大众伦理道德发展的文化共识——基于改革开放 40 年持续调查的数据》,《中国社会科学》2019 年第 8 期。

会性的伦理危机，尤其是伦理存在的危机。在这个意义上，治理腐败和推进分配公正本质上是一场伦理保卫战。经过近几年的强力反腐和分配机制改革，这场伦理保卫战已经取得决定性成效，但距任务的完成乃至危机的解除依然任重道远。

（五）伦理型文化的精神哲学规律

综上，新中国70年，伦理道德发展经历了三个辩证发展的阶段：前20年高昂政治热情推进下直接同一的伦理精神；"文革"10年伦理精神的异化；改革开放40年核心价值观引领下"相互承认"的伦理精神。三个阶段形成肯定—否定—否定之否定的精神哲学历程，呈现伦理型文化的轨迹，其伦理型文化的精神哲学规律及其"中国经验"突出体现为以下三方面，它们也是现代伦理道德发展的"中国问题"。

第一，"国—家"文明气质。家国关系即家庭与国家的关系成为伦理型文化的首要特征和基本问题，在逻辑与历史两个方面得到确证。在逻辑上，黑格尔已经指出，家庭与民族是伦理世界的两大结构性元素，它们的辩证互动及其矛盾运动推动精神世界和现实世界中伦理道德的辩证发展，这是伦理世界的普遍精神哲学规律。然而中国文化之成为伦理型文化而不是其他文化类型，最根本的原因是由家国一体、由家及国的文明路径决定，中国文明、中国文化根本上是"'国—家'文明"和"'国—家'文化"，伦理道德乃至整个中国文明史都体现出强烈的家国情怀，正因为如此，家国共生互动，既是中国伦理道德发展的根源动力，也是其基本难题，这是中国伦理道德发展的历史哲学规律。在任何文明体系中，家庭都是最重要的伦理策源地，但中国文明的路径不仅是"家国一体"，而且是"由家及国"，国以家为基础。梁漱溟先生指出，中国是伦理本位的社会，而伦理首重家庭。[①] 家庭不仅是黑格尔所说的直接的和自然的伦理实体，而且具有作为伦理基础乃至作为伦理范型的精神哲学地位。

70年伦理道德发展的轨迹再次确证了这一精神哲学规律。前20年由高昂政治热情所释放的空前的伦理热忱，精神哲学根源是革命战争年代将土地还给最广大的农民，从而建立起史无前例的新型家国关系，以土地这

[①] 梁漱溟：《中国文化要义》，学林出版社2000年版，第79页。

一占中国人口90%以上的农民赖以生存的根基为中介,建构家庭与国家两大伦理实体之间的直接同一性。10年"文革",无论在精神世界还是现实世界所解构和颠覆的首先是家庭的伦理合法性,社会风尚的败坏也起源于并且恶劣表现为家庭伦理的崩溃,比如家庭成员之间的相互揭发,它导致人性天良或人的良知良能的丧失,最终导致社会伦理关系和道德生活的败坏。40年改革开放,以家庭为改革的切入点,通过"一大二公"向多种经济形式并存的经济体制改革,再次赋予家庭在精神世界与生活世界以伦理的合法性,家庭与国家两大实体在伦理上的相互承认,也相互过渡。这一巨大变革在精神世界和理论自觉中的典型体现,就是关于《论语》中孔子"亲亲相隐"的讨论。"文革"中"亲亲相隐"遭遇全社会的批判唾弃;改革开放时代学界重提"亲亲相隐",主流的倾向是对它的文化认同。"父为子隐,子为父隐,直在其中",亲亲相隐到底"直"了什么?"直"了家庭的基础性伦理地位,是一种伦理世界和伦理规律的"正直"或"直道而行"。但在此过程中也遭遇新的难题,腐败就是最严峻的挑战。人们已经发现,中国式腐败的特点之一就是家族式腐败,然而家族式腐败不仅是家庭成员的共谋腐败,而且是为了家庭的腐败,它是从另一个方面颠覆家庭的伦理正当性和伦理合法性的腐败,反腐败的重要精神哲学意义之一,是通过回归家庭的伦理合法性捍卫社会生活中的伦理存在。家庭与国家的关系是"国—家"文明路径下中国伦理道德乃至整个中国文明发展的基本精神哲学和历史哲学课题,体现伦理型文化的典型特征,对这一难题的不断破解,推动伦理型文化的辩证发展。

第二,伦理—道德一体、伦理优先的精神哲学形态。中国伦理道德的精神哲学形态是伦理道德一体、伦理优先;中国文化之为"伦理型"而不是"道德型",就在于伦理之于道德具有精神哲学的优先地位。"类于禽兽"的失道之忧是中国文化的终极忧患,走出失道之忧的文化拯救就是所谓"教以人伦"。在五千年文明史的进程中,中国文化之所以没有走上西方式宗教的道路而成为宗教型文化,不是因为缺乏宗教的文化选项,事实上中国先民就有祖先崇拜,也创造了本土的道教,后来又引进并广泛发展了外来的佛教,没走上宗教道路的根本原因不只是有道德,而且是因为有伦理。"有伦理,不宗教"就是文化发展的"中国气派"。伦理与道德的关系,是中国伦理型文化内部在精神哲学形态方面的基本矛盾。在中国话语中,"道"具有形上本体性,"伦"具有世俗整体性,"伦"是中国人世俗生活中的终极关怀,家与国尤其是家庭对中国人具有世俗终极关怀的意义。

改革开放 40 年,中国伦理道德转型的精神哲学轨迹是"伦理上守望传统,道德上走向现代的"同行异情,① 伦理的守望是伦理型文化的典型特征。然而改革开放进程中伦理道德理论和现实道德发展也深受西方理论尤其是康德理论的影响,康德道德哲学的特点就是如黑格尔所指出的那样"完全没有伦理的概念",于是"道德"、"道德发展"几乎成为话语独白,导致理论和实践上的诸多难题甚至困境。德性论与正义论之争,相当意义上是西方问题意识的移植,因为"正义"是典型的西方概念,中国话语是"公正","公正"是伦理之"公"与道德之"正"的统一,它强调只有在现实的伦理关系即"公"的伦理整体性中才能考察正义的合理性与现实性,正因为如此,德性论和正义论之争在中国伦理学领域是一场无结果的争讼。中国伦理道德的精神哲学形态,依然是伦理道德一体、伦理优先,根据我们的全国性大调查信息,在个体德性与社会公正的二难选择中,两种相反的判断基本上平分秋色。

第三,"最强动力"——"最好动力"的生态互动。马克斯·韦伯曾经建立了"新教伦理+资本主义精神"的所谓"理想类型",丹尼尔·贝尔指出,现代资本主义文明的根本矛盾是"文化矛盾",其核心是宗教冲动力与经济冲动力的分离与背离。中国文化是伦理型文化而不是宗教型文化,宗教型文化的动力系统就是马歇尔在《政治经济学原理》的开卷就指出的那样,历史是由两种力量造就的,这就是生活世界的经济和精神世界的宗教。在伦理型文化中,基本动力系统是经济与伦理,借用丹尼尔·贝尔的话语,是经济冲动力与伦理冲动力。前 20 年,在高昂政治热情推动下伦理的热忱转化为经济发展的巨大能量,两种动力锁合在一起。"文革"10 年的异化,两种动力分离,政治冲动力代替伦理冲动力并且压制经济冲动力,在导致严峻伦理问题的同时也导致经济发展的低效率。40 年改革开放,两种冲动力在相互承认中和解,但也出现新的不平衡。用彼德洛夫斯基的话语表述,经济或谋利活动释放"最强的动力",伦理释放"最好的动力",现实难题是:最强的动力往往不是最好,最好的动往往不是最强。改革开放通过对个人利益的承认释放了"最强的动力",由此

---

① 参见樊浩《伦理道德现代转型的文化轨迹及其精神图像》,《哲学研究》2015 年第 1 期。

解放了生产力，但也存在"最强动力"压过"最好动力"的风险，风险的潜在不仅导致假冒伪劣等严重道德问题，而且使经济发展和文明进步缺乏合理性和辩证互动的力量。新中国70年是社会主义建设的70年，经济发展是核心任务，前20年是由革命向建设转换的20年；改革开放的重大变革也是由"文革"的意识形态中心向以经济建设为中心转换，在这一历程中伦理型文化遭遇的新挑战，是如何使"最强的动力"达到"最好"，最好的动力达到"最强"，形成辩证互动的伦理—经济生态及其精神动力系统。这就是伦理型文化背景下伦理道德发展的深刻而独特的文明意义。

诚然，新中国70年伦理道德发展的精神哲学轨迹和精神哲学规律所内在的伦理型文化的气质特征和基本问题不只是以上三方面，政治与伦理的关系、传统与现代的关系也是其重要内涵。三大发展阶段中，前20年的气质特征是高昂政治热情，"文革"10年以政治取代伦理，改革开放40年以核心价值观引领精神世界的"相互承认"，政治在70年伦理道德发展中具有一如既往的重要作用。这既是中国特色，也是普遍规律。黑格尔在诠释"爱国主义"时，曾将它作为一种"政治情绪"，是个体与国家一体的那种政治信任及其表现出的政治激情。70年发展也始终贯穿关于传统与现代关系的反思，贯穿伦理型文化的创造性转化创新性发展。中国文化历史上是一种伦理型文化，调查已经表明，现代中国文化依然是一种伦理型文化。新中国70年发生了翻天覆地的变化，但伦理型文化的本性没有变，这就是变中之不变，中国伦理道德发展的过去和现代都应当也必须遵循伦理型文化的规律。

附：各章作为论文发表的相关信息

本书各章采用所发表的对应论文的全文版，论文发表时间与其所使用的调查数据库的时间同步，由此可以理解各章内容的时序背景以及持续10年调查所揭示的由改革开放30年到40年中国伦理道德发展的精神哲学规律。同时也申言，各部分的分析及其立论，只相对于调查所对应的那个时间节点才是有合理性与现实性。

绪论：伦理道德，如何才是发展《道德与文明》，No. 2017. 4
　　一　当前中国伦理道德状况及其精神哲学分析《中国社会科学》，No. 2009. 4
　　二　当今中国伦理道德发展的精神哲学规律　《中国社会科学》，No. 2015. 12
　　三　伦理道德现代转型的文化轨迹及其精神图像《哲学研究》，No. 2015. 1
　　四　当前中国伦理道德的"问题轨迹"及其精神形态《东南大学学报》，No. 2015. 1
　　五　试析伦理型文化背景下的大众信任危机　《哲学研究》，No. 2017. 3
　　六　当前我国社会群体伦理道德的价值共识与文化冲突　《哲学研究》，No. 2010. 1《中国社会科学内刊》，No. 2010. 1
　　七　中国社会价值共识的意识形态期待　《中国社会科学》，No. 2014. 7
　　八　中国社会大众伦理道德发展的文化共识　《中国社会科学》，No. 2019. 8
　　九　中国社会大众伦理道德共识的文化差异　《探索与争

鸣》，No. 2020. 11

　　十　小康文明的伦理条件　《哲学动态》2017 年第 7 期。

　　十一　缺乏信用，信任是否可能?《中国社会科学》2018 年第 3 期。

　　十二　公共物品与社会至善　《武汉大学学报》2019 年第 3 期。

　　十三　道德发展的"中国问题"与中国理论形态　《天津社会科学》2011 年第 5 期。

　　十四　"新传统"的建构与当代中国意识形态的辩证　（第一作者）《江苏行政学院》2011 年第 1 期（合著）。

　　十五　"后意识形态时代"精神世界的"中国问题"《中国社会科学学术前沿》（2008—2009）期。

　　十六　现代中国伦理道德的文化自觉与文化自信　《东南大学学报》2018 年第 1 期。

　　十七　中国伦理学研究如何迈入"不惑"之境　《东南大学学报》2019 年第 1 期。

　　结语：新中国 70 年伦理道德发展的精神哲学轨迹与精神哲学规律《江海学刊》2020 年第 5 期。

后　　记

在我的学术推进中，实证研究的展开也许最令学界甚至也令我自己始料不及。我的学术研究以中国传统为根基，向道德哲学和道德形而上学进发，试图建构一种基于中国传统、体现中国文明精气神的道德哲学体系。由于自大学到研究生阶段，一直受思辨哲学的浸润和魅惑，这两个研究板块都带有很浓的思辨味，不少朋友说我的作品难读甚至看不懂，我自己也不思悔改，宿命般地做着任性的"狗不理学问"。开始实证研究诚如戴震对人性的描述，"适合其自然"，也"归于其必然"。

（一）

2005年，国家第一次在人文社会科学领域设立重大招标项目，以我为首席专家所申请的课题"构建和谐社会进程中的和谐伦理的理论与实践研究"有幸成为当年全国十七个中标项目之一。坦率说，项目启动中遇到了困难，因为我的专长是"理论研究"，"实践研究"如何做，还一筹莫展。虽然我和团队都为拿到这个大项目而兴高采烈，但很快发现难度很大，几次内部开题研讨会都难以形成比较成熟的研究方案。半年后，江苏省委宣传部领导请规划办主任找我，委托我作为首席专家之一，做关于"当前我国思想道德文化领域多元多样多变的特点和规律研究"的重大项目。我并没有马上做出积极回应，而是请求让我思考一个月再作回答。在那个课题稀缺尤其代表国家信任的重大项目稀缺的年代，这种态度似乎有点匪夷所思。一个月中，我认真清理了自己的思想，尤其是对自己和团队学术发展方向的思路，最后下决心向一个完全陌生甚至对我们来说完全无知的领域进军，通过大规模的调查研究，探索现代中国伦理道德和思想文化发展的规律。

首先开始设计问卷和座谈提纲。问卷设计需要两个基本条件，一是成熟的学术思路和理论框架，二是将理论转化为问题尤其是普罗大众能够理解和回答的问题。我们决定闯出一条路，实现我本人和团队的学术转型。我思辨了一个"七大群体、四大版块"的关于伦理道德状况的调查框架（思想文化调研另设框架），将现代中国社会群体分为七大群体：政府公务员、企业家与企业员工，演艺界、青少年群体、青年知识分子群体（包括大学生、研究生和青年学者、青年科技人员等）、新兴群体、弱势群体；将调研结构分为四大调查：伦理关系大调查，道德生活大调查，伦理道德发展的影响因子大调查，伦理道德的建设效果与经验教训大调查。因为团队所有同仁都是从头学起，所以我要求每位同仁根据分工分别设计问卷，旨在锻炼团队，同时也将学术风险降低到最低限度，因为如果由我独自设计问卷，那么个人的局限将会放大为整个团队和整个研究的局限。设计取得了进展，但并不理想，不仅因为大家投入的程度不同，更重要的是对伦理道德的理论把握和由理论向现实的转化的程度不同。所以我决定在此基础上独自"闭门造车"，最终设计出四大版块、五十六个访谈题的调查问卷。省委托项目采用了同样的方法。

接着就是大规模的调查。因为我们以前完全没有这方面的训练和经验，于是"无知无畏"，还是思辨先行。将江苏和全国划分为发达地区和发展中地区，发达地区在江苏和广东抽样，发展中地区在广西和新疆抽样（它们同时又代表少数民族和宗教地区）。江苏分别在苏州和盐城抽样。整个调研在2007年全面展开。江苏省委宣传部全力支持我们的调查研究，不仅以红头文件的形式请有关地区支持配合我们的调查，而且省规划办领导陪同带队。看到我们浩浩荡荡、如火如荼的调查活动，规划办领导曾经提醒：你是否将这个课题做得太大了？然而我已经下决心将它们"做大"。我自己在学术上很草根，深知学术资源的不容易，更深知国家经费乃是老百姓的血汗结晶，"给阳光，就灿烂"是我的信条，也是我的信念。

第一次的尝试取得了很大成功，完成两百多万字的《中国伦理道德报告》、《中国大众意识形态报告》，在北京举行首发式后，《人民日报》、《光明日报》等众多主流媒体都作了报导或介绍，时任中央政治局常委李长春还作了重要批示。但同时也遭遇一些质疑甚至批评，主要是认为我们的调查并不专业，准确地说，并不符合社会学的规范。于是，我在向社会学界同仁请教并反思的过程中，下决心在东南大学人文学院组建了一个国际化的社会学团队，从全世界最著名的社会学系，如美国芝加哥大学、德国科隆大学，中国香港地区的香港大学、香港中文大学等引进年轻的社会学者，既发展新的学科，又加强了优势研究团队。

（二）

如果说实证研究的起步具有某种偶然性，以后的推进则具有必然性。我们的研究受到江苏省委常委、宣传部长王燕文的深度关切。2013年，在王部长组织的"中国公民道德发展研究"的国家重大项目研究中，我们的研究团队与中国人民大学CGSS国际调查团队深度结合，依托CGSS的全国大调查，共同展开了第二轮全国伦理道德大调查，同时独立展开江苏的第二轮大调查。这是一个深度磨合、也是痛苦磨合的过程，仅仅问卷设计就行进得非常艰难甚至非常痛苦。坦率说，在理念与方法上，彼此分歧很大，彼此都难以接受。最后是我将每个问卷的学术根据以及试图从中挖掘的主题逐一向社会学家介绍，由社会学家转化为他们可以接受的话语和形式，但在此过程中往往发生许多信息遗失现象。毕竟，两个学科的距离太大了，社会学认为我们的伦理学方法"太主观"，而我们则认为他们"以社会学的偶然性代替伦理学的主观性"。然而，所有的挑战和美感，都来源于这种远距离的"杂交"。调查信息显示，2013年的全国与江苏调查，与2007的调查在核心信息方面相近甚至完全一致。

以后的进展似乎一发而不可收。2015年，江苏省委宣传部在我们东南大学建立了"道德发展"江苏省高端智库，这是迄今全国唯一的伦理道德研究的高端智库。此后，2016年，进行了江苏省伦理道德发展状况的第三轮大调查，建立了全国第一个"道德发展测评体系"，并在全省开展对社会经济发展的伦理道德评估。无论对江苏省委宣传部的工作还是我们的学术推进，这不仅是一种尝试，简直是一种创举。2017年，在王燕文部长和江苏省委宣传部的直接支持下，我们团队与北京大学国情研究院合作，开展了第三轮全国伦理道德状况大调查，并着力对江苏进行第四轮伦理道德状况大调查。因为有前几次的经验，我们感到顺利多了，信息量也丰富多了。2018年又展开了江苏伦理道德发展的第五轮大调查。由此，可以建立起一个关于现代中国伦理道德发展的大型数据库和信息库。

（三）

　　唠叨这么多，似乎与本书关系不大，最多只是它的背景。其实不然。如果对这部书的研究做一个思想脉络和学术轨迹的现象学复原，那它就是以上所陈述的我自己和团队学术转型和研究推进的缩影。全书集中在每一次大调查基础上我的研究推进。也许有人会欣喜地发现，这种转型和推进正好与现代西方学术中人文科学研究的社会科学化，或用社会科学的实证方法研究人文科学的重大转向相契合。然而，我并不认同这种评价，更没有这种"欣喜"。因为我从根本上不认同中国学术研究对西方学术的"跟风"做派。中国学者、中国学术应该有自己的自信，也应该有自己的气派。我坚信思想沉潜到一定深度、学术推进到一定高度、智力发展到一定程度，提出和回应的问题都会相似相通，只是话语方式和问题式不同而已，人们出于不同的心态和境界对它的解释不同而已，这便是庄子所说的"因其大者而大之，万物莫不为之大；因其小者而小之，万物莫不为之小"。我自己和我们团队由思辨性的道德哲学研究向调查研究的推进，完全是一个"自然"而"必然"的自我学术发展过程，是自己探索的结果。在此之前，乃至在此过程中，闭目塞听、孤陋寡闻的我，并不知道西方有所谓"人文科学的社会科学转向"。而且，在"欣闻"有这种"转向"后，总是有某种莫名而深深的担忧。因为，人文科学归根到底是"人"的科学，"人"之"文"是人的规律，可解释的是事实，不可解释的是人的生命和生活，如果真的要将人文科学社会科学化，那么，不仅意味着社会科学对人文科学的渗透，也意味着某种价值殖民，人文科学将在"祛魅"中失去宝贵的理想主义和终极关怀。实证研究不能是人文科学在困厄中从社会科学那里习得的向社会科学的妩媚一笑，而应当是赋予"不可道，不可言"的"道"，以一个活生生的坚实"肉身"，借此，"道成肉身"，灵肉一体。

　　由此，便可以发现全书有一种近乎迂腐的冥顽"不化"：对思辨的偏好；对人文的坚守。虽有林林总总、眼花缭乱的数据图表，然而本性不改地晦涩难读，从观点、话语到追求，并不那么可亲，甚至也不那么可信，或者因其结论的尖锐宁愿不被信，最多因被当作这个世界"最后的迂腐"多少有点"可敬"。也许，这一切都不太重要。我的旨趣是在这个过于缤纷并且以"变化"为宗教的社会中，追寻"多"中之"一"、"变"中之

"不变",因为"一"就是"普遍",就是"规律","不变"就是"永恒",就是"不朽"。我的根本志向是在世俗的肉身中寻找"精神",在事实的现象界追随沉潜飘荡的"人文"幽灵。正因如此,标题中故作高深、其实是不知天高地深地加冕一个"精神哲学"的王冠,蹒跚踌躇于一个"规律"王国。这种状况,东施效颦,有点像苏格拉底大白天点着灯满雅典大街找"人"那样愚而不智,当然,苏格拉底是大智若愚。

(四)

持续十多年的道德国情调查以 2007 年为切入点。2007 年中国改革开放 30 周年,中共十七大召开,以本人作为首席专家所主持的第一个全国重大招标项目为契机,我们的团队展开第一次全大调查,它在相当意义上是对改革开放 30 年中国伦理道德发展状况的调查。此后,以改革开放 35 年、40 年,中共十八大、十九大为时间节点,不断推进全国调查,同时在江苏组织了五轮调查。在相当意义上,我们的道德国情调查及其所建立的《中国伦理道德发展数据库》,本书所形成的研究报告,是对改革开放 40 年中国伦理道德发展的轨迹和规律的探索,准确地说是对轨迹和规律的"精神哲学"研究。

本书题为"现代中国伦理道德发展的精神哲学规律",其实是对现代中国的伦理道德发展进行精神哲学分析,只是将"精神哲学分析"聚焦于对"精神哲学规律"的探寻。所谓"现代中国",指的改革开放 40 年以来的中国;"伦理道德"并列,不仅指证伦理与道德的区分,也隐喻二者是一个精神过程;"精神哲学"的意义,是将伦理道德当作"精神",也是将它们回归于"精神",在个体精神、社会精神、民族精神发展的辩证过程和有机系统中,考察现代中国伦理道德发展的精神规律。"精神"和"精神哲学"的问题意识,不仅指向将伦理道德只当作经济发展和物质生活水平的附属物,也指向将它们当作经济与物质的机械反映的那些"定论",肯定伦理道德不仅在一般意义上具有相对独立性,而且是建构人的生命和人的生活,建构人的精神世界,也是建构人类文明合理的与物质世界、自然世界辩证互动的力量。由此,"精神哲学"既是伦理道德的"精神"肯定,"精神"回归,也是对伦理道德在文明体系中意义价值的澄明与尊重。

现代中国伦理道德发展的精神哲学"规律"是什么?一言蔽之,伦理型文化规律。或者说，现代中国伦理道德发展，遵循伦理型文化的精神哲学规律。这是全书潜在的也是最为重要的发现。"伦理型文化的精神规律"的要义是什么？在《伦理道德的精神哲学形态》一书中，本人已经通过历史与逻辑考察，将中国伦理道德的精神哲学形态归结为十个字："伦理道德一体、伦理优先"。这就是中国伦理型文化背景下伦理道德发展的精神哲学规律，也是中国文化之为伦理型文化、伦理道德之成为中华民族对人类文明做出的最大贡献的秘密所在。诚然，全书并没有集中于这一立论，因为这一立论只是整个调查研究所得出结论，它存在于对于三轮七次的全部调查信息的分析和研究中，而不是一个预设或预定的主题。而且，全书内容贯穿自2007年到2018年调查的全部过程，因而无论作为假设、结论还是立论，都是一个学术进展的过程，也是一个学术思想、学术观点自觉的过程。因此，"伦理型文化的精神哲学规律"的结论或立论潜在于也或隐或显地贯穿于全书之中，而不是作为它的主题。本书最恰当的标题当是"现代中国伦理道德发展的精神哲学分析"，但"分析"往往侧重过程，为了凸显"分析"的聚力点和结果，于是聚焦于"规律"，或者以更为哲学的话语表述，指向"形态"。

  本书的结构存在一个逻辑与历史的矛盾。在时序上，它是在三轮全国大调查的不同时期完成的，无论研究所依据的数据还是由此得出的结论，都体现历时性的特点；然而全书的结构却是按照不同主题或问题所形成的体系，时序在全书乃至每一部分都没有得到充分的体现。由于本书是在"精神哲学"的层面寻找伦理道德发展的规律，其着力点是在不同时间、不同地点、不同对象、不同方法的调查及其海量数据中寻找共同信息，因而得出的重要结论具有基本的一致性，同时也能比较清晰地呈现十年中随着经济社会发展所产生的某些变化。根据十多年调查的不断推进，全国展开为五编十八章，外加一个绪论和结语。在体系构架上，它有逻辑和历史两个维度。五编是逻辑的维度，是中国伦理道德发展的五个精神哲学问题；五编之内是历史的维度，以改革开放30年到40年的历史发展以及我们调查研究的推进为线索，呈现中国伦理道德发展的轨迹和规律。

（五）

  本书各部分的成果都在重要杂志上发表，仅在《中国社会科学》就发表五篇，少量部分甚至在某些合著的著作中出现。本书是本人关于现代中国伦理道德发展的实证研究的体系化呈现，它的完成要感谢太多的同仁和朋友。首先是江苏省委宣传部的王燕文部长，没有王部长富有远见和过人胆魄的决策与推动，我们很难完成这么大规模和这么多次的全国和江苏调查。感谢江苏省文明办的领导和智库办的领导，感谢团队的诸位同仁，研究所使用的数据，都是大家努力的结果，调查所获得的数据已经成为大家的共享成果。我已经毕业的博士生赵素锦、蒋艳艳等为全书的查重编辑做了大量工作。在此一并表示由衷的感谢。

　　回眸十多年关于伦理道德国情调查研究的历程，真的没想到自己会在这条路上走得这么远、这么久，也没想到自己被这么艰苦枯燥的研究如此持久强烈地魅惑着，并且还可能继续被魅惑下去。它让我想起鲁迅那句名言：地上本没有路，只因为走的人多了，才有了路。我要说，地上本没有路，只因为第一次走过，才有了路。伦理道德的国情研究是一个十分重要也十分困难并且十分敏感的领域，我很明白，因为它们具有很强的时序性，也因为自己的洞察力局限，书中所得出的某些结论可能不正确，它们可能偏颇、错误甚至荒谬，更多是不合时宜，但是我秉持一个信念，学者必须有良知，也必须有担当，于是坚持一个原则：可能讲错话，但绝不容许讲假话。因为讲错话还留给自己纠错的机会，而讲假话则是良知的沦丧和人格的堕落。全书的发现和结论当然只属于走进它们的那个特殊的时间节点，就像蜜蜂的采蜜只属于那个特定季节、特定花粉的酝酿一般，但是"精神哲学"之"蜂"及其劳作所酿造的"规律"之"蜜"，让它有一种抱负，也有一种企盼：逸出那个特殊的时节，飞越那簇特殊的花瓣，让它属于一个时代，属于所有花开花落的土地。但愿，这一满怀憧憬的想象不是鲁迅所说的"拧着自己的头发离开地球"的那种梦幻……

樊　浩

2017 年 11 月 18 日于东南大学"舌在谷"

2019 年 8 月 4 日修改于江苏省社会科学院

2020 年 3 月 18 日三改于新加坡国立大学"肯特谷"

修改再记

这本书稿竟经过近两年时间的初校。2019年底校对稿寄达，随后我按计划去新加坡访学，一周后国内疫情暴发，困居新加坡国立大学八个月之久。利用这段时间我对书稿做了大幅修改，增删了部分章节，为每一编写了首语。回国后计划再增加一章，没想到写了十多万字，已经是另一个主题，于是决定再次对全书做重大修改。

这次定稿删去了原稿中的第十三、第十五、第十六章和结语等四部分，增加了现在的第七章、第八章、第十六章、第十七章和结语等五部分。虽然增删内容占全书的三分之一，但思路、体系和基本观点没有变，依然是从历史和逻辑两个维度"十字打开"。全书所有的内容都是跟进我们所进行的三轮全国调查和六轮江苏调查所进行的理论研究的成果，在相当程度上是我们持续十多年道德国情调查的数据链、信息流和理论分析的历时性呈现，既是改革开放40年中国伦理道德发展史，也是我对现代中国伦理道德发展的认识史和学术推进史。全书的结语，就是在出版7卷12册一千多万字的《中国伦理道德发展报告》之后，举办"伦理道德发展的文化战略"国际论坛暨数据库发布仪式，和"新中国70伦理道德发展长江学者智库论坛"上我的演讲稿之一。本书的出版，标志着我们长达15年的大规模道德国情调查研究第一阶段的结束，也宣告第二阶段的开启。

我们"道德发展智库"的建设理念是"以发展看待伦理道德，以伦理道德看待发展"。这本书的绪论是回答"伦理道德，如何才是发展"这一基本问题。由此展开的发展状况、发展轨迹、共识差异、"中国问题"、文化战略五个逻辑结构，都是从2007年的全国大调查的研究出发，跟进日后的调查不断深入。第一编基于2007年调查所进行的关于社会大众伦理道德状况的精神哲学分析，然后综合2007年、2013年的调查，探讨伦理道德发展的精神哲学规律。第二编根据2007年、2013年的调查信息，描述中国伦理道德发展的三大轨迹。第三编首先全面呈现2007年调查所发现的中国社会大众伦理道德的价值共识和文化冲突，然后根据2007年和2013年调查的信息，探讨社会大众伦理道德共识的意识形态期待。最后综合2007年、2013年、2017年所进行的三轮全国调查和六轮江苏调查的信息，呈现经过十多年发展，中国社会大众所形成的伦理道德的文化共识及其群体差异，历史感和可比较性特别强烈。第四编跟踪整个调查，探讨伦理道德发展的三大中国问题，即小康瓶颈、伦理信任、公共物品与社会至善，在此基础上研究伦理道德发展的中国理论形态。第五编进行文化战略研究，首先基于2007年的调查信息，探讨伦理道德与大众意识形态的关系、伦理道德与精神世界的关系，然后综合十多年调查的信息，从实践和理论两个维度，研究现代中国伦理道德发展的文化自觉和文化自信，现代伦理学研究如何跟随改革开放进程迈入"不惑"之境。结语将改革开放40年的伦理道德发展还原于新中国70年的宏大历史进程。

从改革开放30年到40年，我们以中共十七大、十八大、十九大为三个时间节点，分别进行了三轮全国调查，六轮江苏调查，本书是调查和研究成果的集中呈现。三大节点，三轮全国调查，本书在跟进研究中发出了三次文化预警。第一次，根据2007年调查，发出改革开放30年中国伦理道德发展由多元多样多变积累积聚为"二元体质"，走到"十字路口"，伦理道德发展进入敏感期，国家意识形态邂逅最佳干预期的预警（见第一章）。中共十八大提出社会主义核心价值观的理论体系后，根据2013年全国和江苏调查的新发现，发出第二次预警，即"中国伦理道德发展的伦理型文化规律""社会大众价值共识的伦理精神期待"的预警，提出社会大众价值共识的生成有三大伦理精神期待：期待一次"伦理"启蒙，期待一场"精神"洗礼，期待一个回归中华优秀传统的"还家"的努力（见第九章）。2017年，完成第三轮全国调查后，发出第三次预警，即改革开放40年，社会大众已经生成关于伦理道德发展的三大共识——认同共识，转型共识，发展共识的预警，也发出共识中的群体差异，亟须推进干部群体、企业家群体与其他社会大众群体的文化对话的预警。

改革开放30—40年，三大时间节点，三轮全国调查，三大预警，可以看作是本书智库研究和学术研究的成果。按照当下的学术时尚，我不愿意将它简单归之于智库研究或理论研究，毋宁说它是追求智库研究如何高

"智"商，理论研究如何接地气的一种努力。由于它们是根据不同时期的调查所做的分析，因而存在一种解读的伦理风险和学术风险：离开某一部分研究所依据的特定时期和特定信息，孤立地将它当作某种抽象的立论。对具有历时性的调查研究来说，也许任何重要的误读和过度解读都可能导致文本的厄运，必须将它们还原到当时的历史情境和特殊的数据链、信息流中。为此，在每一章中都注明了数据来源，也提醒读者，必须也只能在那个特定的时段及其所建立的数据库中才能准确理解本书的立论或理论假设。当然，在十多年的调查研究中，我和我们团队的研究也是在不断探索，努力成长，书稿中的每一部分都体现了我在那个特定探索时期的认知水平和学术能力的局限，本书也是自己学术成长史的某种记录，恳请批评指教。

在这个特殊的时代，学者应当承担起文化传承与服务国家战略的双重使命，也许，任何偏颇都是一种渎职。专家学者为百姓养育，在我们的薪水和课题费里有大街上捡垃圾的老太婆的股份，我们所独享的写字台前的安静和冥思遐想的那份逍遥里有村夫村妇汗流浃背的背影。为此，学术研究不仅要有担当，而且要有底线。我们可以说错话，我很明白，自己已经说了很多错话，但是任何一个有良知的学者绝不允许自己说假话。这本书里肯定错误比比，谬言妄语多多，因为从一开始就选择了一条自不量力的路径，从思辨哲学闯进实证研究的领域。但我坚信，学科本无"科"，学人自犯"科"，哲学思辨需要坚硬而鲜活的大地，实证研究需要理想的灯塔，我们的研究需要经受学术、现实和历史的三重检验。无疑，经受这样的检验很难也很长，但唯有经历这般大浪淘沙，才有机会有荣光成为沉积于漫长宇宙演化中的一粒尘埃。不必心存妄想，但应坚守理想，因为它能让我们尽可能延长在大千世界的踌躇，避免为世俗的洪流转瞬即逝地吞没得无影无踪……

2021 年 11 月 1 日
再记于东南大学"舌在谷"